轻松学

精品图书 + 视频教学 + 海量赠品 + 网络服务 = 轻松学

新手学上网

何美英 ◎ 主编

东南大学出版社

内容简介

本书是《轻松学》系列丛书之一，全书以通俗易懂的语言、翔实生动的实例，全面介绍了新手在学习电脑中的各种应用。本书共分13章，内容涵盖了连接网络，搜索和下载网络资源，使用QQ、MSN在线聊天，通过多种方式收发邮件，在线观看电影和电视，浏览论坛，申请个人博客和上传个人网站，上网玩游戏，网上炒股和在线购物等，使用软件保证上网安全和一些常用的上网故障排除方法。

本书采用图文并茂的方式，使读者能够轻松上手。全书双栏紧排，双色印刷，同时配以制作精良的多媒体互动教学光盘，让读者学以致用，达到最佳的学习效果。此外，配套光盘中免费赠送海量学习资源库，其中包括3～4套与本书内容相关的多媒体教学演示视频。

本书面向电脑爱好者，是广大电脑初级、中级、家庭电脑用户和老年电脑爱好者的首选参考书。

图书在版编目（CIP）数据

新手学上网/何美英主编.—南京：东南大学出版社，2010.4
（“轻松学”系列）
ISBN 978-7-5641-2175-4

Ⅰ.①新… Ⅱ.①何… Ⅲ.①因特网—基本知识 Ⅳ.①TP393.4

中国版本图书馆CIP数据核字（2010）第068908号

新手学上网

出版发行 东南大学出版社
社　　址 南京市四牌楼2号（邮编：210096）
出 版 人 江　汉
责任编辑 张绍来
经　　销 全国各地新华书店
印　　刷 江苏徐州新华印刷厂
开　　本 787 mm×1 092 mm　1/16
印　　张 12.75
字　　数 280千字
版　　次 2010年4月第1版
印　　次 2010年4月第1次印刷
定　　价 32.00元（含光盘）

*东大版图书若有印装质量问题，请直接与读者服务部调换，电话：025-83792328。

丛书序

学电脑有很多方法，更有很多技巧。一本好书不仅能让读者快速掌握基本知识、操作方法，还能让读者无师自通、举一反三。为此，东南大学出版社特别为电脑初学者精心打造了品牌丛书——《轻松学》。

本丛书采用全新的教学模式，力求在短时间内帮助读者精通电脑，达到全方位掌握的效果。本丛书挑选了最实用、最精炼的知识内容，通过详细的操作步骤讲解各种知识点，并通过图解教学和多媒体互动光盘演示的方式，让枯燥无味的电脑知识变得简单易学。力求让所有读者都能即学即用，真正做到满足工作和生活的需要。

丛书主要内容

本套丛书涵盖了电脑各个应用领域，包括电脑硬件知识、操作系统、文字录入和排版、办公软件、电脑网络、图形图像等，在涉及到软硬件介绍时选用应用面最广最为常用的版本为主要讲述对象。众多的图书品种，可以满足不同读者的需要。本套丛书主要包括以下品种：

《中文版Windows 7》	《五笔打字与Word排版5日速成》
《电脑入门（Windows XP+Office 2003+上网冲浪）》	《电脑组装·维护·故障排除》
《新手学电脑》	《Office 2007电脑办公速成》
《新手学上网》	《中文版Photoshop CS4图像处理》
《家庭电脑应用》	《Photoshop数码相片处理》
《老年人学电脑》	《网上购物与开店》

丛书写作特色

作为一套面向初中级电脑用户的系列丛书，《轻松学》丛书具有环境教学、图文并茂的写作方式，科学合理的学习结构，简练流畅的文字语言，紧凑实用的版式设计，方便阅读的双色印刷，以及制作精良的多媒体互动教学光盘等特色。

（1）双栏紧排，双色印刷

本套丛书由专业的图书排版设计师精心创作，采用双栏紧排的格式，合理的版式设计，更加适合阅读。在保证版面清新、整洁的前提下，尽量做到不在页面中留有空白区域，最大限度地增加了图书的知识和信息量。其中200多页的篇幅容纳了传统图书400多页的内容。从而在有限的篇幅内为读者奉献更多的电脑知识。

（2）结构合理，循序渐进

本套丛书注重读者的学习规律和学习心态，紧密结合自学的特点，由浅入深地安排章节内容，针对电脑初学者基础知识薄弱的状态，从零开始介绍电脑知识，通过图解完成各种复杂知识的讲解，让读者一学就会、即学即用。真正达到学习电脑知识不求人的效果。

（3）内容精炼，技巧实用

本套丛书中的范例都以应用为主导思想，编写语言通俗易懂，添加大量的“注意事项”

和“专家指点”。其中，“注意事项”主要强调学习中的重点和难点，以及需要特别注意的一些突出问题；“专家指点”则讲述了高手在电脑应用过程中积累的经验、心得和教训。通过这些注释内容，使读者轻松领悟每一个范例的精髓所在。

（4）图文并茂，轻松阅读

本套丛书采用“全程图解”讲解方式，合理安排图文结构，每个操作步骤均配有对应的插图，同时在图形上添加步骤序号及说明文字，更准确地对知识点进行演示。使读者在学习过程中更加直观、清晰地理解和掌握其中的重点。

光盘主要特色

丛书的配套光盘是一张精心制作的DVD多媒体教学光盘，它采用了全程语音讲解、情景式教学、互动练习、真实详细的操作演示等方式，紧密结合书中的内容对各个知识点进行深入的讲解，书盘结合，互动教学，达到无师自通的效果。

（1）功能强大，情景教学，互动学习

本光盘通过老师和学生关于电脑知识的学习展开教学，真实详细的动画操作深入讲解各个知识点，让读者轻松愉快、循序渐进地完成知识的学习。此外，在光盘特有的“模拟练习”模式中，读者可以跟随操作演示中的提示，在光盘界面上执行实际操作，真正做到了边学边练。

（2）操作简单，配套素材一应俱全

本光盘聘请专业人士开发，界面注重人性化设计，读者只需单击相应的按钮，即可进入相关程序或执行相关操作，同时提供即时的学习进度保存功能。光盘采用大容量DVD光盘，收录书中全部实例视频、素材和源文件、模拟练习，播放时间长达20多个小时。

（3）免费赠品，附赠多套多媒体教学视频

本光盘附赠大量学习资料，其中包括3～4套与本书教学内容相关的多媒体教学演示视频。让读者花最少的钱学到最多的电脑知识，真正做到物超所值。

丛书读者对象

本套丛书的读者对象为电脑爱好者，是广大电脑初级、中级、家庭电脑用户和中老年电脑爱好者，或学习某一应用软件的用户的首选参考书。

如果您在阅读图书或使用电脑的过程中有疑惑或需要帮助，可以通过我们的信箱（Email：qingsongxue@126.net）联系，本丛书的作者或技术人员会提供相应的技术支持。

前 言

如今，学电脑已经成为不同年龄层次的人群必须掌握的一门技能。为了使读者在短时间内轻松掌握电脑各方面应用的基本知识，并快速解决实际生活中遇到的各种问题，我们组织了一批教学精英和业内专家特别为电脑学习用户量身定制了这套《轻松学》系列丛书。

《新手学上网》是这套丛书中的一本，该书从读者的学习兴趣和实际需求出发，合理安排知识结构，由浅入深、循序渐进，通过图文并茂的方式讲解使用电脑上网的各种应用方法。全书共分为13章，主要内容如下：

第1章：介绍了连接网络和IE浏览器的使用方法，包括个性化设置、实用操作和优化方法。

第2章：介绍了使用IE浏览器、百度搜索引擎和Google搜索引擎进行网络资源搜索。

第3章：介绍了使用IE浏览器、迅雷、超级旋风下载网络资源以及BtiTorrent的使用方法。

第4章：介绍了使用QQ和MSN进行在线即时聊天以及使用Skype进行网络通话的方法。

第5章：介绍了通过Web方式收发邮件以及使用Foxmail和Outlook Express的使用方法。

第6章：介绍了通过在线电影播放软件和IE浏览器在线看电影和视频以及在线听歌。

第7章：介绍了浏览天涯、西祠、百度贴吧以及通过开心网和QQ校友录结交亲朋好友。

第8章：介绍了开通并设置个人新浪博客、个性化QQ空间以及上传文件到FTP网络空间。

第9章：介绍了上网玩网页游戏、QQ游戏、浩方竞技游戏、网络游戏和Flash小游戏。

第10章：介绍了上网阅读、比较产品、网上预订、求职以及发布房屋租赁信息的方法。

第11章：介绍了通过同花顺软件炒股、在淘宝网购物的方法以及网上开店的详细步骤。

第12章：介绍了电脑病毒的防护方法以及在日常使用中对一些数据的保护和维护方法。

第13章：介绍了针对上网过程中经常遇到的不同方面的问题进行排除和常见问题解答。

此外，本书附赠一张精心开发的DVD多媒体教学光盘，它采用全程语音讲解、情景式教学、互动练习等方式，紧密结合书中的内容进行深入的讲解，让读者在阅读本书的同时，享受到全新的交互式多媒体教学。光盘附赠大量学习资料，其中包括3～4套与本书内容相关的多媒体教学演示视频。让读者即学即用，在短时间内掌握最为实用的电脑知识，真正达到轻松掌握，学电脑不求人的效果。

除封面署名的作者外，参加本书编写的人员还有王毅、孙志刚、李珍珍、胡元元、金丽萍、张魁、谢李君、沙晓芳、管兆昶、何美英等人。由于作者水平有限，本书难免有不足之处，欢迎广大读者批评指正。我们的联系信箱是qingsongxue@126.net。

《轻松学》丛书编委会

2010年2月

CONTENTS 目录

第01章 上网学前准备

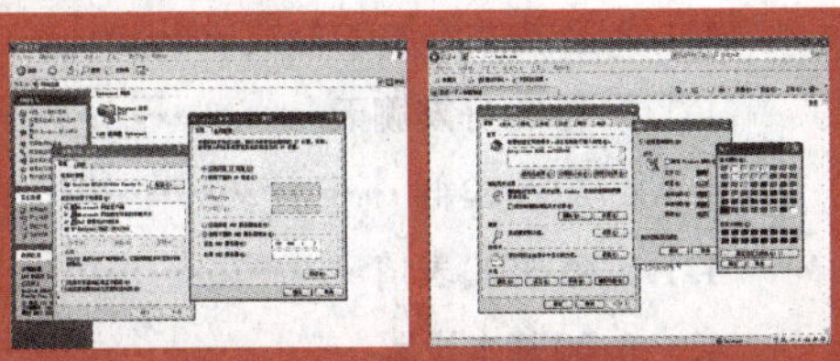

第02章 网络信息完全搜索

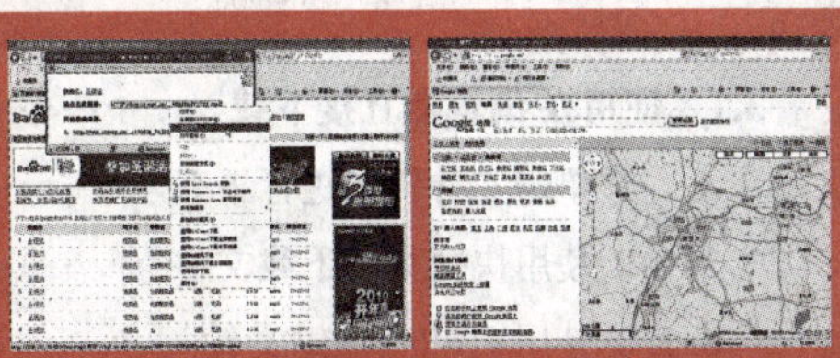

第03章 网络资源下载

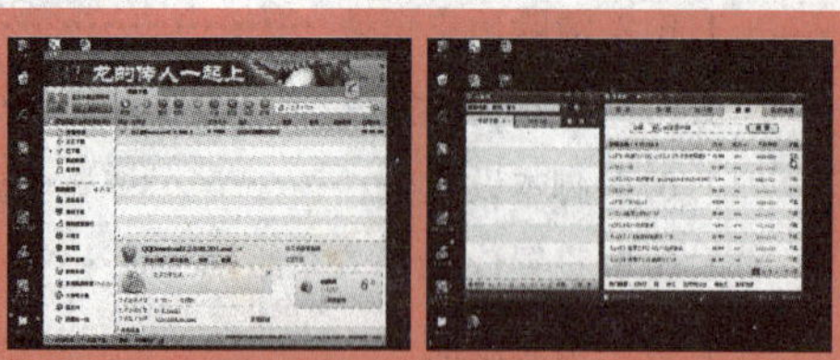

第04章 网络聊天

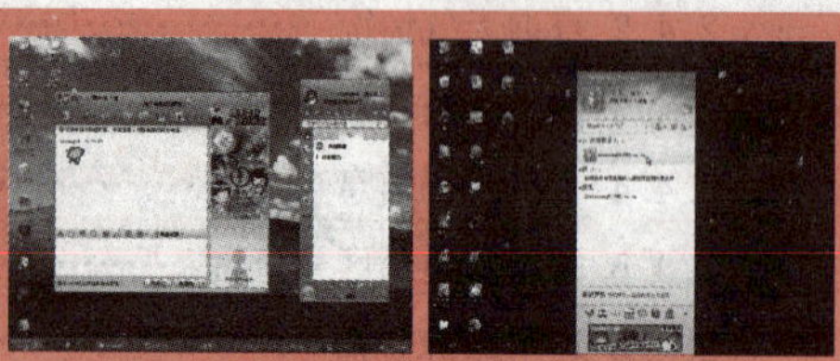

第05章 电子邮件即时收发

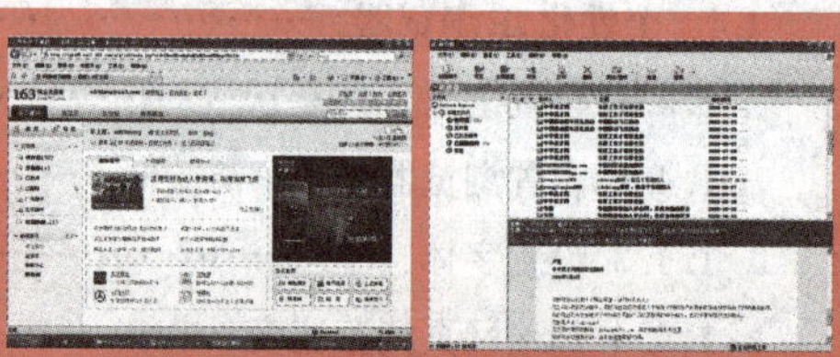

第06章 网络视听生活

第07章 畅游网络论坛

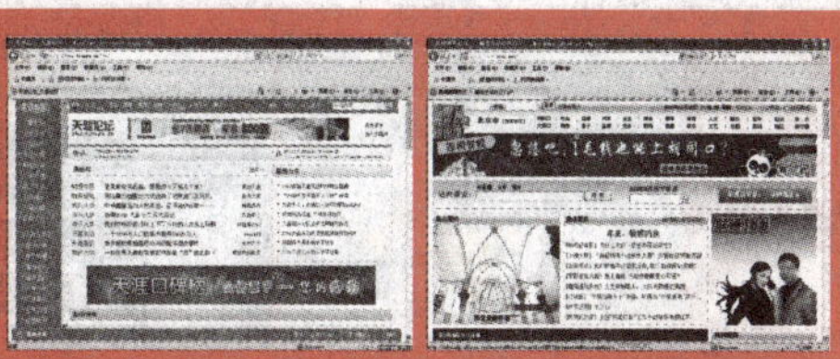

第08章 网络个人空间

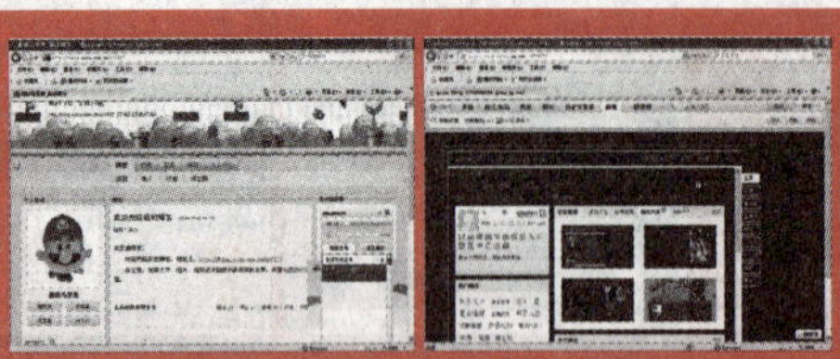

第09章 上网玩游戏

第10章 网络生活助手

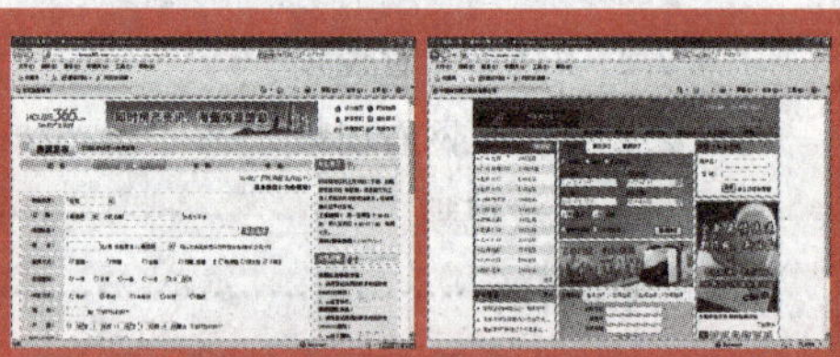

第13章 上网常用实战技巧

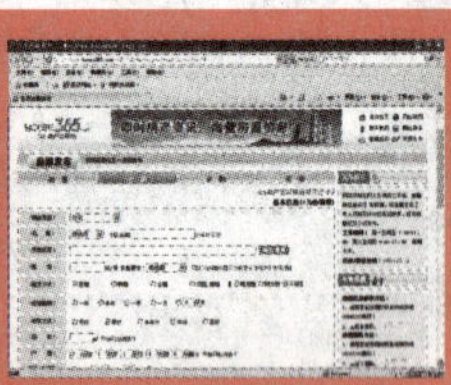

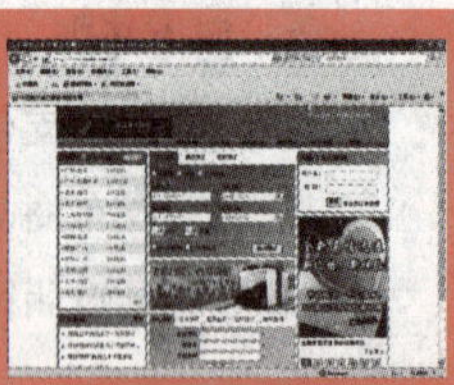

Chapter

01 上网学前准备

随着网络技术的发展，上网已经成为日常生活中不可或缺的一部分。本章从网络基础知识切入，介绍了上网前需要掌握的一些网络知识，为更好地学习和应用网络打下基础。

- 打开Internet
- 连接网络
- 启动IE浏览器
- 个性化IE浏览器
- IE浏览器的实用操作
- 优化IE浏览器

参见随书光盘

例1-1 连接并断开网络
例1-2 设置TCP/IP
例1-3 测试网络连通性
例1-4 浏览网页
例1-5 使用选项卡浏览
例1-6 浏览历史记录
例1-7 设置IE浏览器主页
例1-8 设置浏览器外观
例1-9 设置浏览器字体
例1-10 提高网页浏览速度
例1-11 重置IE浏览器
例1-12 保存网页
例1-13 保存网页中的图片和文字
例1-14 收藏网页
例1-15 整理收藏夹
例1-16 脱机浏览网页
例1-17 全屏浏览网页
例1-18 移动临时文件
例1-19 清除浏览历史记录
例1-20 设置自动完成
例1-21 设置IE浏览器脚本
例1-22 设置Cookie安全级别
例1-23 设置信息限制

1.1 打开Internet

Internet，俗称因特网(英特网)，通过网络可以查找所需的资源、信息等。下面介绍有关Internet的详细内容、网络的用途和常用的一些网络术语。

1.1.1 Internet简介

因特网(Internet)是一组全球信息资源的总汇。有一种粗略的说法，认为Inetrnet是由许多小的网络(子网)互联而成的一个逻辑网，每个子网中连接着若干台电脑(主机)。

Internet以相互交流信息资源为目的，基于一些共同的协议，并通过许多路由器和公共网互联而成，它是一个信息资源和资源共享的集合。计算机网络只是传播信息的载体，而Internet的优越性和实用性则在于本身。因特网最高层域名分为机构性域名和地理性域名两大类，目前主要有14种机构性域名。

1.1.2 上网能做些什么?

成功连接网络后，就可以利用各种无穷无尽的资源、同世界各地的人们自由通信和交换信息、去做通过计算机能做的各种各样的事情，从而享受网络提供的各种服务。

1. 高级浏览WWW服务

WWW，也叫做Web，是我们登录网络后最常利用的功能。

成功连入网络后，就开始与网络上各种各样的Web页面打交道。在基于Web页面的方式下，可以进行浏览、搜索、查询各种信息；可以发布自己的信息、与他人进行即时或者非即时交流；可以在线游戏、娱乐、购物等。

下图所示的就是应用WWW服务进行浏览网页和即时网络交流。

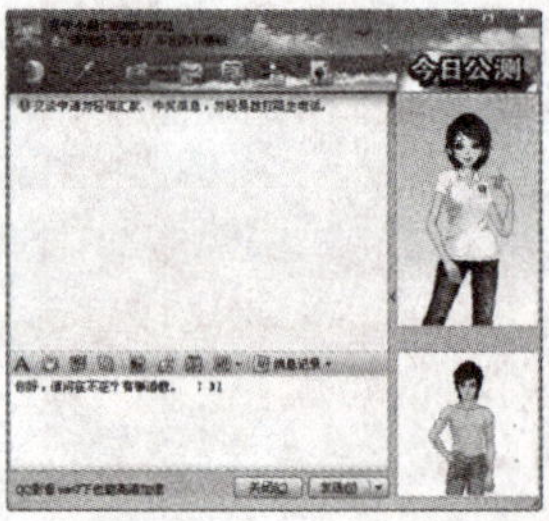

2. 电子邮件E-mail 服务

电子邮件（或称为E-mail）系统是使用最多的网络通信工具，E-mail已成为备受欢迎的通信方式。可以通过E-mail系统同世界上任何地方的朋友交换电子邮件。不论对方在哪个地方，只要彼此连入网络，那么你发送的信只需要进行些许时间的处理即可到达对方的手中了。

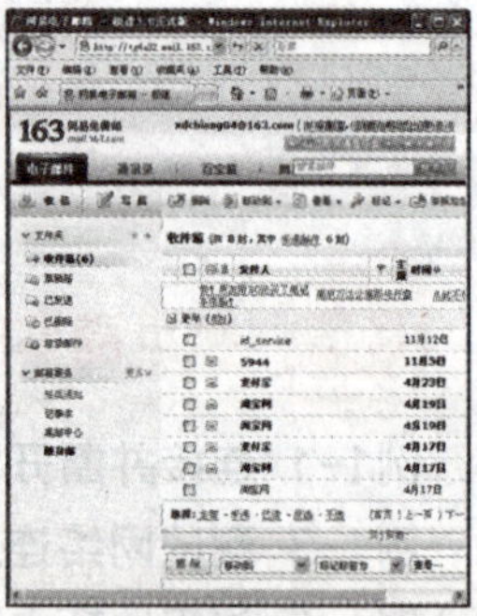

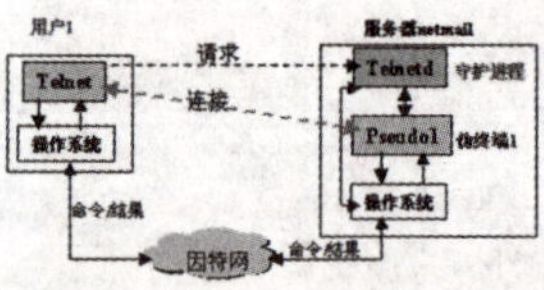

3. 远程登录Telnet服务

远程登录就是通过网络进入和使用远距离的电脑系统，就像使用本地电脑一样。远端的电脑可以在同一间屋子里，也可以远在数千公里之外。它使用的工具是Telnet。它在接到远程登录的请求后，就试图把你所在的计算机同远端计算机连接起来。一旦连通，你的电脑就成为远端计算机的终端，你可以正式注册进入系统成为合法用户，执行操作命令，提交作业，使用系统资源。在完成操作任务后，通过注销退出远端电脑系统，同时也退出了Telnet。

4. 文件传输FTP服务

FTP（文件传输协议）是Internet上最早使用的文件传输程序。

FTP服务同Telnet服务相似，使用户能登录到Internet的一台远程电脑，把其中的文件传送回自己的计算机系统，或者反过来，把本地计算机上的文件传送并装载到远方的电脑系统。利用这个协议，就可以下载免费软件，或者上传自己的网页、文件等。

1.1.3 常用网络术语

在了解了有关网络的基础知识后，下面归纳了一些在上网过程中常见的网络术语。

- WWW（World Wide Web）：一种基于超文本文件的交互式浏览检索工具。可用WWW在Internet网上浏览、传递、编辑超文本格式的文件。
- 域名(URL)：网络服务器（主机）的名字，它的作用就像寄信需要写明人们的名字、地址一样重要。
- DNS（域名解析系统）：指在网络上查询域名或IP地址的目录服务系统。
- IP地址：称作网络协议地址，是分配给主机的一个32位地址，由4个字节组成，分为动态IP地址和静态IP地址。

专家指点

动态IP地址指的是每次连线所取得的地址不同，而静态IP地址是指每次连线均为同样固定的地址。一般情况下，以拨号方式所取得的地址均为动态的。

- BBS（Bulletin Board Service，电子公告牌服务）：是网络上的一种电子信息服务系统。它提供一块公共电子白板，每个用户都可以在上面书写，可发布信息或提出看法。
- E-mail（电子邮件）：可以解释为电子化的传统邮件，它的特点是速度快、可以进行一对多的邮件传递、不需要通信双方同时在线。
- ICQ（I seek you，网络寻呼机）：是互联网新增的一项功能，可以实现互相交谈或者传输信息，具有即时性、快速性的特点，但需要通信双方同时在线。
- TCP/IP协议：包含了网络上网络通信细节的标准，以及一组网络互连的协议和路径选择算法。TCP是传输控制协议，保证数据在传输过程中不会丢失；IP是网间协议，保证数据到达指定的地点。
- 超级链接：超级链接是带下划线或边框，并内嵌了Web地址的文字和图形，通过单击超级链接，可以跳转到特定的某个网页。
- SMTP（simple mail transfer protocol，简单邮件传输协议）：在网上收发电子邮件时，是SMTP协议在维护传输秩序，它规定邮件服务器之间进行哪些工作。
- 防火墙（FireWall）：是加强因特网与内部局域网之间安全防范的一个或一组系统。来自和发往网络的所有信息都必须经由防火墙出入。防火墙只允许授权信息通过，而防火墙本身不能被渗透。

1.2 连接网络

目前连接网络的方式主要包括拨号上网、ADSL宽带上网、小区宽带和无线上网4种，下面就介绍最常用的几种连网方式。

1.2.1 ADSL上网

使用ADSL拨号上网是家庭、公司最常用的连接网络方式。只要安装了固定电话，就可以采用ADSL拨号上网方式，并且在上网的同时可以拨打电话。

在使用ADSL连接方式接入网络时，需要将调制解调器（Modem）的一头连接到电脑中，一头连接在电话线上，用来将电脑的数字信号和电话的模拟信号进行交换。

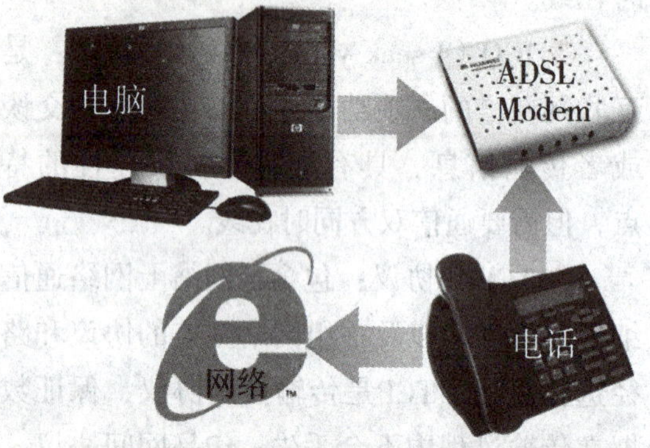

ADSL上网方式分为虚拟拨号和专线接入两种方式。虚拟拨号是通过输入正确的账号和密码，验证身份后，获取一个动态的IP地址来连接网络；专线接入方式拥有一个固定的静态IP地址，永久在线，打开电脑即可接入网络。

在使用ADSL方式接入网络前，首先要设置连接向导，创建连接，然后连接到网络上。在不需要使用网络时，可以断开连接。

【例1-1】 连接并断开网络。视频

01 单击桌面左下角的【开始】按钮，在弹出的【开始】菜单中选择【控制命令】命令，打开【控制面板】窗口。

02 双击【网络连接】窗口，打开【网络连接】窗口。

03 单击左侧列表框中的【创建一个新的连接】超链接，打开【新建连接向导】对话框。

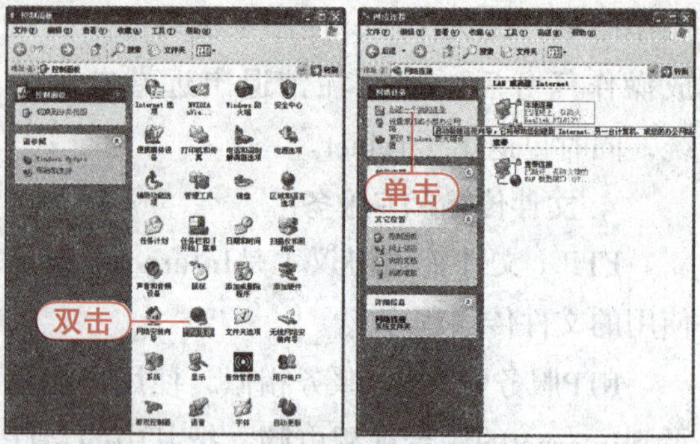

04 单击【下一步】按钮，选中【连接到Internet】单选按钮，单击【下一步】按钮。

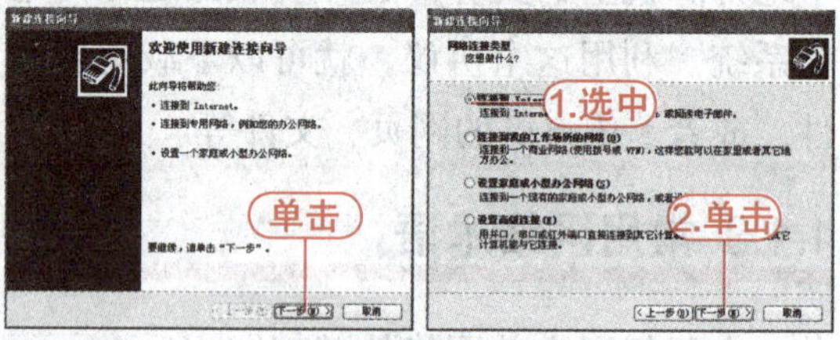

05 选中【手动设置我的连接】单选按钮，单击【下一步】按钮。

06 选中【用要求用户名和密码的宽带连接来连接】单选按钮，单击【下一步】按钮。

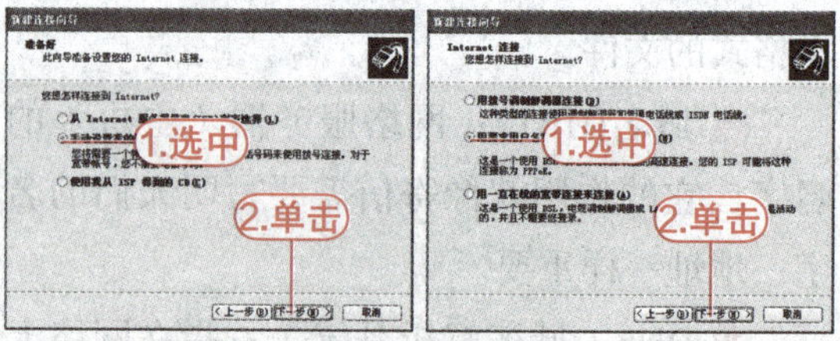

07 在【ISP名称】文本框中输入ISP名称，单击【下一步】按钮。

08 输入用户名、密码等信息，单击【下一步】按钮。

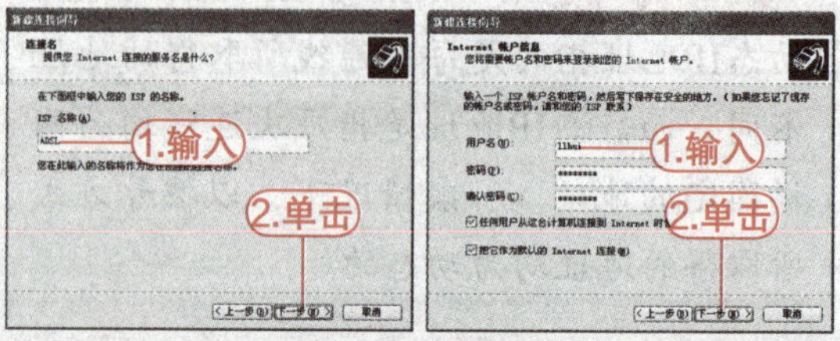

09 单击【完成】按钮，创建连接。

10 系统将打开【连接ADSL】对话框，单击【连接】按钮。

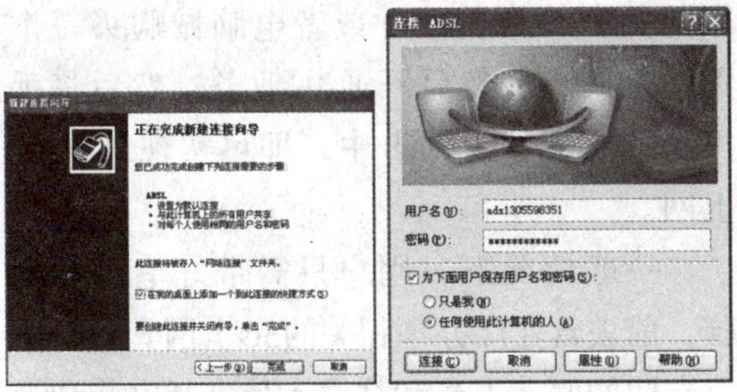

⑪ 开始连接网络，显示网络连接状态。

⑫ 成功连接网络后，在【通知栏】中会显示网络状态图标，提示已经成功连接网络。

⑬ 右击【通知栏】中网络状态图标，在弹出的快捷菜单中选择【断开】命令，即可断开网络连接。

⑭ 断开网络连接后，【通知栏】中的网络状态图标将显示红色交叉图形。

1.2.2 小区宽带上网

小区宽带与ADSL相比，不需要占用电话线，也无需Modem设备，利用“光纤+5类线”的方式实现宽带上网，可以实现千兆到小区，百兆到大楼和十兆到家庭。小区宽带上网具有经济、高速、连接方便等优点。

只需将网线插入机箱上的网卡接口，然后设置正确的TCP/IP协议和网络参数，即可连接到网络。下面就通过实例介绍设置TCP/IP参数的方法。

【例1-2】 设置TCP/IP。 视频

01 右击桌面上【网上邻居】图标，在弹出的快捷菜单中选择【属性】命令，打开【网络连接】窗口。

02 右击【本地连接】图标，在弹出的快捷菜单中选择【属性】命令，打开【本地连接属性】对话框。

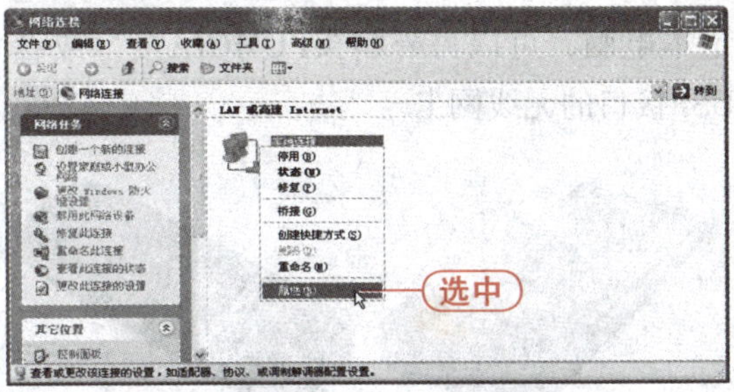

03 在【此连接使用下列项目】列表框中选中【Internet协议（TCP/IP）】选项，单击【属性】按钮，打开【Internet协议(TCP/IP)属性】对话框。

04 选中【使用下面的IP地址】单选按钮，然后输入正确的IP地址、子网掩码地址和默认网关。

05 选中【使用下面的DNS服务器地址】单选按钮，输入正确的首选DNS服务器和备用DNS服务器（可不填写）地址。

06 单击【确定】按钮，即可连接到网络。

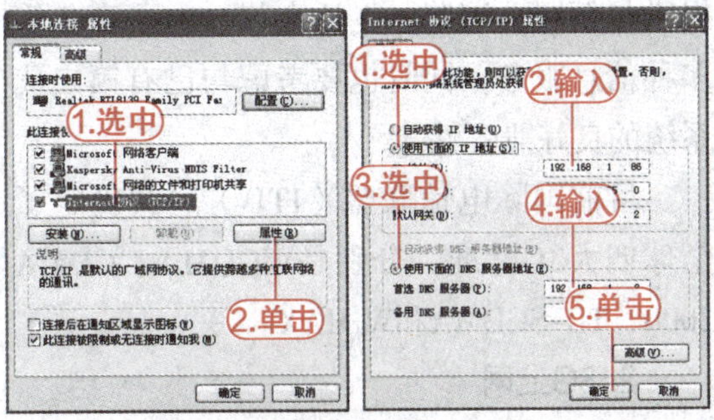

1.2.3 WLAN无线上网

无线局域网(WLAN)上网主要是针对笔记本电脑用户。只要有一个与Internet连接的无线接入点，所处的位置要在无线接入点信号的有效范围之内，也就是在这种WLAN网络覆盖之下，即可通过WLAN连接网络。

目前国内已经有许多大学院校架设了这种无线网络，在这种情况下只要电脑具备无线网卡，通过无线网卡收发信号就可以实现无线上网功能。主流的笔记本电脑都已经内置了无线网卡，对于没有内置无线网卡的笔记本电脑，可以另外购买PCMCIA接口或者USB接口的无线网卡。

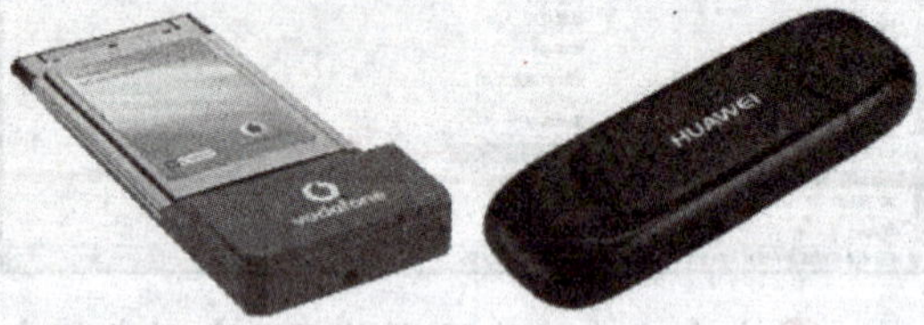

1.2.4 3G无线上网

3G无线上网是通过3G网络连接互联网，是目前各大运营商主推的业务，3G上网拥有高速、价钱适中、稳定等优点。

1. 3G上网简介

3G，全称为3rd Generation，是指第三代数字移动通信。3G网络与前两代相比，主要区别在于传输声音和数据的速度上的提升，能够在全球范围内更好地实现无缝漫游，并处理图像、音乐、视频流等多种媒体形式，提供包括网页浏览、电话会议、电子商务等多种信息服务，同时也要考虑与已有第二代系统的良好兼容性。

目前国际电信联盟（ITU）一共确定了全球四大3G标准，分别是WCDMA、CDMA 2000、TD-SCDMA和WiMAX。

2. 3G上网

3G上网主要是针对笔记本电脑用户，下面介绍使用笔记本电脑实现3G无线上网。

笔记本电脑3G无线上网笔记本电脑通过手机来作为媒介实现无线上网并没有太多的关联。去营业厅或者电脑城购买一个无线上网卡，然后开通3G业务，然后将手机卡放入无线上网卡中，即可实现3G无线上网。

一般情况下，用户只需带好笔记本电脑，前去营业厅办理相关的3G上网套餐，会有专门的服务人员和技术人员进行安装和设置并当场实现3G无线上网。

3G作为新兴的无线上网方式，速率和稳定性是考核无线上网的最关键因素。下面是对电信、联通和移动3大通信网络运营商3G无线上网的体验，用户可作为参考。

- 电信3G：理论速度为3.1Mbps。在室内，下载速度平均达到150KB/s，这样的速度还算可以。在室外，下载速度平均可以达到200KB/s，已经很接近2M的ADSL下载速度。在线看视频等，电视等都很流畅。
- 移动3G：理论速度为2.8Mbps。移动3G上网在白天速度较慢，在夜间下载的速度与电信3G差不多，平均可达150KB/s，但跟2M的ADSL下载速度还是有一定的距离。
- 联通3G：最高速度达到了260KB/s左右的速度，已经超过了2M的ADSL下载速度。

专家指点

针对3G无线网络，各大运营商和主流的笔记本电脑生产商家还推出了3G无线上网本，在选购上网本时，用户可以结合运营商、3G网络覆盖区域和上网资费3个因素进行选购，这里就不多详细介绍了。

1.2.5 双机互联

许多家庭可能拥有两台或两台以上的电脑，此时可以组建局域网，实现双机互联。

1. 组件局域网所需硬件

组建家庭局域网常用的硬件包括路由

器、网卡、双绞线。

- 网卡：局域网内所有电脑必须安装的硬件设备。
- 组建局域网大多采用的网络传输介质，建议尽量选择屏蔽双绞线。

- 路由器：用于连通不同的网络和选择信息传送的线路，它是共享宽带连接的最佳解决方案。

2. 开始连接

双机互联时，两台电脑上都必须安装网卡并安装网卡驱动，然后将双绞线插入网卡接口，设置正确的TCP/IP参数，即可完成网络连接。网络连接完成后，可以在系统中使用Ping命令测试网络的连通性。

【例1-3】 测试网络连通性。视频

01 单击【开始】按钮，弹出【开始】菜单，选择【运行】命令，打开【运行】对话框。

02 在【打开】文本框中输入“ping+IP地址”，然后单击【确定】按钮，打开命令提示符窗口。

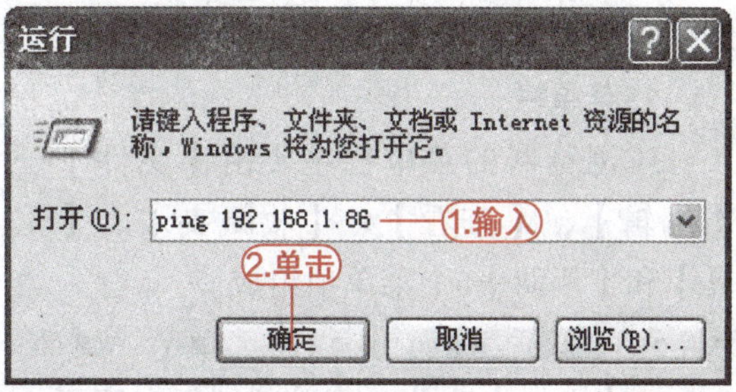

03 当窗口显示Ping statistics信息时，表示网络连通。

04 显示Request timed out信息时表示网络未连通。

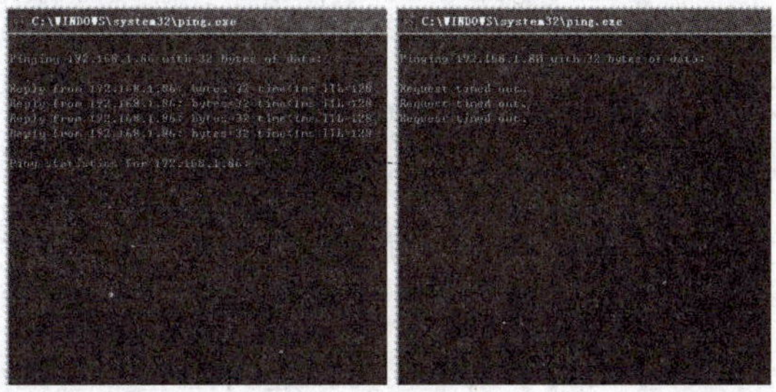

1.3 启动IE浏览器

使用IE浏览器可以进行浏览网页、查阅资料和信息等操作，目前最新的IE浏览器版本为IE 7.0，下面就来认识一下IE 7.0的组成结构和操作界面。

1.3.1 IE浏览器界面

双击系统桌面上的IE浏览器图标，即可打开IE浏览器。IE浏览器主要由标题栏、工具栏、地址栏、选项卡、状态栏、菜单栏和滚动条几个部分组成。

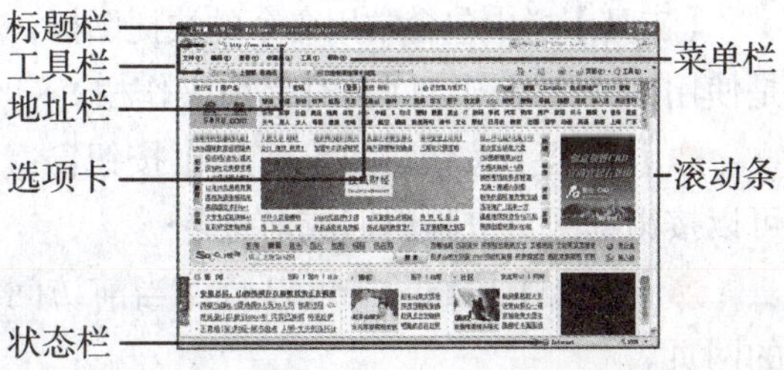

◆标题栏：显示了页面的相关信息。

◆地址栏：用于输入网站的域名地址，也就是俗称的网址。

◆工具栏：是菜单中的一些快捷方式。

◆菜单栏：显示了主菜单命令。

◆选项卡区域：用于分隔显示网页。

1.3.2 IE浏览器的组成

下面将介绍IE浏览器主要组成部分的详细操作和功能。

1. 菜单栏

IE浏览器的菜单栏主要由【文件】、【编辑】、【查看】、【收藏夹】、【工具】和【帮助】6个菜单项组成。

文件(F)　编辑(E)　查看(V)　收藏夹(A)　工具(T)　帮助(H)

◆【文件】菜单：可以进行保存网页、打印网页、退出浏览器等操作。

◆【编辑】菜单：可以在打开的网页中查找与关键字匹配的内容。

◆【查看】菜单：用于显示菜单项、状态栏等信息以及刷新和停止打开网页。

◆【收藏夹】菜单：可以将喜欢的网站添加到收藏夹中，然后对收藏夹进行整理，也可以按网站的不同分类进行划分，以方便管理和浏览页面。

◆【工具】菜单：可以进行阻止一些网站弹出的广告窗口、加载扩展Web浏览器功能的程序，更新浏览器等操作。

◆【帮助】菜单：显示有关浏览器操作的帮助信息。

2.【工具】栏

【工具】栏中包含常用命令的快捷图标，是使用IE浏览器浏览网页时常用操作栏。

◆【后退】按钮和【前进】按钮：可以按浏览网页进程返回或前进。

◆【停止】按钮：可以暂停当前访问的网页。

◆【刷新】按钮：可以刷新当前访问的网页。

◆【主页】按钮：是浏览器被打开时所自动连接的页面。比如IE的默认主页是微软中文，那么只要单击【主页】按钮，浏览器就自动链接到微软中文站点。通常将速度最快或者最常用的站点设为主页。

◆【收藏夹】按钮：单击该按钮后，在浏览窗口的左侧就出现了一个分栏。里面列出了收藏夹中收藏的站点。要访问哪个站点，只要单击这个站点的链接就可以了。

1.3.3 其他常用浏览器

除了系统自带的IE浏览器外，用户可以根据实际所需，选择其他合适的浏览器。

1. Mozilla FireFox浏览器

Mozilla Firefox，中文名为火狐，该浏览器主要有以下优点。

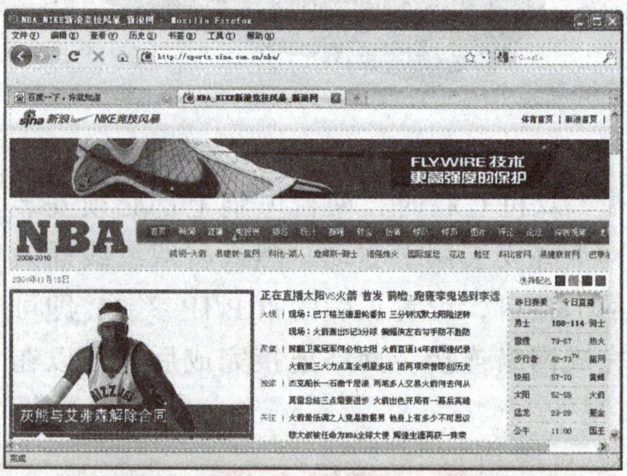

◆标签页浏览：Firefox浏览器支持的标签页浏览，可以在一个窗口开启多个页面进行浏览。

◆扩展：可以通过安装扩展来新增或修改 Firefox 的功能。扩展的种类包罗万象：像鼠标手势、广告窗口阻挡、增强的分页浏览等等。

◆布景主题：Firefox浏览器支持多样化的布景主题，来改变外观。

◆ 即时查找：Firefox浏览器提供了增强的查找功能，只需要按下F3键，在查找文本框中输入要寻找的字符串，就可以自动标示出要寻找的字符串。

◆ 即时书签：可以以书签的方式来阅读或订阅网页。

◆ 安全性：Firefox浏览器使用了“沙盒安全模块（sandbox security model）”，限制了网页脚本语言对浏览数据的访问，不受恶意脚本语言的攻击。对于网页数据的传输，则使用SSL/TLS的加密方式来保障传输数据的隐密性，此外也支持智慧卡来当作数据验证的方式。

2. Opera浏览器

Opera浏览器的界面如下，该浏览器主要有以下优点。

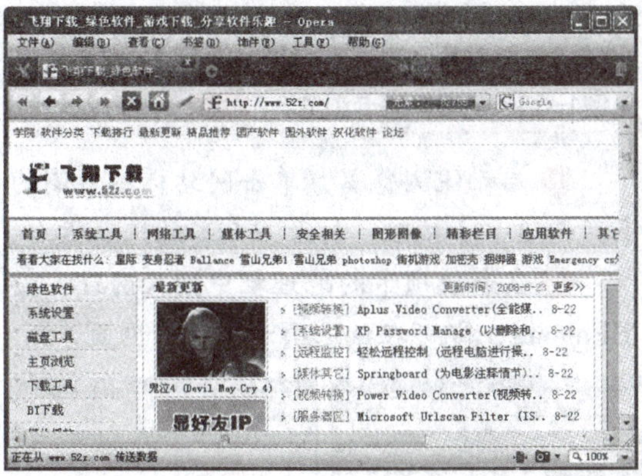

◆ 高速性：Opera浏览器充分利用缓存机制，快速载入页面。

◆ 多功能：Opera浏览器除了浏览网页，还包括POP邮件，IRC聊天，RSS浏览，语音控制浏览，还能添加各种控件，比如计算器、汇率转换器、天气预报、小游戏之类的。最新版中还有BT下载功能。

◆ 灵活性：Opera浏览器具有相当多的人性化功能，方便用户使用。它支持多页面浏览，支持换肤、鼠标手势、页面缩放以及自定义页面格式。

◆ 定制性：可以定制丰富的按钮、工具菜单和搜索列表。

◆ 安全性：支持256位加密，可以抵御恶意代码攻击、钓鱼攻击等网络攻击，提供对Cookie的细节控制，可以一键清除计算机上保存的所有个人浏览信息，还可以自动进行安全性升级。

3. 遨游浏览器

傲游(Maxthon)是一款基于IE内核的、多功能、个性化多标签浏览器，主要有以下优点。

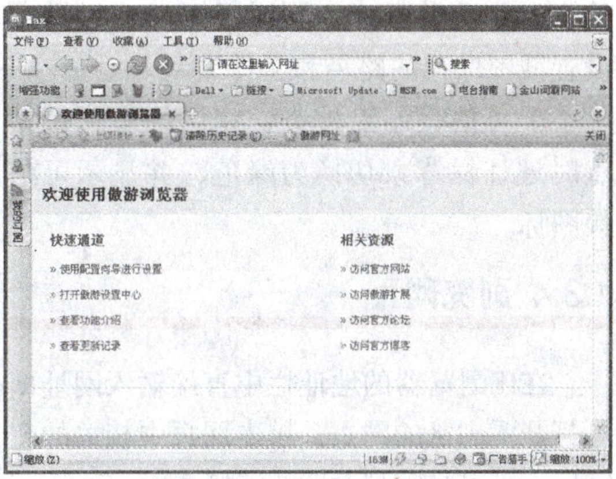

◆ 多标签浏览：一个标签代表一个已打开的网页。

◆ 鼠标优势：按住鼠标右键可以执行诸如关闭、前进、后退等常用的操作，大大提高了鼠标利用率。

◆ 智能加速：内置的傲游智能加速功能可以帮助提高日常浏览和前进、后退时的速度。

◆ 智能填表：不用再为没完没了的网站注册表单而烦恼了，智能识别功能的智能填表能够帮您一劳永逸地解决问题。

◆ 网址别名：可以为喜欢的网页起名，直接在地址栏输入这个名字即可打开对应的网页。

◆ 广告猎手：可以有效地阻止弹出窗口、各种广告和恶意网页的骚扰，支持自定义过滤和免过滤列表。

◆网页嗅探：可以捕捉来自视频网站的FLV媒体文件，轻松将这些视频文件下载并进行保存。

◆在线收藏：通过在线收藏服务，无论身在何处，都可以随时获取您收藏夹的最新内容。

◆网址一键通：只需按下一个功能键，就可以打开一个或多个网址。

◆屏幕截图：可以随心所欲地截取全屏幕、部分区域、指定窗口和页面中显示的内容到剪贴板中，同时还可以通过选项设置截图保存的路径和文件类型。

◆可信赖站点检查：在访问可信赖站点时地址栏背景切换为绿色，并显示可信赖图标。

1.3.4 浏览网页

在IE浏览器的地址栏中直接输入网址即可打开要浏览的网页；单击网页中相关的超链接，可以跳转到对应的链接页面。

【例1-4】浏览网页。视频

01 启动IE浏览器，在地址栏中输入要访问的网站网址www.sina.com.cn。

02 按下Enter键，即可打开网页，打开新浪网首页。

03 单击频道名称链接，例如当日NBA新闻，可以单击NBA链接。

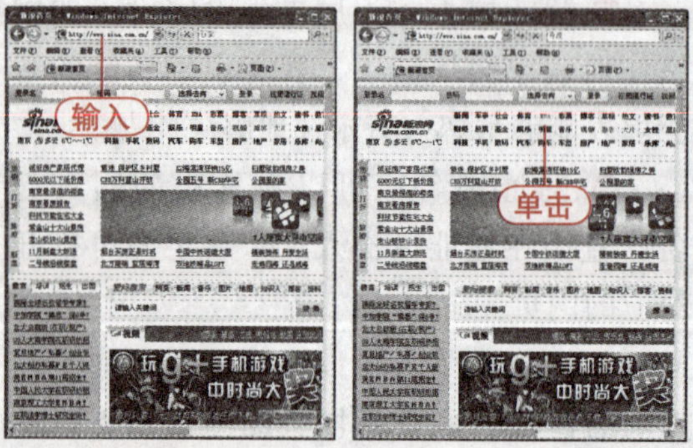

04 单击NBA链接后，会自动跳转到对应的网页。

05 在网页中显示了当日NBA赛场上的一些比赛结果和重要新闻，可以单击要查看的内容标题链接，打开该新闻页面，查看新闻。

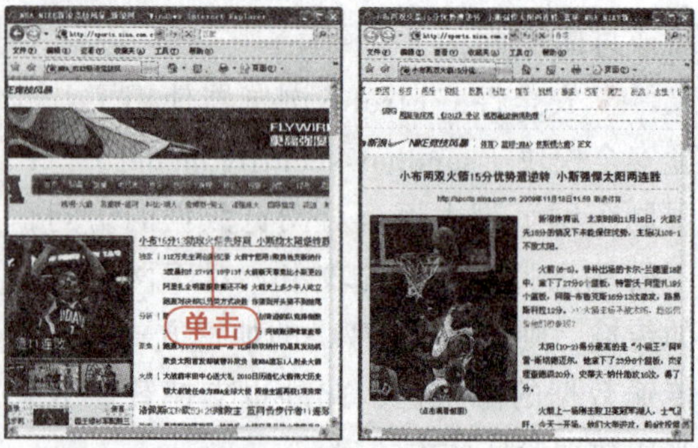

1.3.5 使用选项卡浏览网页

使用IE浏览器的选项卡，可以在同一个浏览器中通过不同的选项卡来浏览多个网页，避免启动多个浏览器，节省内存占用率。

【例1-5】使用选项卡浏览。视频

01 启动IE浏览器，单击网站标签右侧的【新选项卡】按钮，打开一个新的选项卡。

02 在新选项卡的地址栏中输入网址，按下Enter键，即可在该选项卡中打开网页。

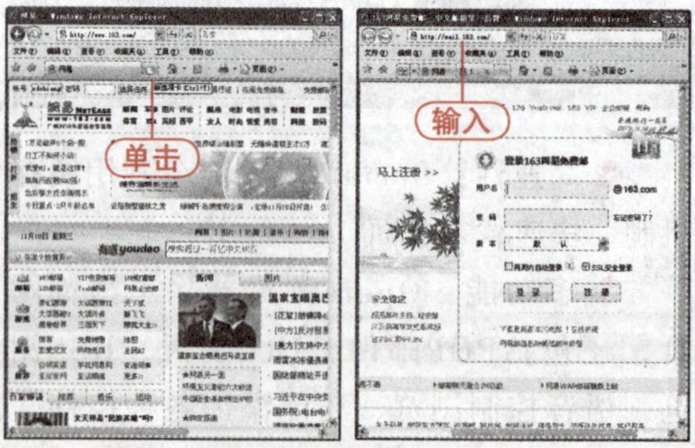

03 单击不同的选项卡，可以打开不同的网页。

04 如果要在新选项卡中打开当前网页中的某个链接网页，可以右击超链接，在弹出的快捷菜单中选择【在新选项卡中打开】命令，即可打开一个新选项卡并且打开该链接网页。

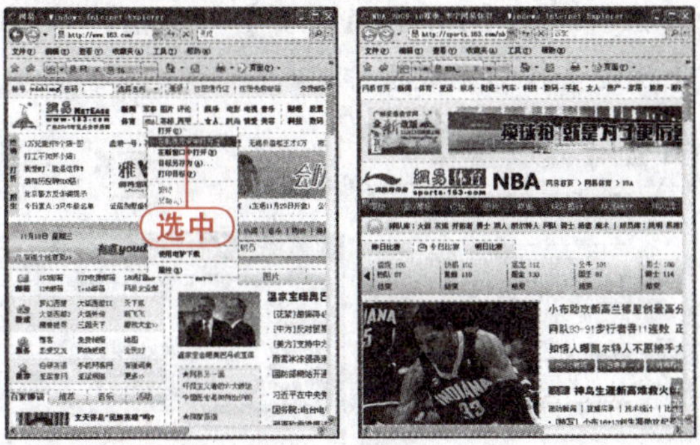

1.3.6 浏览历史记录网页

使用IE浏览器浏览的网页会保存在历史记录中，只需单击相应的历史记录即可打开网页进行浏览。

【例1-6】浏览历史记录。视频

01 启动IE浏览器，单击地址栏右侧的▼按钮，在弹出的下拉菜单中显示了最近浏览的网页记录。

02 选择某个历史记录，即可打开该网页进行浏览。

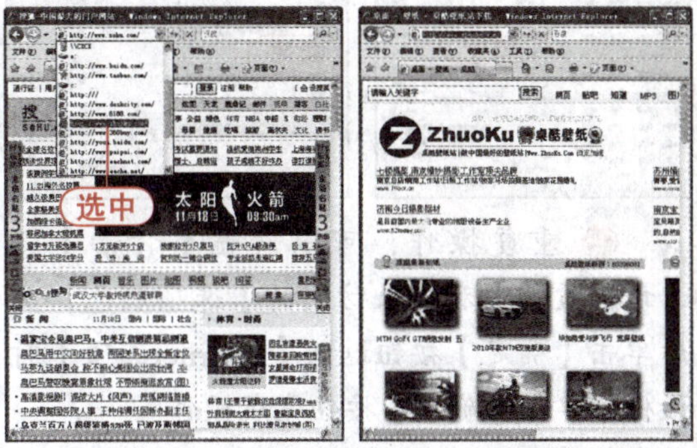

1.4 个性化IE浏览器

在使用IE浏览器浏览网页时，可以通过简单的设置调整字体、外观等，从而达到理想的浏览效果。此外，还可以设置主页和显示内容，提高浏览速度。

1.4.1 设置主页

设置主页后，今后打开IE浏览器将自动显示主页内容，建议将一些图片或动画较少的页面设置为主页，例如百度主页、邮箱登录页面等。

【例1-7】设置IE浏览器主页。视频

01 启动IE浏览器，选择【工具】|【Internet选项】命令，打开【Internet选项】对话框。

02 在【主页】文本框中输入要设置为主页的网址www.baidu.com，单击【确定】按钮即可。

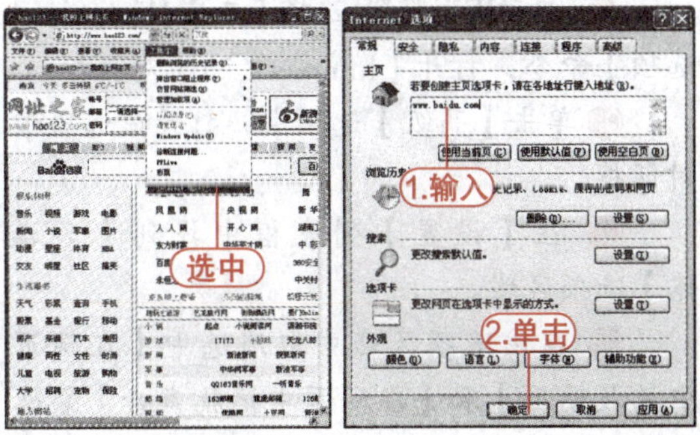

专家指点

在【Internet选项】对话框中，单击【使用当前页】按钮，可以设置当前打开的网页为主页；单击【使用空白页】按钮，可以使用空白网页作为主页。

1.4.2 设置浏览器外观

设置浏览器外观，可以设置文字、背景、网页中单击和为单击的链接颜色。

【例1-8】设置浏览器外观。视频

01 启动IE浏览器，选择【工具】|【Internet选项】命令，打开【Internet选项】对话框。

02 单击【外观】选项区域中的【颜色】按钮，打开【颜色】对话框。

03 取消选中【使用Windows颜色】复选框，然后单击【文字】选项右侧的▇按钮，打开调色板。

04 选择要应用的文字显示颜色，单击

【确定】按钮即可。

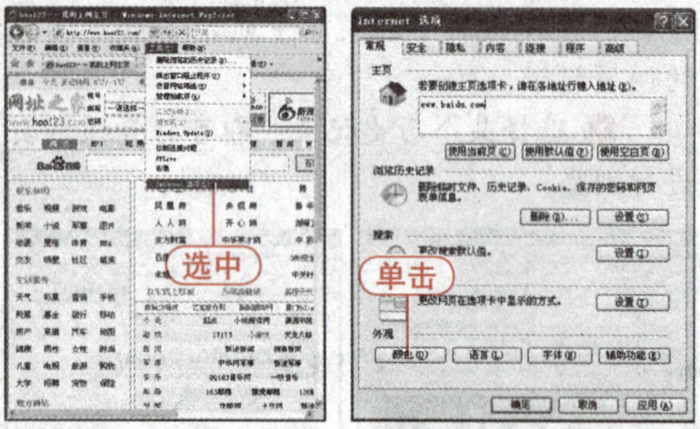

05 重复操作，可以设置【背景】、【访问过的】和【未访问的】选项颜色，然后单击【确定】按钮返回【Internet选项】对话框，单击【确定】按钮完成操作。

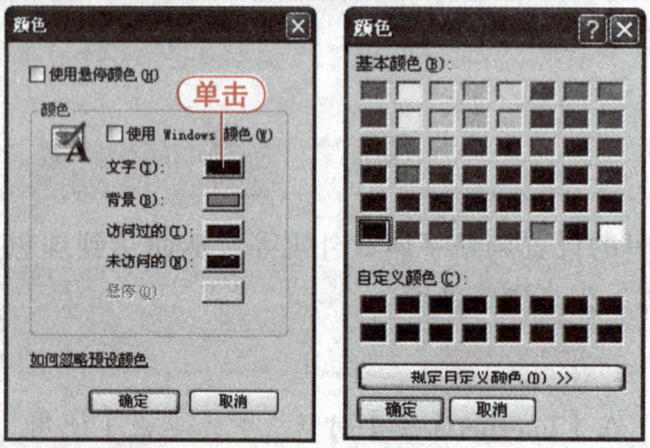

专家指点

选中【颜色】对话框中的【使用Windows颜色】复选框，可以恢复系统默认采用的浏览器外观颜色。

1.4.3 设置字体

如果打开的网页为指定字体，可以通过设置浏览器字体来改变页面显示的字体。

【例1-9】 设置浏览器字体。视频

01 启动IE浏览器，选择【工具】|【Internet选项】命令，打开【Internet选项】对话框。

02 单击【外观】选项区域中的【字体】按钮，打开【字体】对话框。

03 在【网页字体】列表框中可以选择要设置的字体，例如选择楷体，单击【确定】按钮，返回【Internet选项】对话框，单击【确定】按钮完成操作。

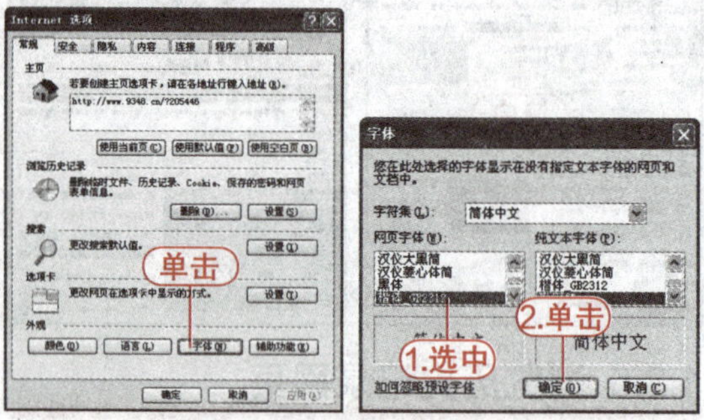

04 如果网页未指定字体，则自动调整会将字体调整为楷体。

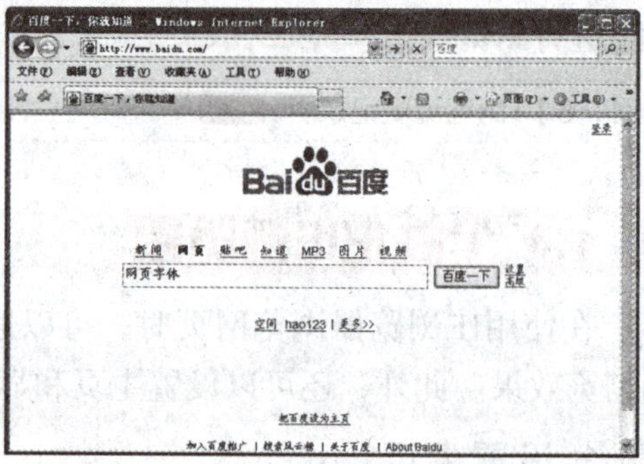

05 要恢复系统默认字体，在【字体】对话框中调整为宋体即可。

1.4.4 加速网页浏览速度

在浏览网页时，可以关闭一些不需要的多媒体元素，例如动画、声音等，从而达到在不升级硬件配置的情况下提高浏览速度。

【例1-10】 提高网页浏览速度。视频

01 启动IE浏览器，选择【工具】|【Internet选项】命令，打开【Internet选项】对话框。

02 单击【高级】选项卡，打开该选项卡对话框。

03 在【设置】列表框中找到【多媒体】选项区域。

04 在该选项区域中取消选中【在网页中播放动画】和【在网页中播放声音】复选

框，然后单击【确定】按钮，返回【Internet选项】对话框。

05 单击【确定】按钮完成操作。

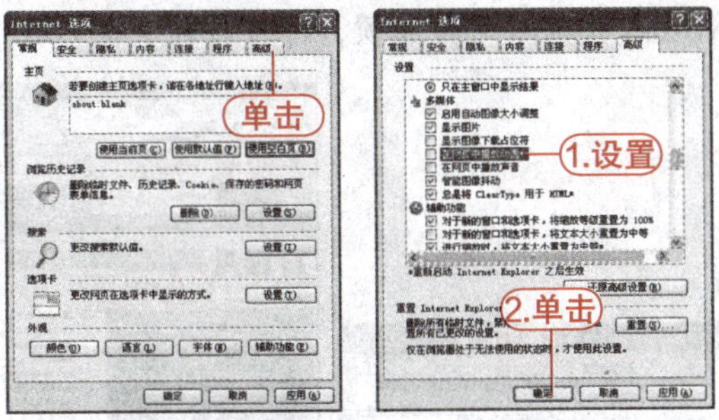

1.4.5 重置IE浏览器

当IE浏览器处于无法使用的状态时，可以重置IE浏览器。但重置浏览器后，将删除临时文件、网页历史记录等。

【例1-11】 重置IE浏览器。视频

01 启动IE浏览器，选择【工具】|【Internet选项】命令，打开【Internet选项】对话框。

02 单击【高级】选项卡，打开该选项卡对话框。

03 单击【重置】按钮，打开【重置Internet Explorer设置】对话框，单击【重置】按钮即可重置IE浏览器。

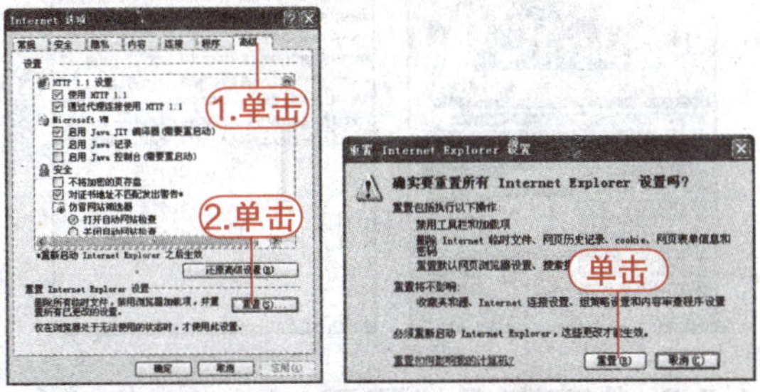

1.5 IE浏览器的实用操作

在了解了有关IE浏览器的基础知识后，下面介绍有关IE浏览器在使用过程中的一些实用操作，包括保存网页、收藏和管理网页、脱机浏览网页、全屏浏览网页等。

1.5.1 保存网页

在进行保存网页操作时，可以将网页的全部内容保存到电脑中。

【例1-12】 保存网页。视频

01 启动IE浏览器，打开所需保存的网页，选择【文件】|【另存为】命令，打开【保存网页】对话框。

02 选择网页保存位置，在【文件名】文本框中输入保存的网页名称，在【保存类型】下拉列表中选中【Web档案，单个文件】选项，单击【保存】按钮，即可保存网页。

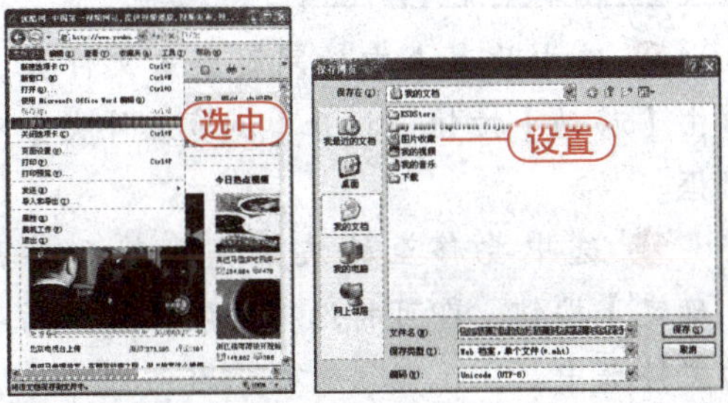

1.5.2 保存网页中的图片和文字

网页中的所有图片都可以单独保存到电脑中，而保存文字操作也就是复制粘贴网页中的文字。

【例1-13】 保存网页中的图片和文字。视频

01 启动IE浏览器，打开一个网页。

02 右击要保存的图片，在弹出的快捷菜单中选中【图片另存为】命令，打开【保存图片】对话框。选择图片保存位置，输入图片保存名称，单击【保存】按钮，保存图片。

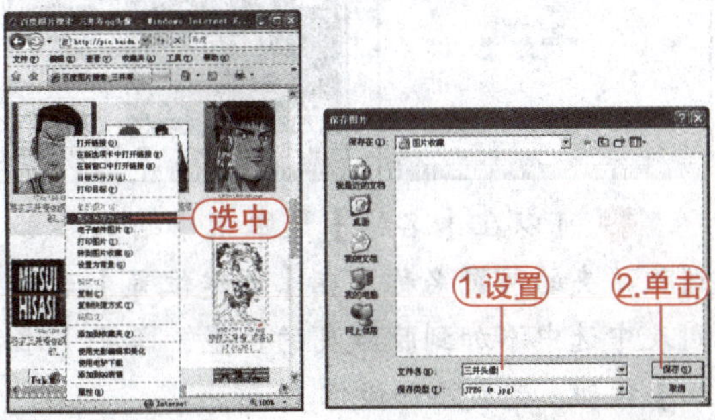

03 打开所需复制文本的网页，选中要复制的文本内容，右击鼠标，在弹出的快捷菜单中选择【复制】命令，复制文本内容。

04 打开记事本(或文本文档、Word文档等)，右击记事本空白位置，在弹出的快捷菜单中选择【粘贴】命令，即可粘贴复制的文本内容。

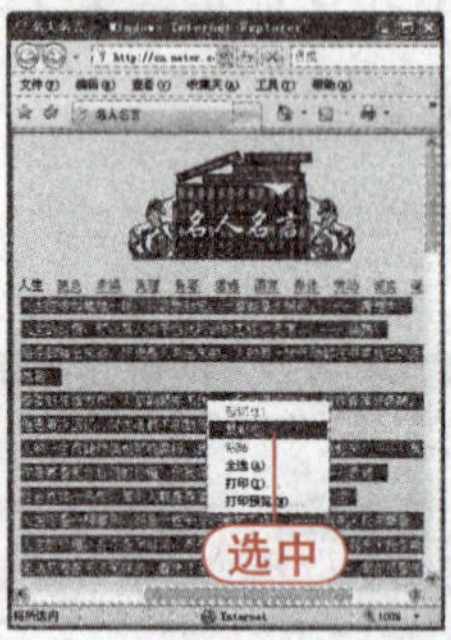

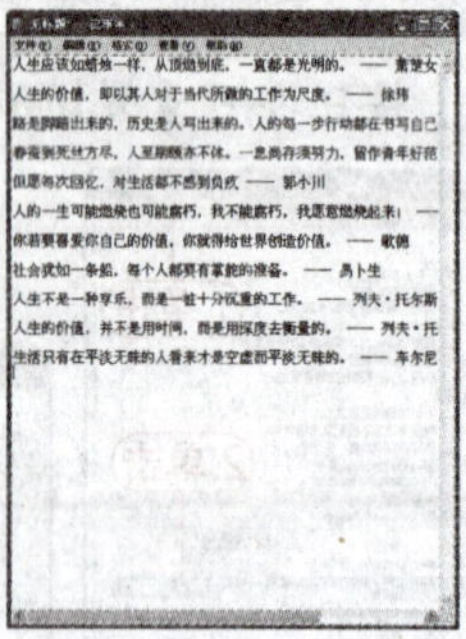

1.5.3 收藏喜爱的网页

将平时经常或喜爱的网页地址添加到收藏夹后，在今后的操作中只需要单击收藏夹中的某个网页即可方便地打开收藏的网页。

【例1-14】收藏网页。视频

01 启动IE浏览器，在地址栏中输入sports.sina.com.cn/nba，按下Enter键，打开NBA体育新闻网页。

02 选择【收藏夹】|【添加到收藏夹】命令，打开【添加到收藏夹】对话框。

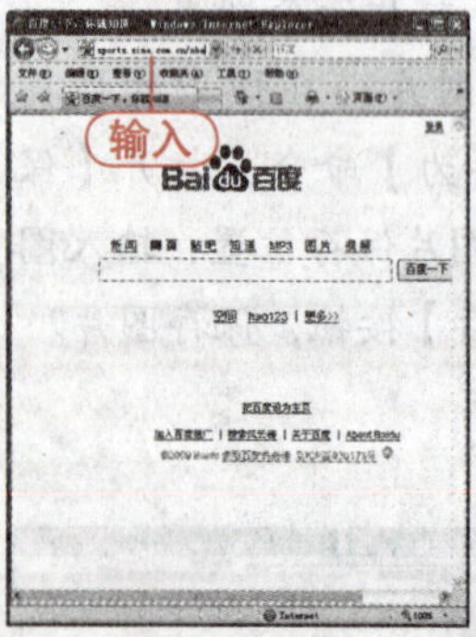

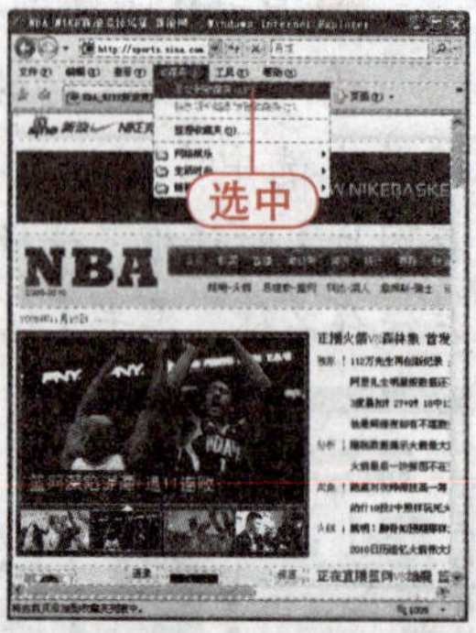

03 可以在【名称】文本框中输入添加到收藏夹的网页名称，在【创建位置】下拉列表中选中添加到收藏夹的位置，单击【添加】按钮，完成添加操作。

04 在下次启动IE浏览器或从当前页面跳转到NBA体育新闻网页，可以选择【收藏夹】命令，在弹出的下拉菜单中选择添加的NBA体育新闻网页选项，即可跳转页面。

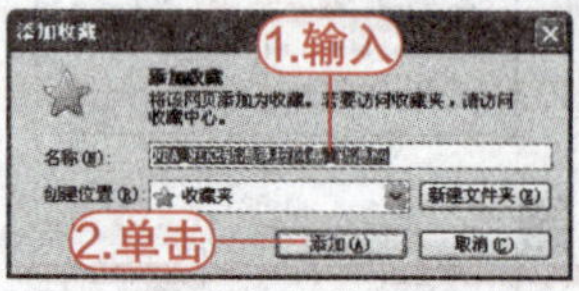

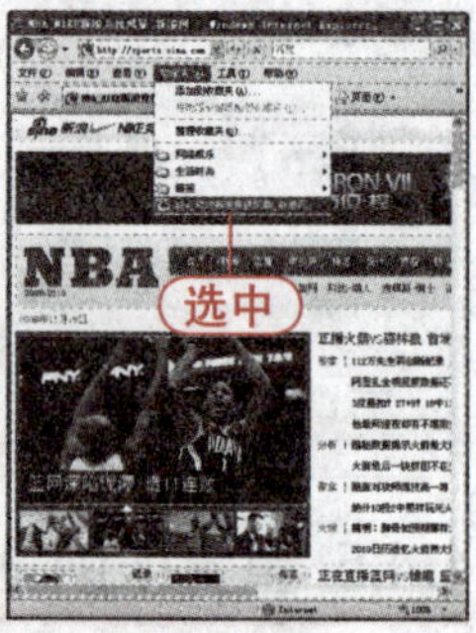

1.5.4 整理收藏的网页

将网页添加到收藏夹后，可以根据实际需要整理收藏夹，例如在收藏夹中创建文件夹、重命名文件夹或网页等。

【例1-15】整理收藏夹。视频

01 启动IE浏览器，选择【收藏夹】|【整理收藏夹】命令，打开【整理收藏夹】对话框。

02 单击【新建文件夹】按钮，可以新建一个文件夹，输入文件夹名称，例如“体育”，按下Enter键即可。

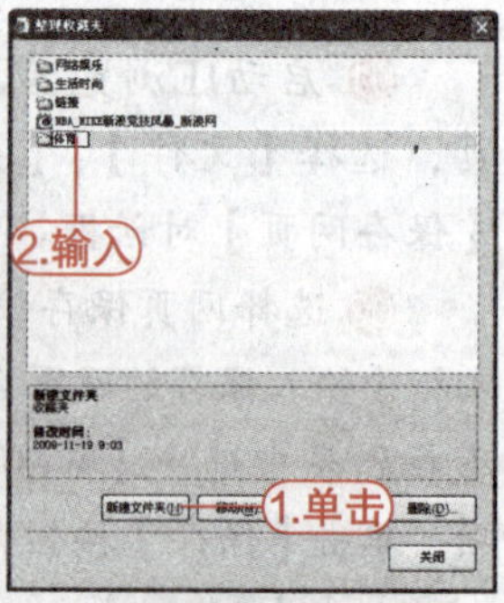

03 选中收藏夹中的网页或者文件夹，单击【移动】按钮，打开【浏览文件夹】对话框。

04 选中要移至的文件夹，然后单击【确定】按钮，即可将选中的网页移至指定的文件夹中。

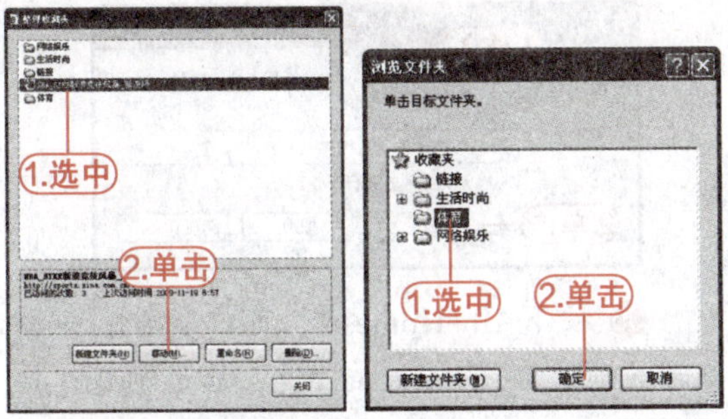

05 选中某个网页或文件夹，单击【重命名】按钮，输入名称，按下Enter键，即可重命名文件夹或网页。

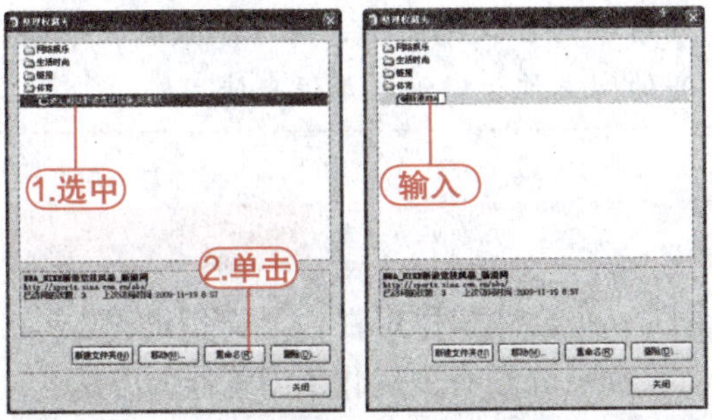

06 选中某个网页或文件夹，单击【删除】按钮，系统会打开一个【确认文件删除】对话框，单击【是】按钮，可以删除文件夹或网页；单击【否】按钮，可以取消操作。

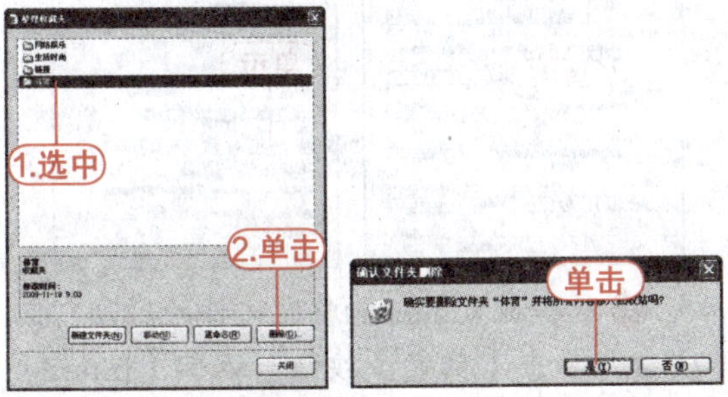

1.5.5 脱机浏览网页

实用IE浏览器浏览网页时，会将最近浏览的网页保存下来，以便下次再浏览该网页时速度更快。而在没有进行网络连接时，实用脱机工作状态，同样可以浏览过去的网页，脱机浏览也就是在不连线的情况下浏览以前查看过的网页。

【例1-16】 脱机浏览网页。视频

01 启动IE浏览器，选择【文件】|【脱机工作】命令，切换到脱机工作状态，在浏览器状态位置会显示图标，表示成功切换到脱机状态。

02 单击【新建文件夹】按钮，可以新建一个文件夹，输入文件夹名称，例如“体育”，按下Enter键即可。

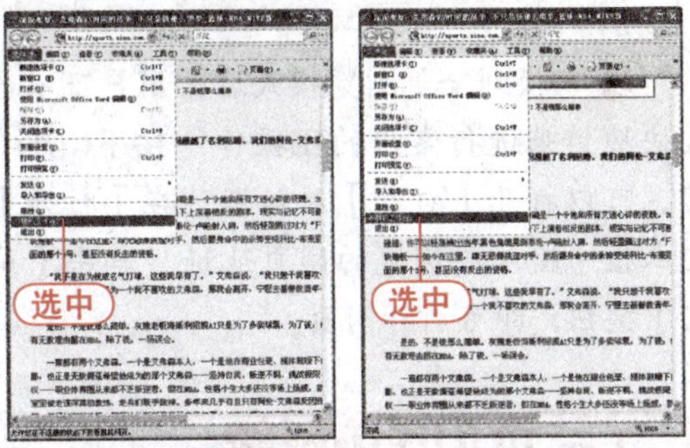

1.5.6 全屏浏览

虽然现在浏览器众多，例如腾讯TT、傲游、火狐等，但IE浏览器作为Windows自带的浏览器，还是最常用的，下面介绍使用IE浏览器进行全屏浏览的方法。

【例1-17】 全屏浏览网页。视频

01 启动IE浏览器，按下F11键，即可切换到全屏浏览网页模式。

02 如果要退出全屏浏览模式，继续按下F11键即可。

03 切换到全屏浏览模式后，标题栏、工具栏、菜单栏等元素都不会显示，只显示状态栏，要隐藏状态栏，选择【查看】|【状态栏】命令即可。

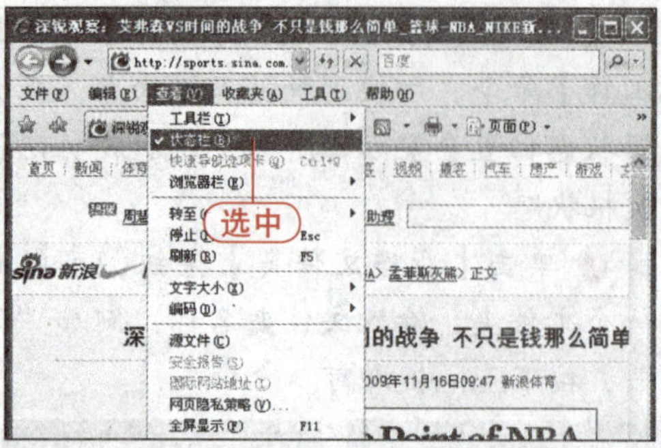

04 切换到全屏浏览模式后，用户可以通过快捷键来进行常用的IE操作，按下Ctrl+O键，可以打开【打开】对话框，在【打开】文本框中输入要浏览的网页地址，单击【确定】按钮，即可打开网页。

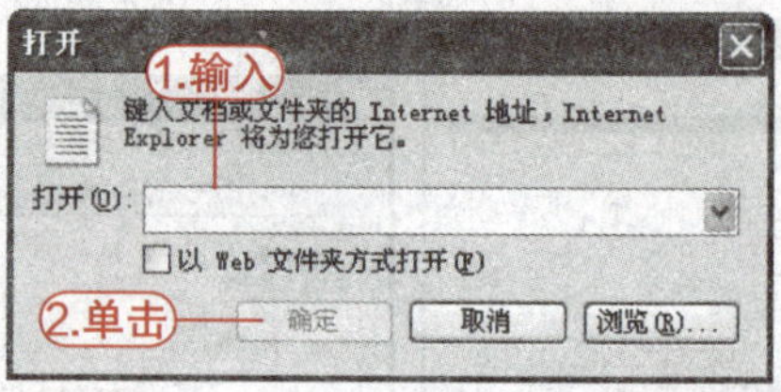

05 按下Alt+Home键，可以跳转到IE浏览器主页；按下Backspace键，后退浏览；按下Alt+→，前进浏览。

注意事项

全屏浏览模式非常适合笔记本电脑以及低分辨率的台式机使用，还可以截取一个漂亮的网页作为壁纸或屏保来使用。

1.6 优化IE浏览器

优化IE浏览器操作可以提升IE浏览器的加速性、安全性和稳定性，无需借助第3方软件，通过IE浏览器的自身设置即可达到优化目的。下面就介绍有关优化IE浏览器的方法。

1.6.1 移动临时文件

IE浏览器在使用过程中会在系统盘内自动地把浏览过的图片、动画、Cookies文本等数据信息保留在C:\Documents and Settings\work hard\ Local Settings\ Temporary\ Internet Files文件夹内，这样的目的是为了便于下次访问该网页时迅速调用已保存在硬盘中的文件，从而加快上网的速度。

不过一旦上网时间过长，临时文件夹的容量的增大，很容易生成磁盘碎片，从而影响系统的正常运行。我们可以修改临时文件的保存路径，减轻系统的负担的同时可以在系统重装后快速恢复临时文件。

【例1-18】 移动临时文件。视频

01 启动IE浏览器，选择【工具】|【Internet选项】命令，打开【Internet选项】对话框。

02 单击【浏览历史记录】选项区域中的【设置】按钮，打开【Internet临时文件和历史记录设置】对话框。

03 单击【移动文件夹】按钮，打开【浏览文件夹】对话框。

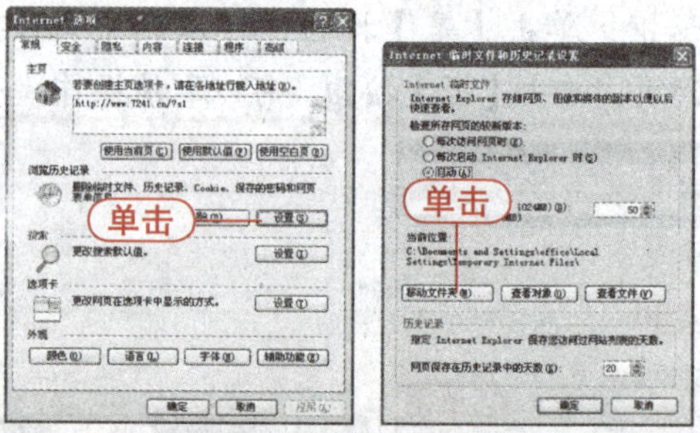

04 选择放置Internet临时文件的磁盘，例如E盘，单击【确定】按钮，返回【Internet临时文件和历史记录设置】对话框。

05 根据实际硬盘空间的大小来设定合适的临时文件夹的容量大小，一般设置在50~250MB之间，单击【确定】按钮完成操作。

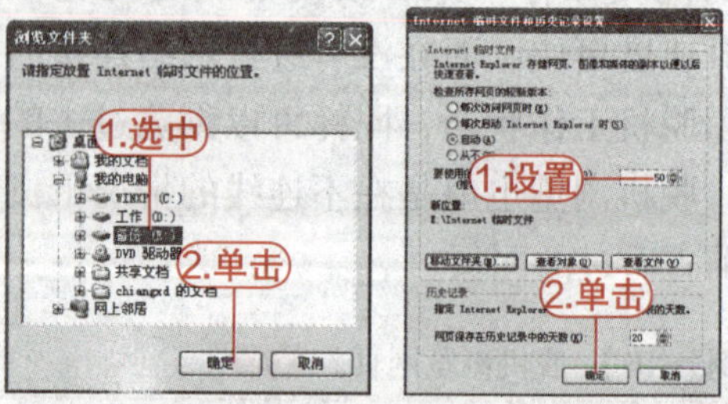

1.6.2 清除历史记录

为了便于访问过的网页，IE浏览器提供了历史记录功能，但历史记录也留下了一定的安全隐患和隐私威胁，此时可以清除历史记录。

【例1-19】 清除浏览历史记录。视频

01 启动IE浏览器，选择【工具】|【Internet选项】命令，打开【Internet选项】对话框。

02 单击【浏览历史记录】选项区域中的【删除】按钮，打开【删除浏览的历史记录】对话框。

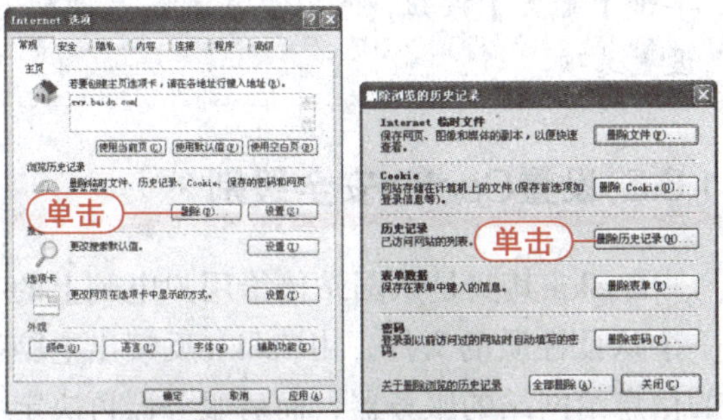

03 单击【删除历史记录】按钮，打开【删除历史记录】对话框，单击【确定】按钮即可清除历史记录。

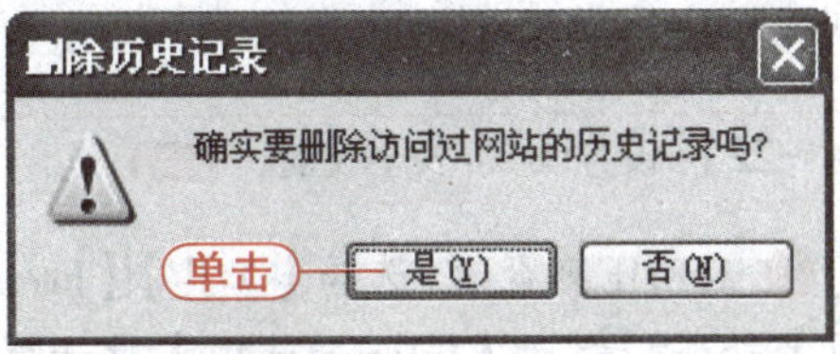

04 在【删除浏览的历史记录】对话框中，可以单击【删除文件】、【删除Cookie】、【删除表单】和【删除密码】按钮分别删除临时文件，Cookie信息、表单键入信息和密码信息。

05 单击【全部删除】按钮，可以删除浏览过的所有信息。

注意事项

Cookie是指某些网站为了辨别用户身份、进行session跟踪而储存在用户本地终端上的数据，是非常重要的加密信息。

1.6.3 设置自动完成

在申请成为某个网站的用户后，在登录该网站时，系统会在第一次输入完用户名和密码后会打开一个【自动完成密码】对话框，询问是否愿意保存密码。

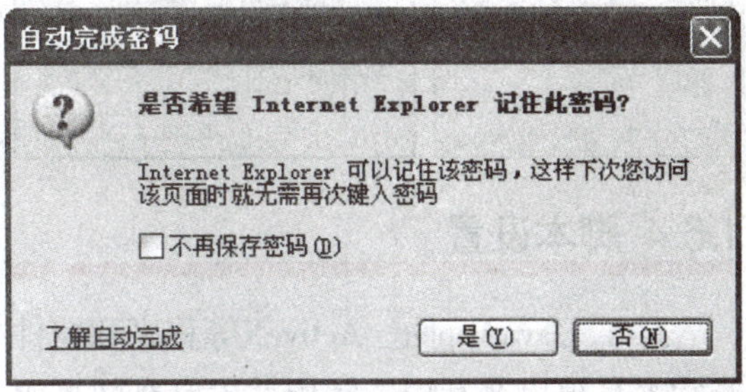

单击【是】按钮则只用输入用户名而不必输入密码（密码输入由IE的自动完成功能提供），但该操作有一个漏洞，如果其他用户一旦输入匹配的用户名的首字母，IE浏览器会自动完成就会让其无需输入密码而拥有进入权限，此时可以通过设置自动完成清除自动完成保留下了的密码和相关权限。

【例1-20】 设置自动完成。视频

01 启动IE浏览器，选择【工具】|【Internet选项】命令，打开【Internet选项】对话框。

02 单击【内容】选项卡，打开该选项卡对话框。

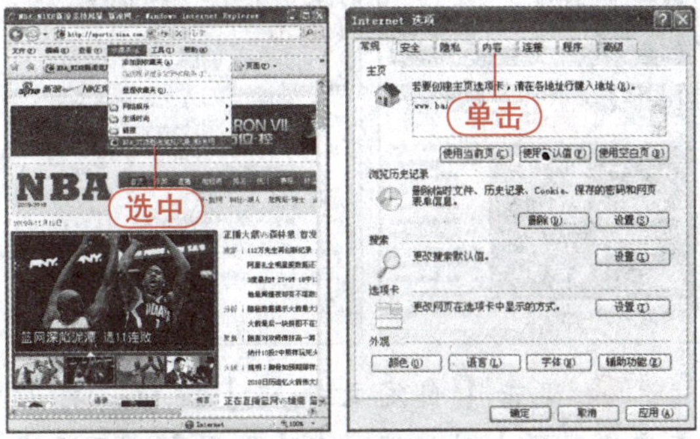

03 单击【自动完成】选项区域中的【设置】按钮，打开【自动完成设置】对话框。

04 在该对话框中可以设置自动完成的功能范围，包括【Web地址】、【表单】、【表单上的用户名和密码】和【提示我保存的密码】4个选项，取消选中要自动完成的选项，单击【确定】按钮即可。

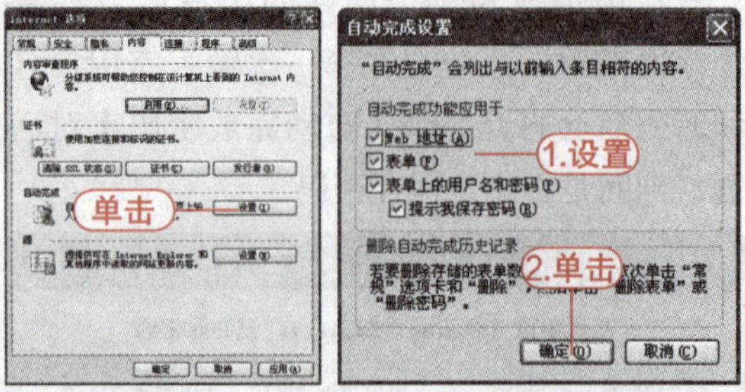

1.6.4 脚本设置

Java、JavaApplet、ActiveX等程序和控件非常容易被黑客利用，常用手段有在网页源文件中加入恶意的Java脚本语言或嵌入恶意控件，造成信息被非法窃取和上网的安全隐患。可以对Java、Javascript等脚本、ActiveX的控件和插件进行限制，以确保IE浏览器的安全性。

【例1-21】 设置IE浏览器脚本。视频

01 启动IE浏览器，选择【工具】|【Internet选项】命令，打开【Internet选项】对话框。

02 单击【安全】选项卡，打开该选项卡对话框。

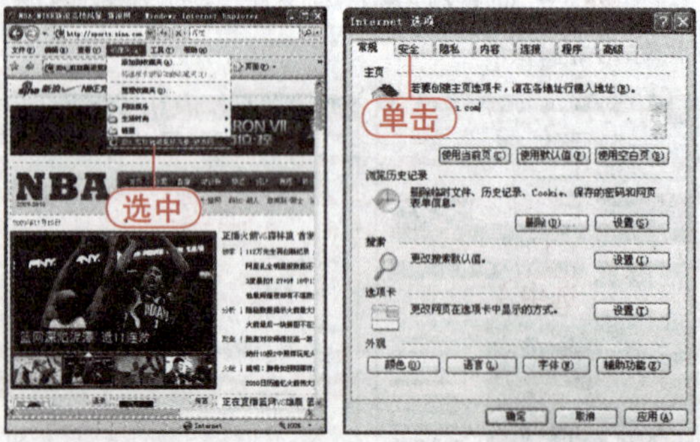

03 单击【自定义级别】按钮，打开【安全设置】对话框，在【设置】选项区域中可以对【ActiveX控件和插件】、Java、【脚本】、【下载】、【用户验证】等安全选项进行选择性设置，例如禁用、启用和提示。

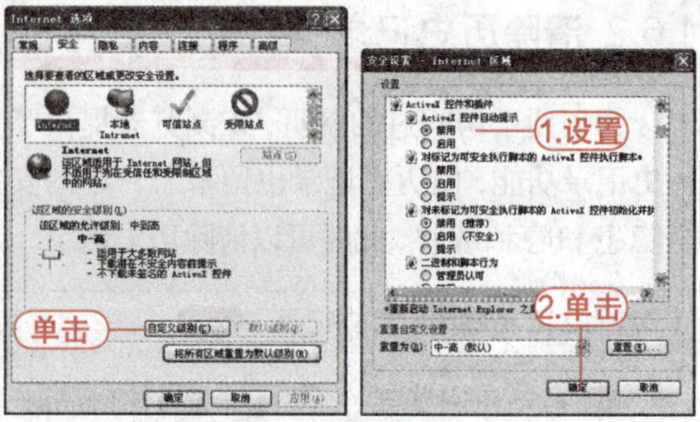

04 在【重置为】下来列表框中可以选择安全级别，单击【确定】即可。

专家指点

单击【重置】按钮，可以重置浏览器脚本设置选项。

1.6.5 设置Cookie安全级别

Cookie其实是从网站传给用户电脑上的一个认证性质的文件，由Cookie反馈出电脑的信息给网站的服务器，而后服务器再决定是否开启相关权限给上网用户的电脑。一旦Cookie被黑客利用，电脑中的私人信息和数据就可能被非法利用，可以设置Cookie安全级别保护IE浏览器不被攻击。

【例1-22】 设置Cookie安全级别。视频

01 启动IE浏览器，选择【工具】|【Internet选项】命令，打开【Internet选项】对话框。

02 单击【隐私】选项卡，打开该选项卡对话框。

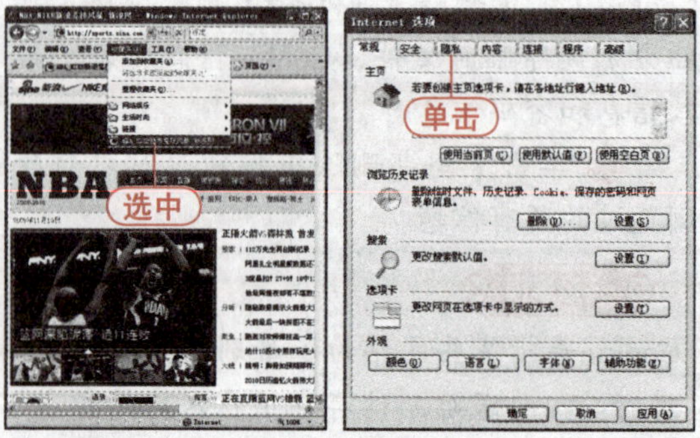

03 通过滑杆可以设置Cookie的隐私设

置，从高到低划分为【阻止所有Cookie】、【高】、【中高】、【中】、【低】和【接受所有Cookie】6个级别，默认采用【中】级别。

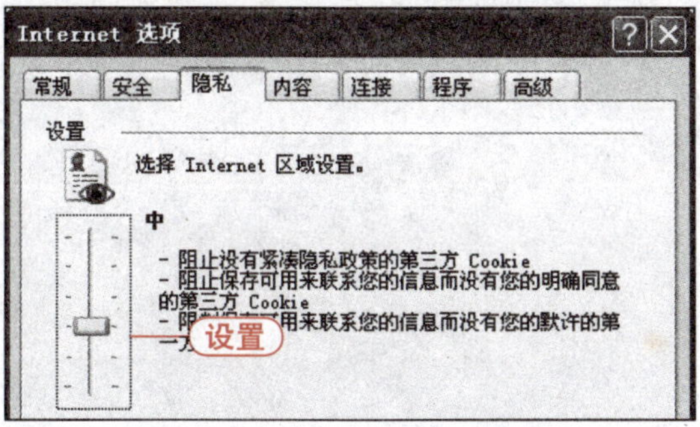

04 单击【确定】按钮完成设置。

1.6.6 信息限制

网络上的信息无奇不有，许多网站采用了先进的html代码和Java脚本，使得IE浏览器遭受到攻击，例如恶意修改IE主页等。此时可以更改信息限制，有效地保护IE浏览器和上网安全。

【例1-23】 设置信息限制。视频

01 启动IE浏览器，选择【工具】|【Internet选项】命令，打开【Internet选项】对话框。

02 单击【内容】选项卡，打开该选项卡对话框。

03 单击【启用】按钮，打开【内容审查程序】对话框。

04 通过滑动滑块设置内容限制，可以设置【无】、【受限的】、【某些】和【不受限的】4个选项，然后单击【确定】按钮，完成设置。

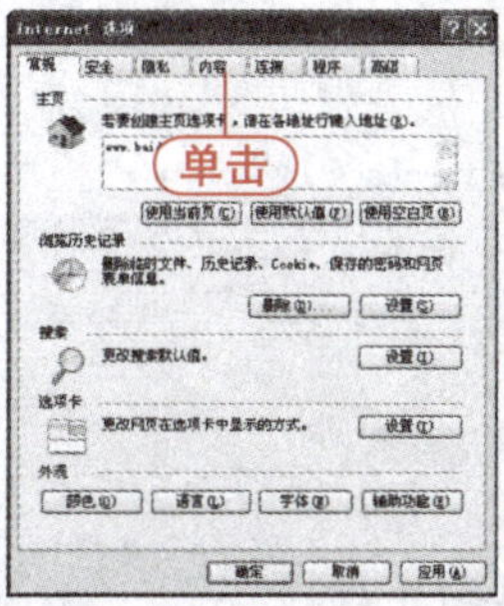

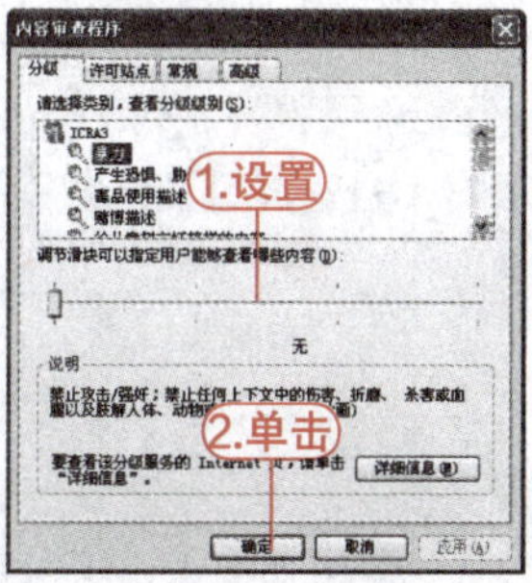

Chapter 02 网络信息完全搜索

网络是一个信息大杂库，几乎涵盖了所有常用的信息，要在茫茫网络大海中找到所需的信息是比较困难的。本章介绍了有关网络信息的搜索方法和技巧，帮助用户以最快地速度寻找到所需的正确信息。

- 使用IE浏览器搜索
- 使用百度搜索引擎
- 使用Google搜索引擎
- 搜索引擎日常应用

参见随书光盘

例2-1 利用地址栏搜索【新浪网】
例2-2 使用IE搜索助手
例2-3 使用百度搜索引擎基本搜索
例2-4 使用百度搜索音乐
例2-5 使用百度搜索图片
例2-6 使用百度知道搜索答案
例2-7 使用百度搜索视频
例2-8 使用Google进行基本搜索
例2-9 使用Google搜索动态图片
例2-10 使用Google搜索视频
例2-11 使用Google搜索音乐
例2-12 使用Google搜索公交线路
例2-13 使用Google翻译器翻译
例2-14 使用Google搜索购物信息
例2-15 搜索天气情况
例2-16 上“好大夫在线”网咨询
例2-17 查询手机号码归属地
例2-18 查询南京市邮编和电话区号
例2-19 跟踪查询快递运单
例2-20 使用265上网导航
例2-21 使用站内搜索引擎

2.1 使用IE浏览器搜索

IE浏览器除了用来浏览网页外，自身也是一个不错的搜索工具，可以帮助用户搜索到想要找寻的网络信息。

2.1.1 使用地址栏搜索

地址栏搜索是基于网络实名，提供给用户使用的全新上网方式。当用户开启网络实名功能后，在浏览器地址栏输入中文，即可直接进入网站，或得到丰富的网页搜索结果。简单来说，地址栏搜索就是在浏览器的地址栏中利用一种更容易记忆的文字（中文或字符）来替代英文的网址访问网站。

【例2-1】 利用地址栏搜索【新浪网】。视频

01 启动IE浏览器，在地址栏中输入文本内容“新浪”，单击Enter键。

02 IE浏览器会进行一系列的分析，自动搜索并打开新浪网主页。

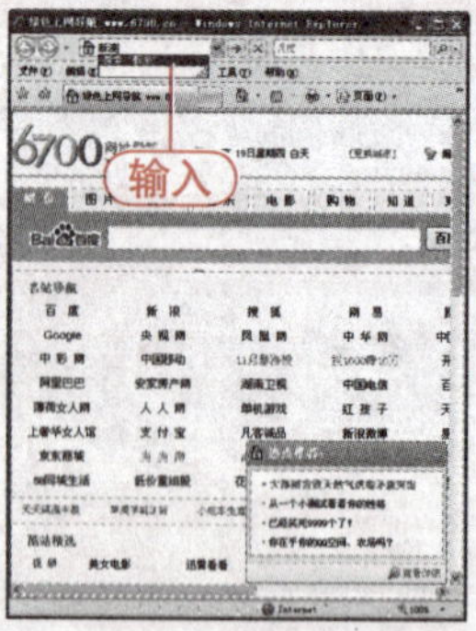

2.1.2 使用IE搜索助手

在打开一个网页后，由于网页信息琳琅满目，用户一时之间可能无法找到想要的信息，利用IE浏览器自带搜索助手，可以方便找寻到所需的信息。此外，利用IE搜索助手，可以选择使用的搜索引擎，无需登录搜索网站即可进行搜索。

【例2-2】 使用IE搜索助手。视频

01 启动IE浏览器，单击【搜索】按钮右侧的下拉箭头，在弹出的下拉菜单中选择【在此页上查找】命令，打开【查找】对话框。

02 在【查找】文本框中输入要在当前打开的网页中查找的内容，例如输入“路易斯-斯科拉”。

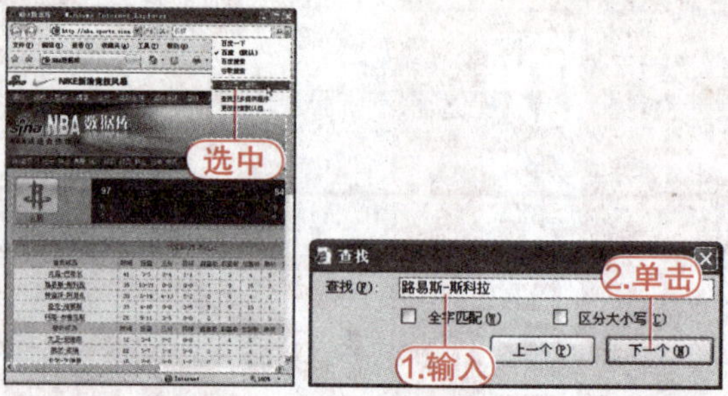

03 单击【下一个】按钮，即可在当前网页中找到与关键字匹配的信息。

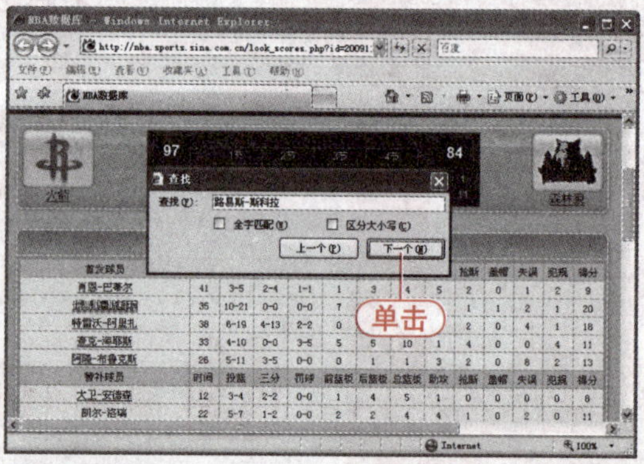

04 关闭【查找】对话框，单击【搜索】按钮右侧的下拉箭头，在弹出的下拉菜单中选择【百度(默认)】命令，选择百度搜索引擎。

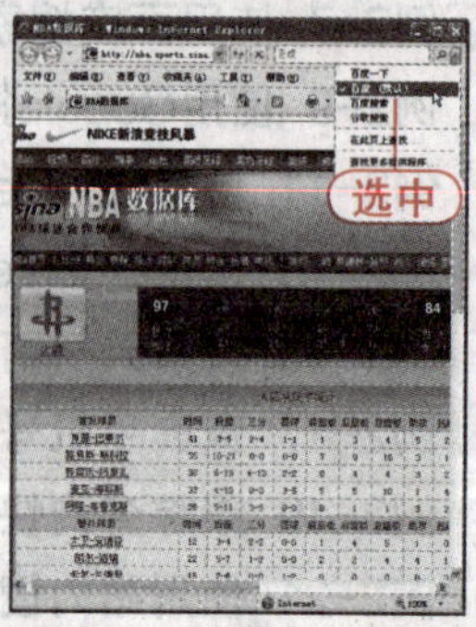

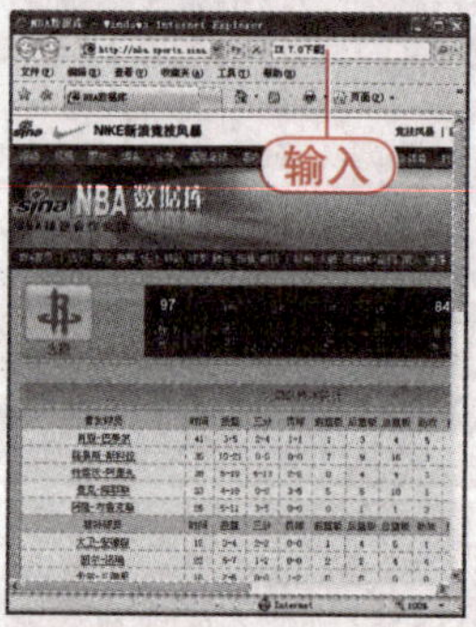

05 在搜索栏中输入“IE 7.0下载”。

06 单击【搜索】按钮或按下Enter键，即可打开百度搜索页面，显示有关IE 7.0浏览器下载信息。

输入搜索内容后，按下Alt+Enter键，可以在新选项卡中显示搜索内容。

2.2 使用百度搜索引擎

百度搜索引擎是国内最常用的搜索引擎之一，只需提供搜索内容和一些相关参数，百度搜索引擎服务器后台程序就会自动工作并将最终结果返回给网站。

2.2.1 百度基本搜索

打开IE浏览器，在地址栏中输入百度主页网址www.baidu.com，按下Enter键打开。只要在搜索框中输入关键词，单击【百度一下】按钮或按下Enter，百度就会自动找出相关的网站和资料，并把最相关的网站或资料排在前列。

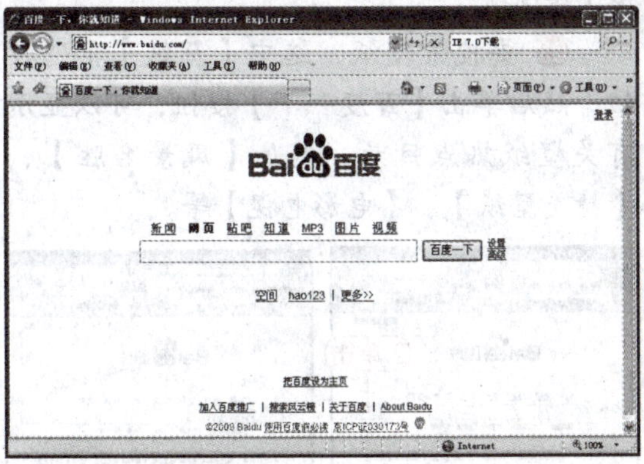

【例2-4】 使用百度搜索引擎基本搜索。视频

01 启动IE浏览器，在地址栏中输入网址www.baidu.com，按下Enter键，打开百度主页。

02 在搜索栏中输入要搜索的信息，例如输入“levi's官网”，在输入时会自动年显示与输入内容匹配的搜索内容。

03 单击【百度一下】按钮，即可打开搜索结果页面，显示相关的搜索信息。

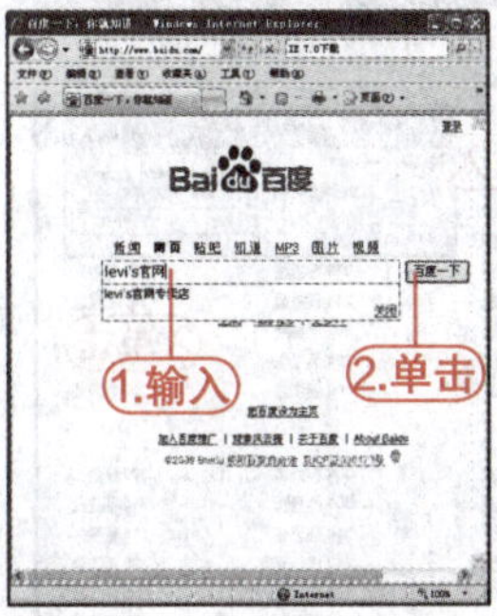

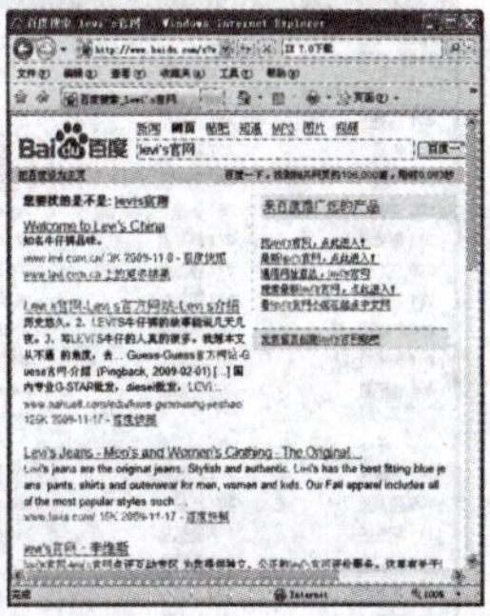

2.2.2 搜索音乐

在百度MP3页面中，用户可以便捷地找到最新、最热的歌曲。此外，百度MP3还提供了丰富、权威的音乐排行榜，指引华语音乐的流行方向。特有的音乐掌门人是强大的音乐分享平台，用户可以发布个性专辑，分享音乐体验。

【例2-4】 使用百度搜索音乐。视频

01 启动IE浏览器，在地址栏中输入网址mp3.baidu.com，按下Enter键，打开百度MP3页面。

02 在该页面中显示有【新歌TOP 100】、【歌曲TOP 500】、【经典老歌】、【歌手TOP 200】等栏目。

03 搜索有关陈奕迅的歌曲，可以单击【歌手TOP 200】栏目中的【歌手列表】链接，打开歌手列表页面。

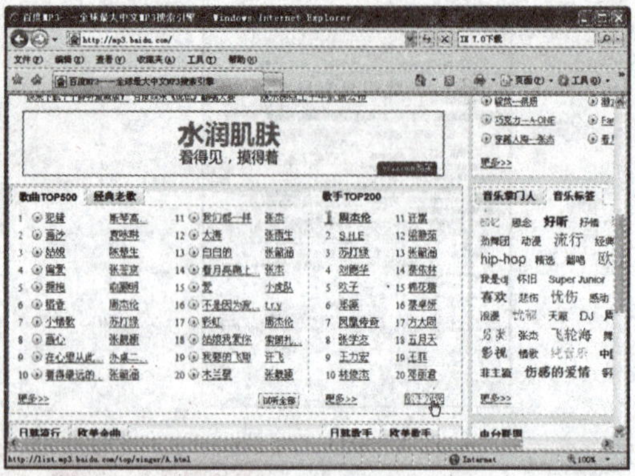

04 可以根据歌手条件找到页面中的歌手，也可以利用IE浏览器的搜索助手，输入歌手名称，搜索歌手链接。

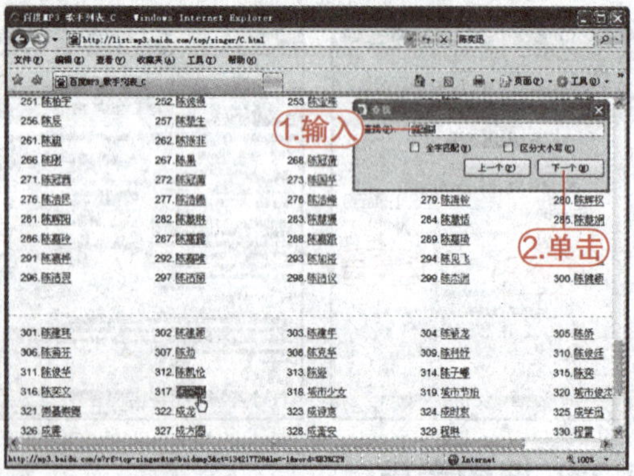

05 单击歌手链接即可打开该歌手的所有歌曲，同时还包括歌曲名、专辑名、大小、音乐格式和链接度等信息。

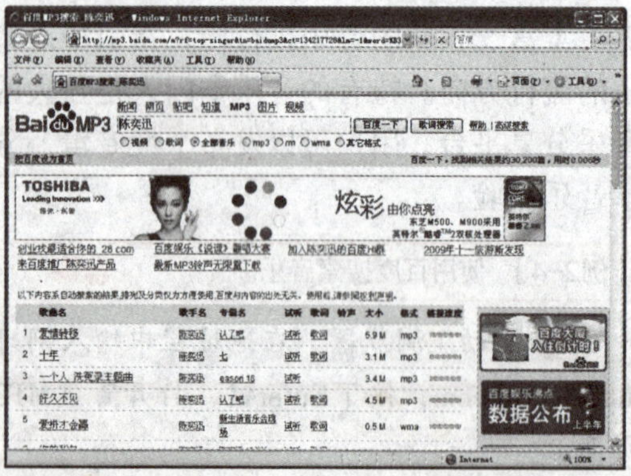

06 如果要搜索某一首歌曲，返回百度MP3页面，在地址栏中输入要搜索的歌曲，例如输入“稻香”。

07 单击【百度一下】按钮，即可显示搜索结果，同样会显示该歌曲的大小、音乐格式和链接度等信息。

2.2.3 搜索图片

百度图片是中文图片搜索引擎，百度从众多中文网页中提取各类图片，建立了世界第一的中文图片库。

【例2-5】 使用百度搜索图片。 视频

01 启动IE浏览器，在地址栏中输入网址image.baidu.com，按下Enter键，打开百度图片页面。

02 在搜索栏下方显示了【新闻图片】、【全部图片】、【壁纸】、【表情】和【头像】等选项。

03 要搜索壁纸，选中【壁纸】单选按钮，然后单击【百度一下】按钮，可以显示有关壁纸热点目录，例如【风景名胜】、【精美壁纸】、【电影电视】等。

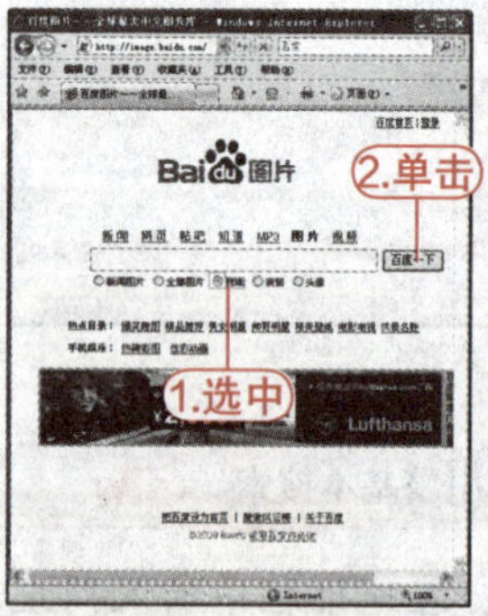

04 单击【风景名胜】链接，打开有关风景名胜图片目录。

05 如搜索西藏的布达拉宫，单击【布达拉宫】链接，即可打开有关布达拉宫的壁纸图片。在打开的页面中，可以单击上方【图片尺寸】选项区域中的分辨率显示不同大小的壁纸图片。

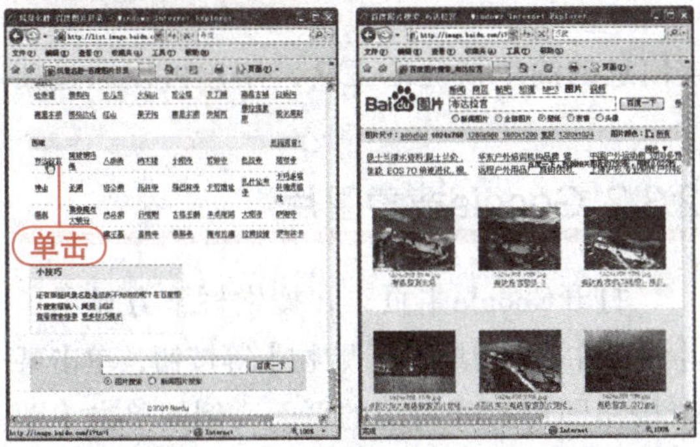

06 返回百度图片页面，在搜索栏中输入“海贼王”，选中【头像】单选按钮，单击【百度一下】按钮，显示有关海贼王的头像图片。

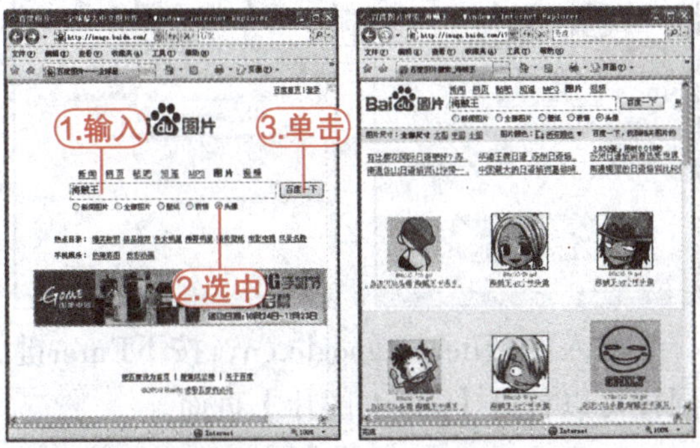

2.2.4 搜索问题

百度知道是一个基于搜索的互动式知识问答分享平台，最大特点在于和搜索引擎的完美结合，让用户所拥有的隐性知识转化成显性知识，用户既是百度知道内容的使用者，同时又是百度知道的创造者，在这里累积的知识数据可以反映到搜索结果中。通过用户和搜索引擎的相互作用，实现搜索引擎的社区化。

【例2-6】 使用百度知道搜索答案。 视频

01 启动IE浏览器，在地址栏中输入网址zhidao.baidu.com，按下Enter键，打开百度知道页面。

02 在搜索栏中输入要搜索的问题，例如输入“GOLF6怎么样？”。

03 单击【搜索答案】按钮，在打开的页面中显示了有关GOLF6的提问内容。

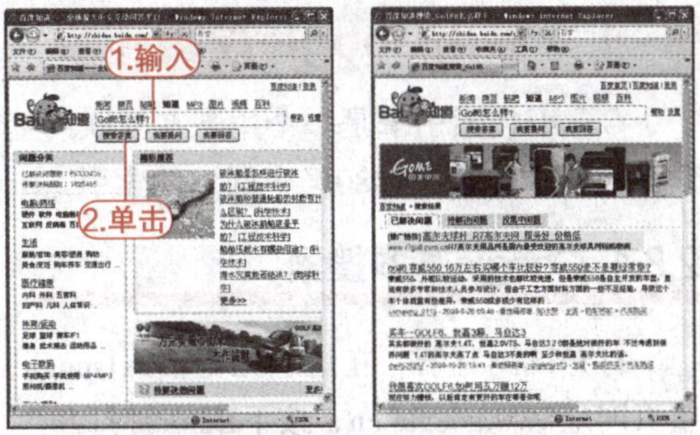

2.2.5 搜索视频

百度视频是百度汇集互联网众多在线视频播放资源而建立的庞大视频库。它拥有最多的中文视频资源，提供用户最完美的观看体验。

【例2-7】 使用百度搜索视频。 视频

01 启动IE浏览器，在地址栏中输入网址video.baidu.com，按下Enter键，打开百度视频页面。

02 在搜索栏中输入要搜索的视频关键字，例如输入“C罗过人”。

03 单击【百度一下】按钮，在打开的页面中显示了要搜索的视频内容。

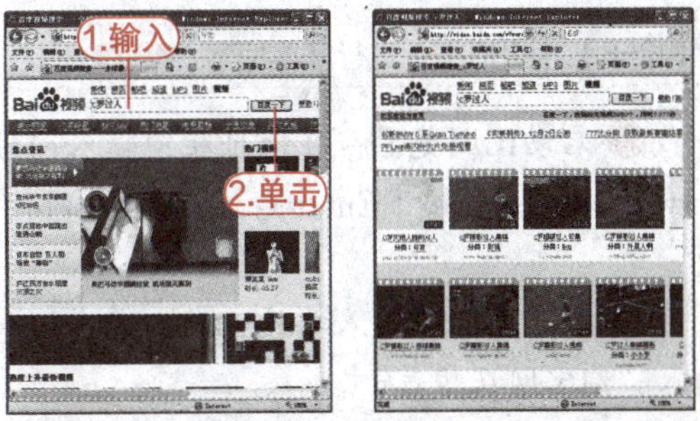

04 单击某个视频，即可打开视频观看。

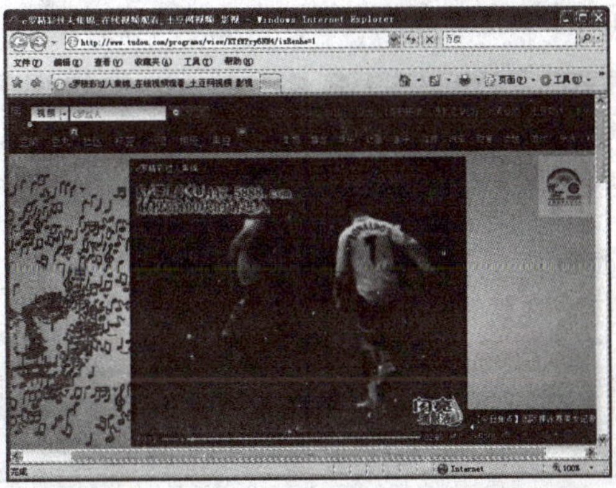

2.3 使用Google搜索引擎

Google搜索引擎是一个用来在互联网上搜索信息的简单快捷的工具，用户可以通过搜索访问一个包含超过80亿个网址的索引。

2.3.1 Google基本搜索

打开IE浏览器，在地址栏中输入Google主页网址www.google.cn，按下Enter键打开。只要在搜索框中输入关键词，单击【Google搜索】按钮或按下Enter，Google就会自动找出相关的网站和资料，并把最相关的网站或资料排在前列。

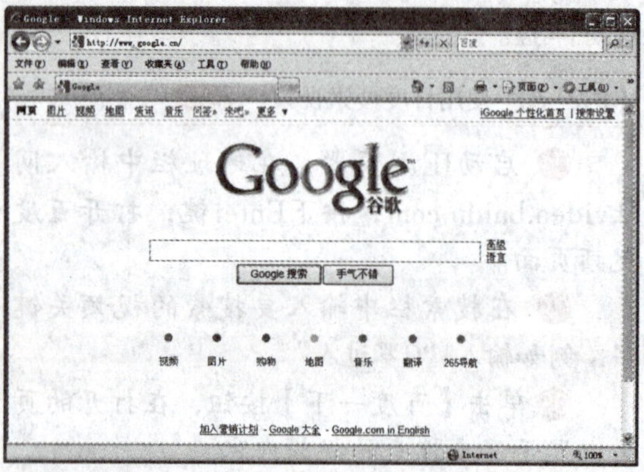

【例2-8】 使用Google进行基本搜索。视频

01 启动IE浏览器，在地址栏中输入网址www.google.cn，按下Enter键，打开Google主页。

02 在搜索栏中输入要搜索的内容，例如输入“淘宝网店推荐”。

03 单击【Google搜索】按钮，在打开的页面中显示了有关淘宝网店推荐内容。

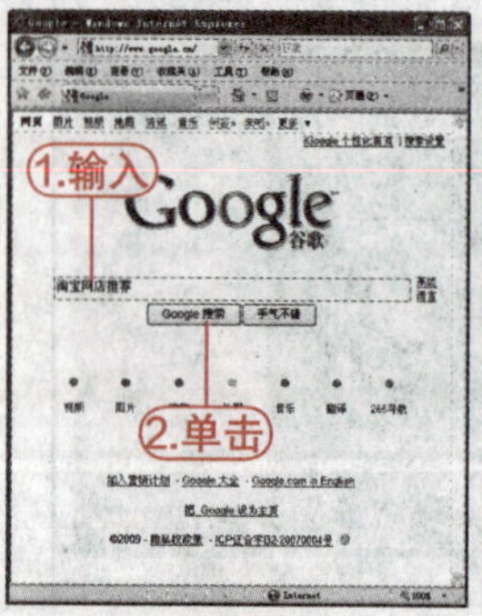

2.3.2 Google搜索图片

打开Google主页，在搜索栏下方显示了【视频】、【图片】、【购物】等按钮，单击某个按钮即可打开对应的页面，例如单击【图片】按钮，即可打开【google图片】页面。

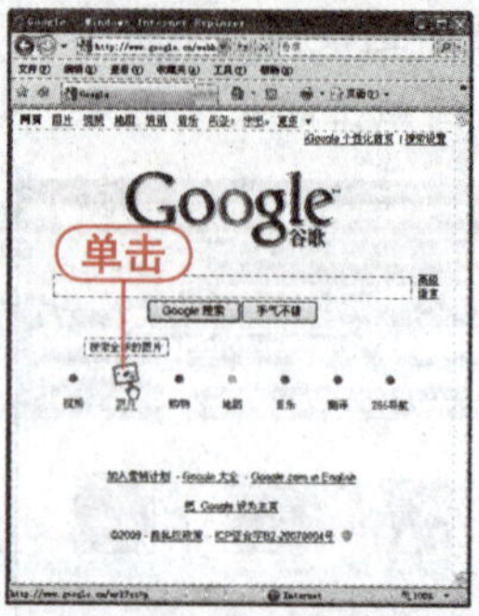

输入网址image.google.cn，按下Enter键同样可以打开【google图片】页面。

【例2-9】 使用Google搜索动态图片。视频

01 启动IE浏览器，在地址栏中输入网址image.google.cn，按下Enter键同样可以打开【google图片】页面。

02 在搜索栏中输入“动态图片”，单击【搜索图片】按钮，在打开的页面中即可显示动态图片。

2.3.3 Google搜索视频

Google视频是非常强大的视频搜索引

擎，它容纳了中文视频网站上最热门的内容，包括电影、电视剧、名人明星、原创、音乐、体育、动漫游戏、电视等栏目。

【例2-10】 使用Google搜索视频。视频

01 启动IE浏览器，在地址栏中输入网址video.google.cn，按下Enter键，打开【google视频】页面。

02 在搜索栏中输入要搜索的视频，例如输入“12回合”。

03 单击【搜索视频】按钮，在打开的页面中显示了所有相关关键字的视频。

04 在页面左侧的【列表视图】列表框中显示了有关该视频的视频列表，包括片长、时间、排序、画质和来源，单击【高画质】链接，打开高画质视频。

05 单击所需观看的视频，在打开的页面中即可观看视频。

2.3.4 Google搜索音乐

在Google音乐搜索可以搜索到最新的音乐、最全面的专辑信息、同时它也提供了丰富的中外流行音乐排行榜。

【例2-11】 使用Google搜索音乐。视频

01 启动IE浏览器，在地址栏中输入网址music.google.cn，按下Enter键，打开【google音乐】页面。

02 在该页面中显示了【华语新歌】、【华语热歌】、【音乐榜单】等栏目，用户可以进入相应的栏目页面搜索歌曲。

03 在搜索栏中输入要搜索的歌曲，例如输入“幸福不灭”。

04 单击【搜索音乐】按钮，在打开的页面中显示了要搜索的歌曲。

2.3.5 Google搜索地图

Google地图是一款非常人性化的搜索引擎，可以在Google地图上查找本地商户、查看卫星地图、获取公交和驾车路线。

【例2-12】 使用Google搜索公交线路。视频

01 启动IE浏览器，在地址栏中输入网址map.google.cn，按下Enter键，打开【google地图】页面。

02 在搜索栏中输入要查询的地址，例如输入“珠江路”，单击【搜索地图】按钮。

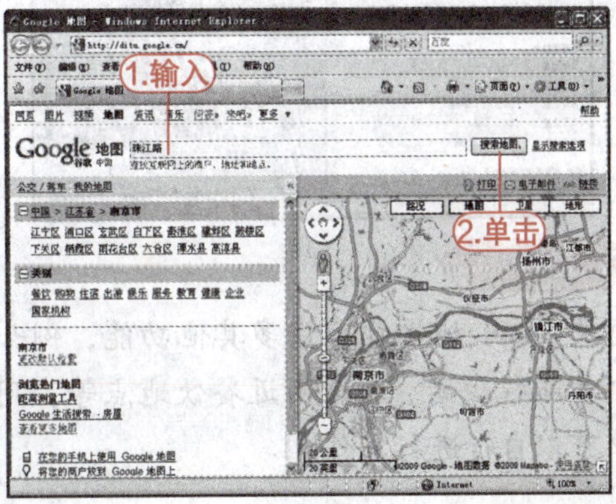

03 在打开的页面中显示了珠江路所在的地图位置，单击左侧的【获取路线】链接，可以查询到达珠江路的路线。

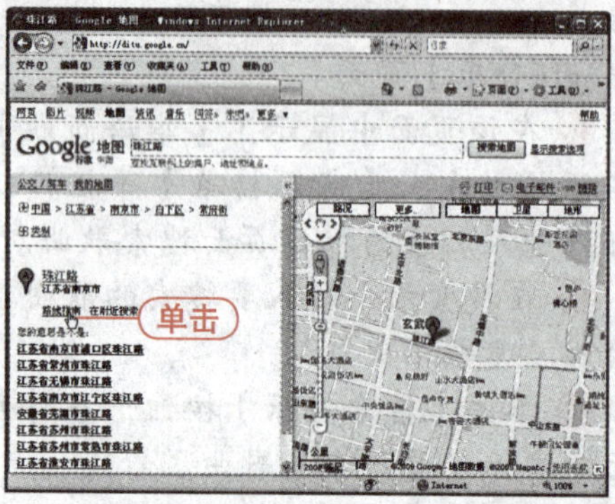

04 在地址A文本框中输入要查询的起始地址，在地址B文本框中输入要查询的终点地址，在下面的下拉列表中选择【乘公共交通工具】选项，单击【公交/驾车】按钮。

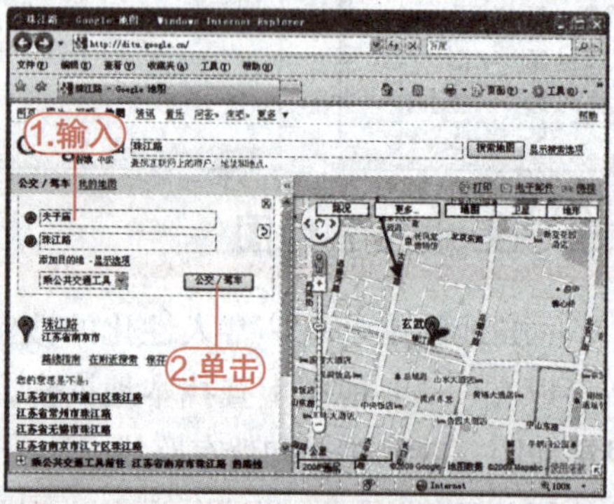

05 在打开的页面中显示了起始地址到终点地址的公交线路和路程距离。

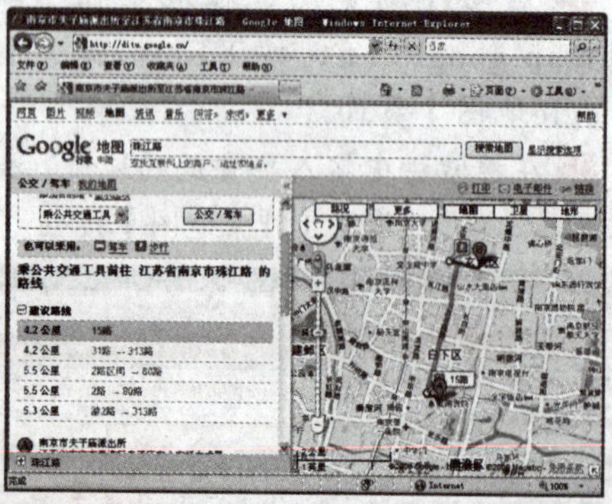

注意事项

有关Google地图还有许多其他功能，例如测量路程距离、搜索附近餐饮地点等，用户可以自行进行操作。

2.3.6 使用Google翻译

Google提供免费的在线语言翻译服务可以即时翻译文本和网页。该翻译器支持中文（简体）、英语、阿拉伯语等多种语言直接的互相翻译。

【例2-13】 使用Google翻译器翻译。 视频

01 启动IE浏览器，在地址栏中输入网址translate.google.cn，按下Enter键，打开【google翻译】页面。

02 在文本框中输入要翻译的网页地址www.263.com，单击【翻译】按钮。

03 打开网页，在上方的Google翻译器的【源语言】下拉列表中选择【中文】选项，在【目标语言】下拉列表中选择【英语】选项，单击【翻译】按钮。

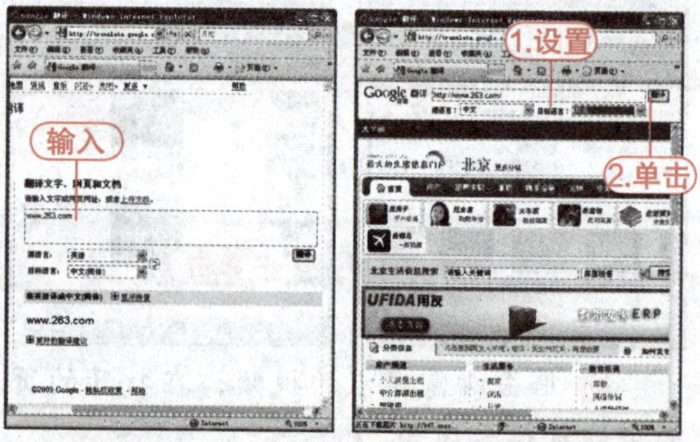

04 Google翻译器开始运行，将当前网页中除图片、动画以外的所有文本内容从中文翻译为英文。

05 返回Google翻译页面，在文本框中输入要翻译的英文单词。

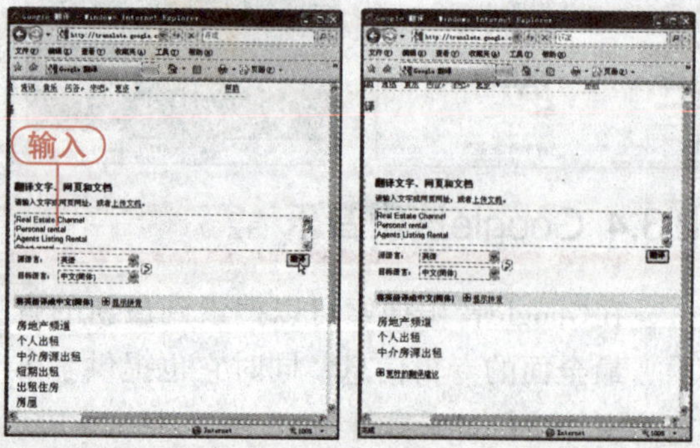

06 在【在源语言】下拉列表中选择【英语】选项。

07 在【目标语言】下拉列表中选择【中文(简体)选项】，即可进行在线文本翻译，在下方显示了翻译后的内容。

08 单击【互换语言】按钮，可以进行语言互换翻译操作。

09 单击【朗读此译文】按钮，可以在线收听该译文的朗读语音。

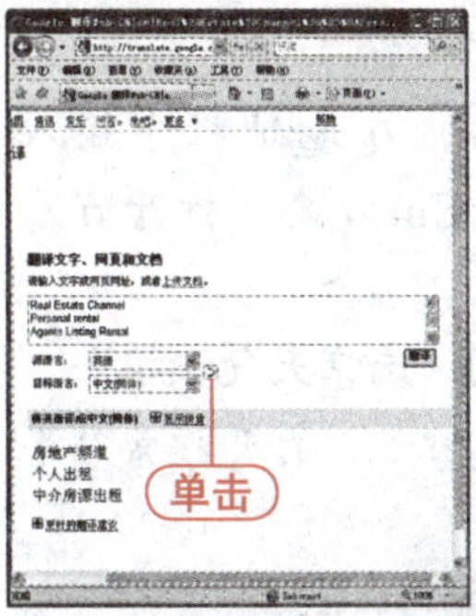

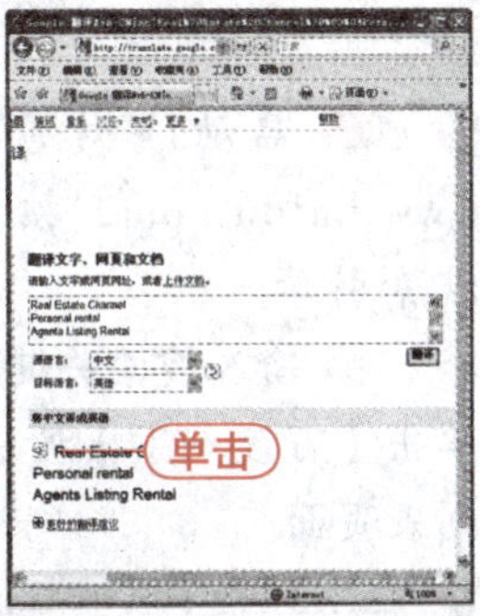

2.3.7 Google搜索购物信息

Google购物搜索信息数据主要来源于简体中文的在线购物网站，例如淘宝、腾讯拍拍、易趣网、卓越亚马逊等。

【例2-14】 使用Google搜索购物信息。 视频

01 启动IE浏览器，在地址栏中输入网址www.google.cn/gouwu，按下Enter键，打开Google购物搜索。

02 在搜索栏中输入要购买的商品“Levi's 901牛仔裤”，单击【搜索商品】按钮。

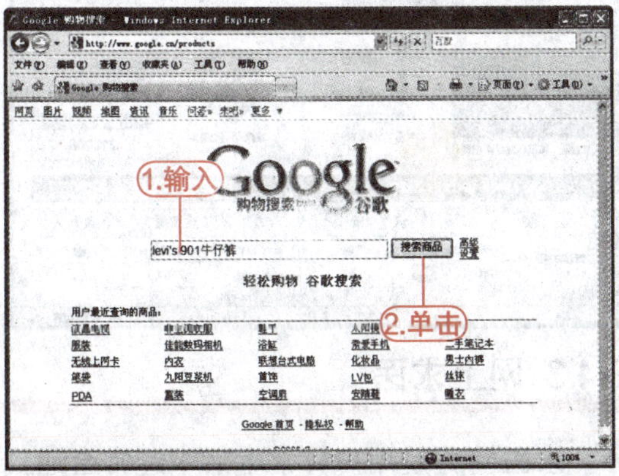

03 在打开的页面中显示了各大主流购物网站的相关商品。

04 在【排列方式】下拉列表中可以选择商品排列方式，例如【价格从低到高】、【商品评分】等。

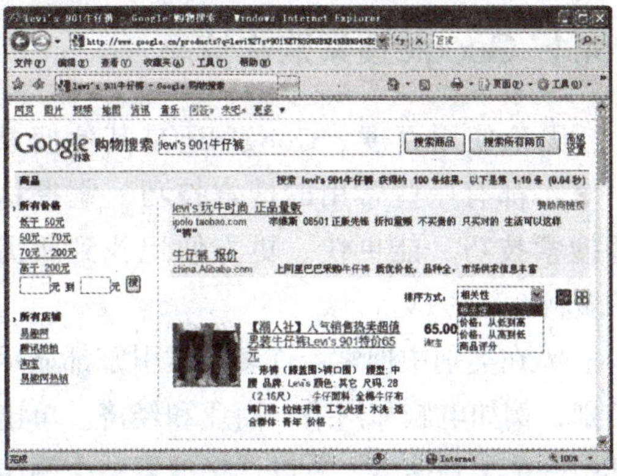

05 单击【显示网格】视图按钮，可以以网格形式显示商品。

06 在页面左侧列出了视图目录，可以选择商品所在店铺、选择商品价格区间，例如输入300元~800元之间。

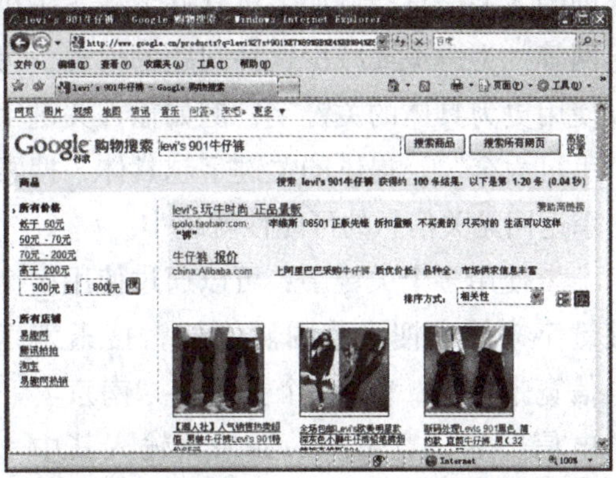

07 单击商品，可以打开商品页面，了解并购买商品。

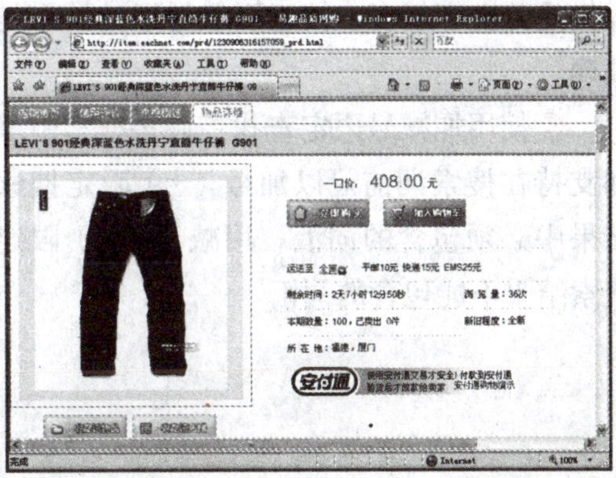

2.4 搜索引擎日常应用

互联网是知识和信息的海洋，使用搜索引擎可以方便快捷地找到所需的任何资源，下面以日常生活中常用的搜索操作为基础，介绍搜索引擎的日常应用。

2.4.1 Google搜索购物信息

无论使用百度、Google还是其他搜索引擎，都有一些常用的搜索技巧。掌握这些搜索技巧，能更快、更方便地找到所需的资源。

- 在类别中搜索：许多搜索引擎都显示类别，例如电脑和网络、商业和经济。单击其中一个类别搜索，可以选择搜索整个网络或当前类别。避免搜索大量无关的信息。

- 使用具体的关键字：如果要搜索以手机为主题的信息，可以输入关键字“手机”，搜索引擎会返回大量包含【手机】关键词的无关信息，例如手机软件下载、手机上网等。为避免或减少这种问题的出现，可以使用更为具体的关键字，例如输入关键字“手机大全”。提供的关键字越具体，搜索引擎返回无关信息的可能性就越小。

- 使用多个关键字：可以通过使用多个关键字来缩小搜索范围。例如，搜索南京电信宽带信息，输入3个关键字“南京”、“电信”和“宽带”。如果只输入其中一个或两个关键字，搜索引擎就会返回诸如南京电信局、上海电信宽带等无关信息。提供的关键字越多，搜索引擎返回的结果越精确。

- 使用加减号限定查找：许多搜索引擎都支持在搜索词前冠以加号（+）限定搜索结果中必须包含的词汇。用减号（-）限定搜索结果不能包含的词汇。

2.4.2 查询天气情况

通过搜索，可以迅速获取当前天气情况和未来几天的天气预报。

【例2-15】搜索天气情况。视频

01 启动IE浏览器，在地址栏中输入www.baidu.com，按下Enter键，打开百度搜索引擎。

02 输入搜索关键词“南京天气预报”，单击【百度一下】按钮 百度一下，打开搜索结果列表页面。

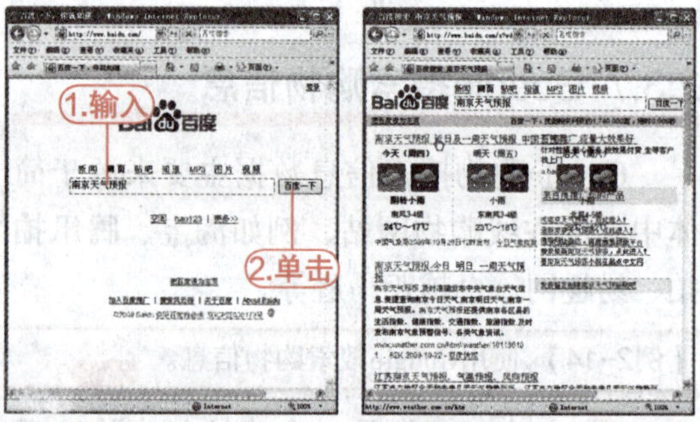

03 单击其中一个信息标题链接，打开该链接网页，显示南京地区实时天气情况。

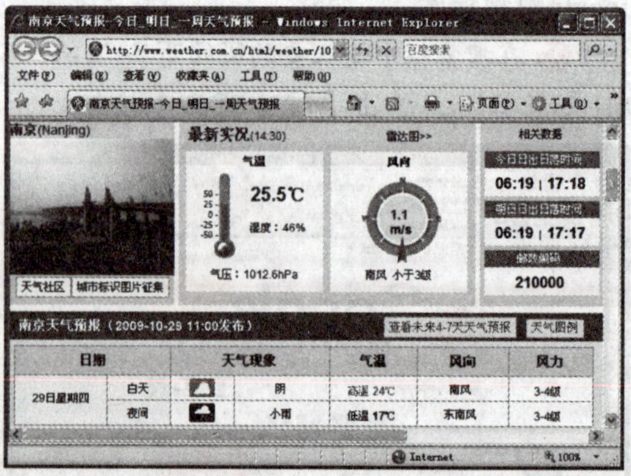

2.4.3 网上求医

求医问药是用户日常生活中经常会遇到的麻烦事，花钱费力不算，还不一定能有好的效果，其实这一难题同样可以利用网络来解决，享受完全免费的在线医疗给您带来的贴心服务。

【例2-16】上“好大夫在线”网咨询。视频

01 启动IE浏览器，在地址栏中输入网址www.haodf.com，按下Enter键，打开【好大夫在线】首页。

02 单击页面顶部位置的【注册】链接，打开【用户注册】页面。

03 填写注册信息，单击【同意服务条款，注册！】按钮提交信息。

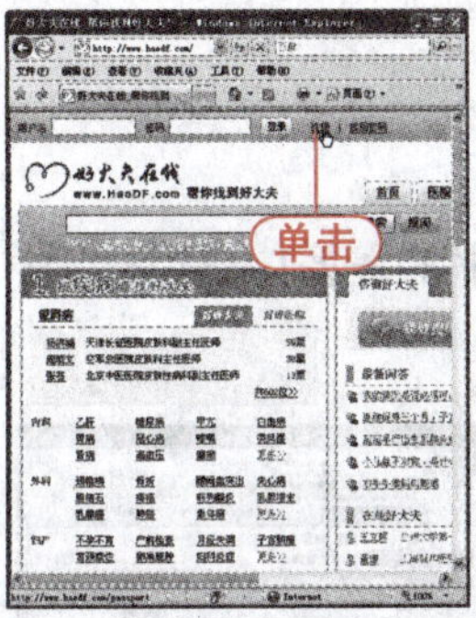

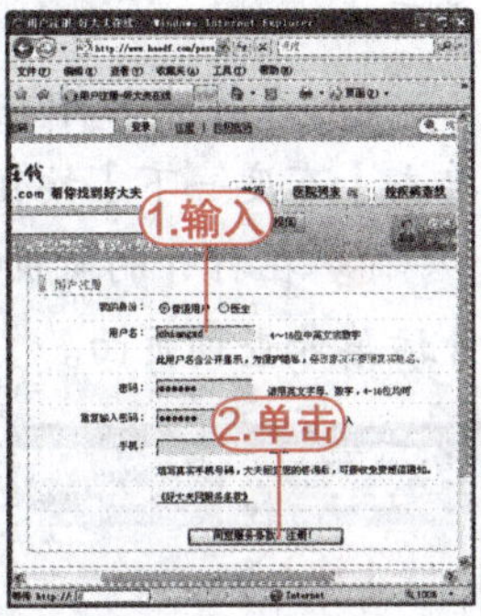

04 注册用户后登录【好大夫在线】首页，单击【我要提问】按钮。

05 打开【咨询提问】页面，在【填写患者资料】选项区域中，填写患者姓名、患者年龄、性别、所在省市与患者的关系等信息。

06 单击【提交咨询】按钮，打开【发表成功】的提示页面。

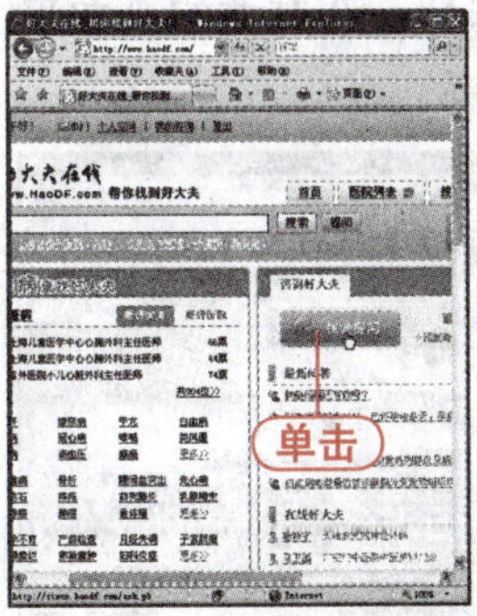

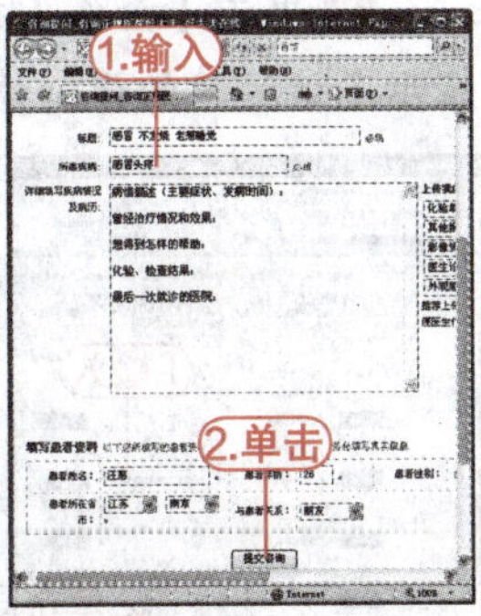

07 提交咨询后，好大夫会在最快时间内回复你的咨询问题，然后再根据提示进行在线交流咨询。

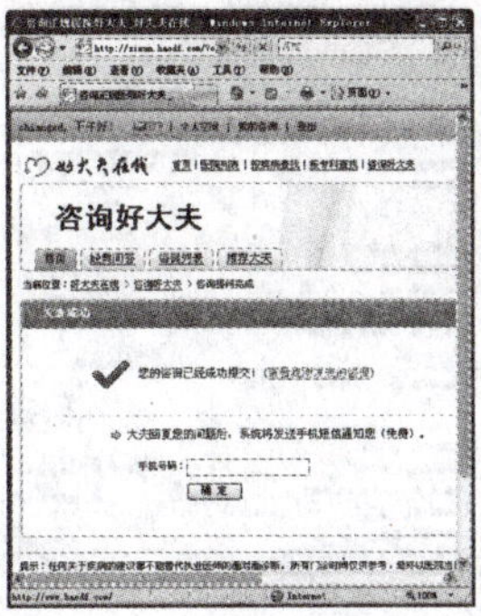

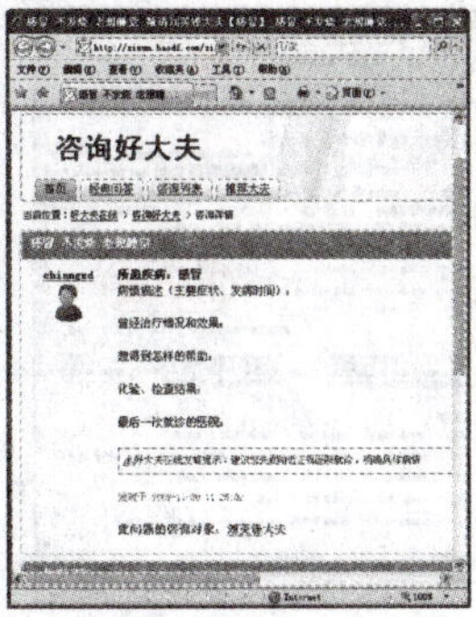

2.4.4 手机号码信息查询

通过网络搜索，可以查找有关手机号码信息，这样当遇到一些陌生来电或短信时，为了防止一些虚假信息可以即时通过网络查询号码归属地。下面通过实例介绍查询手机号码信息的方法。

【例2-17】查询手机号码归属地。视频

01 启动IE浏览器，在地址栏中输入网址www.baidu.com，然后按下Enter键，打开百度主页。

02 在搜索栏中输入“手机号码归属地查询”，单击【百度一下】按钮。

03 在打开的搜索结果页面中单击第1个链接，打开网页。

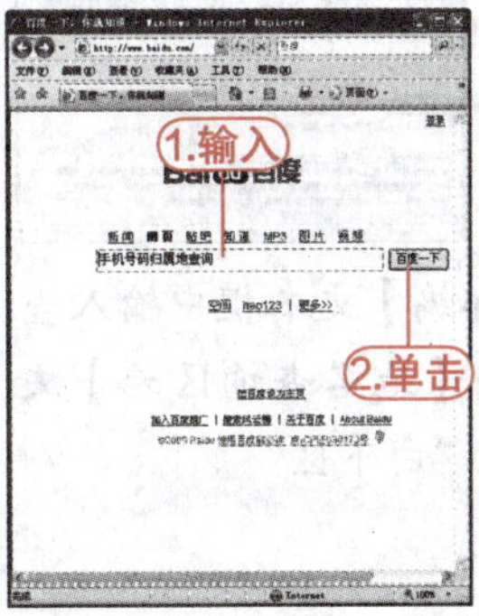

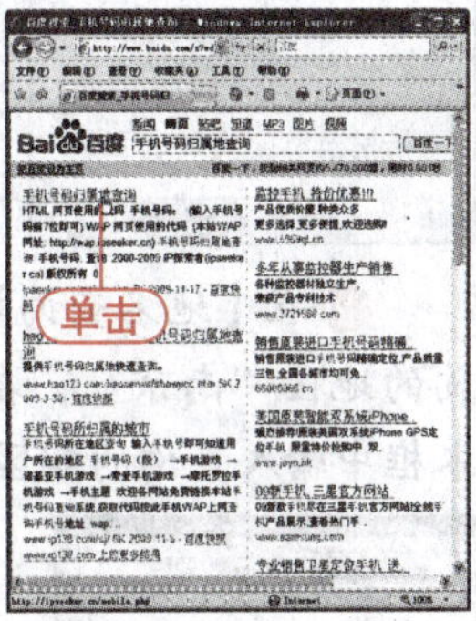

04 在打开的网页中输入要查询的手机号码，然后单击【查询】按钮。

05 在打开的页面中显示了查询的号码详细信息，包括所属地区、电话区号、SIM卡类型、邮政编码等。

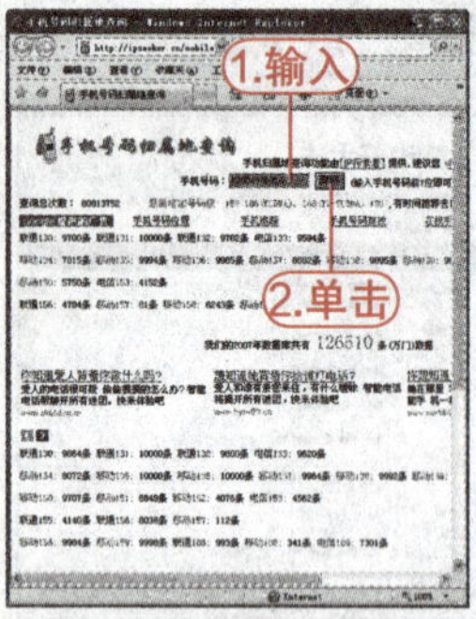

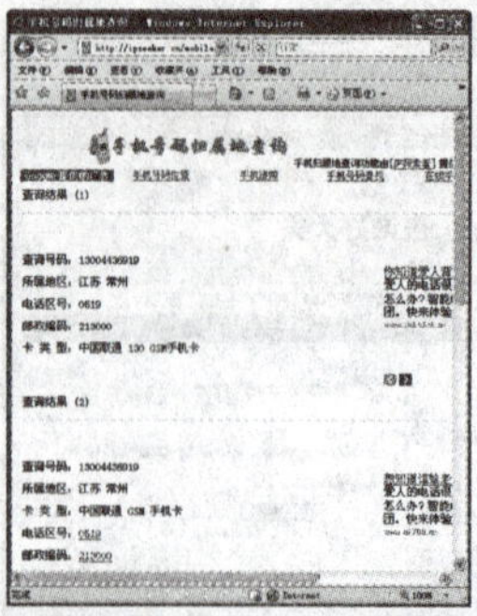

2.4.5 邮编和电话区号查询

通过网络搜索，足不出户即可方便查找全国的邮政编码和电话区号。

【例2-18】 查询南京市邮编和电话区号。视频

01 启动IE浏览器，在地址栏中输入网址www.baidu.com，然后按下Enter键，打开百度主页。

02 在搜索栏中输入“南京邮编区号查询”，单击【百度一下】按钮。

03 在打开的页面中单击第2个链接，打开ip138.com页面。

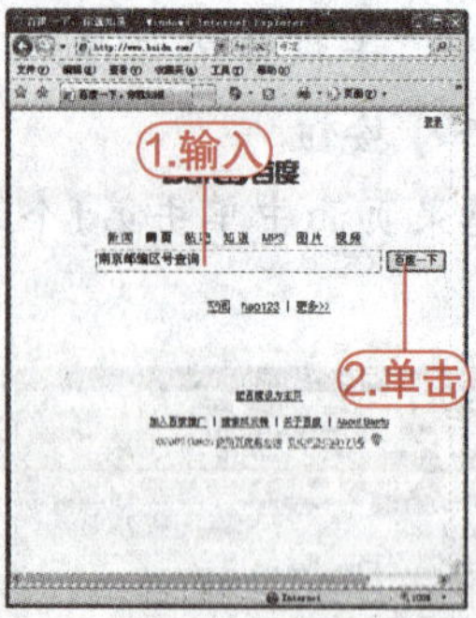

04 在【地名查询邮编】文本框中输入查询的地区“南京”；在【地名查询区号】文本框中输入查询的辖区“白下区”。

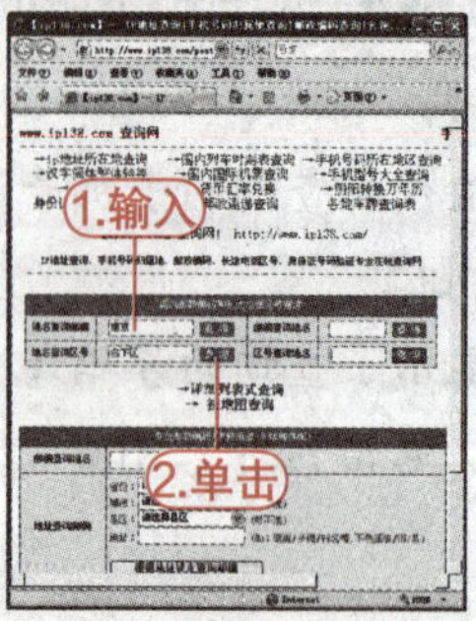

05 单击【查询】按钮，在打开的窗口中显示了有关南京白下区的邮编和区号。

2.4.6 运单跟踪查询

通过网络搜搜，可以跟踪查询全国主流快递公司的运单，包括派送情况、签收人、签收时间等。

【例2-19】 跟踪查询快递运单。视频

01 启动IE浏览器，在地址栏中输入网址www.baidu.com，然后按下Enter键，打开百度主页。

02 在搜索栏中输入“运单号查询”，单击【百度一下】按钮。

03 在打开的页面中单击第1个链接，打开运单号查询页面。

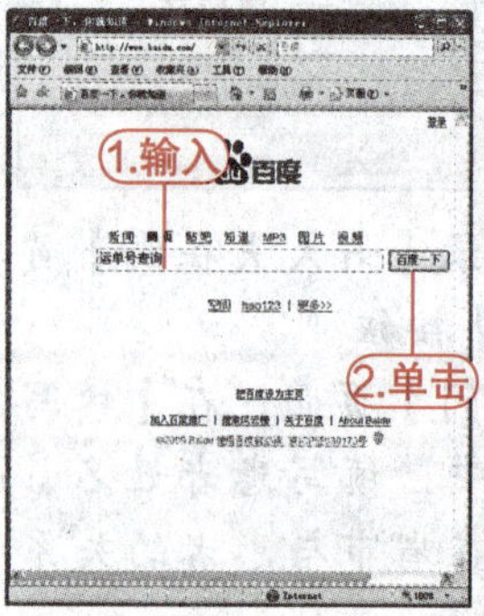

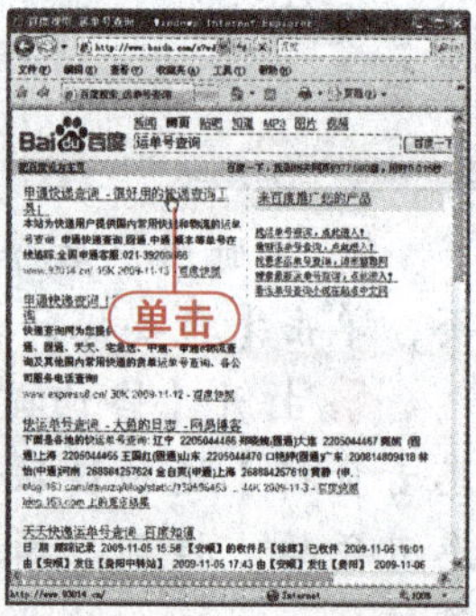

04 选择所要查询的快递公司，例如韵达快递，在其文本框中输入跟单号。

05 单击【查询】按钮，在打开的页面中显示了该运单的详细情况。

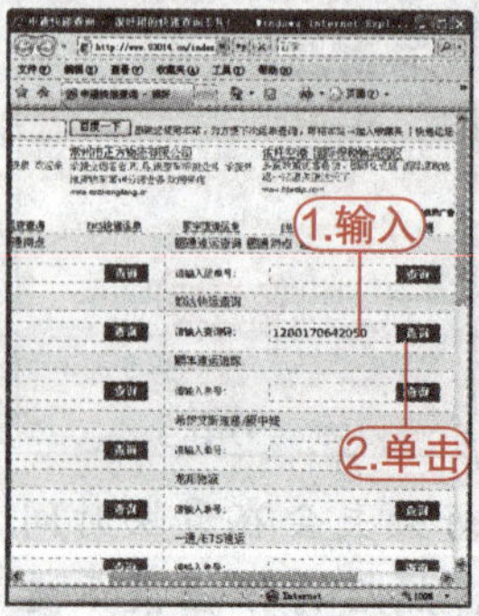

2.4.7 265上网导航

265上网导航是国内最专业的网址大全之一，收录了中国优秀网站，包括搜索、音乐、游戏、财经等，是上网初学者非常方便实用的上网工具。

【例2-20】 使用265上网导航。视频

01 启动IE浏览器，在地址栏中输入网址www.google.cn，然后按下Enter键，打开Google主页。

02 单击【265导航】按钮，打开【265导航】页面。

03 在该页面中显示了常用的网址导航，并且将这些网址分门别类，容纳了【实用工具】、【名站导航】、【实用酷站】、【常用软件】等栏目。

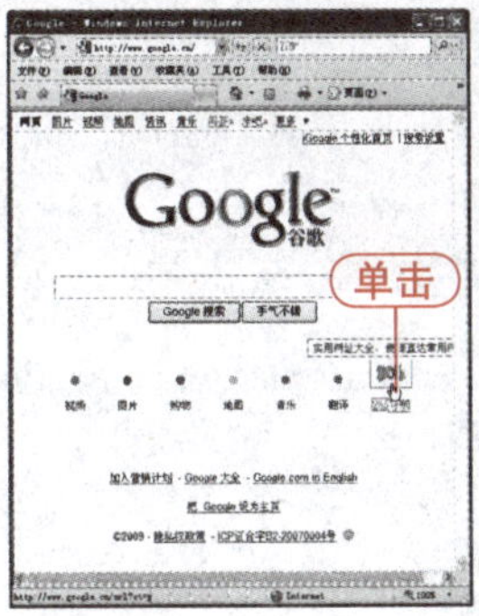

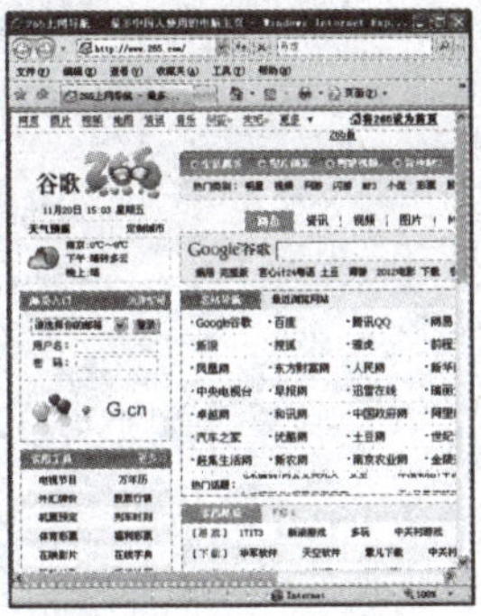

04 单击某个网址导航，例如【汽车之家】，即可打开该网页。

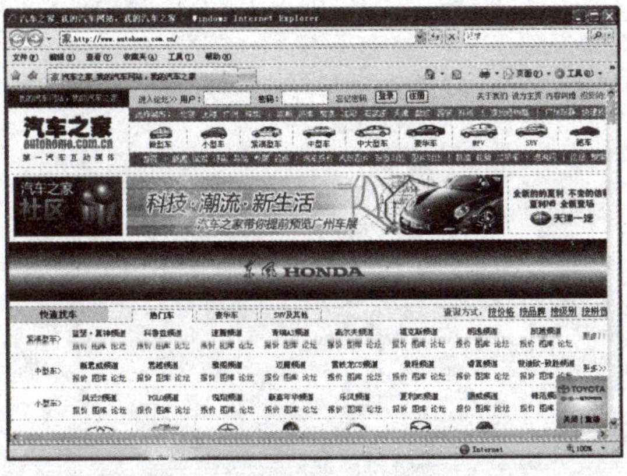

2.4.8 站内搜索工具

现在大多数的大型门户网站都提供站内搜索工具，可以很方便地查找到网站中的资源。下面以例2-20打开的【汽车之家】网站为例，介绍站内搜索工具的实用方法。

【例2-21】 使用站内搜索引擎。视频

01 打开【汽车之家】网站，在页面中间位置显示了【站内搜索】信息。

02 在文本框中输入要搜索的信息，例如输入“迈腾”，单击【搜索】按钮。

03 在打开的页面中显示了【汽车之家】网站中有关【迈腾】关键字的所有内容，单击某个链接即可打开对应的网页。

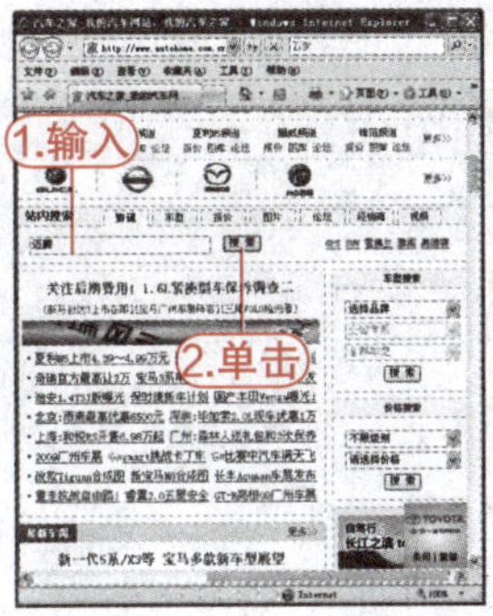

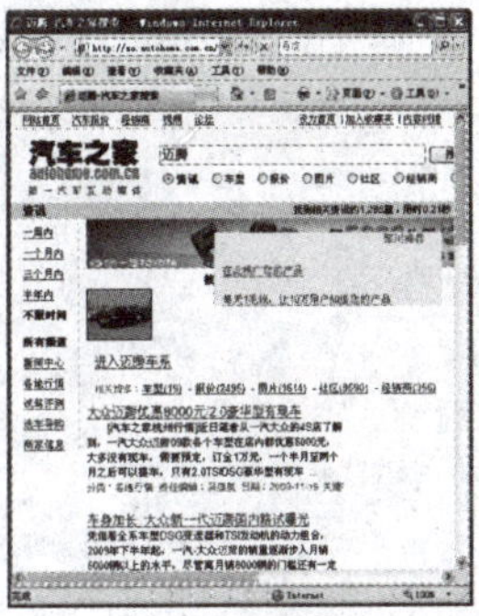

Chapter 03

网络资源下载

网络上的信息是非常丰富的，几乎能满足日常操作中的所有需求。本章主要介绍了使用IE浏览器和不同的下载工具下载网络资源。

- 使用IE浏览器直接下载
- 使用迅雷下载
- 使用超级旋风
- 使用BitTorrent

参见随书光盘

例3-1 单击文件连接下载文件
例3-2 使用右键快捷菜单下载文件
例3-3 解压下载的文件
例3-4 使用WinRAR压缩文件
例3-5 安装迅雷下载工具
例3-6 使用迅雷下载超级旋风
例3-7 使用迅雷管理下载任务
例3-11 使用超级旋风下载
例3-12 管理超级旋风下载任务
例3-13 设置超级旋风下载速率
例3-14 设置超级旋风关机任务
例3-15 指定超级旋风检测程序
例3-16 下载并安装比特彗星
例3-17 打开BT种子下载文件
例3-18 制作种子文件
例3-19 减少硬盘磨损

3.1 使用IE浏览器直接下载

IE浏览器自身也是一个下载工具，可以下载MP3音乐文件、图片等，单击某个文件链接或者使用右键快捷菜单即可实现下载。

3.1.1 单击文件链接进行下载

单击文件链接下载的文件必须包含文件下载点，用户只要单击下载链接，即可下载文件。

【例3-1】 单击文件链接下载文件。 视频

01 启动IE浏览器，打开一个包含文件下载链接的网页。

02 选择合适的下载通道，然后单击下载点，此时系统会打开一个【文件下载】对话框，单击【保存】按钮，打开【另存为】对话框。

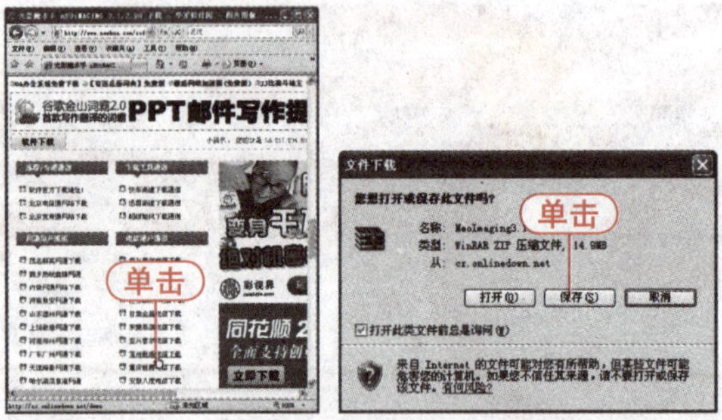

03 选择文件下载路径，在【文件名】文本框中输入下载文件保存名，单击【保存】按钮，打开下载对话框。

04 在下载对话框中显示了当前文件的下载进度、剩余时间等信息，单击【取消】按钮可以取消下载。

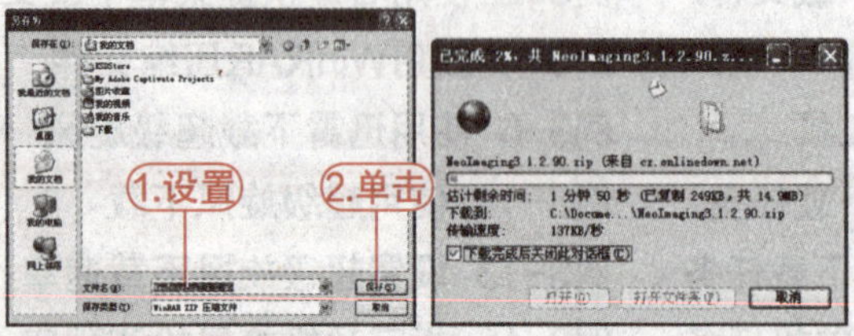

在下载对话框中选中【下载完成后关闭此对话框】复选框，待文件下载完毕后会自动关闭下载对话框。

3.1.2 使用快捷菜单下载文件

使用右键快捷菜单同样可以下载文件，不过同样需要包含文件下载点。

【例3-2】 使用右键快捷菜单下载文件。 视频

01 启动IE浏览器，打开一个包含文件下载链接的网页。

02 选择合适的下载通道，右击该通道，在弹出的快捷菜单中选择【目标另存为】命令，打开【另存为】对话框。

03 选择文件下载路径，在【文件名】文本框中输入下载文件保存名，单击【保存】按钮，打开下载对话框。

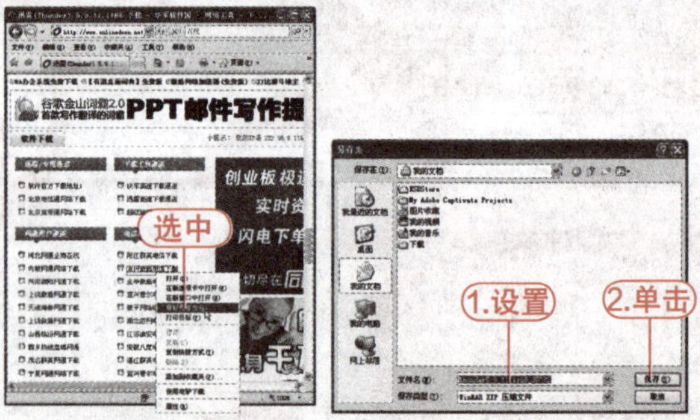

04 在下载对话框中显示了当前文件的下载进度、剩余时间等信息，单击【取消】按钮可以取消下载。

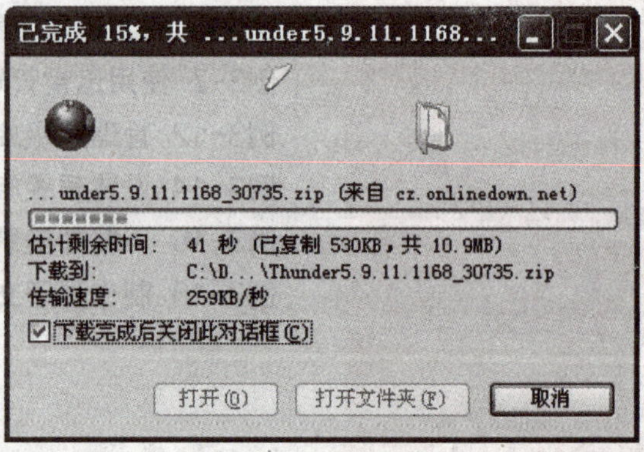

3.1.3 使用WinRAR压缩文件

许多下载下来的文件都是RAR格式的压缩文件，此时就需要使用WinRAR对下载的文件进行解压操作。

1. WinRAR简介

WinRAR是目前最流行的一款文件压缩软件，可以创建自释放文件，修复损坏的压缩文件，支持加密功能。目前网上下载的大部分软件都是使用WinRAR压缩过的文件。它主要有以下特点。

- 采用独创的压缩算法：相比其他同类压缩工具拥有更高的压缩率，尤其是可执行文件、对象链接库、大型文本文件等。
- 针对多媒体数据：提供了经过高度优化后的可选压缩算法，对WAV、BMP 声音及图像文件可以用独特的多媒体压缩算法大大提高压缩率，并且是无损压缩。
- 支持的文件及压缩包大小：可以达到9 223 372 036 854 775 807字节，约合9 000PB。
- 压缩格式繁多：完全支持RAR及ZIP压缩包，并且可以解压缩CAB、ARJ、LZH、TAR、GZ、ACE、UUE、BZ2、JAR、ISO、Z、7Z格式的压缩包。
- 支持NTFS文件安全及数据流。
- 具备使用默认及外部自解压模块来创建并更改自解压压缩包的能力。
- 具备创建多卷自解压压缩包的能力。
- 能建立多种方式的全中文界面的全功能（带密码）多卷自解包。
- 能很好地修复受损的压缩文件：在网上下载的ZIP、RAR类的文件往往因头部受损的问题导致不能打开，而用WinRAR调入后，只须单击界面中的【修复】按钮就可轻松修复。
- 辅助功能设计细致：可以在压缩窗口的【备份】标签中设置压缩前删除目标盘文件；可在压缩前单击【估计】按钮对压缩先评估一下；可以为压缩包加注释；可以设置压缩包的防受损功能。
- 可防止人为的添加、删除等操作，保持压缩包的原始状态。

2. 解压下载文件

使用WinRAR解压文件时，可以解压压缩文件中单个文件、也可以解压压缩文件中的所有文件。

【例3-3】 解压下载的文件。 视频

01 打开下载的RAR压缩文件所在的文件夹。

02 双击压缩文件，打开解压文件窗口，选择所需解压的文件，单击【解压到】按钮，打开【解压路径和选项】对话框。

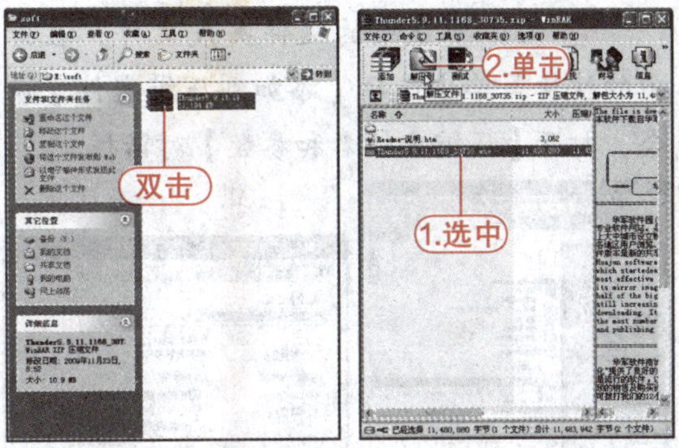

03 选择文件解压路径，单击【确定】按钮，即可开始解压文件。

04 在解压文件时会显示解压进度、已用时间和剩余时间等信息。

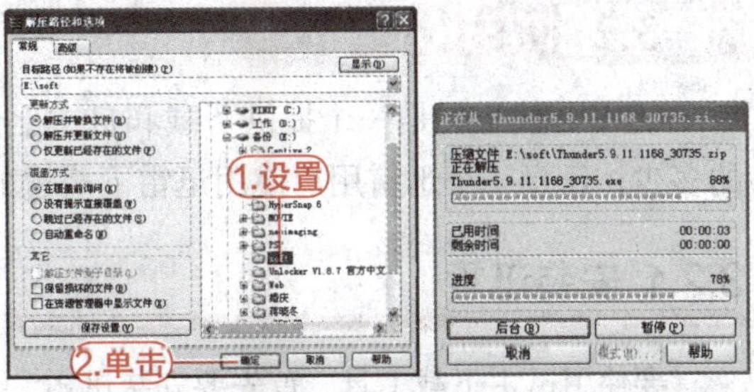

05 要解压压缩文件中的所有文件，右击压缩文件，在弹出的快捷菜单中选择【解压到当前文件夹】命令，即可解压所有文件到

当前文件夹中，同时显示解压进度、已用时间和剩余时间等信息。

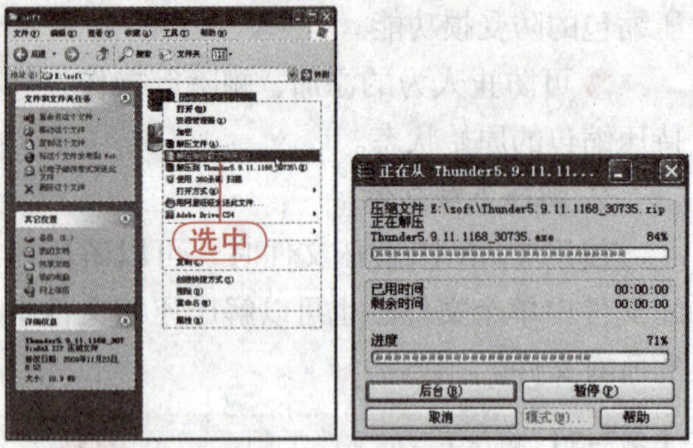

3. 压缩文件

如果用户要上传文件到网络中，为了便于用户节省下载时间和存储空间，可以压缩文件后再进行上传或互传。

【例3-4】 使用WinRAR压缩文件。视频

01 右击要压缩的文件夹或文件，在弹出的快捷菜单中选择【添加到压缩文件】命令，打开【压缩文件名和参数】对话框。

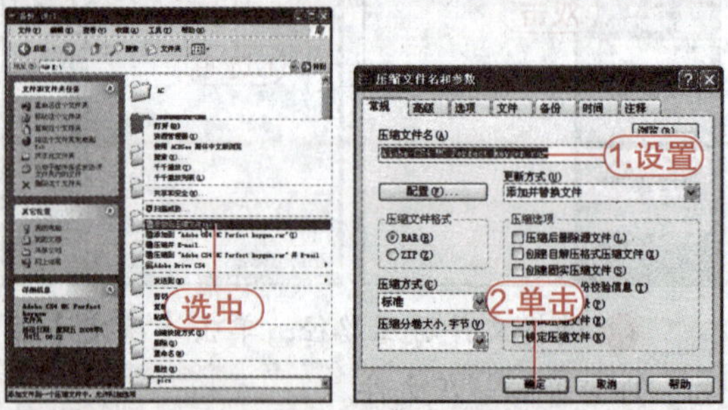

02 在【压缩文件名和参数】对话框中的【压缩文件名】文本框中可以输入压缩文件名称。

03 在【压缩文件格式】选项区域中可以选择压缩为RAR或ZIP格式文件。

04 在【压缩方式】下拉列表中可以选择压缩方式。

05 单击【确定】按钮，开始压缩文件，显示剩余时间和压缩进度等信息。

06 压缩完成后，显示压缩文件。

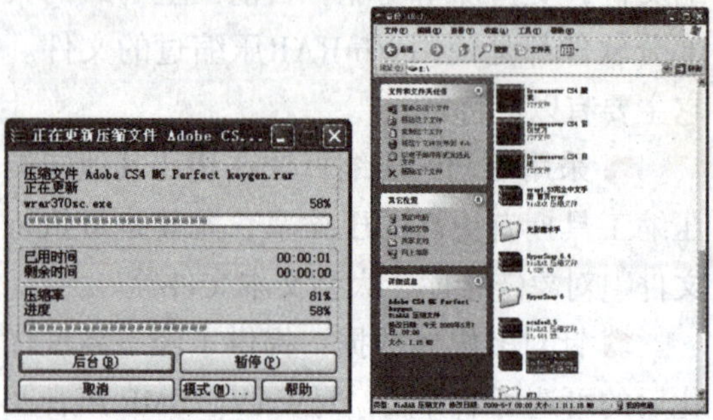

07 在【压缩文件名和参数】对话框的【压缩分卷大小，字节】下拉列表中选择【自动检测】选项。单击【确定】按钮，WinRAR会自动检测文件大小并进行分卷压缩。

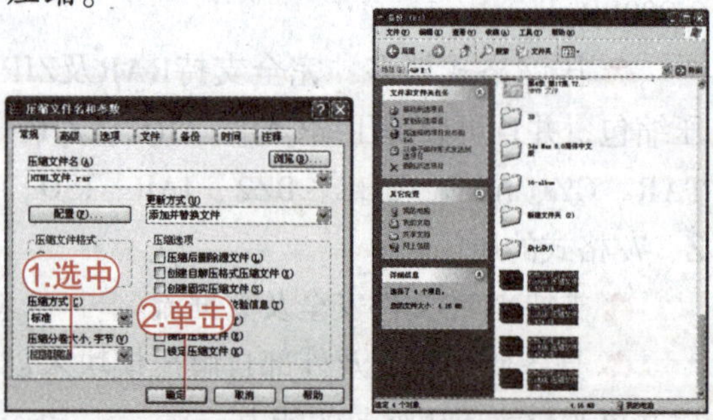

3.2 使用迅雷下载

迅雷下载工具是一个提供下载和自主上传的工具软件，迅雷的资源取决于拥有资源网站的多少，任意一个迅雷用户使用迅雷下载过的资源，迅雷就能自动记录。

3.2.1 安装迅雷

要使用迅雷下载工具，首先要安装迅雷，迅雷工具是完全免费的，可以使用IE浏览器进行下载，下载地址：http://www.onlinedown.net/soft/30735.htm#down。下载完成后即可开始安装迅雷。

【例3-5】 安装迅雷下载工具。视频

01 双击迅雷下载工具安装软件，打开安装窗口。

02 单击【是】按钮，同意软件安装许可协议。

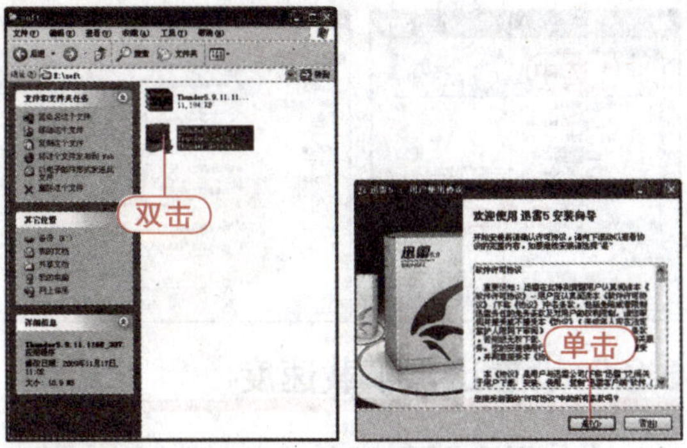

03 在【目的文件夹】文本框中输入文件安装路径，在【更多安装】列表框中可以选择软件安装插件，单击【下一步】按钮。

04 开始安装迅雷，显示安装进度。

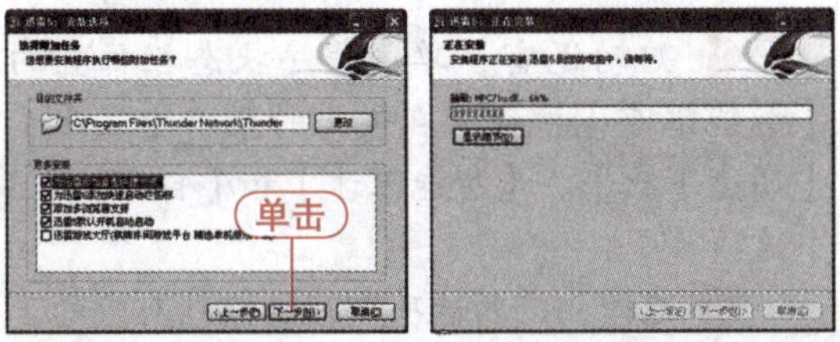

05 安装完成后，选中【启动迅雷5】复选框，单击【完成】按钮完成安装并启动迅雷。

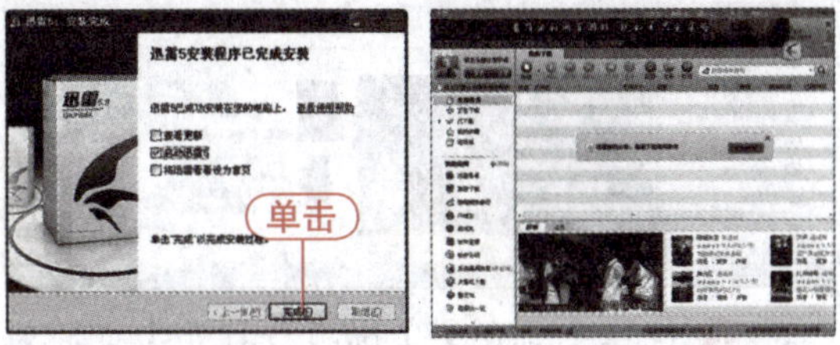

3.2.2 使用迅雷下载

安装好迅雷后，就可以使用迅雷下载工具下载网络资源了。

【例3-6】 使用迅雷下载超级旋风。视频

01 启动IE浏览器，打开超级旋风下载页面(下载地址：http://xf.qq.com/)。

02 右击【立即下载】按钮，在弹出的快捷菜单中选择【使用迅雷下载】命令，打开【建立新的下载任务】对话框。

03 单击【浏览】按钮，打开【浏览文件夹】对话框。

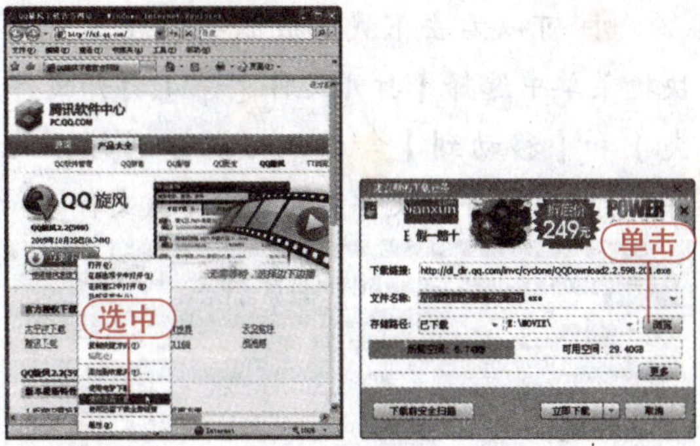

04 选择文件下载路径，单击【确定】按钮，返回【建立新的下载任务】对话框，单击【立即下载】按钮，开始下载。

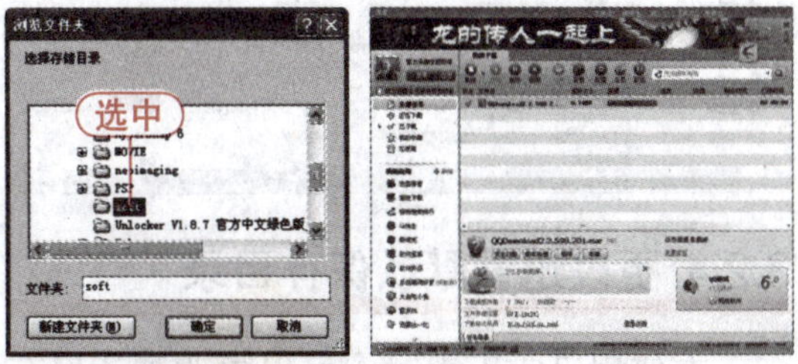

3.2.3 管理下载任务

使用迅雷下载任务时，可以对下载任务进行适当的管理操作，下载完成后，可以打开任务或任务所在文件夹等操作。

【例3-7】 使用迅雷管理下载任务。视频

01 启动迅雷，选中正在下载的任务，单击【暂停】按钮，可以暂停下载，暂停下载任务后单击【开始】按钮，可以开始下载。

02 单击【删除】按钮，可以删除选中的下载任务。

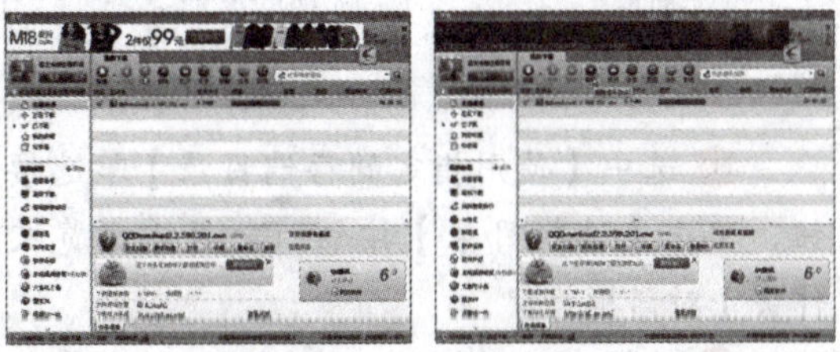

03 下载完成后，可以单击【迅雷】程序左侧的【任务管理】列表框中【已下载】选项，显示已经下载的任务。

04 可以右击下载完成的项，在弹出的快捷菜单中选择【打开文件】、【打开文件夹】和【移动到】命令，可以分别打开文件、打开文件下载文件夹和移动下载文件。

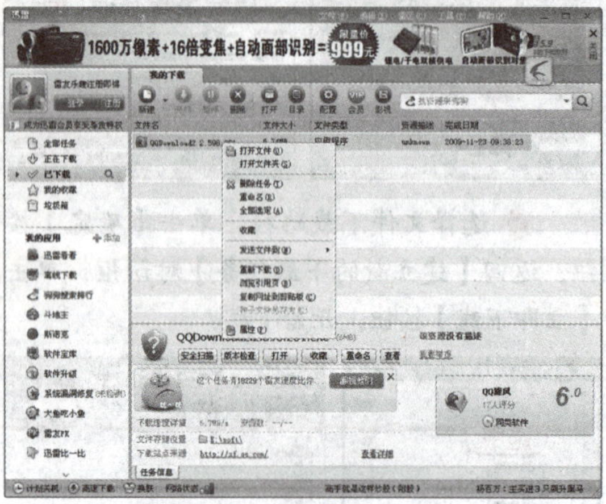

3.2.4 更改迅雷默认保存目录

在使用迅雷下载时，可以更改默认保存目录，这样每次下载文件都可以保存到设置的默认文件夹中。

【例3-8】 更改迅雷默认保存目录。

01 启动迅雷，单击【配置】按钮，打开【配置面板】对话框。

02 单击【任务默认属性】选项，打开该选项对话框。

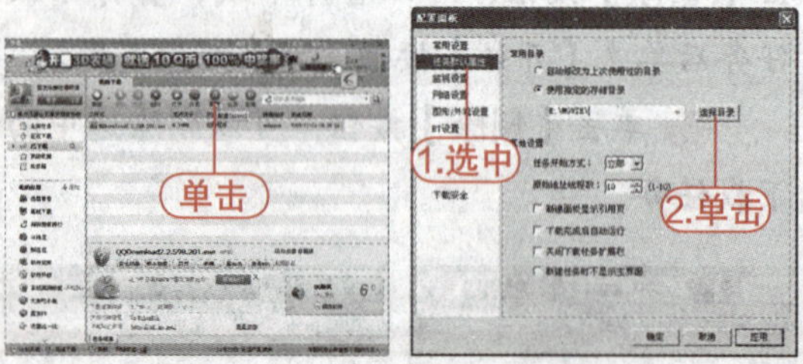

03 选中【使用指定的存储目录】单选按钮，单击【选择目录】按钮，打开【浏览文件夹】对话框。

04 选择文件默认的保存目录，单击【确定】按钮。

05 返回【配置面板】对话框，单击【确定】按钮，即可设置迅雷默认保存目录。

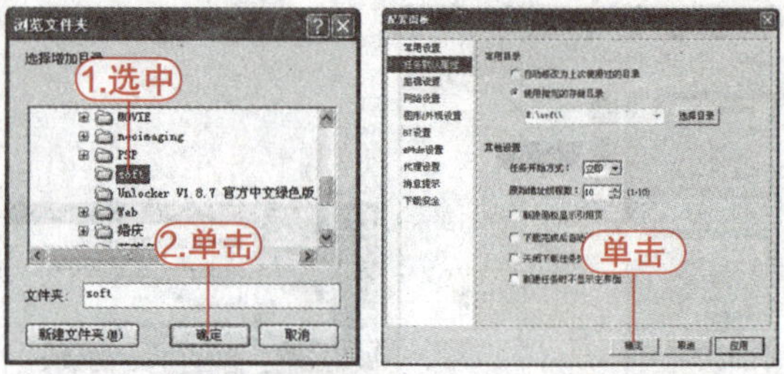

3.2.5 设置迅雷下载速度

在使用迅雷下载时，可以切换到【高速模式】、【智能限速】和【自定义】3种下载速度模式。

【例3-9】 切换迅雷下载速度。

01 启动迅雷，单击程序状态栏位置的【智能限速】按钮，在弹出的菜单中显示了【高速下载】、【智能限速】和【自定义】3个选项。

02 选择相应的选项即可切换到对应的下载速度模式。

03 选择【自定义】选项，打开【自定义模式速度限制】对话框。

04 在【最大下载速度】和【最大上传速度】文本框中可以输入最大下载和最大上传速度限制。

05 单击【确定】按钮，即可切换到自定义下载模式并应用设置的速度限制。

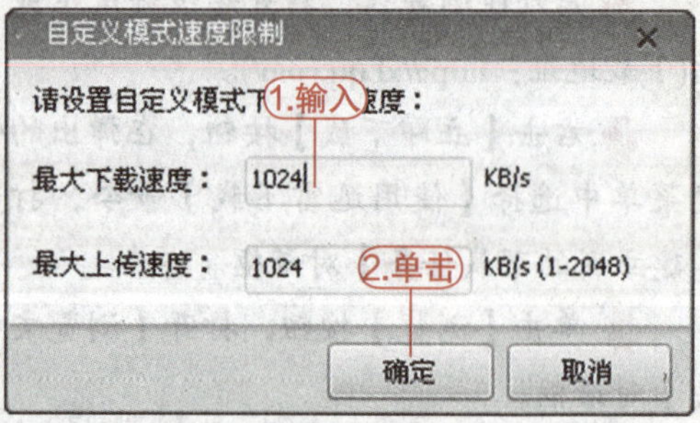

3.2.6 定时下载

使用迅雷下载资源还有个便捷之处是可以设置定时下载，在下载任务完成后可以自动执行关机、注销等操作。

【例3-10】 设置迅雷定时下载。

01 启动迅雷，单击状态栏位置上的【计划关机】按钮，在弹出的菜单中显示了【添加计划任务】和【下载完成后关机】选项。

02 选择【下载完成后关机】选项，在当前所有下载任务完成后，迅雷会自动关闭并且会自动关闭电脑。

03 选择【添加计划任务】选项，打开【计划任务】对话框。

04 在该对话框下方显示了【开始全部任务】、【暂停全部任务】、【注销】和【关机】4个选项。

05 选中要执行的操作对应的单选按钮，在上方的文本框中输入执行所选操作具体时间，单击【确定】按钮即可。

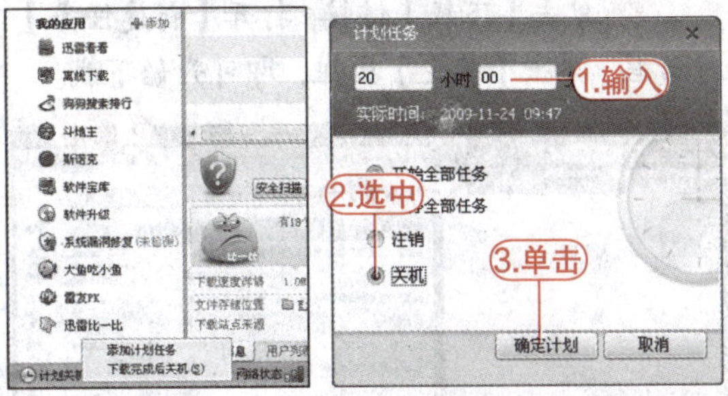

3.3 使用超级旋风

超级旋风是一款多任务下载软件，它支持多个任务同时进行，每个任务使用多地址下载、多线程、断点续传、线程连续调度优化等。

3.3.1 下载文件

超级旋风是腾讯公司推出的下载工具，在下载腾讯周边软件时非常高效便捷。

【例3-11】 使用超级旋风下载。 视频

01 双击超级旋风安装程序，打开超级旋风安装对话框，根据提示完成安装。

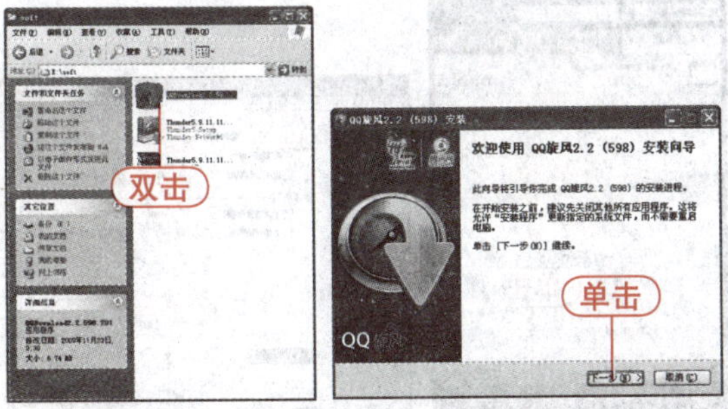

02 安装完成后启动超级旋风。

03 启动IE浏览器，输入网址game.qq.com，按下Enter键，打开QQ游戏官方网站。

04 单击【QQ堂】游戏链接，打开游戏下载页面，单击【游戏下载】按钮，打开QQ堂客户端下载页面。

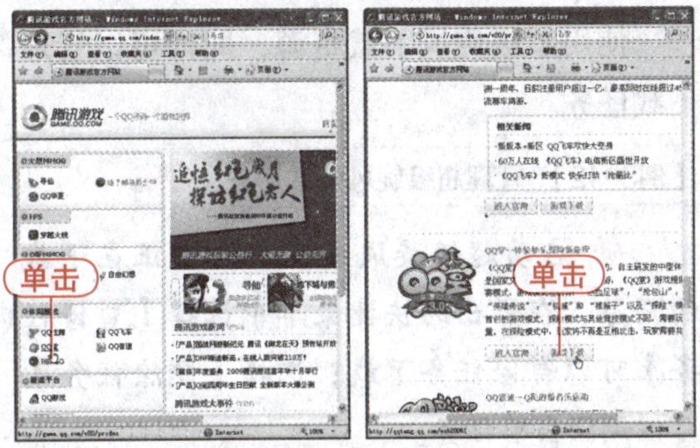

05 单击【旋风下载】按钮，打开【新建任务】对话框。

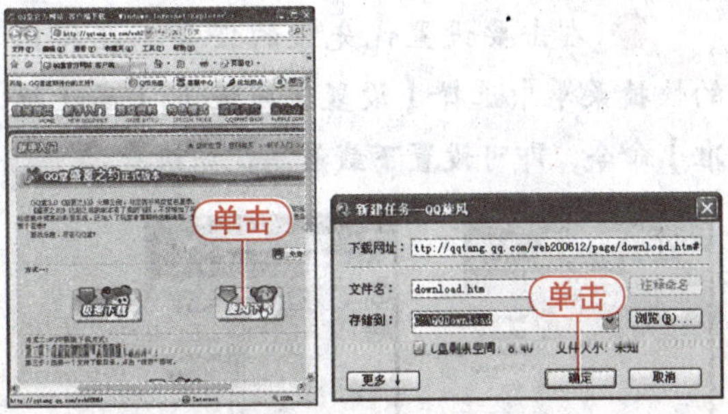

06 单击【浏览】按钮，打开【浏览文件夹】对话框，选择文件下载路径，单击【确定】按钮，返回【新建任务】对话框，

单击【确定】按钮即可开始下载。

07 使用超级旋风资源库，无需通过IE查找即可搜索到要下载的资源。

08 在【搜索栏】中输入要下载的资源"QQ堂客户端"，单击【搜索】按钮，显示了所有匹配的下载资源，包括资源名称、大小、格式、下载热度等信息。

09 单击【下载】链接，打开【新建任务】对话框，单击【确定】按钮，即可开始下载。

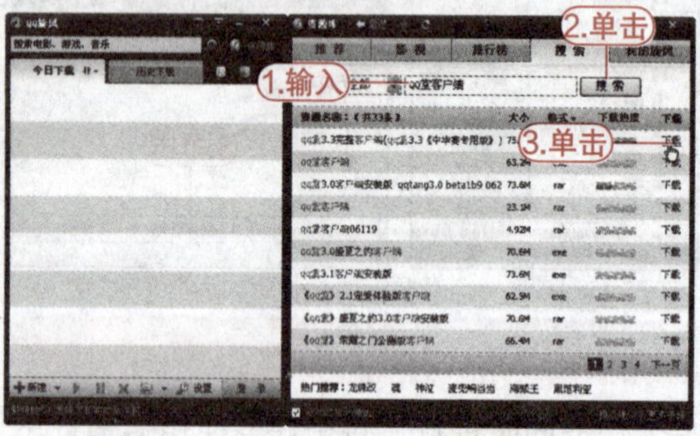

3.3.2 管理下载任务

使用超级旋风下载资源，同样可以管理下载任务。

【例3-12】 管理超级旋风下载任务。视频

01 启动超级旋风安装，右击正在下载的任务，在弹出的快捷菜单中选择【暂停任务】可以暂停任务下载；选择【删除任务】可以删除当前任务。

02 如果当前有两个或两个以上下载任务，可以设置下载优先级。

03 右击要设置优先级的任务，在弹出的快捷菜单中选择【设置优先级】|【高于标准】命令，即可设置下载最高优先级。

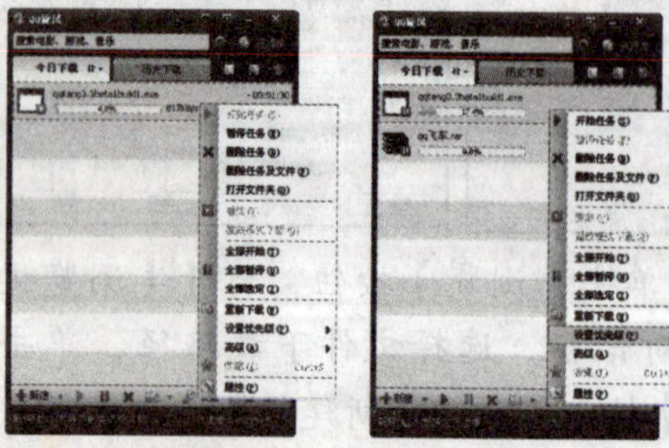

04 任务下载完成后，会显示【打开】和【文件夹】链接，单击【文件】链接，可以打开文件；单击【文件夹】链接，可以打开文件所在的文件夹。

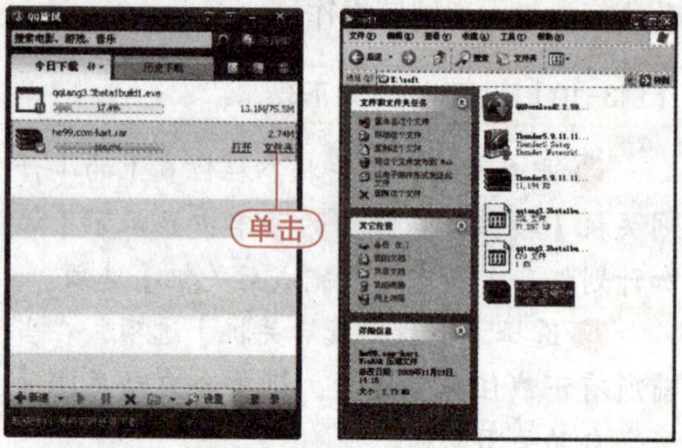

3.3.3 下载速度限制

使用超级旋风可以设置1~4 096KB/s之间下载和上传速率。

【例3-13】 设置超级旋风下载速率。视频

01 启动超级旋风安装，单击下方的【设置】按钮，打开【应用设置】对话框。

02 选择【连接】选项打开该选项对话框。

03 在【速度限制】选项区域中选中【下载速度限制】复选框，在右侧的微调框中输入下载速率2 048，单击【确定】按钮，即可设置最大下载速度为2 048KB/s。

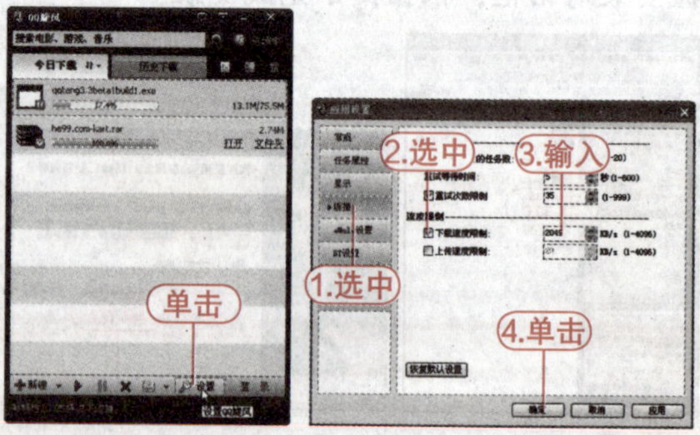

3.3.4 设置关机任务

在下载资源时，可以设置关机任务，在指定的时间内自动关闭电脑。

【例3-14】 设置超级旋风关机任务。视频

01 启动超级旋风安装，右击下载任务，然后在弹出的快捷菜单中选择【高级】|【计划任务下载】命令，打开【计划任务下载】对话框。

02 在【计划任务】选项区域中选中【关机】单选按钮，设置计划时间为23:00，单击【确定】按钮，即可设置关机任务。

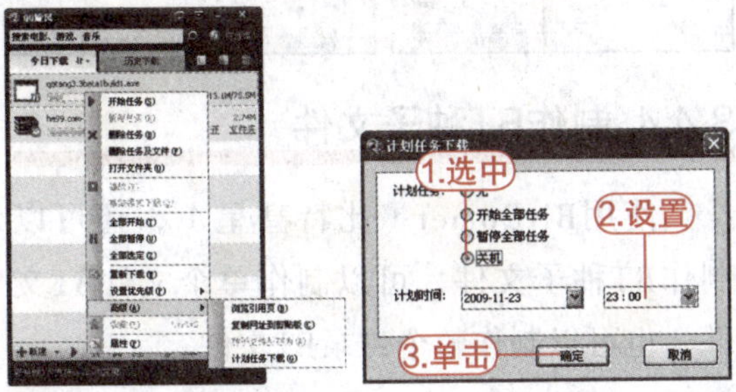

3.3.5 设置病毒检测

对于下载后的文件，超级旋风默认情况下会自动对文件进行检测，如果用户不放心，可以指定本地电脑上的杀毒软件进行检测。

【例3-15】 指定超级旋风检测程序。视频

01 启动超级旋风安装，单击【设置】按钮，打开【应用设置】对话框。

02 选择【病毒保护】选项，打开该选项对话框。

03 选中【进行病毒扫描】复选框，单击【浏览】按钮，打开【打开】对话框。

04 选择360安全卫士应用程序，单击【打开】按钮，返回【病毒保护】选项对话框。

05 单击【确定】按钮完成操作。

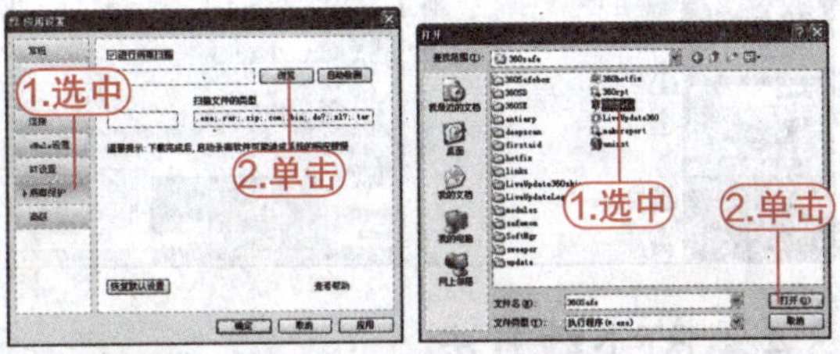

3.4 使用BitTorrent

比特流（BitTorrent）称之为“群集、散布、集中”的文件传输协议，它采用高效的软件分发系统和点对点技术共享大体积文件，可以自由地下载和传播。

3.4.1 BitTorrent下载简介

比特流（BitTorrent）是一种内容分发协议。它采用高效的软件分发系统和点对点技术共享大体积文件，例如一部电影或安装文件，并使每个用户像网络重新分配结点那样提供上传服务。

一般的下载服务器为每一个发出下载请求的用户提供下载服务，而BitTorrent的工作方式与之不同。分配器或文件的持有者将文件发送给其中一名用户，再由这名用户转发给其他用户，用户之间相互转发自己所拥有的文件部分，直到每个用户的下载都全部完成。这种方法可以使下载服务器同时处理多个大体积文件的下载请求，而无须占用大量带宽。

3.4.2 下载并安装BT下载软件

BitComet（比特彗星）是高效好用的BT下载软件，使用非常方便，就像一个浏览器插件，很适合新发布的热门下载。

【例3-16】 下载并安装比特彗星。视频

01 启动IE浏览器，输入网址http://dl.pconline.com.cn/html_2/1/89/id=8264&pn=0&linkPage=1.html，按下Entet键，打开比特彗星下载页面。

02 右击下载地址，在弹出的快捷菜单中选择【目标另存为】命令，打开【另存为】对话框。

03 指定文件下载路径，单击【保存】按钮，开始下载文件。

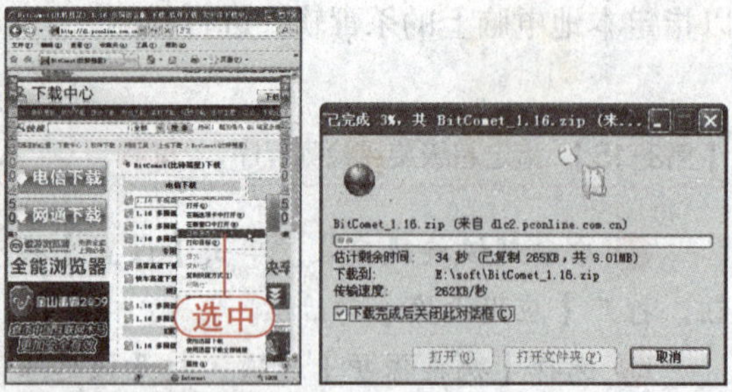

04 解压下载的文件，双击比特彗星程序图标，即可启动程序。

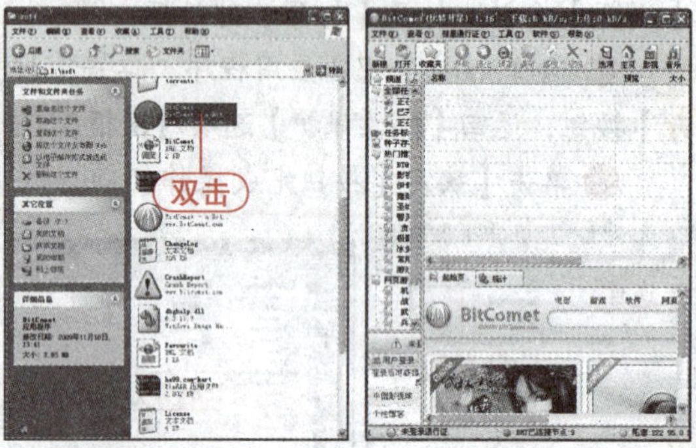

3.4.3 BT下载方法

只需知道文件下载地址或者打开BT种子文件，即可使用BitComet（比特彗星）下载文件。

【例3-17】 打开BT种子下载文件。 视频

01 启动BitComet（比特彗星），选择【文件】|【打开BitTorrent】文件命令，打开【打开】对话框。

02 选择本地电脑上的BT种子，单击【打开】按钮，打开【任务属性】对话框。

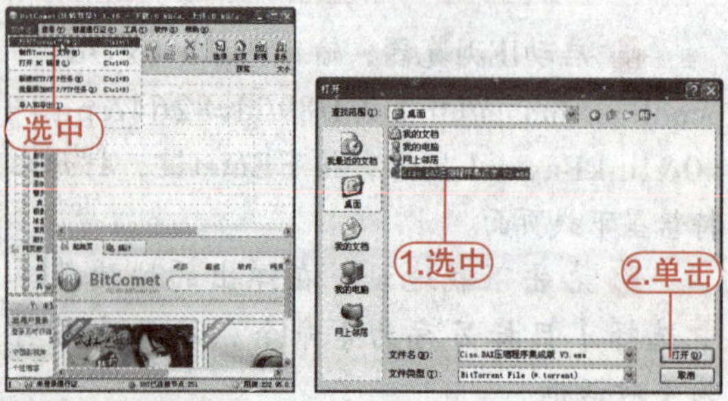

03 单击【立即下载】按钮，即可开始下载任务。

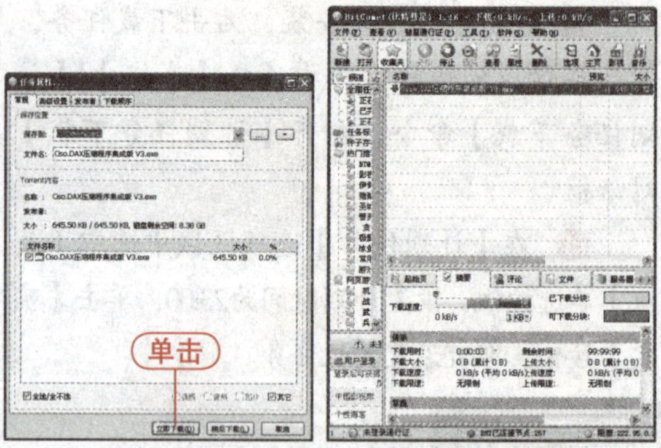

3.4.4 制作BT种子文件

使用BitComet（比特彗星），还可以制作BT种子文件，可以制作单个文件BT文件，也可以制作整个目录BT文件。

【例3-18】 制作种子文件。 视频

01 启动BitComet（比特彗星），选择【文件】|【制作Torrent文件】命令，打开【制作Torrent文件】对话框。

02 选中【整个目录】单选按钮，单击 ... 按钮，打开【浏览文件夹】对话框。

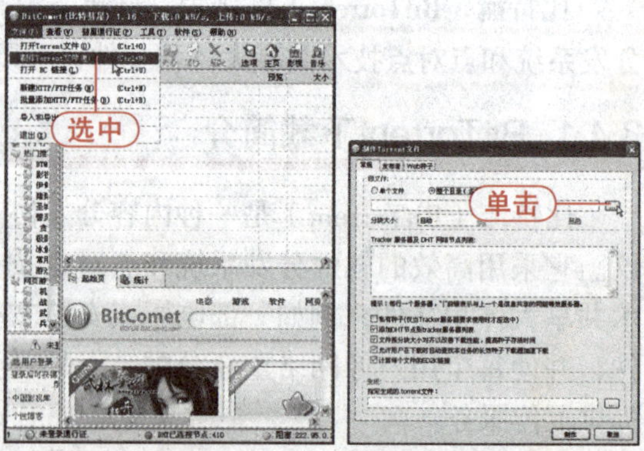

03 选择要制作BT种子的文件目录，单击【确定】按钮，返回【制作Torrent文件】对话框。

04 单击【指定生成的.torrent文件】文本框右侧的 ... 按钮，打开【另存为】对话框。

05 指定生成的BT种子文件路径和名称，单击【保存】按钮，返回制作Torrent文件】对话框。

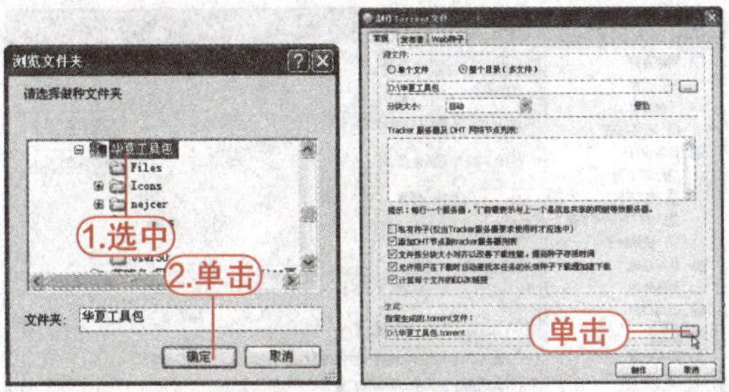

06 单击【发布者】选项卡，打开该选项卡对话框，可以在【发布者名称】和【发布者网址】文本框中输入发布BT种子文件名称和网址，在【备注】文本框中可以输入BT种子文件的备注信息，单击【制作】按钮，即可开始制作BT种子文件。

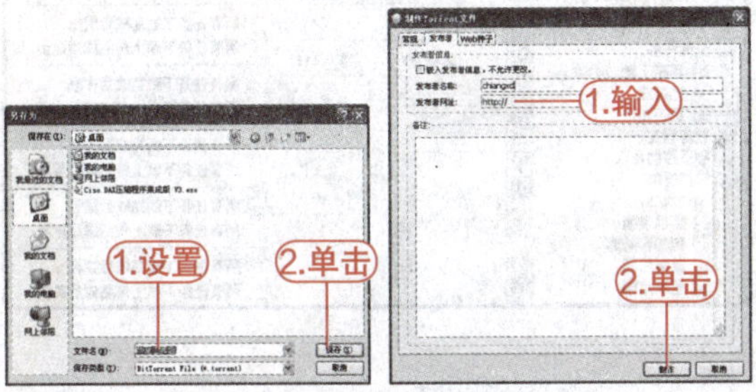

07 在制作时会显示一个进度条，显示制作进度。

3.4.5 减少BT下载对硬盘磨损

BT下载时，在一定程度上会加快硬盘的老化，采用一定的优化措施，这种影响是可以忽略的。

【例3-19】 减少硬盘磨损。视频

01 启动BitComet（比特彗星），选择【工具】|【选项】命令，打开【选项】对话框。

02 选择【高级设置】|【磁盘缓存】选项，打开该选项对话框。

03 在默认情况下，每个HTTP连接磁盘缓存大小为512KB，这在平常使用时是完全不够的，如果用户电脑的内存较大，可以设置为128MB或128MB以上，从而可以减少对硬盘的读写频率。

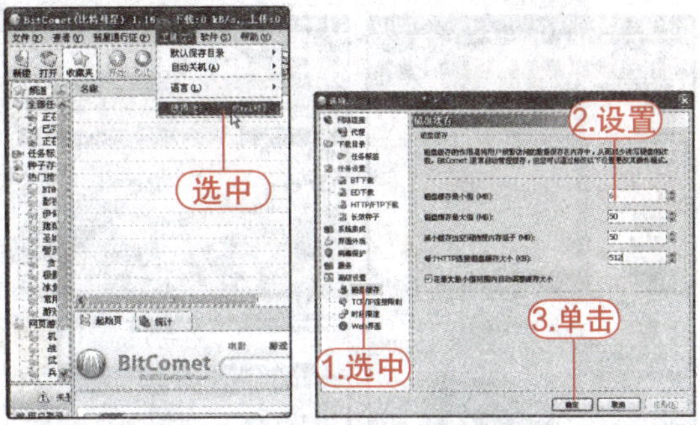

3.4.6 BT其他常用操作

使用BitComet（比特彗星）除了下载资源，制作种子文件外，它还包括了其他热门下载工具的常用功能，例如自动关机、默认保存目录等，其他常用操作如下。

- 更改默认保存目录：选择【工具】|【默认保存目录】|【其他目录】命令，打开【浏览文件夹】对话框，选择文件默认的保存目录。

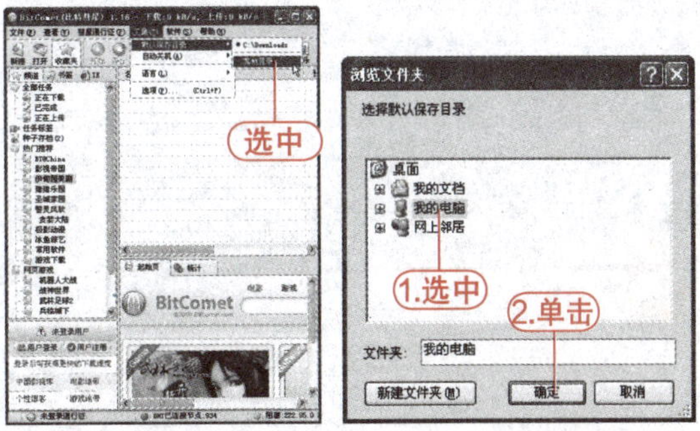

- 病毒防护：选择【工具】|【选项】命令，打开【选项】对话框。打开【病毒保护】选项对话框，可以指定杀毒程序路径。

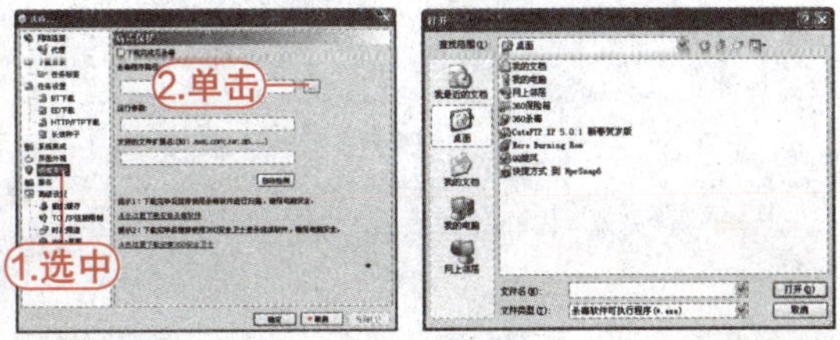

BT频道：通过BT频道可以找寻常用的资源，例如双击【常用软件】频道，打开IE浏览器，自动跳转到常用软件资源页面，提供可以下载的常用软件。

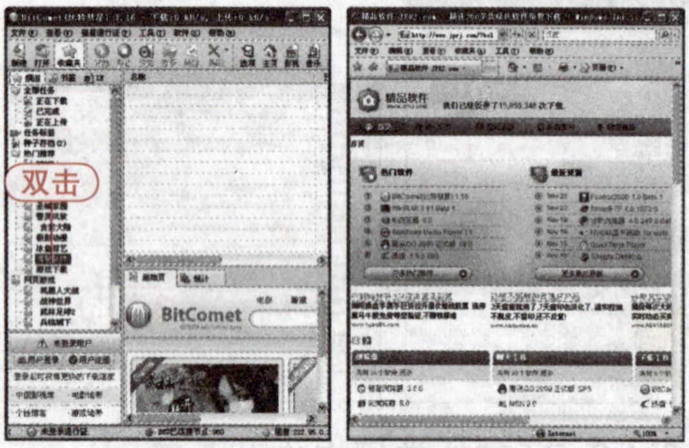

自动更新：选择【工具】|【选项】命令，打开【选项】对话框，打开【服务】选项对话框，选中【启动时自动检查BitComet更新】复选框，在每次启动时都会自动检测。

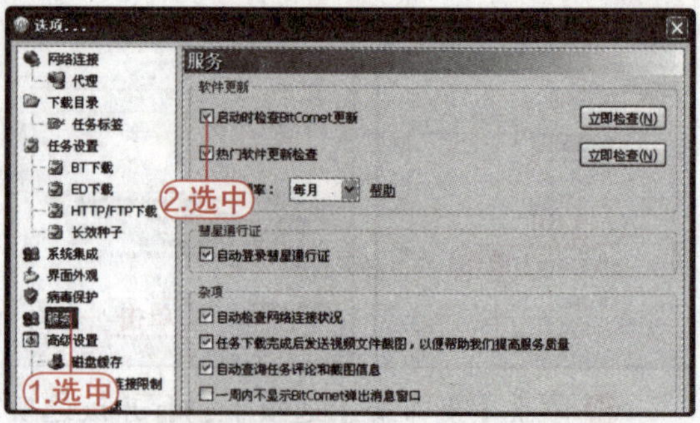

自动关机：选择【工具】|【自动关机】命令，在弹出的子菜单中可以选择自动关机选项。

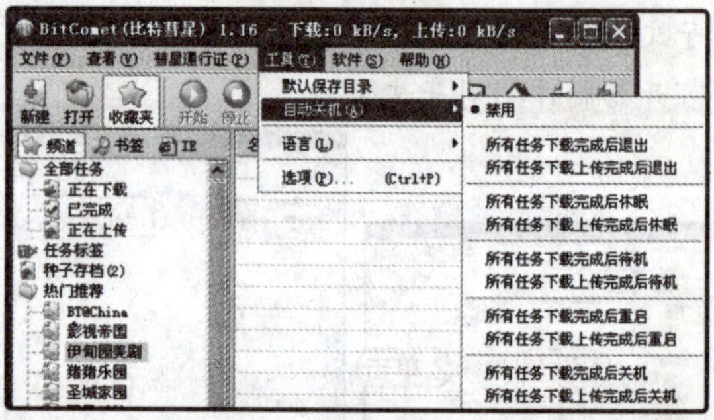

Chapter

04 网络聊天

异地的好友可以通过网络聊天工具进行即时在线聊天，也可以通过网络拨打电话。本章主要介绍了使用主流网络聊天工具进行沟通以及拨打网络电话的方法。

- 使用QQ即时聊天
- 使用MSN网络聊天
- 使用Tom-Skype

参见随书光盘

例4-1 免费申请QQ号码

例4-2 查找并添加QQ好友

例4-3 与QQ好友聊天

例4-4 加入QQ群

例4-5 添加QQ表情

例4-6 设置QQ提示音

例4-7 设置QQ热键

例4-8 设置QQ自动回复信息

例4-9 设置QQ安全级别和隐私保护

例4-10 使用QQ查看实时和未来几天的天气情况。

例4-11 使用QQ传输文件

例4-12 上传本地电脑中的文件到QQ网络硬盘

例4-13 使用QQ查看股市行情

例4-14 调试摄像头

例4-15 下载并安装MSN

例4-16 注册MSN账户

例4-17 添加MSN好友

例4-18 发送MSN好友离线留言消息

例4-19 使用MSN视频聊天

例4-20 查看MSN聊天信息

例4-21 下载并安装Tom-Skype

例4-22 注册并登录Tom-Skype账号

例4-23 查找和添加好友

例4-24 与Tom-Skype好友进行通话

例4-25 与多位好友进行语音会议

例4-26 使用Tom-Skype绑定电话

4.1 使用QQ即时聊天

作为国内应用最广泛的网络聊天工具QQ，它支持显示朋友在线信息、即时传送信息、即时交谈、即时发送文件，而且还具有聊天室、传输文件、语音邮件、手机短信服务等功能。

4.1.1 申请QQ号码

在使用QQ上网聊天前，首先需要有一个QQ号码，现在申请QQ号码都是免费的，可以网页申请或手机申请。

【例4-1】 免费申请QQ号码。视频

01 启动IE浏览器，在地址栏中输入网址“im.qq.com”，按下Enter键，打开【I'M QQ－QQ官方网站】页面。

02 单击【申请QQ账号】链接，打开【申请QQ账号】页面。

03 单击【网页申请】选项区域的【立即申请】按钮，跳转直接申请QQ号码页面。

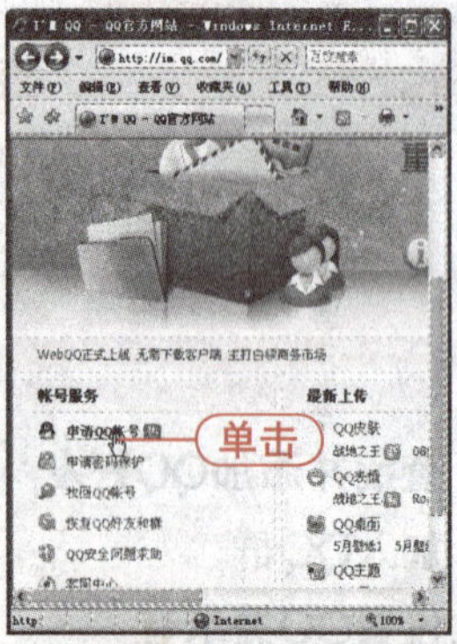

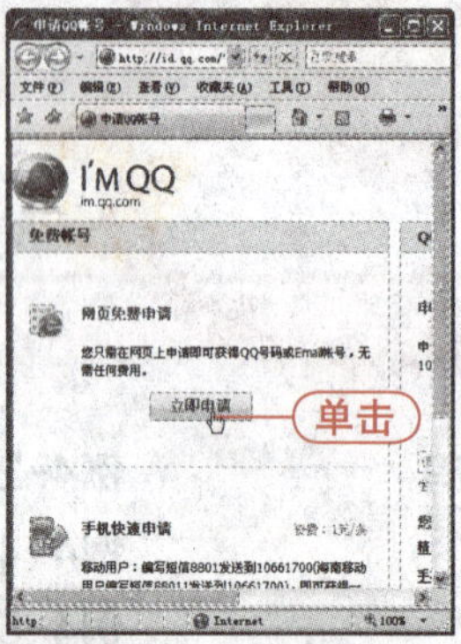

04 单击【QQ号码】选项，打开【申请免费QQ号码】页面。

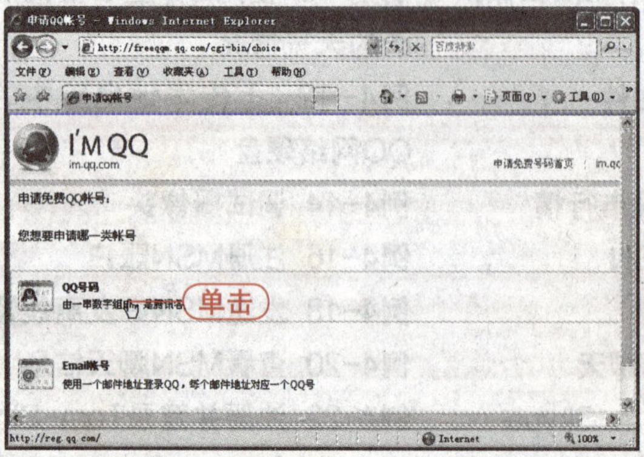

05 填写QQ昵称、密码、密码保护问题、验证码等信息(所有带*号的信息表示必填选项)，单击【下一步】按钮。

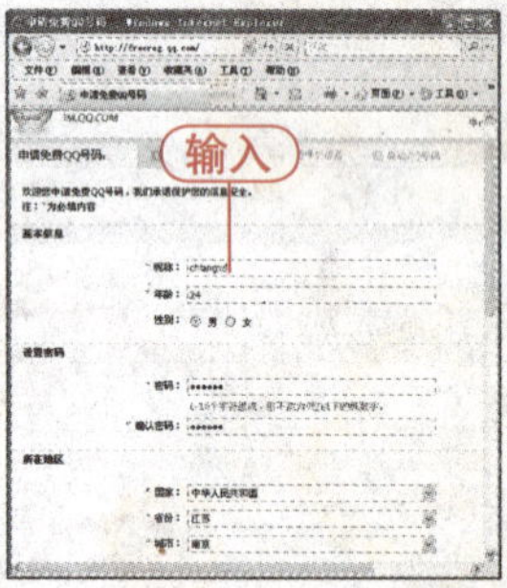

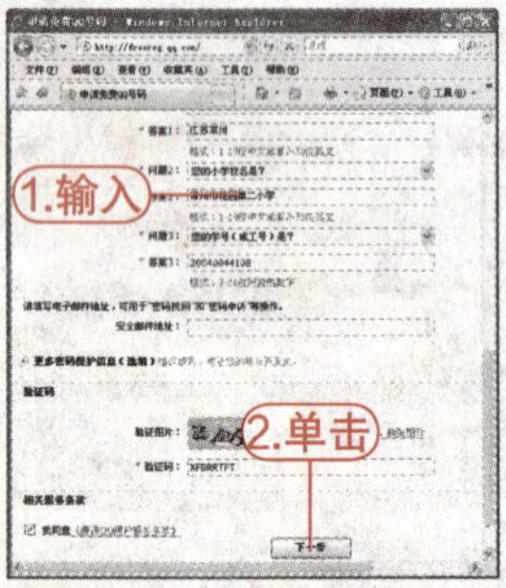

06 回答设置的密码保护问题。

07 单击【下一步】按钮，弹出申请成功页面，显示了申请的QQ号码，完成申请操作。

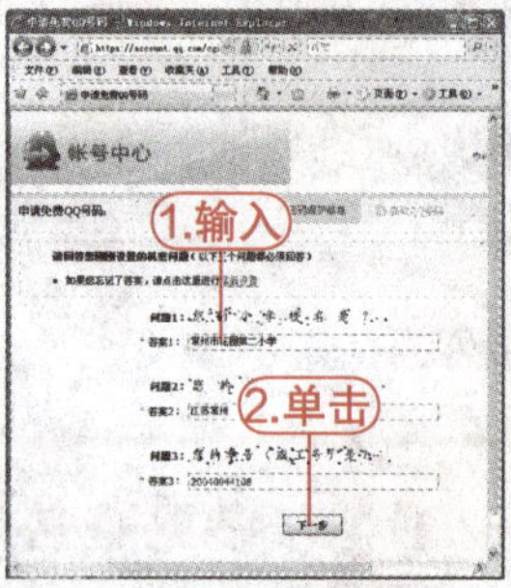

4.1.2 查找并添加QQ好友

申请好QQ号码后，可以登录QQ，登录新的QQ号码是没有任何好友的，如果要使用QQ聊天，首先要添加好友，添加好友可以通过QQ服务器查找，也可以输入好友QQ号码进行精确查找。

【例4-2】 查找并添加QQ好友。视频

01 启动QQ程序，打开用户登录对话框，输入QQ号码和登录密码，单击【登录】按钮，登录QQ。

02 登录QQ后，在【通知栏】会显示QQ图标，单击QQ聊天窗口右上角的【关闭】按钮 ，退出QQ程序。

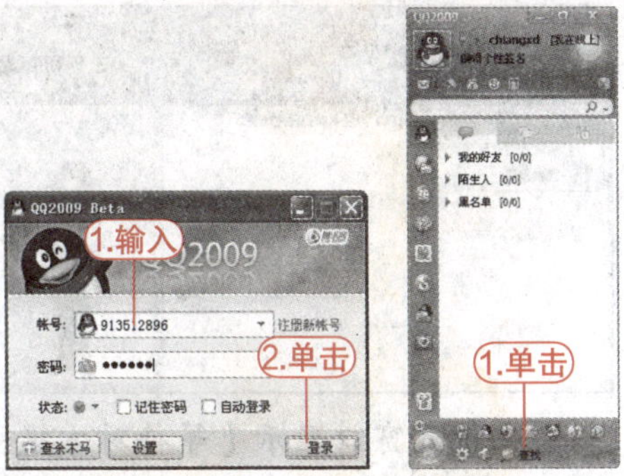

03 单击QQ窗口右下角的【查找】按钮 查找，打开【查找联系人/群】对话框。

04 选中【按条件查找】单选按钮，选择要查找的好友信息，单击【查找】按钮。

05 通过QQ服务器，在对话框中显示了符合当前查找条件且在线的QQ用户，选择要添加的QQ用户，单击【添加好友】按钮，打开【添加好友】对话框。

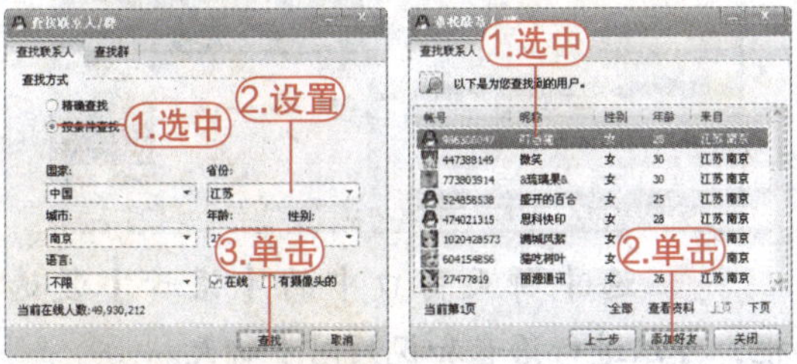

06 输入添加好友验证信息，单击【确定】按钮，如果通过对方验证，即可将他添加为自己的好友。

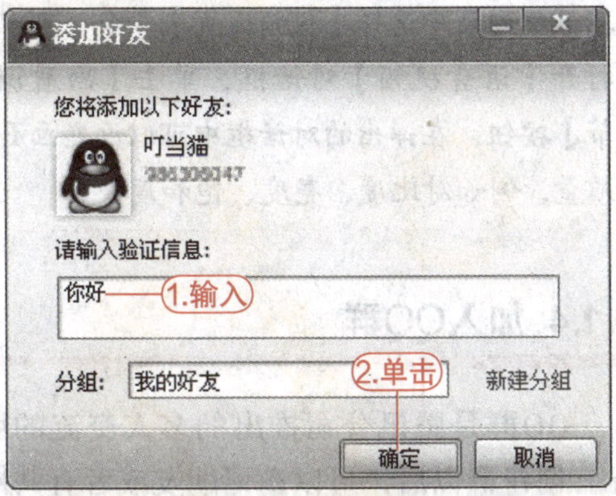

07 在【查找联系人/群】对话框选中【精确查找】单选按钮，在【账号】文本框中输入好友QQ号码，单击【查找】按钮，可以精确查找好友。

08 选中好友QQ号码，单击【添加好友】按钮，打开【添加好友】对话框。

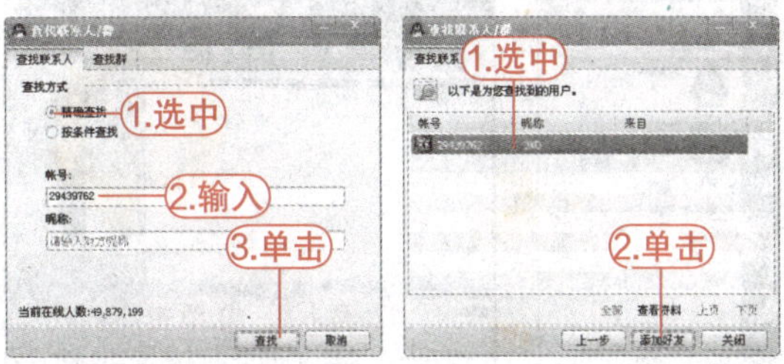

09 该QQ用户由于未设置验证信息，所以无需验证即可添加为好友，可以在【分组】下拉列表中选择好友分组。

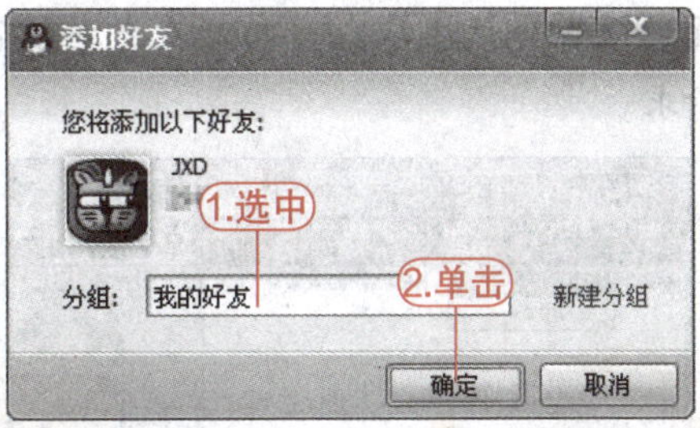

10 单击【确定】按钮，添加对方为QQ好友，可以在【备注】文本框中输入好友备注信息，一般输入对方昵称或真实姓名，也可以不输入，单击【完成】按钮，完成添加QQ好友操作。

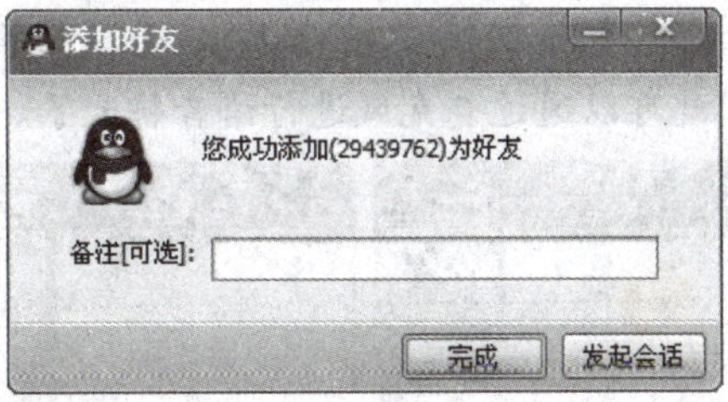

4.1.3 与QQ好友聊天

QQ支持丰富的聊天功能，可以与QQ进行文字、语音或视频聊天。

【例4-3】 与QQ好友聊天。视频

01 双击QQ好友列表中好友头像，打开聊天窗口。

02 输入聊天内容，按下Ctrl+Enter键或单击【发送】按钮，发送QQ消息。

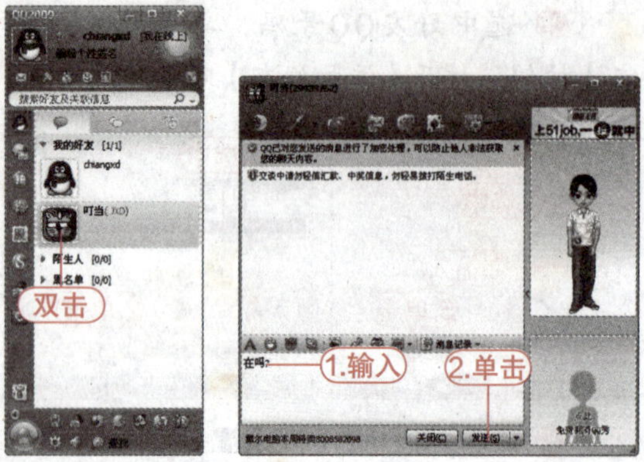

03 单击聊天窗口工具栏上的【开始语音会话】按钮，在弹出的下拉列表中选择【开始语音会话】命令，向好友发送语音聊天请求。

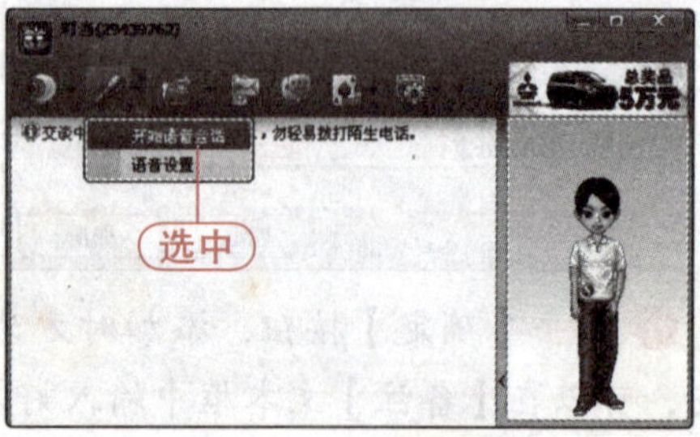

04 在聊天窗口显示【等待对方接受邀请】信息，单击【取消】按钮，可以取消发送语音聊天请求。

05 待对方接受请求后，建立语音连接，就可以通过麦克风进行语音聊天了。

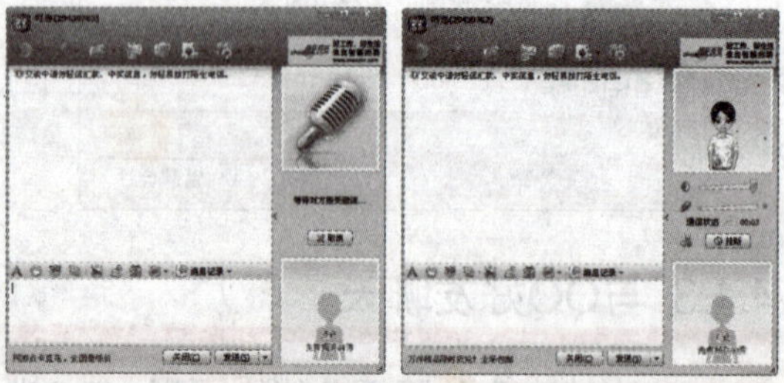

专家指点

拖动聊天窗口右侧的扬声器音量滑块和麦克风音量滑块可以调节音量大小。

06 单击聊天窗口工具栏上的【开始视频会话】按钮，在弹出的下拉列表中选择【开始语音会话】命令，向好友发送视频聊天请求。

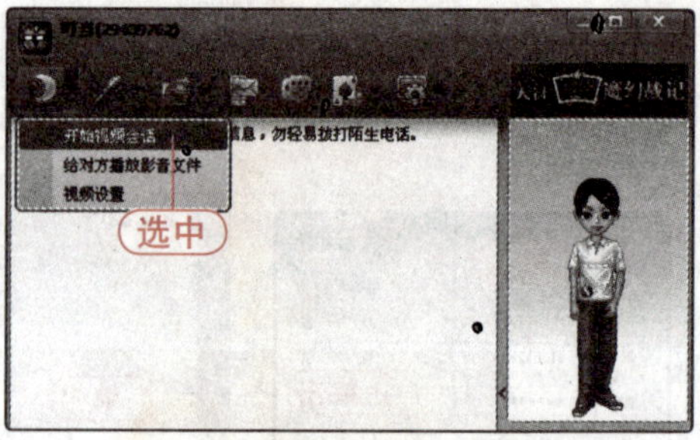

07 在聊天窗口显示【等待对方接受邀请】信息，单击【关闭】按钮，可以取消发送请求。

08 待对方接受请求后，建立视频连接，就可以通过摄像头进行视频聊天了。

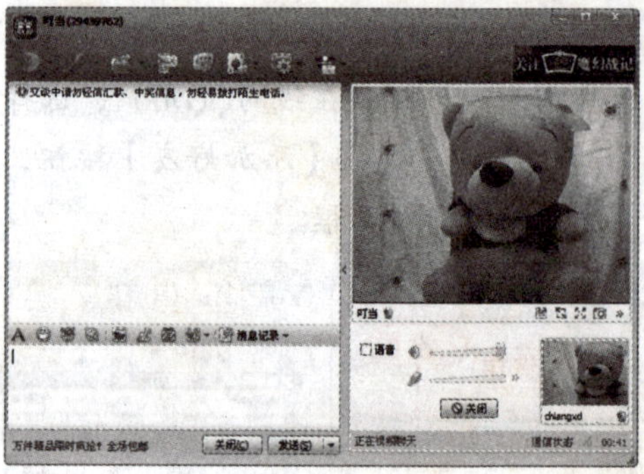

09 选中聊天窗口中的【语音】复选框，可以进行语音和视频同步聊天。

专家指点

单击聊天窗口中的【开始视频会话】按钮，在下拉列表中选择【视频设置】命令，可以打开【语音视频】对话框，单击【画质调节】按钮，在弹出的对话框中可以设置画面质量，例如对比度、亮度、饱和度等。

4.1.4 加入QQ群

QQ群是腾讯公司推出的多人交流的服务。创建群以后，可以邀请朋友或者有共同兴趣爱好的人到一个群里面聊天。在群内除了聊天，腾讯还提供了群空间服务，在群空间中，用户可以使用论坛、相册、共享文件等多种交流方式。

【例4-4】 加入QQ群。视频

01 单击QQ窗口右下角的【查找】按钮 查找，打开【查找联系人/群】对话框。

02 单击【查找群】选项卡，打开该选项卡对话框。

03 选中【精确查找】单选按钮，在【群号码】文本框中输入要加入的QQ群号码，单击【查找】按钮。

04 选中要加入的群，单击【加入该群】按钮，打开【添加群】对话框。

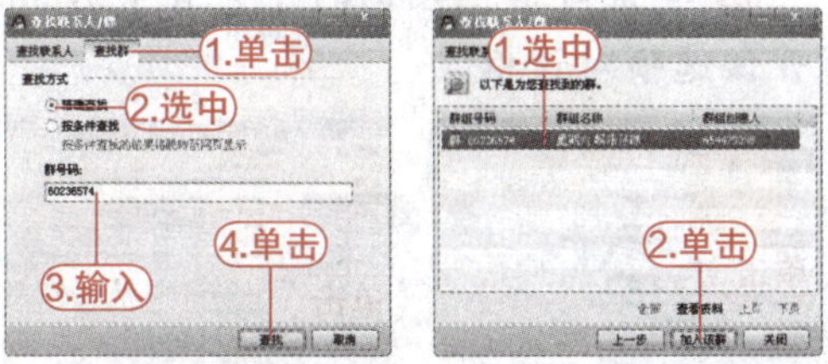

05 输入验证信息，单击【发送】按钮。

06 待群管理员验证后即可加入QQ群，在群中与群成员进行多人交流。

4.1.5 添加QQ表情

QQ表情是在聊天时发送的表情图片，从而丰富聊天内容，可以是静态表情也可以是GIF动态表情。

【例4-5】 添加QQ表情。视频

01 打开聊天窗口。单击【选择表情】按钮，打开QQ表情对话框。

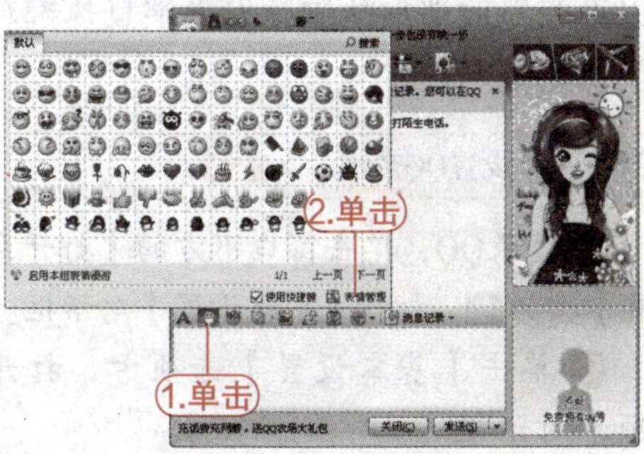

02 单击【表情管理】按钮，打开【表情管理】对话框。

03 单击【添加】按钮 添加，打开【添加自定义表情】对话框。

04 单击【浏览】按钮，打开【打开】对话框。

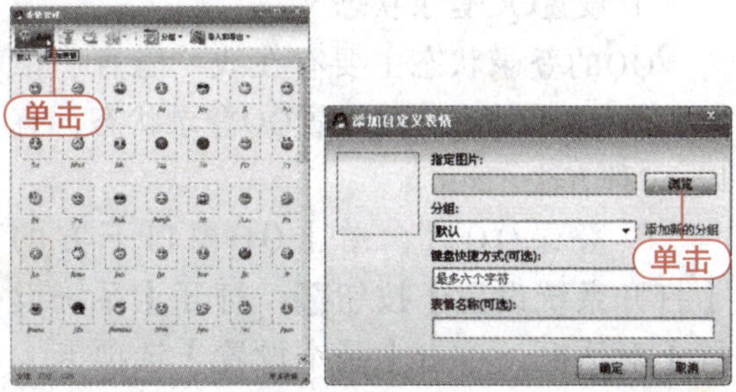

05 选中要添加的QQ表情图片，单击【打开】按钮，返回【添加自定义表情】对话框。

06 单击【确定】按钮，添加QQ表情。

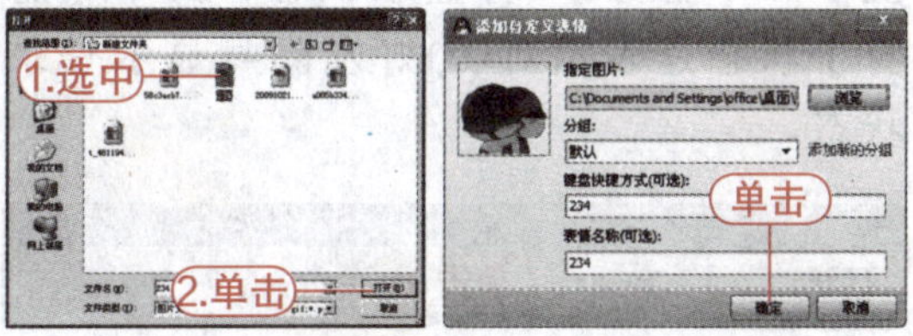

07 成功添加QQ表情后会打开一个【提示】对话框，提示成功添加信息。

08 单击【选择表情】按钮，打开QQ表情对话框，选择要发送的QQ表情，发送消息即可将QQ表情发送给好友。

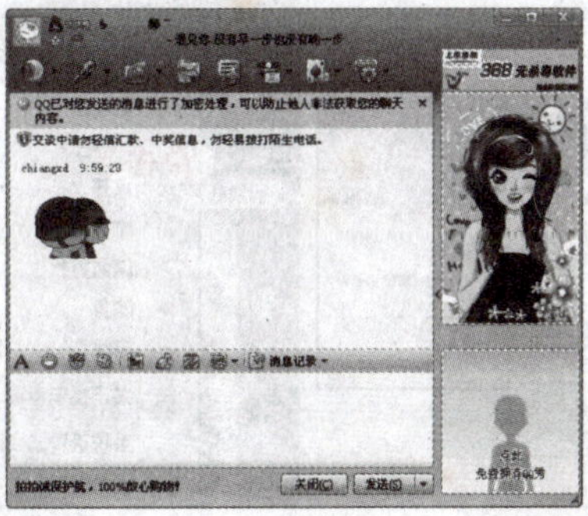

4.1.6 QQ基本设置

设置QQ，可以更加个性化自己的QQ，使得使用QQ更加得心应手。QQ的常规设置有QQ登录后的状态、热键、声音提示和更改皮肤。

1. 设置QQ登录状态

QQ的登录状态主要有在线、隐身、忙碌、离开4种状态，要设置QQ登录状态，有以下3种方法。

- 登录QQ后，单击QQ窗口下方的【打开系统设置】按钮，打开【系统设置】对话框，单击【基本设置】选项卡，打开该选项卡对话框，在【登录后状态为】下拉列表中选择【我在线上】、【Q我吧】、【离开】、【忙碌】、【请勿打扰】和【隐身】6种登录状态，其中【隐身】状态是表示对QQ好友隐身显示登录状态。

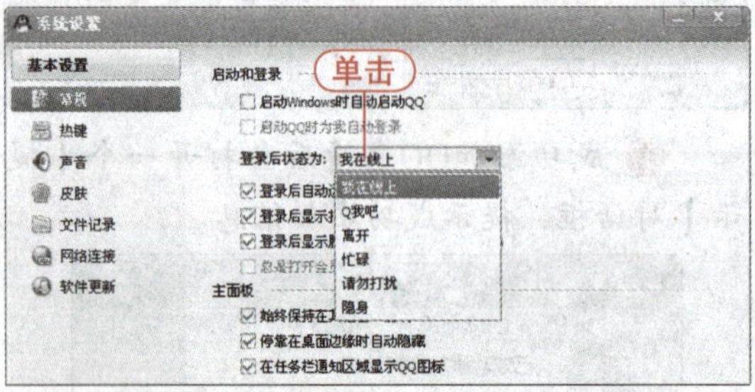

- 启动QQ程序，在【状态】下拉列表中可以选择登录状态。
- 登录QQ后，在左上角的状态下拉列表中选择登录状态。

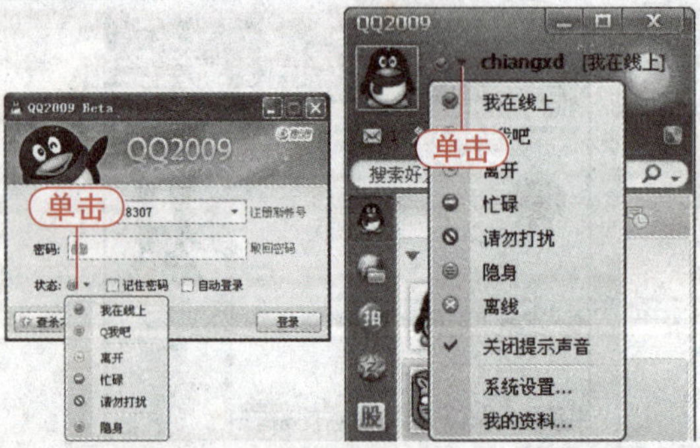

2. 设置QQ提示音

设置QQ声音提示包括好友消息提示音、群消息提示音、好友上线提示音和语音呼叫提示音4种。

【例4-6】设置QQ提示音。视频

01 登录QQ，单击窗口下方的【打开系统设置】按钮，打开【系统设置】对话框，单击【基本设置】选项卡，打开该选项卡对话框。

02 单击对话框左侧的【声音】选项，打开该选项对话框。

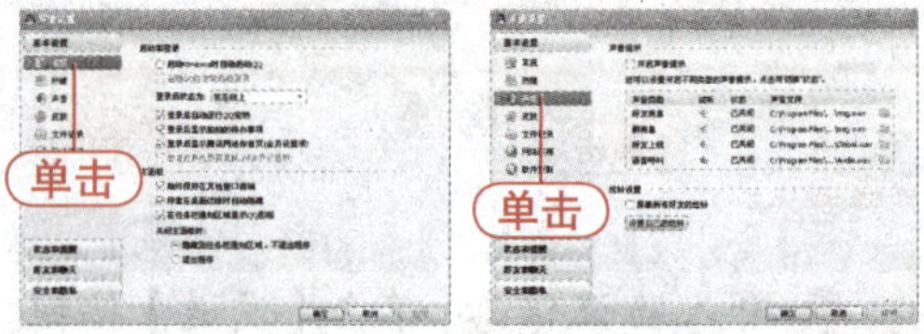

03 单击【好友消息】声音类型最右侧的【更改】按钮，打开【打开】对话框。

04 选择要更改的提示音，单击【打开】按钮，返回【声音】选项对话框，此时好友消息提示音已经被更改，可以单击【试听】按钮，试听更改的声音。

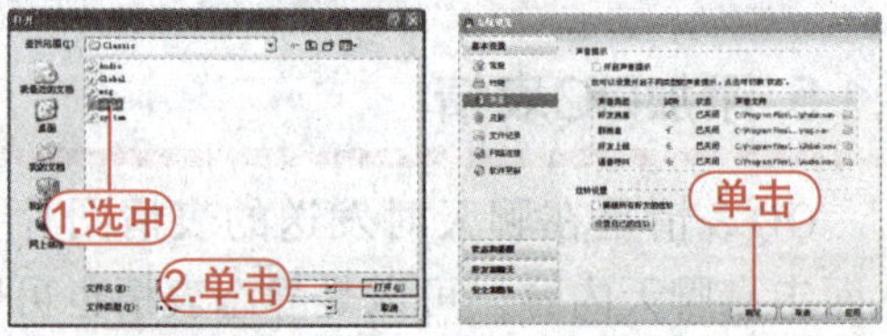

05 根据以上步骤，更改其他提示音，然后单击【确定】按钮，保存设置。

3. 设置QQ热键

热键也就是快捷键，设置QQ热键主要可以设置提取消息热键、发送消息热键和捕捉屏幕热键。

【例4-7】设置QQ热键。视频

01 登录QQ，单击窗口下方的【打开系统设置】按钮，打开【系统设置】对话框。

02 单击【基本设置】选项卡，打开该选项卡对话框。

03 单击【热键】选项，打开该选项对话框，选中【提取消息】选项区域中的【自定义热键】单选按钮，然后按下热键，例如Alt+T键，即可设置提取消息热键。

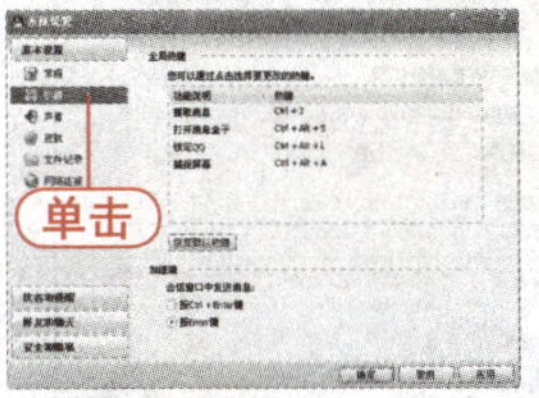

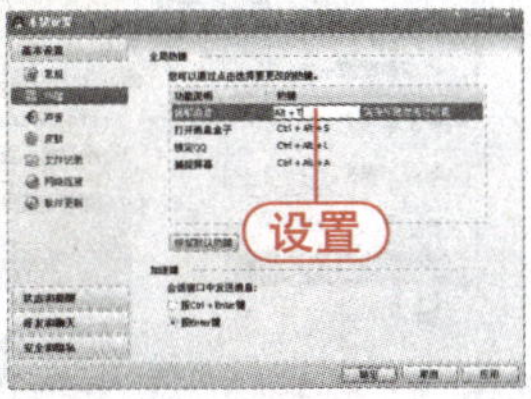

04 根据以上步骤，设置捕捉屏幕热键和发送消息热键，其中发送消息热键只可以选择Ctrl+Enter键或Enter键。

05 最后单击【确定】按钮，保存设置。

4. 更换界面皮肤

QQ界面皮肤设置包括皮肤颜色、透明度、底纹，还可以从网络中下载皮肤安装包，设置个性化的QQ皮肤。

要设置QQ皮肤，打开【系统设置】对话框后，单击【基本设置】选项卡，打开该选项卡对话框，选择【皮肤】选项，打开该选项对话框，在该对话框中可以设置如下。

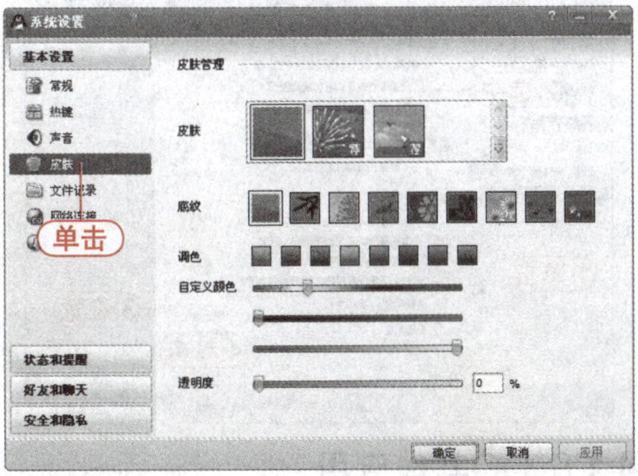

- 【更改皮肤】：可以在【选择您使用的皮肤为】下拉列表中选择【经典】和【简洁】两种皮肤样式。
- 【调色】：可以选择QQ皮肤颜色。
- 【自定义颜色】：可以自定义QQ皮肤颜色。
- 【透明度】：设置QQ皮肤显示透明度，设置透明度后，打开的聊天窗口将以透明度显示。
- 【底纹】：设置QQ皮肤底纹。

4.1.7 QQ系统设置

QQ系统设置主要包括设置自动回复、文件传输保存文件夹、设置安全和隐私保护。

1. 设置自动回复信息

自动回复是设置【离开】、【忙碌】和【请勿打扰】3种状态时自动回复消息。

【例4-8】设置QQ自动回复信息。视频

01 登录QQ，单击QQ窗口下方的【打开系统设置】按钮，打开【系统设置】对话框，单击【状态和提醒】选项卡，打开该选项卡对话框。

02 单击【自动回复】选项，打开该选项对话框。

03 在【自动回复】列表框中显示了QQ程序默认的3种回复消息。

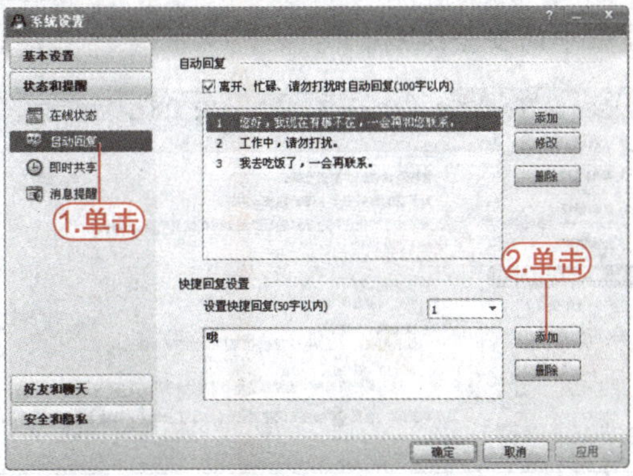

04 单击【添加】按钮，打开【自动回复】对话框，在【回复内容】文本框中输入自动回复内容，单击【确定】按钮，即可添加自动回复消息。

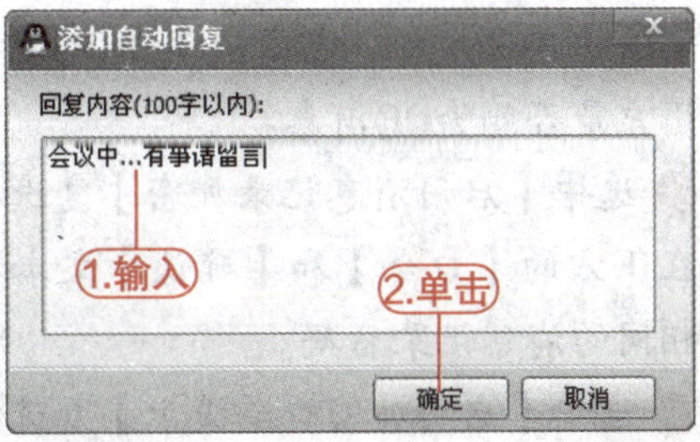

05 选中【自动回复】列表框中的任意回复消息，单击【确定】按钮，当切换到【离开】、【忙碌】和【请勿打扰】3种状态时可以自动回复消息。

06 选择回复消息后，单击【修改】按钮可以修改消息；单击【删除】按钮，可以删除消息。

2. QQ安全和隐私保护设置

设置安全和隐私保护主要包括设置文件传输安全级别、消息记录安全和身份验证。

【例4-9】 设置QQ安全级别和隐私保护。视频

01 登录QQ后，单击QQ窗口下方的【打开系统设置】按钮，打开【系统设置】对话框，打开【系统设置】对话框，单击【安全和隐私】选项卡，打开该选项卡对话框。

02 单击【安全】选项，打开该选项对话框。在【文件传输安全】选项区域选中【安全级别-中(推荐)】单选按钮，设置文件传输过程中的安全级别。

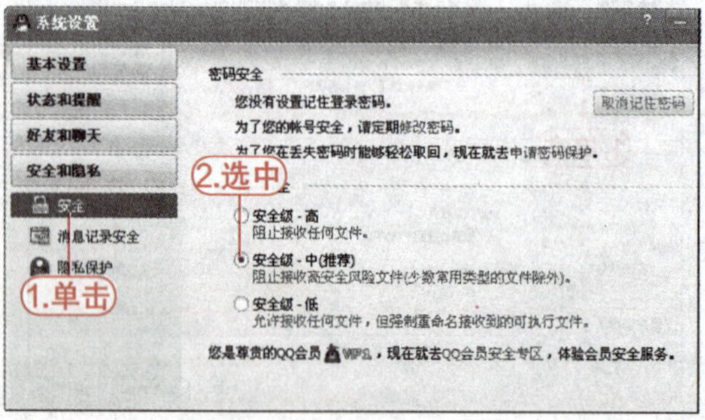

03 单击【消息记录安全】选项，打开该选项对话框。

04 选中【退出QQ时自动删除所有消息记录】复选框，然后选中下方的【每次询问是否删除】单选按钮，在每次退出QQ时都会提示用户是否删除QQ消息。

05 选中【启用消息记录加密】复选框，分别在下方的【口令】和【确认】文本框中输入相同的消息记录密码。

06 选中【启用加密口令提示】复选框，可以在【提示问题】下拉列表中选择或输入提示问题，然后在【问题答案】文本框中输入问题答案。

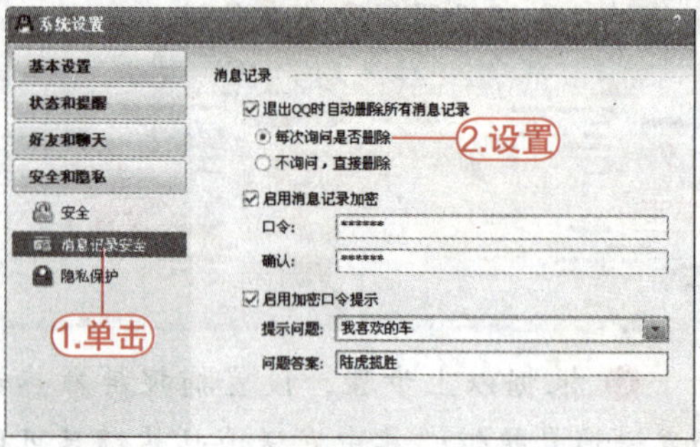

07 单击【隐私保护】选项，打开该选项对话框，在【请选择允许别人查找到您的方式】选项区域中选中【只能通过账号或昵称找到我】复选框，其他用户只有通过正确的昵称或账号才能查找。

08 在【身份验证】选项区域中选中【需要正确回答问题才能把我列为好友】单选按钮，在【提示问题】下拉列表中选择或输入提示问题，然后在【问题答案】文本框中输入问题答案，最后单击【确定】按钮，完成设置。

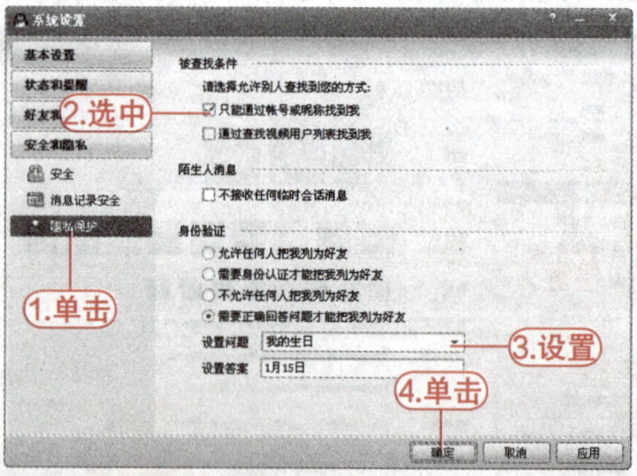

4.1.8 QQ其他应用

QQ程序除了聊天外，利用程序附带的一些功能，可以查看天气情况、传输文件和上传文件到网络硬盘等应用。

1. 查看天气

随着QQ软件的更新，QQ自带的一些功能更加人性化、生活化，查看实时天气是最普遍的应用。

【例4-10】 使用QQ查看实时和未来几天的天气情况。视频

01 登录QQ，将鼠标移至QQ程序窗口右上角有关天气符号区域，QQ程序会自动弹出一个菜单，显示了当前所在地区的实时天气情况和未来两天的天气预报。

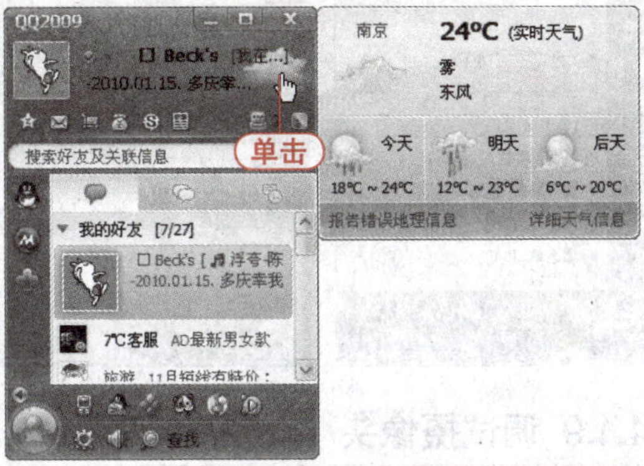

02 单击该区域，可以打开IE浏览器，显示未来几天当地的天气情况。

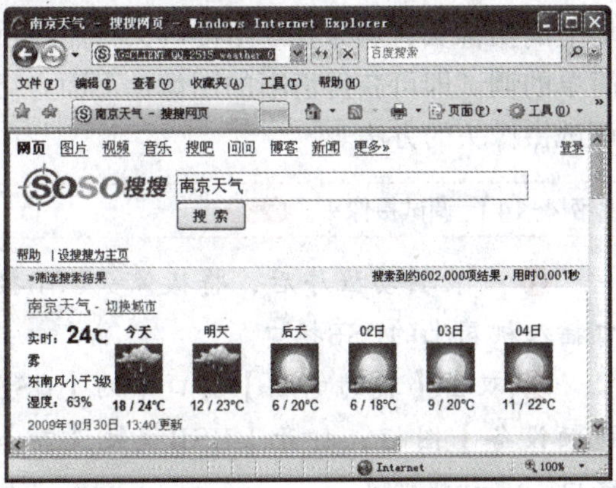

2. 使用QQ传输文件

QQ支持好友之间的文件相互传输，例如客户资料、图片文件等，并且传输速率极快，从而大大提高了移动性。

【例4-11】 使用QQ传输文件。视频

01 登录QQ，双击要发送文件的QQ好友头像，打开聊天窗口。

02 单击工具栏上的【传送文件】按钮，在下拉列表中可以选择【发送文件】或【发送文件夹】选项，打开【打开】对话框。

03 选择要发送的文件，单击【打开】按钮，发送传送文件请求。

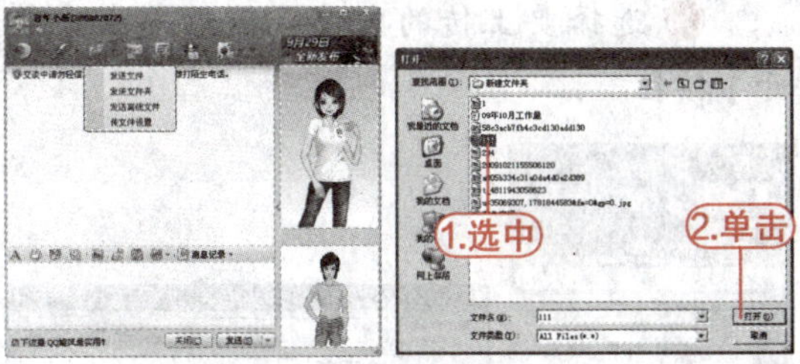

04 在聊天窗口显示【发送文件请求】信息，单击【取消】链接，可以取消发送请求。

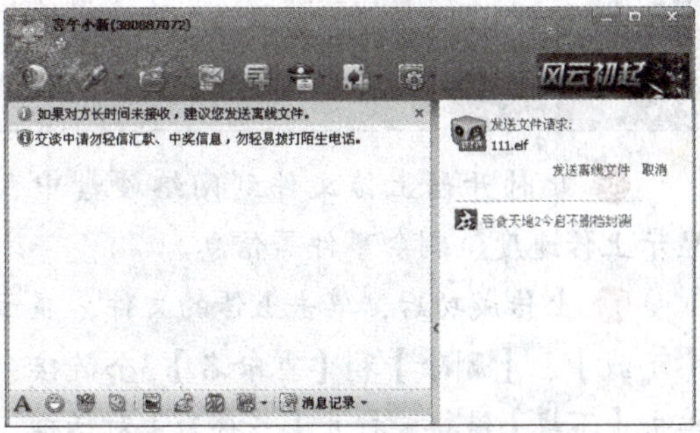

3. 上传文件到网络硬盘

网络硬盘是网络中专属的存储空间，用户方便地上传、下载文件，而独特的分享、分组功能更突破了传统存储的概念。

【例4-12】 上传本地电脑中的文件到QQ网络硬盘。视频

01 登录QQ，单击程序窗口左侧的【网络硬盘】按钮，打开网络硬盘界面。

02 单击【上传】按钮，打开文件上传操作界面。

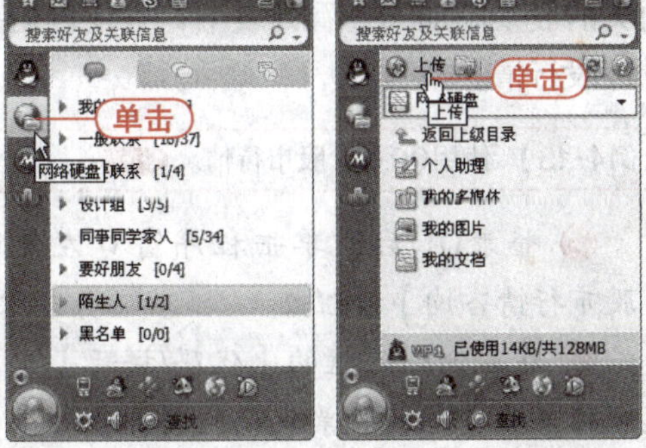

03 单击【添加】按钮，打开【打开】对话框。

04 选择要上传的文件，然后单击【打开】按钮。

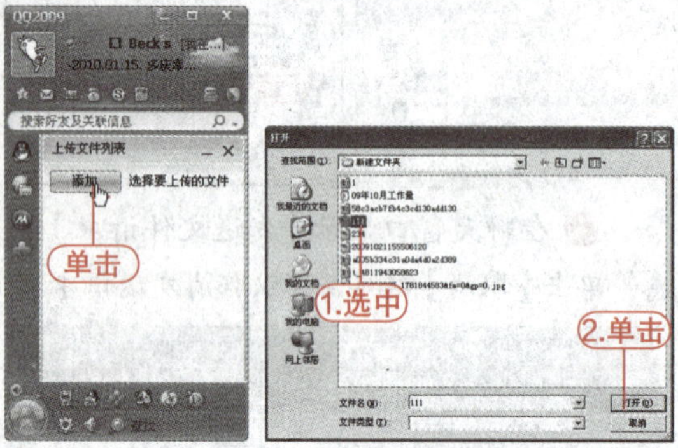

05 此时开始上传文件到网络硬盘中，显示上传速度、剩余事件等信息。

06 上传成功后，单击上传的文件，显示【下载】、【删除】和【重命名】3个链接，单击【下载】链接，打开【另存为】对话框，选择文件保存的位置，单击【保存】按钮，即可从网络硬盘下载文件到本地电脑中。

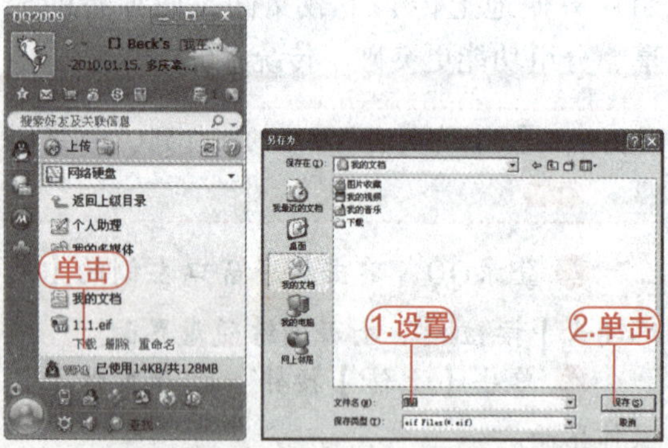

4. 查看股市行情

使用QQ查看股市行情，可以将关注或购买的股票添加到查看列表中，方便以后查看该股行情。

【例4-13】 使用QQ查看股市行情。视频

01 登录QQ后，单击程序窗口左侧的【股市行情咨询】按钮股。

02 在右侧列表框的【代码/拼音】文本框中输入要查询的股票代码，例如查看【东风汽车】股票，输入代码600006。

03 单击【添加】按钮，即可添加查看的股票，显示当前股票价格、涨幅等。

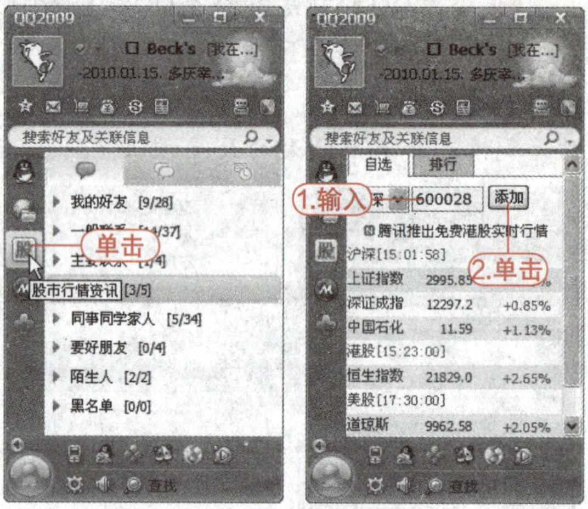

4.1.9 调试摄像头

通过QQ进行视频对话，可以使得分隔两地的亲友能真切的看到对方状况。目前市场上的摄像头普遍采用USB接口，只需经过简单的调试即可获得清晰的图像。下面介绍调试摄像头的方法。

【例4-14】 调试摄像头。视频

01 安装驱动程序后，将摄像头USB接口插入机箱上的USB插口。

02 双击【我的电脑】窗口中的【USB视频设备】图标，打开【USB视频设备】窗口，启动摄像头。

03 转动摄像头镜头外的调节圈，调节图像清晰度到满意为止。

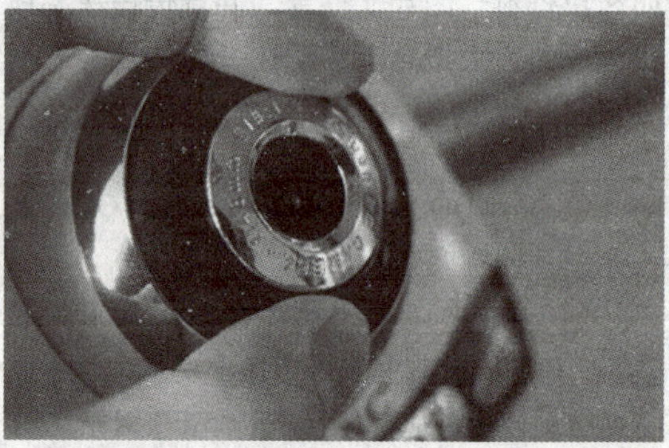

4.2 使用MSN网络聊天

MSN全称Windows Live Messenger，它是微软公司出品的一款即时聊天软件。相对于QQ而言，MSN的国际化更强一些，可以利用它来与海外的亲友进行即时沟通，并创建个人共享空间，把图片、音乐、网络日志等内容上传到共享空间，与亲朋好友们分享。

4.2.1 下载和安装MSN

MSN与QQ一样，是一款可以免费下载并安装的软件。

【例4-15】 下载并安装MSN。视频

01 打开IE浏览器，输入网址http://www.windowslive.cn/Get/，按下Enter键，打开MSN官方网站下载地址。

02 右击下载地址，在弹出的快捷菜单中选择【使用迅雷下载】命令，启动迅雷并打开【建立新的下载任务】对话框。

03 单击【立即下载】按钮，开始下载。

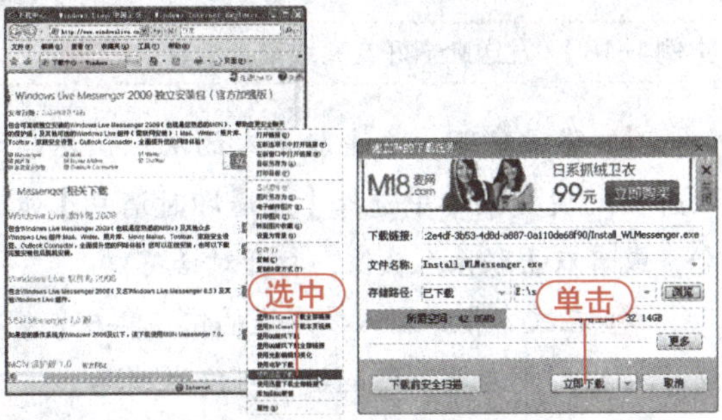

04 下载完成后，双击安装文件，打开MSN安装对话框，单击【进入安装】按钮，进入安装，然后根据提示信息安装。

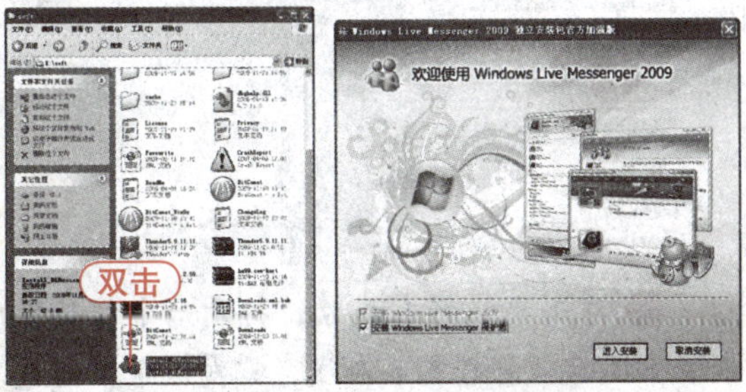

4.2.2 注册MSN账户

在将MSN安装到电脑中之后，我们需要先注册一个账号，然后登录MSN。

【例4-16】 注册MSN账户。视频

01 双击桌面上的MSN图标，打开MSN登录窗口。

02 单击【注册】文字链接，打开账号注册页面。

03 填写相关的注册信息和验证码，单击【接受】按钮。

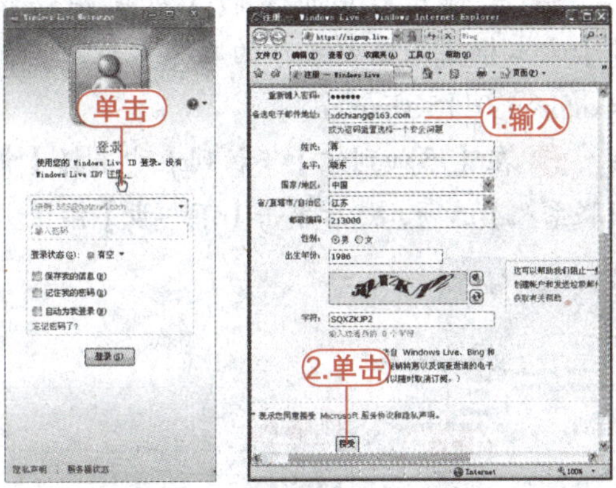

04 注册完成后显示注册信息，返回登录窗口，输入账户和密码，单击【登录】按钮即可登录用户。

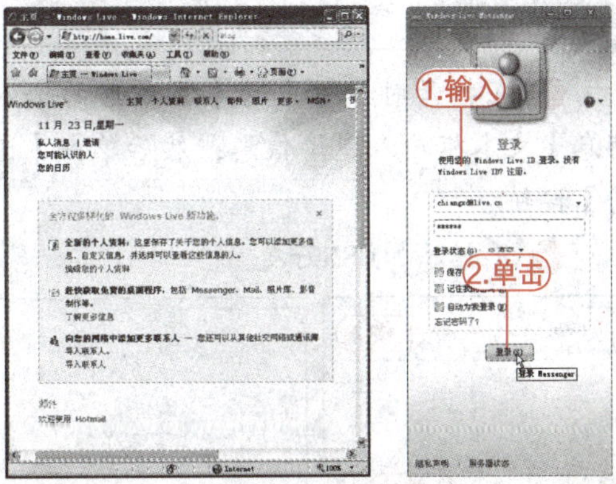

4.2.3 添加联系人

登录MSN之后，将好友的MSN账号添加

到联系人名单中即可进行交流。

【例4-17】 添加MSN好友。视频

01 登录MSN，单击【添加联系人】按钮，在弹出的菜单中选择【添加联系人】命令。

专家指点

在登录窗口中选中【保存我的信息】复选框，这在下次登录时自动填写邮件地址；选中【记住我的密码】复选框，会自动填写密码；选中【自动为我登录】复选框，只要打开MSN就会自动登录该账号。

02 在打开对话框中的【即时消息地址】文本框输入需要添加的联系人地址，例如xiaozong0115@live.cn。

03 在【添加到组】下拉列表中选择【常用联系人】选项，然后单击【下一步】按钮。

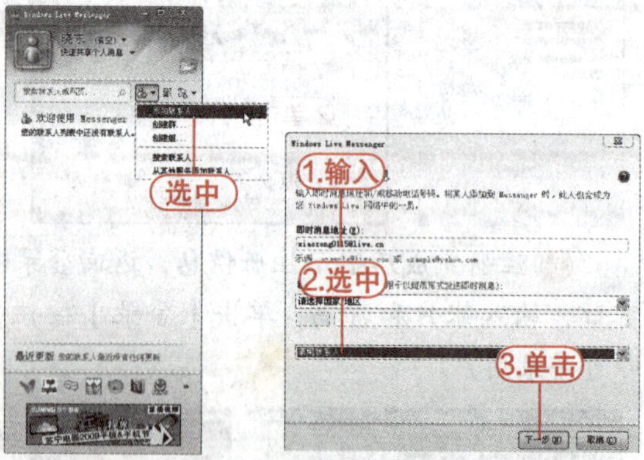

04 在打开对话框中的【显示您的个人消息】文本框输入邀请信息，然后单击【邀请】按钮。

05 开始添加MSN好友。

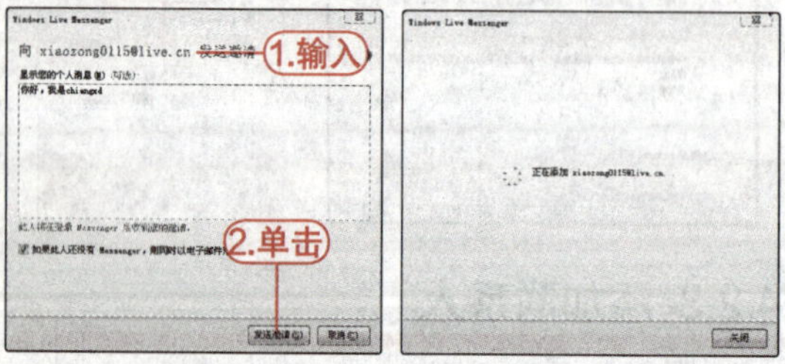

06 成功添加好友后，显示添加提示信息，单击【关闭】按钮，关闭对话框。

07 返回MSN主界面，在【常用联系人】一栏中已经显示了添加的好友。

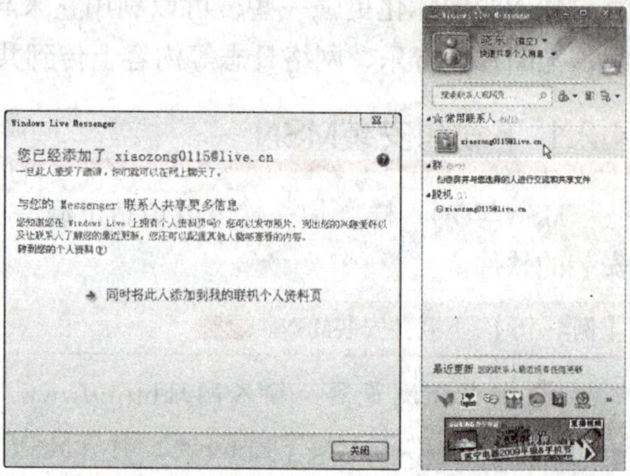

4.2.4 与好友聊天

添加MSN联系人后，只要添加的好友同时在线，即可展开即时聊天。如果好友不在线，可以给好友发送离线留言消息。

【例4-18】 发送MSN好友离线留言消息。视频

01 登录MSN，右击联系人的头像，然后在弹出的快捷菜单中选择【发送即时消息】命令，或者双击联系人头像，打开对话窗口。

02 在文本框中输入要发送的信，单击【发送】按钮，或者按下Enter键即可发送消息。

03 此时消息将显示在窗口的上部，并等待联系人回复消息。

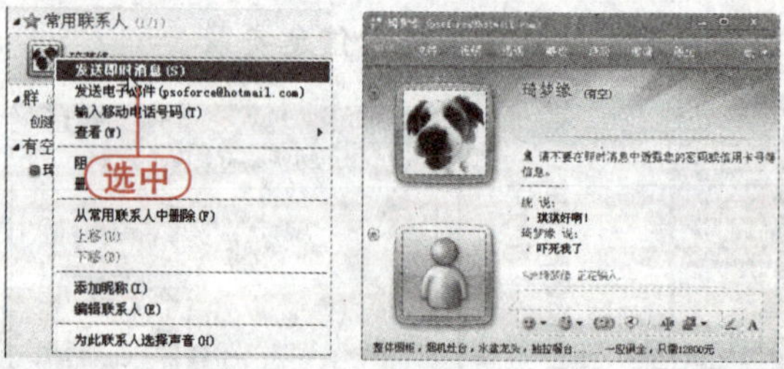

04 双击离线好友头像，打开一个信息提示框，提示当前好友不在线，需发送脱机离线消息，单击【确定】按钮，打开对话窗口。

05 在文本框中输入留言消息，按下Enter键即可发送离线消息。

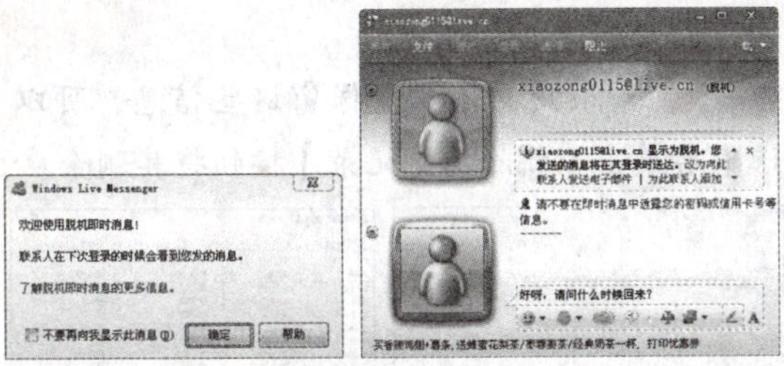

4.2.5 MSN视频聊天

使用MSN同样可以进行视频聊天，在视频聊天时还可以调节视频。

【例4-19】 使用MSN视频聊天。视频

01 登录MSN，选择【显示菜单】|【工具】|【音频和视频设置】命令，打开【音频和视频–扬声器/麦克风或免提电话】对话框。

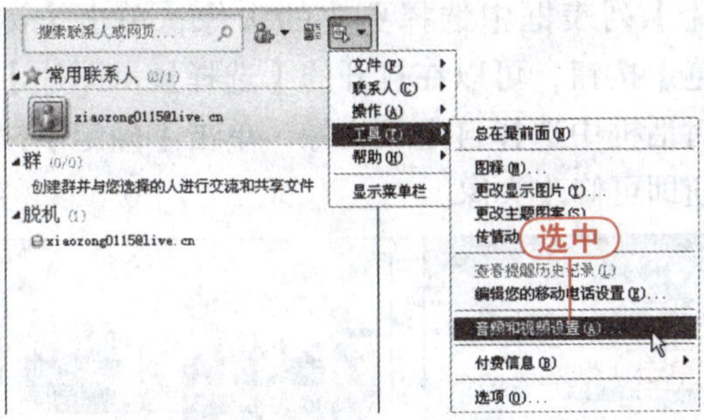

02 在【扬声器/麦克风或免提电话】下方的下拉列表框中选择【自定义】选项。

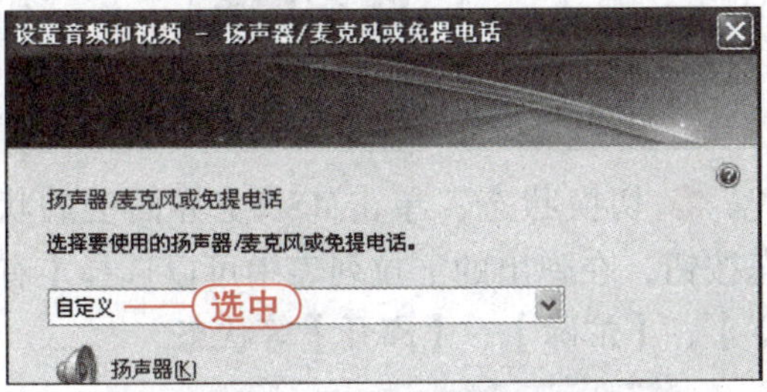

03 在【扬声器】下拉列表框选择合适的扬声器，并且单击【测试】按钮可以测试声音效果。

在【麦克风】下拉列表框选择合适的麦克风设备，然后对着话筒说话。如果下方的显示条中有蓝绿色显示则代表麦克风正常，最后单击【下一步】按钮。

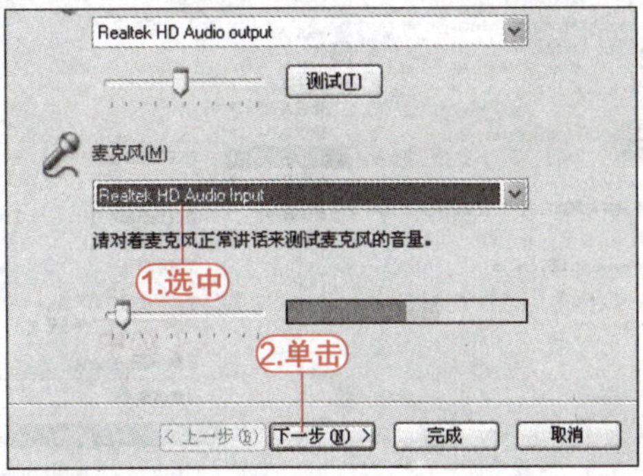

04 打开【设置音频和视频–网络摄像机】对话框，在该对话框中打开【网络摄像机】下拉列表框选择合适的视频设备，下方的预览窗口将显示当前摄像状态，调整后单击【完成】按钮。

05 完成了音频和视频设备的调试后，用户就可以和联系人进行音频和视频聊天了。在打开的【对话】窗口中，单击工具栏上的【视频】按钮，等待对方联系人接受后，就可以和对方进行视频交流了。另外，在视频交流的同时，您同样可以在聊天窗口中与对方进行文字交流。

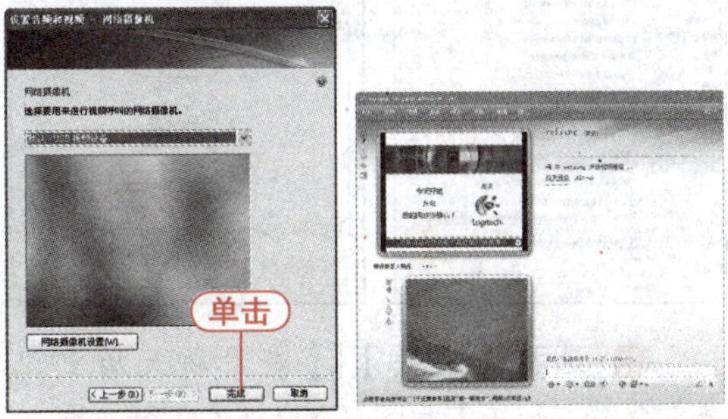

4.2.6 查看MSN聊天信息

默认情况下，MSN不保存与联系人的聊天记录，虽然这样有利于保护聊天隐私，但如果用户要查找过往的聊天信息就会很不方便，可以通过设置自动保存MSN的聊天记录，以便于今后查看。

【例4-20】 查看MSN聊天信息。视频

01 登录MSN后，选择【工具】|【选

项】命令，打开【选项】对话框。

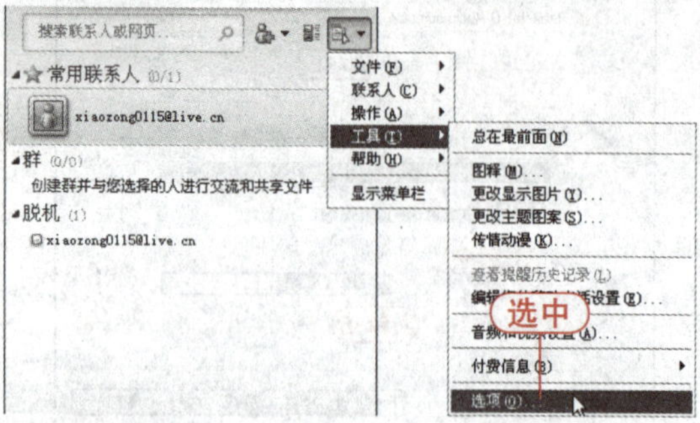

02 选择【消息】选项，打开该选项对话框，在【消息历史记录】选项区域中选中【自动保留对话的历史记录】和【在新对话窗口中显示最近的对话】复选框。

03 单击【在此文件夹中保存我的对话】文本框右侧的【更改】按钮，打开【浏览文件夹】对话框。

04 选择聊天记录保存文件路径，单击【确定】按钮，返回对话框。

05 单击【确定】按钮，返回MSN主界面。

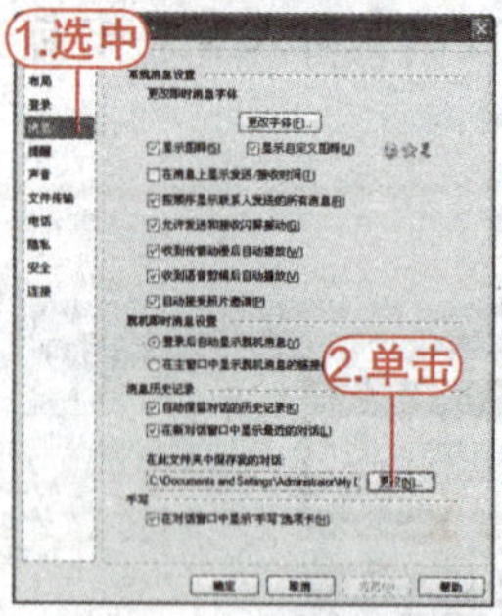

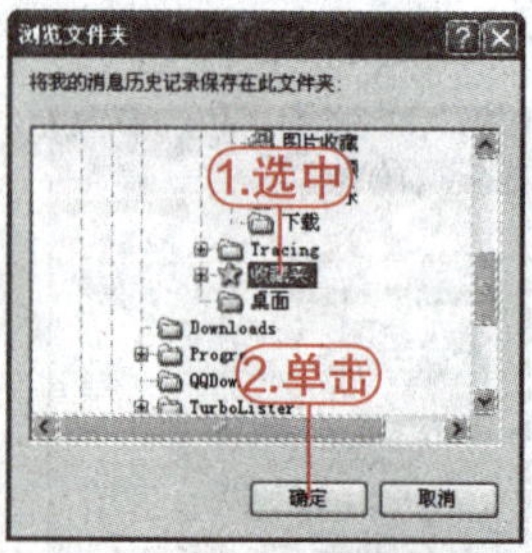

06 选择【文件】|【查看聊天历史记录】命令，打开【选择一个联系人】对话框。

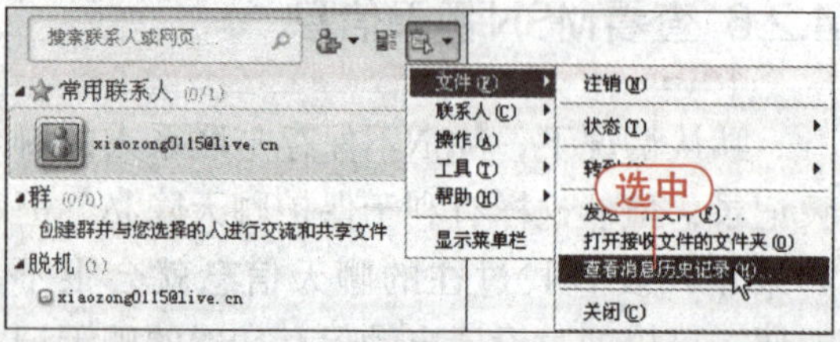

07 选中要查看聊天记录的好友选项，单击【确定】按钮。

08 此时将会打开与该好友的聊天记录对话框，显示了与好友的聊天内容和聊天时间等信息。

09 如果用户不希望保留这些信息，可以选中后单击【删除历史记录】按钮将其删除。

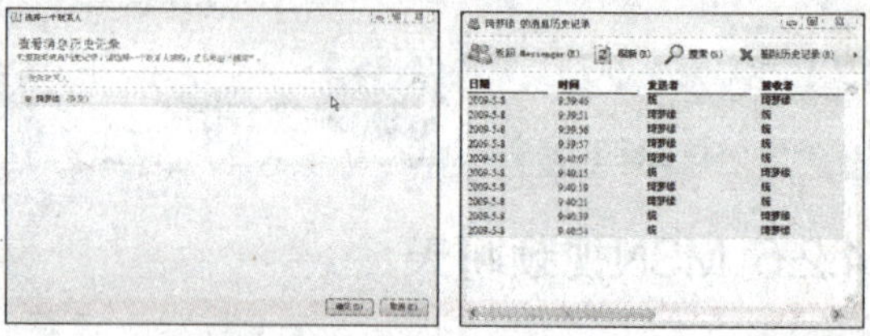

4.2.7 MSN其他操作

MSN除了用于聊天外，还可以进行相应的设置，例如修改头像和昵称、备注好友昵称、切换状态等。下面介绍有关MSN的其他常用操作。

- 修改头像：单击MSN主界面上的头像，打开【显示图片】对话框，在【普通图片】列表框中选择更改的头像；单击【浏览】按钮，可以在打开的【选择显示图片】对话框中选择自定义头像，单击【确定】按钮即可修改头像。

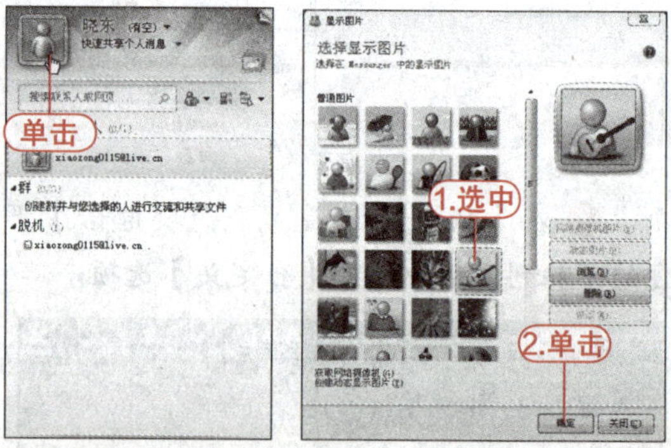

- 切换状态：单击MSN主界面上的状态按钮，在弹出的下拉列表中可以选择【有空】、【忙碌】、【离开】等状态。

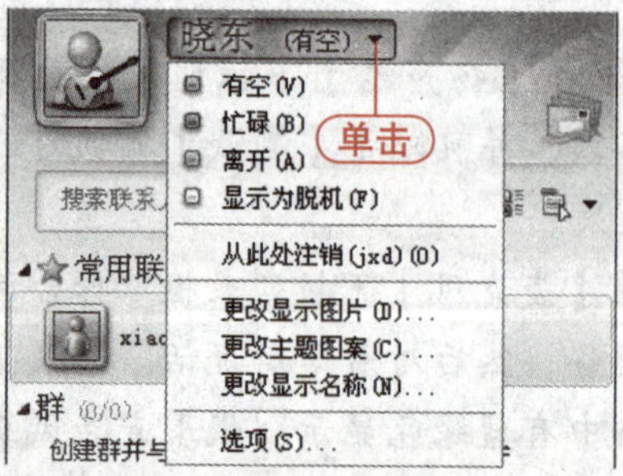

◆ 修改资料：选择【文件】|【选项】命令，打开【选项】对话框，选择【个人信息】选项，打开该选项对话框，可以在【显示名称】选项区域中分别输入显示名称和资料。

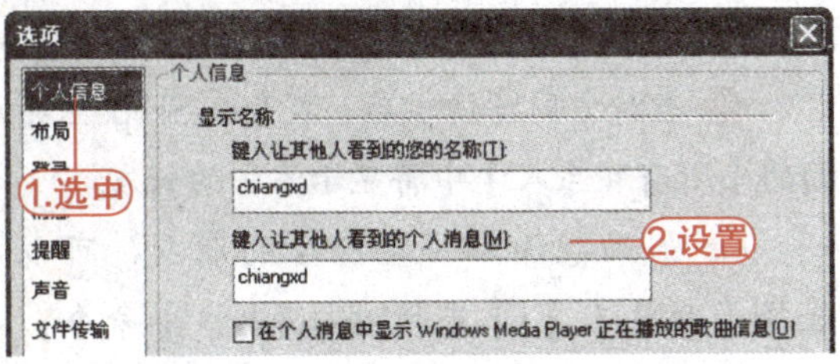

◆ 发送文件：选择【文件】|【发送一个文件】命令，选择发送文件的联系人，然后选择发送的文件，待对方确认接受后即可发送文件。

◆ 修改联系人备注：右击要修改备注的联系人，在弹出的快捷菜单中选择【编辑联系人】命令，打开【编辑联系人】对话框，可以对联系人的昵称、工作单位、联系方式等进行编辑。

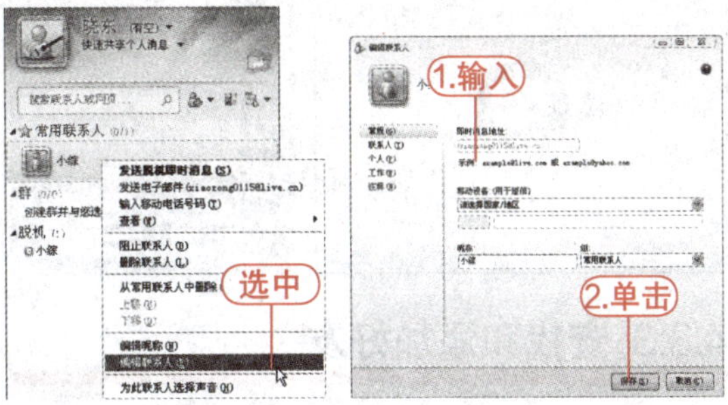

4.3 使用Tom-Skype

Tom-Skype简称Skype，是一种免费网络语音沟通工具，它具有超清晰语音质量、极强的防火墙穿透能力，在线通话永远免费，拨打国内国际固定/移动电话只收取市话费等特点。

4.3.1 下载和安装Tom-Skype

Tom-Skype的官方网站地址是skype.tom.com，用户可以登录网页免费下载并安装Tom -Skype。

【例4-21】下载并安装Tom-Skype。视频

01 打开IE浏览器，输入网址skype.tom.com，单击Enter键，打开Tom-Skype官方网站。

02 单击【本地下载】按钮开始下载软件。

03 下载完成后双击安装图标，打开安装窗口，根据提示信息安装软件。

4.3.2 注册和登录Tom-Skype

安装Tom -Skype后，注册一个账号然后登录账号即可利用它与朋友进行通话。

【例4-22】注册并登录Tom-Skype账号。视频

01 启动Tom-Skype，如果是第一次使用Tom-Skype，会打开一个【创建账号】对话框，需要创建一个账号。

02 填写相关的注册信息，选中服务条款和隐私申明复选框，单击【下一步】按钮。

03 继续填写电子邮件信息，单击【登录】按钮。

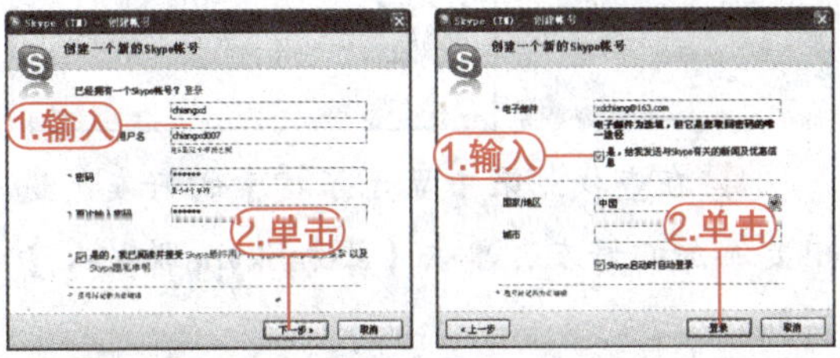

04 开始创建Skype账户并且自动登录Tom-Skype。

05 成功登录Tom-Skype后，显示Tom-Skype主界面。

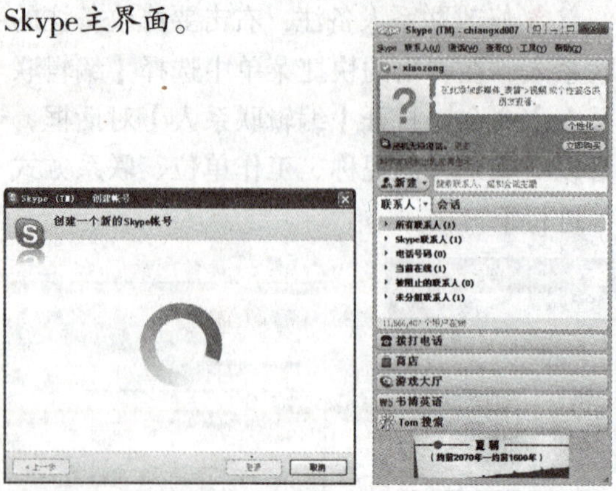

4.3.3 查找和添加好友

同其他聊天工具一样，使用Tom-Skype同样需要添加好友。

【例4-23】 查找和添加好友。视频

01 登录Tom-Skype，选择【联系人】|【添加联系人】命令，打开【添加联系人】窗口。

02 在【添加Skype联系人】文本框中输入添加的好友用户名或邮件地址，单击【查找】按钮。

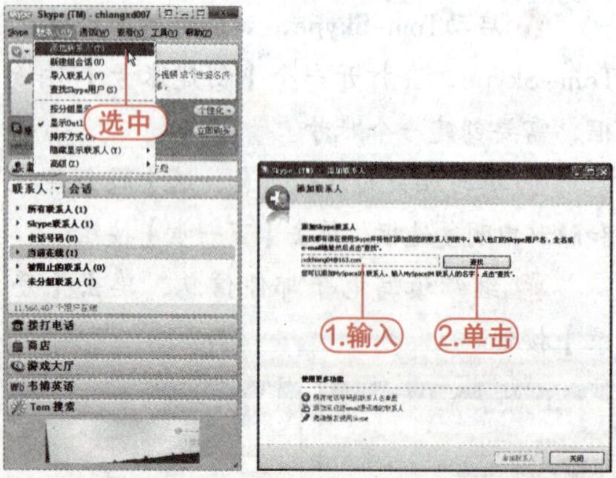

03 在查找结果中显示了搜索的好友，选中要添加的好友，单击【添加Skype联系人】按钮。

04 在打开的验证对话框中输入验证信息，单击【确认】按钮。

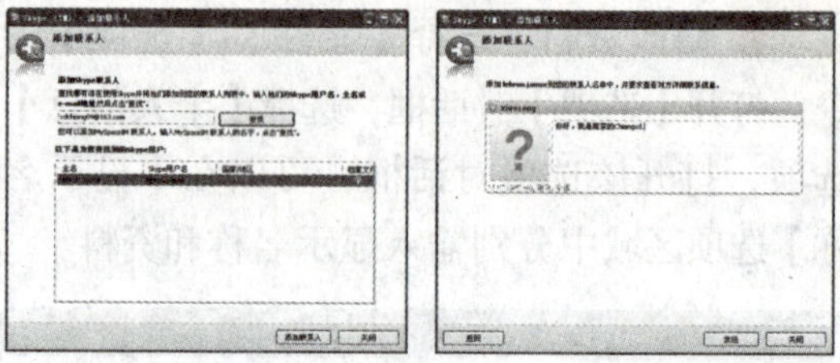

05 当对方同意请求后，在Tom-Skype主界面的【所有联系人】中将显示添加的好友。

06 如果想添加一些陌生的朋友，可以选择【联系人】|【查找Skype用户】命令，打开【查找Skype用户】对话框。

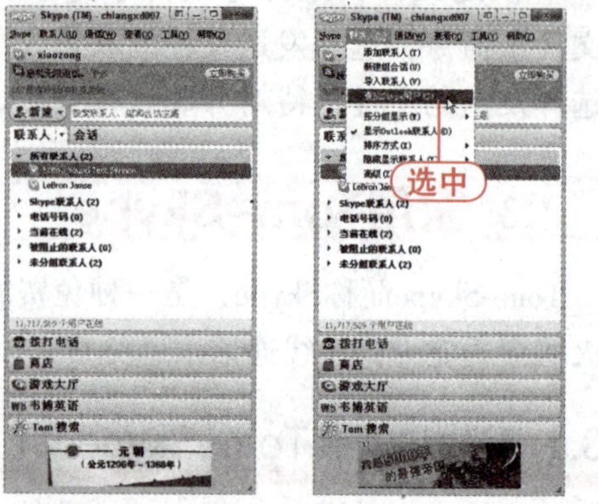

07 输入查找信息，单击【查找】按钮。

08 查找完成后选择要添加的陌生好友，单击【添加Skype联系人】按钮，输入验证信息，待对方同意后即可添加陌生好友。

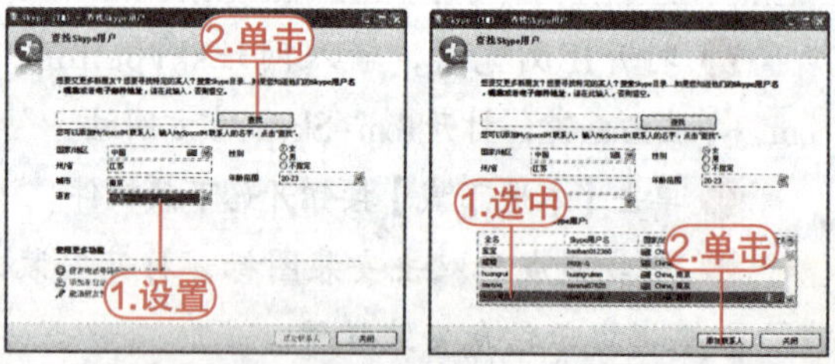

4.3.4 与好友进行通话

添加好友后，可以呼叫在线好友，还支持与好友进行语音视频等功能。

【例4-24】 与Tom-Skype好友进行通话。视频

01 登录Tom-Skype，右击要呼叫的好友，在弹出的快捷菜单中选择【通话】命令，开始通话连接。

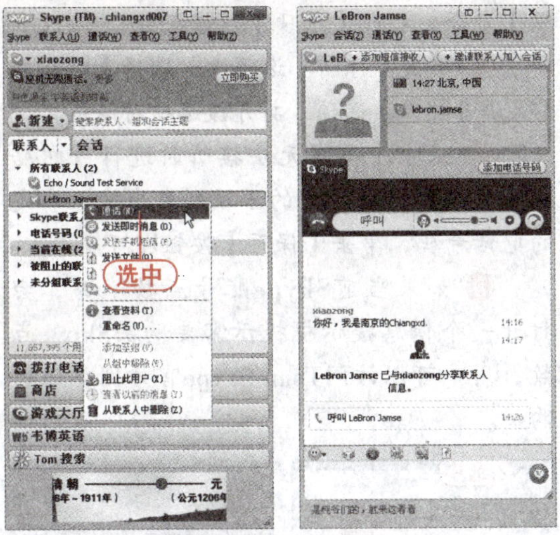

02 待对方接通后即可建立连接，与对方进行语音通话。单击【结束通话】按钮可以结束通话。

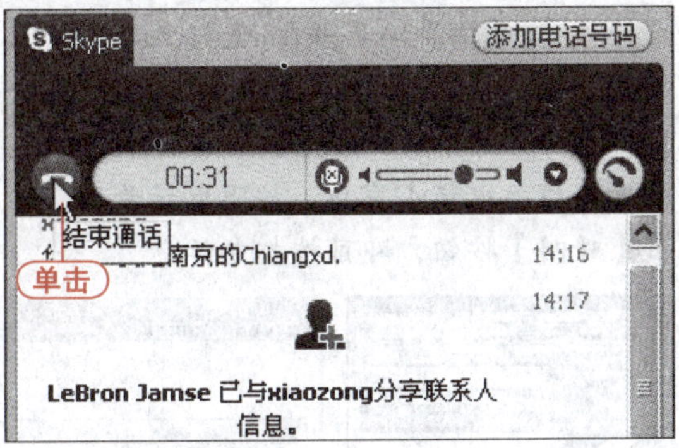

03 选择【工具】|【选项】命令，打开【选项】对话框。

04 选择【常规】选项卡中的【视频】选项，打开该选项对话框。

05 单击【向导设置摄像头】链接。

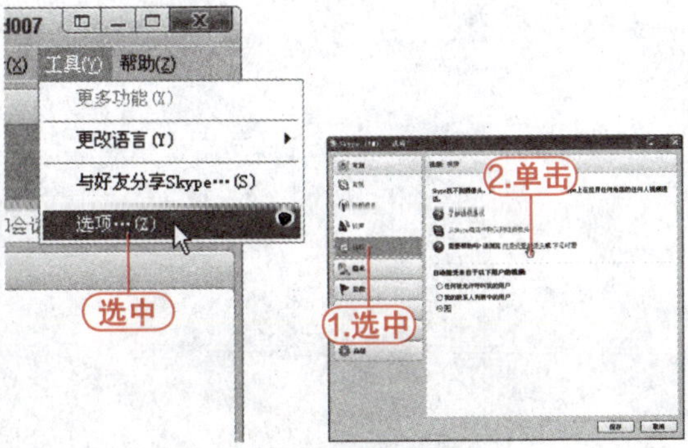

06 获取当前视频，单击【视频设置】按钮，打开视频属性对话框。

07 可以在该对话框中对【亮度】、【对比度】、【色调】、【饱和度】等选项参数进行设置，然后单击【确定】按钮，设置视频合适属性。

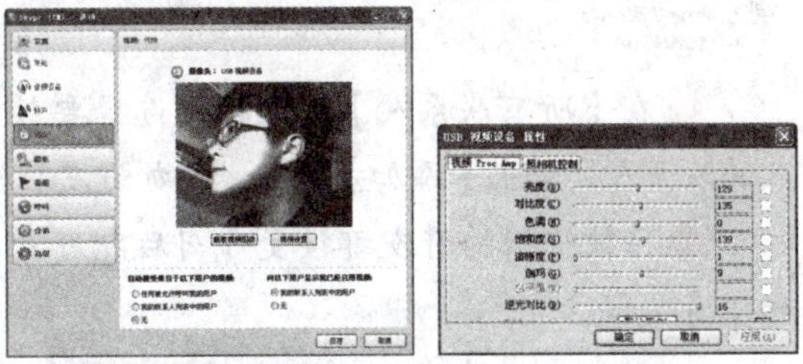

08 右击好友，在弹出的快捷菜单中选择【发送即时消息】命令，打开会话窗口。

09 单击【视频通话】按钮，待对方接受后就可以进行语音视频聊天。

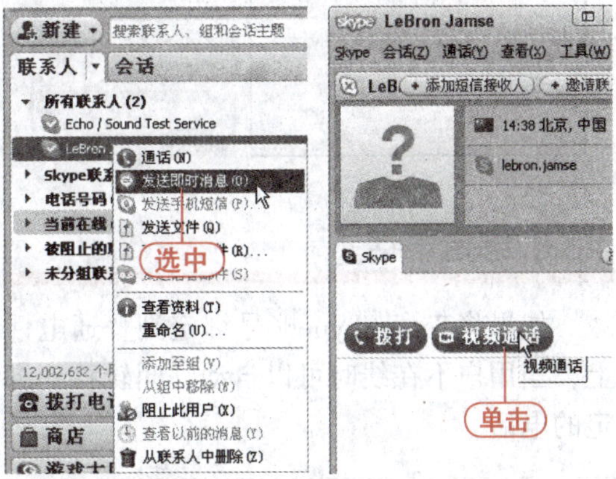

4.3.5 多人语音会议

Tom-Skype不仅支持一对一的语音通话，还可以邀请多位好友同时通话。

【例4-25】 与多位好友进行语音会议。视频

01 登录Tom-Skype，选择【通话】|【通话】命令，打开会话窗口。

02 单击【邀请联系人加入会话】按钮，打开【邀请人员参加Skype电话会议】对话框。

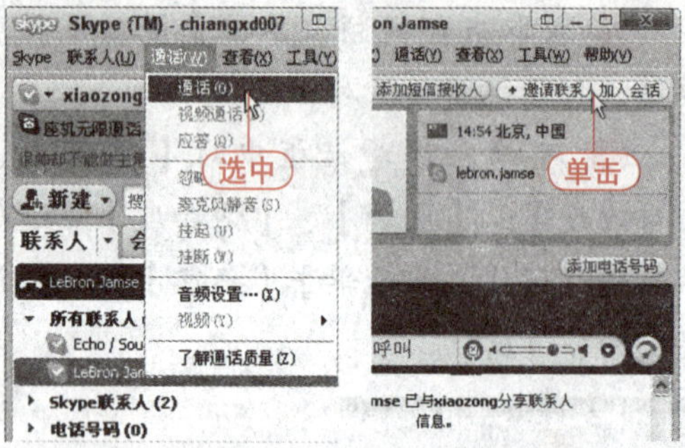

03 在【所有联系人】列表框中选择要加入的联系人，单击【添加】按钮，添加好友。

04 待被呼叫的好友都接受呼叫后即可开始语音会议。

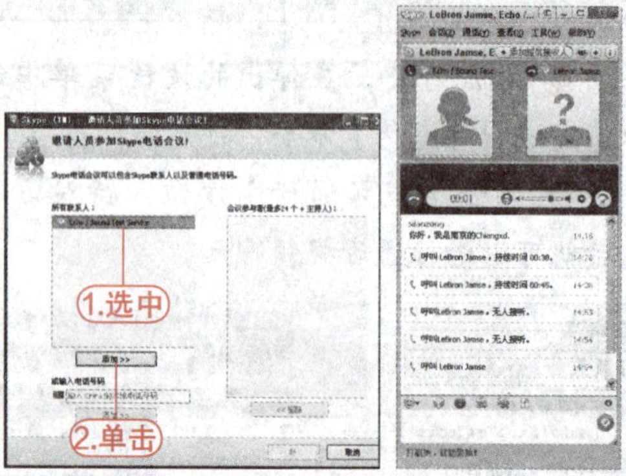

4.3.6 绑定电话

如果将Tom-Skype账号绑定到普通电话上，当用户不在线时可以自动呼叫转移到绑定的电话。

【例4-26】 使用Tom-Skype绑定电话。视频

01 登录Tom-Skype，选择【工具】|【选项】命令，打开【选项】对话框。

02 单击【呼叫】选项卡，选择【呼叫转移&语音邮件】选项，打开该选项对话框。

03 选中【当我无法接听时进行呼叫转移】复选框，在下方的下拉列表中输入绑定的电话号码，单击【保存】按钮即可。

04 如果当前Skype账号点数不够，会打开一个信息提示框提示需要购买Skpye点数，用户可以访问Tom-Skype官方网站进行购买。

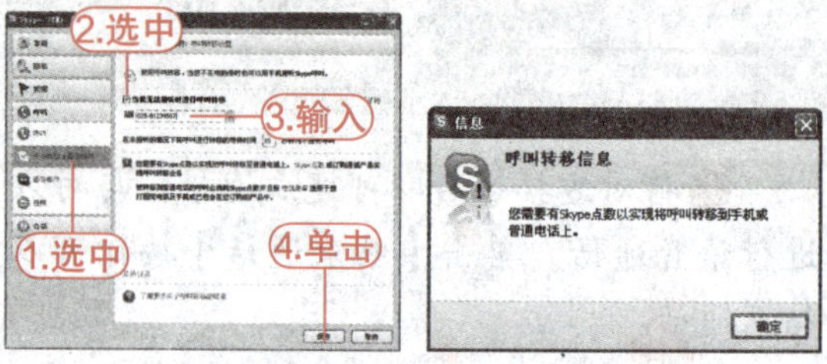

05 如果用户购买Skype电话卡后，可以使用Tom-Skype拨打国内/国际长途，单击Tom-Skype主界面中的【拨打电话】按钮，打开【拨打电话】窗口，按下电话号码，单击【呼叫】按钮，即可拨打电话。

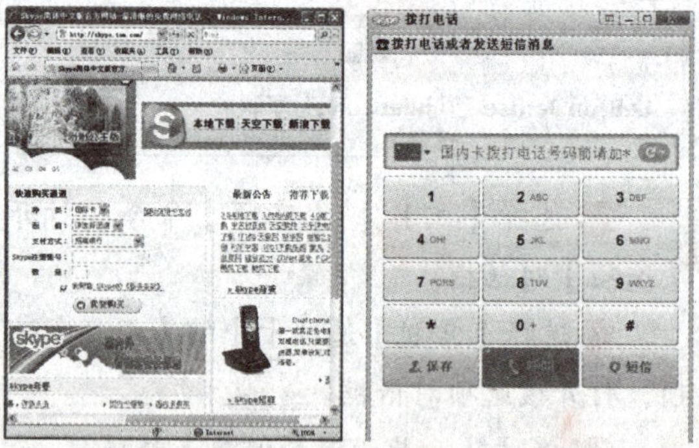

Chapter

05 电子邮件即时收发

E-mail即电子邮件，是已经耳熟能详的网络应用，可以进行异地之间相互通信，并且无需双方同时在线。本章主要介绍了有关收发电子邮件和管理电子邮件的方法。

- 收发电子邮件
- 使用Foxmail收发邮件
- 使用Outlook Express收发邮件

参见随书光盘

例5-1 申请电子邮箱
例5-2 发送普通电子邮件
例5-3 发送带附件的电子邮件
例5-4 接收电子邮件
例5-5 回复电子邮件
例5-6 管理邮件
例5-7 建立通讯录
例5-8 使用网络硬盘
例5-9 设置电子邮箱安全性
例5-10 下载并安装Foxmail
例5-11 创建Foxmail账户
例5-12 使用Foxmail查看电子邮件
例5-13 使用Foxmail发送电子邮件
例5-14 使用Foxmail地址簿
例5-15 创建Outlook Express账户
例5-16 设置账户属性
例5-17 查看并回复邮件
例5-18 编辑并发送邮件

5.1 收发电子邮件

电子邮件即E-mail，是一种通过电子邮箱实现网络中各电脑之间的收发文本或文件的方法，它是通过发送和接受数据包来进行传输的，可以把电子邮件看作是一个数据包，通过网络发送到指定邮箱地址的收信人。

5.1.1 申请电子邮箱

许多网站都提供免费的电子邮件服务，例如网易新浪、搜狐、网易、雅虎等。其中分为免费和收费邮箱两种，用户可以根据自己实际需求，选择邮箱类型。

【例5-1】 申请电子邮箱。视频

01 启动IE浏览器，在地址栏中输入网址“mail.163.com”，按下Enter键，打开【网易通行证】页面。

02 单击【注册】按钮，打开注册页面。

03 输入注册信息。

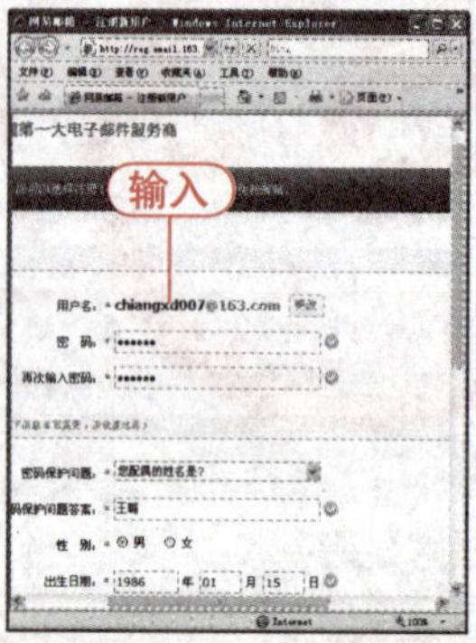

04 输入验证码，单击【注册账号】按钮，提交注册信息。

05 成功注册后打开成功注册页面，显示成功注册信息。

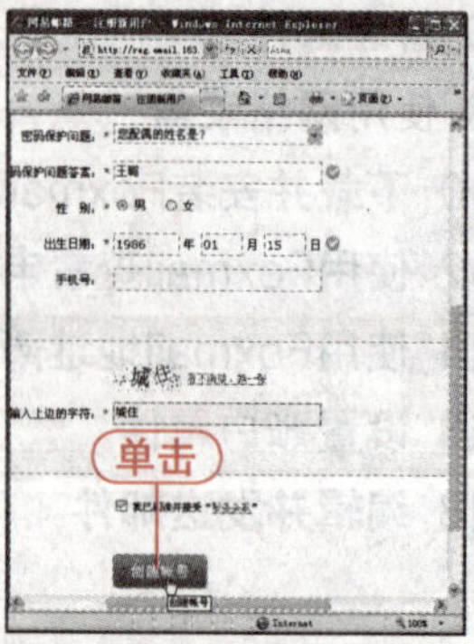

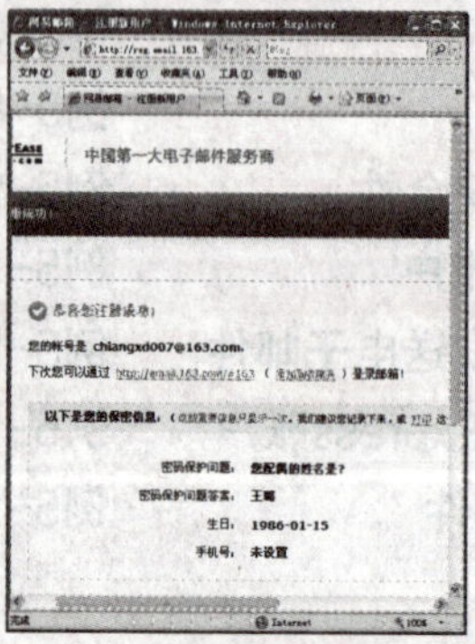

5.1.2 发送普通电子邮件

文本邮件是最基本的电子邮件，登录邮箱后选择发信人，输入邮件内容即可发送。

【例5-2】 发送普通电子邮件。视频

01 启动IE浏览器，输入网址mail.163.com，按下Enter键，打开【网易通行证】页面。

02 输入邮箱地址和密码，单击【登录】按钮，即可登录邮箱。

03 单击【写信】按钮，开始撰写邮件。

04 在【收件人】文本框中输入对方的邮箱地址，例如xdchiang@163.com。

05 在【主题】文本框中输入邮件主题，在【内容】文本框中输入邮件内容。

06 单击【发送】按钮，发送邮件。

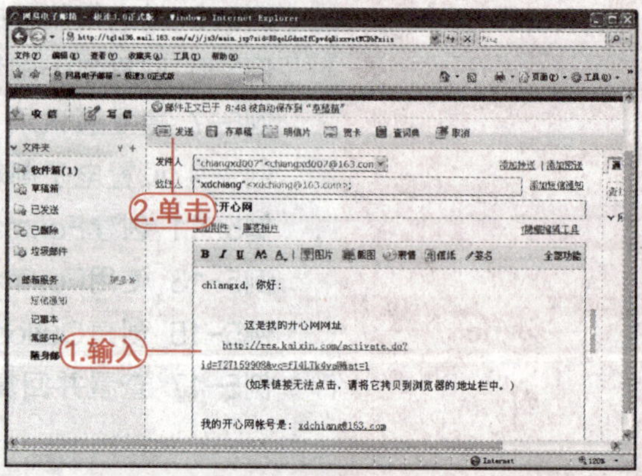

07 当邮件发送成功后，页面会显示【邮件已成功发送】信息。

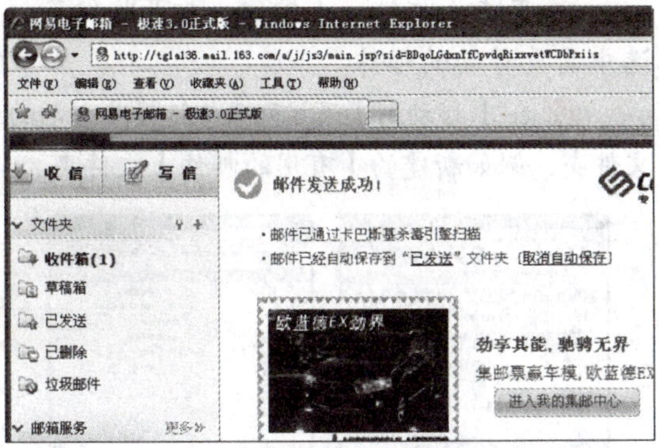

5.1.3 发送带附件的电子邮件

除了发送普通的文本邮件外，还可以发送带附件的邮件，将本地电脑中的文件以附件方式一并发送。

【例5-3】 发送带附件的电子邮件。视频

01 登录邮箱，单击【写信】按钮，开始撰写邮件。

02 在【收件人】文本框中输入收件人邮箱地址xdchiang@163.com。

03 在【主题】和【内容】文本框中输入发件主题和内容。

04 单击【上传附件】链接，打开【选择文件】对话框。

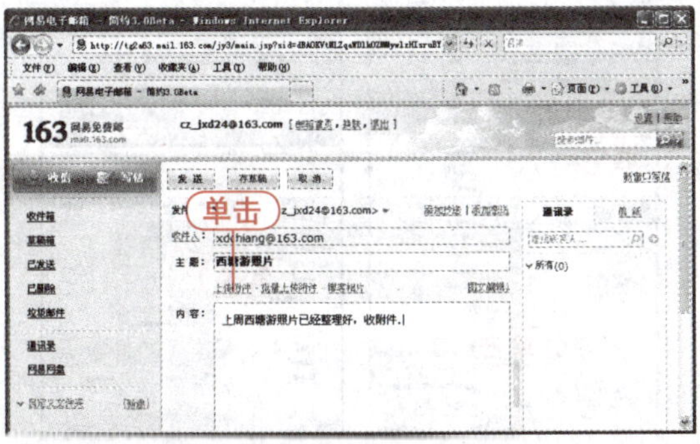

05 选择要发送的文件，单击【打开】按钮，添加附件。

06 可以重复操作，添加多个附件。

07 单击【发送】按钮，发送邮件。

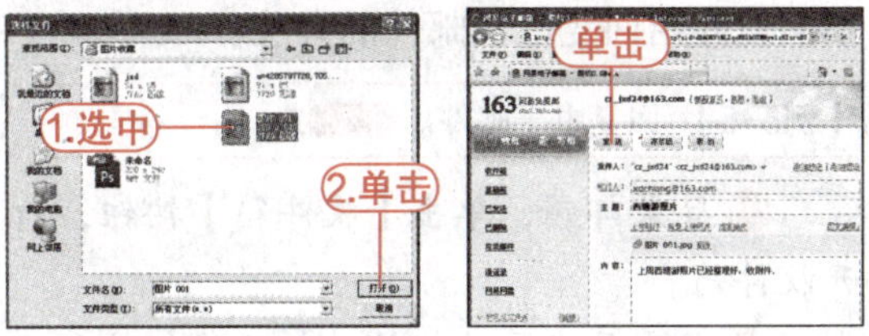

08 显示成功发送信息，确认发送。

5.1.4 接受电子邮件

登录邮箱后，可以在收件箱中查看所有接受的邮件，如果邮件中带有附件也可以下载该附件。

【例5-4】 接受电子邮件。视频

01 登录邮箱，单击【收件箱】按钮，打开收件箱。

02 单击要查看的邮件，打开该邮件。

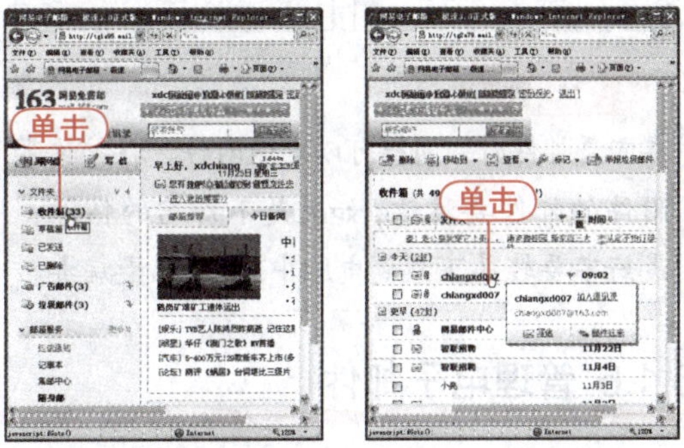

03 打开邮件后即可查看邮件，如果当前邮件中含有附件，可以单击【打开】链接打开附件或者单击【下载】链接，打开【文件下载】对话框，下载附件。

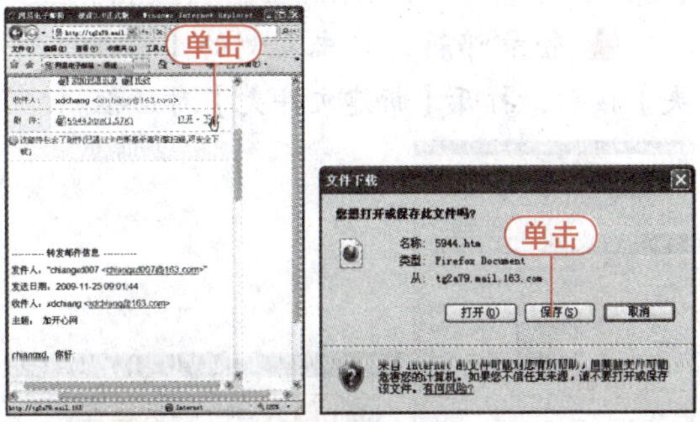

5.1.5 回复电子邮件

查看电子邮件后，可以即时回复邮件，

下面就介绍回复电子邮件的方法。

【例5-5】 回复电子邮件。视频

01 登录邮箱，单击【收件箱】按钮，打开收件箱。

02 单击要查看的邮件，打开该邮件。

03 单击【回复】按钮。

04 输入回复内容，单击【发送】按钮，即可发送回复信息。

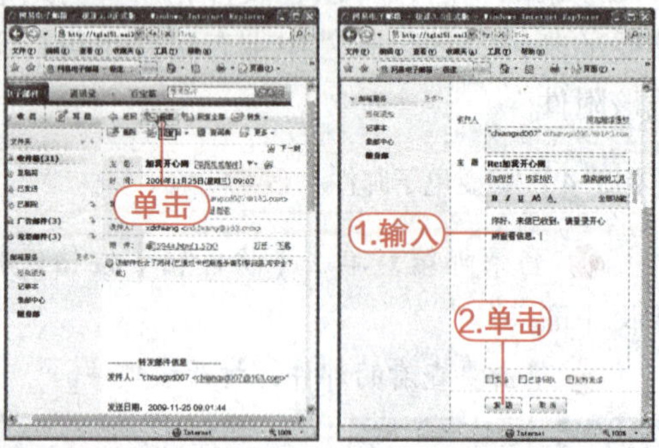

专家指点

在回复邮件时，同样可以发送附件。在接收带附件的邮件要注意，如果是不知名的信件，最好不要轻易下载到电脑中，以免感染病毒。

5.1.6 管理电子邮件

邮箱里的邮件如果过多会导致无法接受新的邮件，或者导致一些邮件自动被清除，因此需要不定期的整理邮箱。

【例5-6】 管理邮件。视频

01 登录邮箱，单击左侧的【添加文件夹】按钮，打开【新建文件夹】对话框。

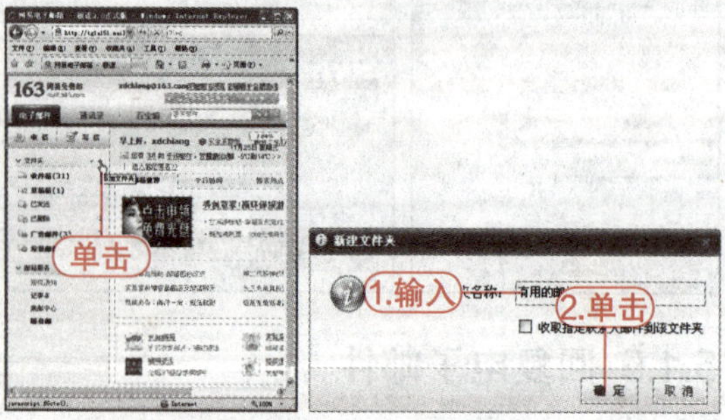

02 在【请输入文件夹名称】文本框中输入新建的文件夹名称，单击【确定】按钮，即可在邮箱中添加一个文件夹。

03 单击【收件箱】按钮，打开收件箱，选中需要移动的邮件。

04 在【移动到】下拉列表中选择要移动的文件夹，例如新建的【有用的邮件】文件夹。

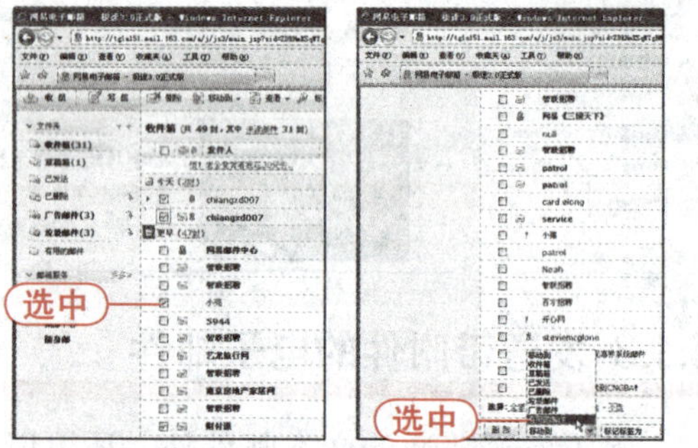

05 此时会打开一个【系统提示】对话框，提示移动邮件信息，单击【确定】按钮即可移动邮件。

06 如果邮箱中有很多不需要的邮件，可以选中这些邮件，然后单击【删除】按钮，可以删除这些邮件。

07 返回邮箱，单击【管理文件夹】按钮，打开【管理文件夹】列表框。

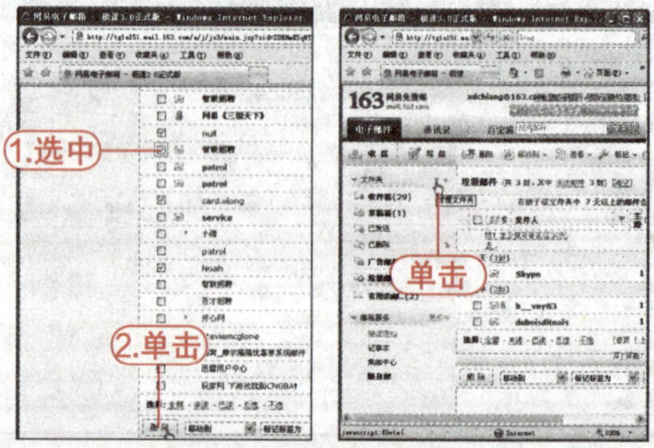

08 在该列表框中可以单击【清空】链接，清空文件夹中的邮件；单击【改名】链接可以修改文件夹名称；单击【删除】链接可以删除文件夹。

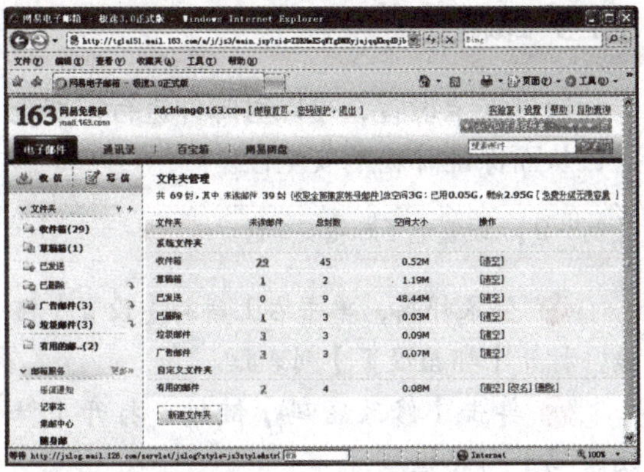

5.1.7 建立通讯录

建立通讯录的好处是可以将联系人的邮箱地址保存到通讯录中，在今后发送邮件时可以免除输入邮箱地址操作并且可以很方便地查询到对方的邮箱地址。

【例5-7】 建立通讯录。视频

01 登录邮箱，单击【通讯录】按钮。

02 单击【新建组】链接。

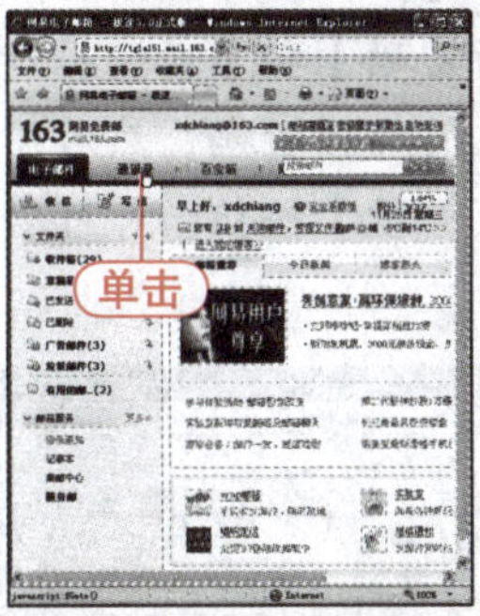

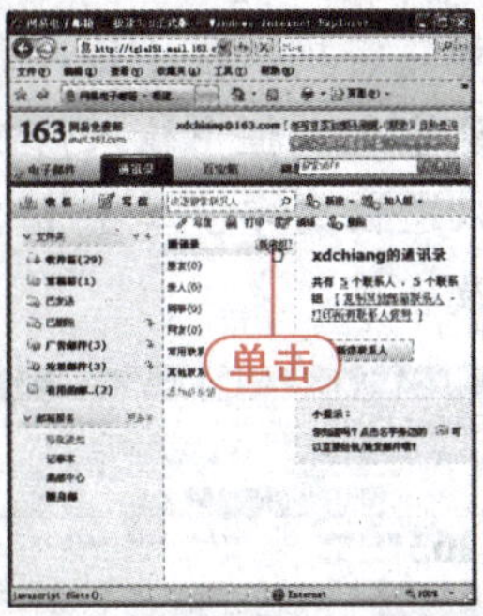

03 在【联系组名称】文本框中输入新建组名称，单击【确定】按钮创建联系组。

04 选择【好友组】，单击【新建】按钮，在弹出的下拉菜单中选择【联系人】命令。

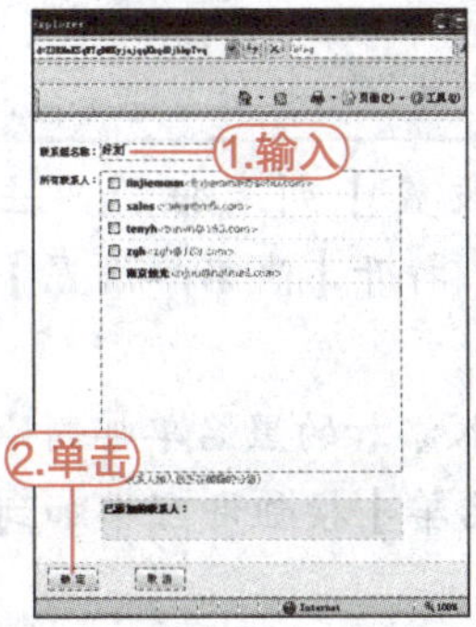

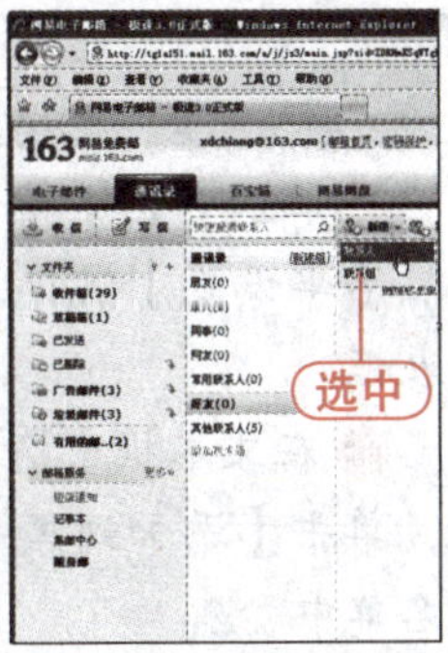

05 输入联系人名称和邮箱地址，单击【确定】按钮，即可添加联系人。

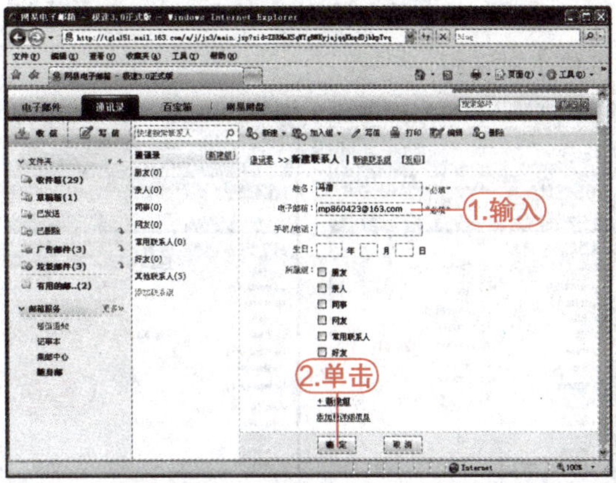

5.1.8 使用网络硬盘

目前主流的邮箱服务网站都提供网络硬盘服务，只要能连接网络，就可以使用网络硬盘进行上传和保存文件操作。

【例5-8】 使用网络硬盘。视频

01 登录邮箱，单击【网易网盘】按钮。

02 根据有用的积分，选择开通的网络硬盘大小，单击【马上兑换】链接，即可开通网络硬盘。

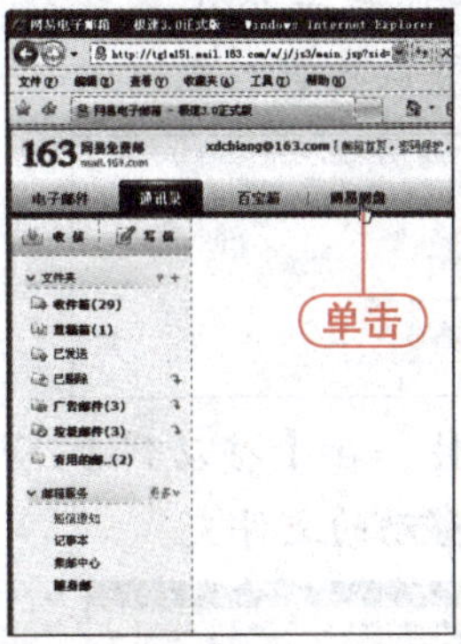

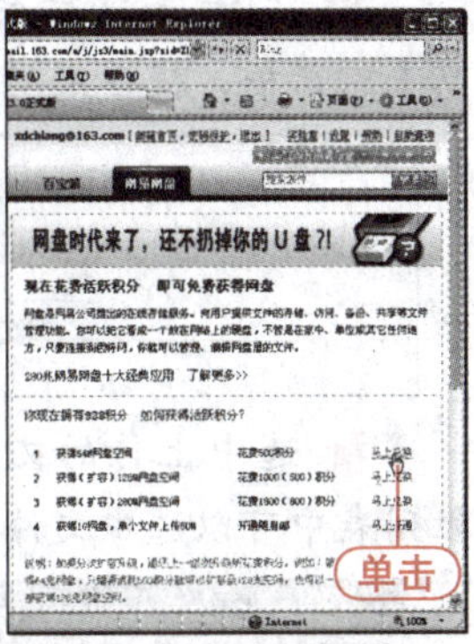

03 开通网络硬盘会打开一个提示信息，单击【确定】按钮，然后按下F5键刷新即可开通网络硬盘。

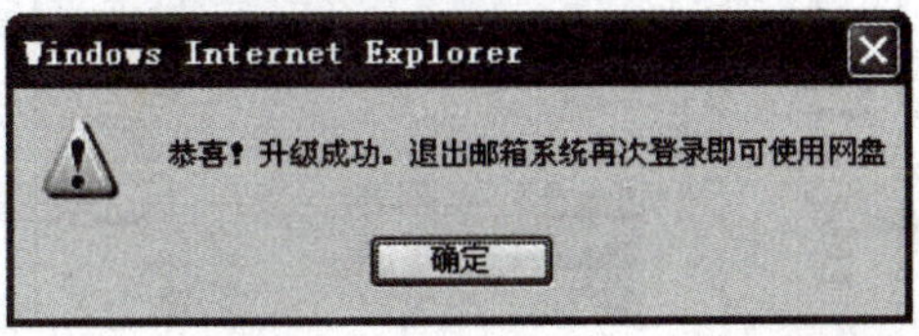

04 单击【网易网盘】按钮，打开网络硬盘，单击【上传】按钮。

05 单击【添加文件】按钮，打开【选择文件】对话框。

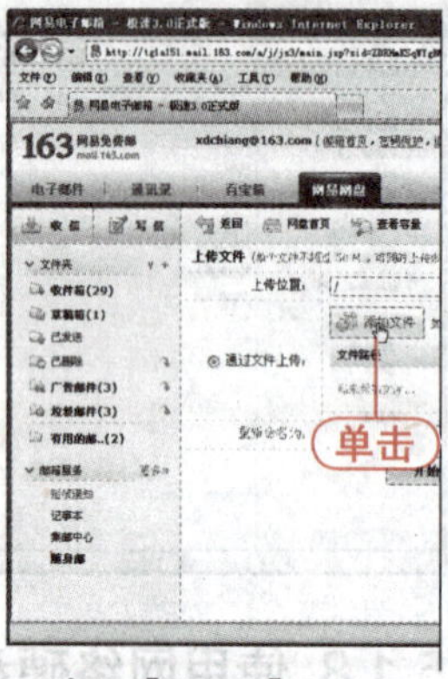

06 选择上传的文件，单击【打开】按钮。

07 单击【开始上传】按钮，上传文件。

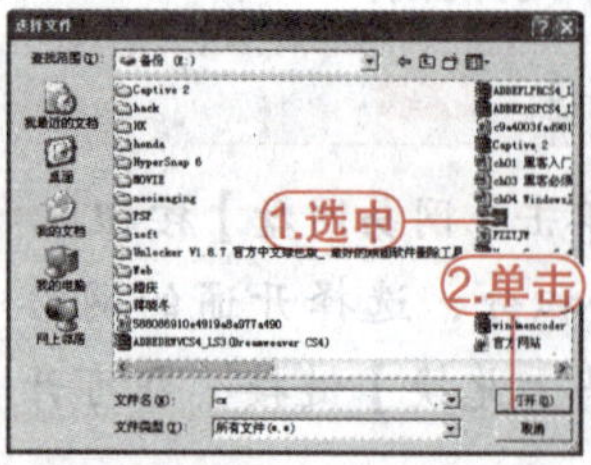

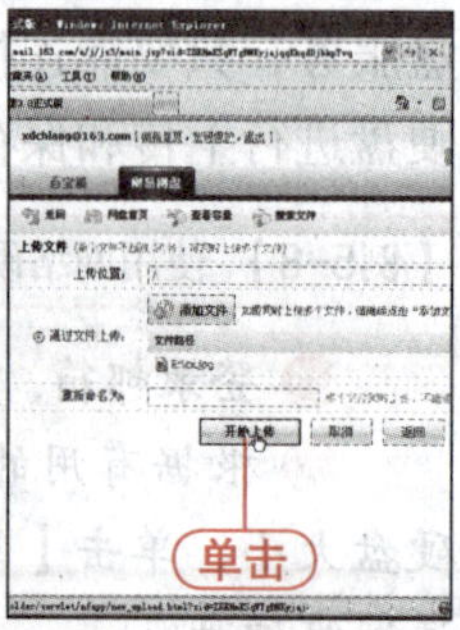

08 上传完成后会打开一个【系统信息】对话框，提示成功上传文件信息。

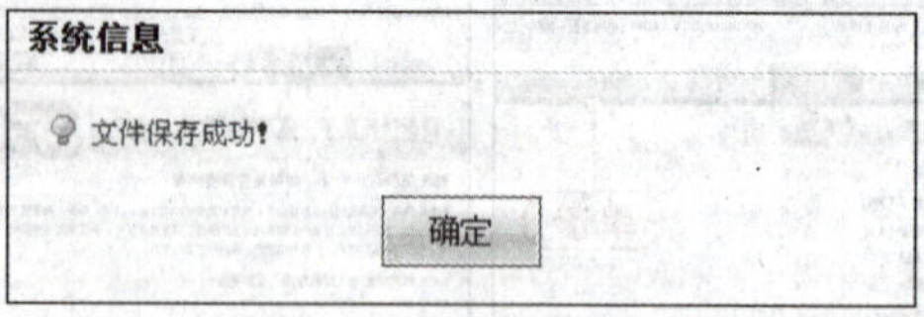

09 选中上传的文件，在【移动到】下拉列表中可以选中文件移动的文件夹。

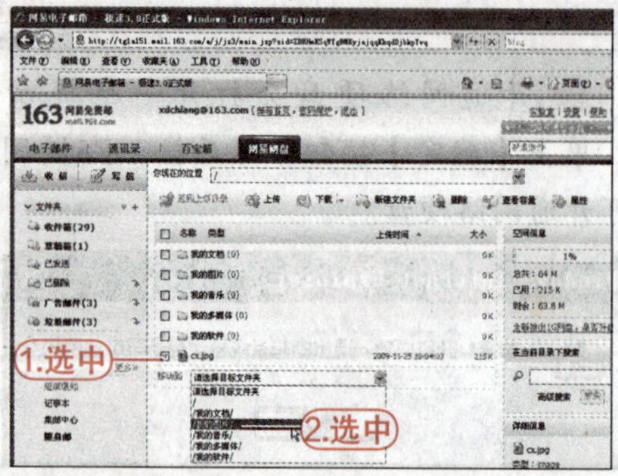

5.1.9 邮箱安全设置

通过安全设置，可以对邮件进行定期维护，从而保证邮箱的安全性。

【例5-9】 设置电子邮箱安全性。视频

01 登录邮箱，单击右上角的【设置】链接，打开【邮箱设置】列表框。

02 单击【修改密码】链接，打开【修改密码】列表框。

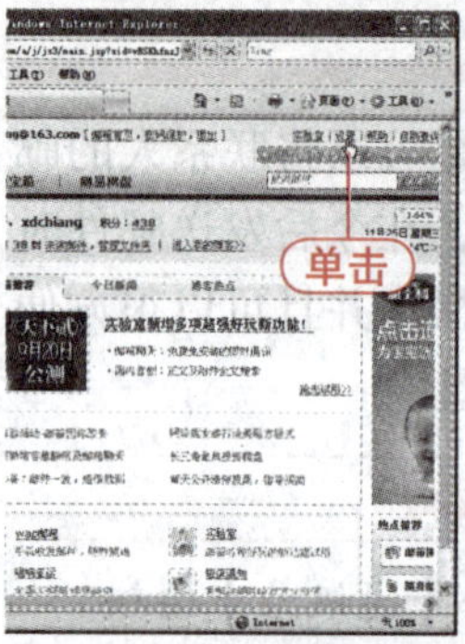

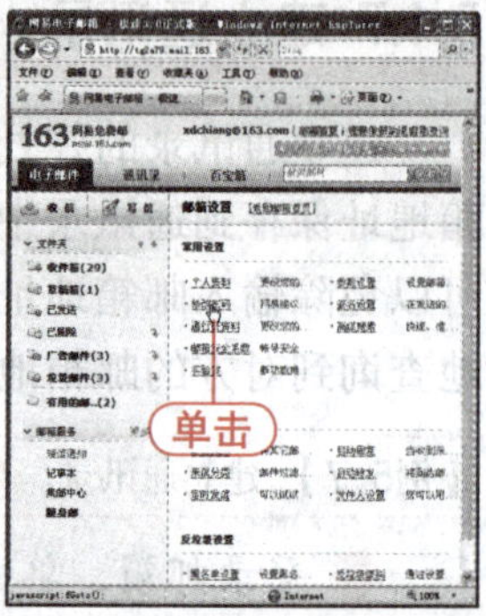

03 在【您的旧密码】文本框中输入原始邮箱密码，在【输入新密码】和【新密码确认】文本框中输入修改的邮箱密码，然后输入验证文字，单击【下一步】按钮，即可修改密码。

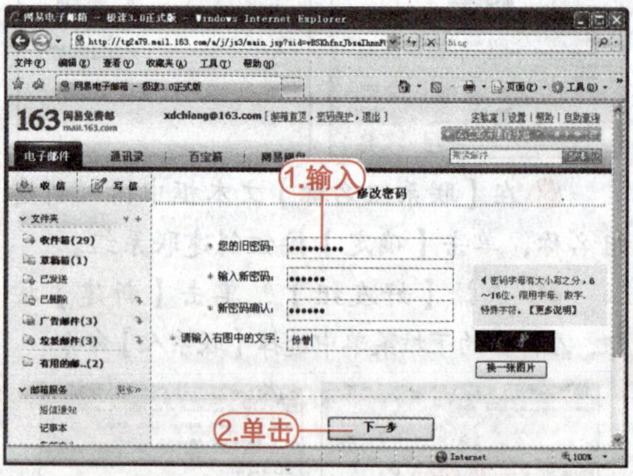

04 返回【邮箱设置】列表框，单击【黑名单设置】链接，打开【黑名单设置】列表框。

05 在文本框中输入添加的黑名单邮箱地址，单击【添加到黑名单】按钮即可添加到黑名单中。

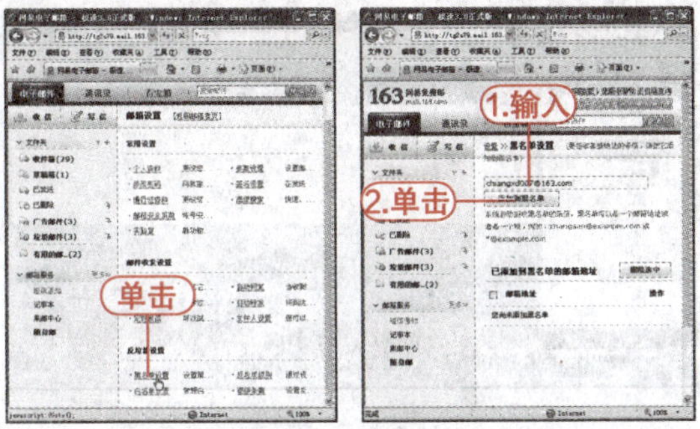

06 返回【邮箱设置】列表框，单击【反垃圾级别】链接，打开【反垃圾级别】列表框。

07 可以根据提示信息设置垃圾邮件处理方式，单击【确定】按钮保存设置。

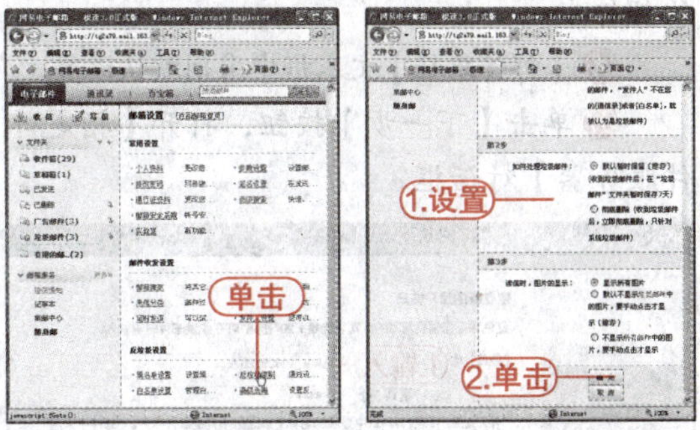

5.2 使用Foxmail收发邮件

Foxmail是一款免费的电子邮件，能对支持POP3协议的电子邮箱进行邮件管理，功能强大，几乎包含了所有电子邮件软件常用功能。

5.2.1 Foxmail简介

如果用户每天收发电子邮件的量比较大，而每次收发邮件都要打开网站，然后登陆邮箱界面，未免显得过于麻烦。此时用户可使用电子邮件程序—Foxmail。

Foxmail是著名的中文版Internet电子邮件客户端软件，支持全部的Internet电子邮件功能。该软件有很多优点：收发邮件时不用登录邮箱网站页面，速度更快；收发的邮件都保存在电脑中，可以进行脱机阅读和管理。另外，还提供了数字签名加密，反垃圾邮件等功能。

5.2.2 下载和安装Foxmail

Foxmail是一款完全免费的邮箱软件，用户可以通过网络下载并安装Foxmail。

【例5-10】 下载并安装Foxmail。视频

01 启动IE浏览器，输入网址http://www.onlinedown.net/soft/18552.htm，按下Enter键，打开Foxmail下载页。

02 单击下载链接，下载Foxmail。

03 下载完成后双击安装软件图标，打开安装窗口，根据提示信息安装Foxmail。

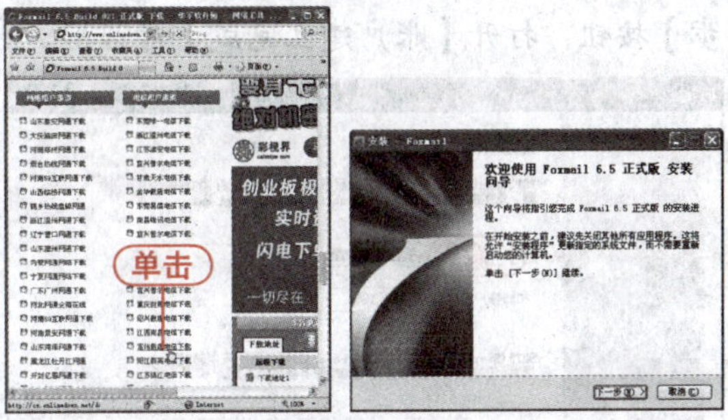

5.2.3 创建Foxmail账户

在使用Foxmail发送电子邮件之前，首先要下载安装Foxmail软件的客户端，安装完成后，首次运行Foxmail软件，系统会打开一个【向导】对话框，要求用户必须先建立一个用户账户，才能够进行收发电子邮件的操作。

【例5-11】 创建Foxmail账户。视频

01 双击Foxmail软件的启动图标，打开【向导】对话框。

02 在该对话框的【电子邮件地址】文本框中输入要使用的邮箱的地址。

03 在【密码】文本框中输入密码。

04 在【账户名称】文本框中输入电子邮箱的账户名称。

05 在【邮件中采用的名称】文本框中输入自己的姓名或昵称，该名称将包含在发出的邮件中。

06 【邮件路径】文本框中采用默认设置。

07 单击【下一步】按钮，打开【指定邮件服务器】对话框。

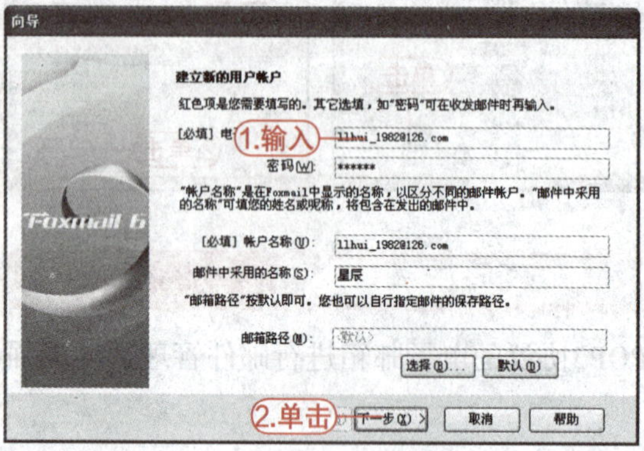

08 采用默认设置，然后单击【下一步】按钮，打开【账户建立完成】对话框。

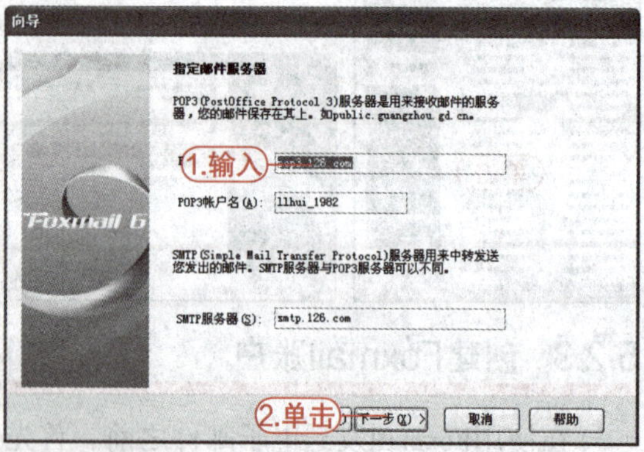

09 单击【完成】按钮，即可完成Foxmail账户的创建。

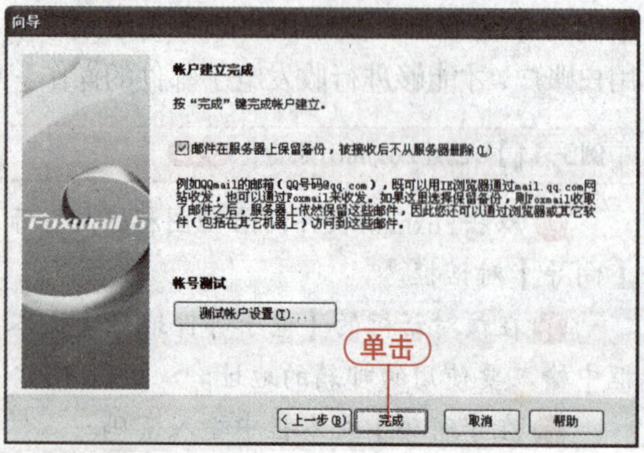

10 随后系统自动转入Foxmail的主操作界面，如下图所示。

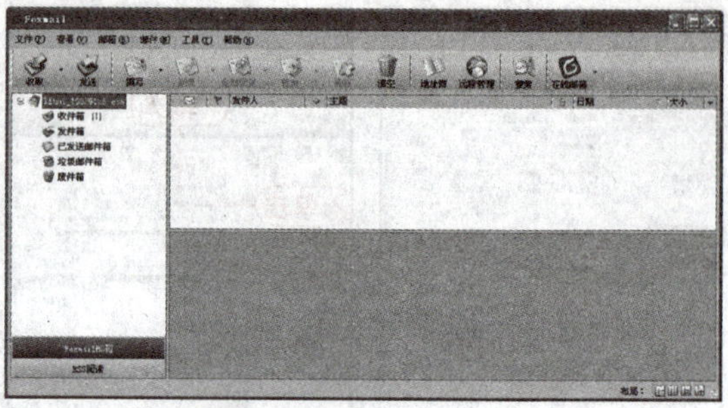

5.2.4 查看电子邮件

用户要收取邮件，可以通过Foxmail自动通过POP3服务器登录邮箱，并收取最新的邮件。

【例5-12】 使用Foxmail查看电子邮件。视频

01 启动Foxmail，单击主界面上的【收取】按钮。

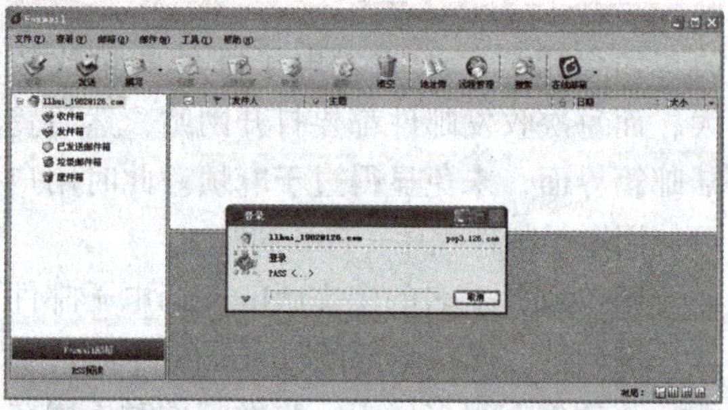

02 如果在收取邮件的过程中系统弹出了如下图所示的警告对话框，则可能是用户的密码输入错误或者是POP3服务器限制了用户使用此功能。

03 此时单击【是】按钮，用户可重新输入密码，并进行连接，单击【否】按钮，取消连接。

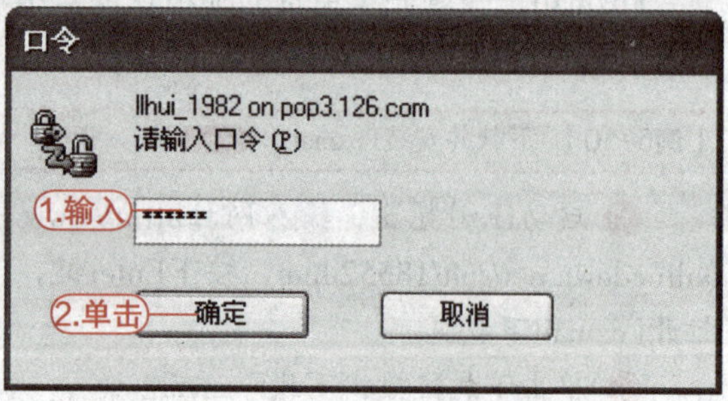

04 单击Foxmail左侧的【收件箱】选

项，可打开收件箱列表，单击某个邮件的名称，即可在Foxmail主界面下方的正文显示区域显示邮件的正文。

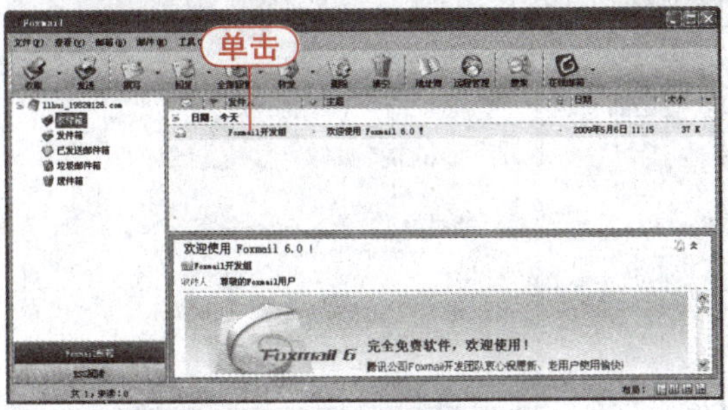

5.2.5　发送电子邮件

使用Foxmail，除了查看电子邮件外，还可以很方便地撰写和发送电子邮件。

【例5-13】 使用Foxmail发送电子邮件。视频

01 启动Foxmail，单击工具栏中的【撰写】按钮，打开【写邮件】窗口。

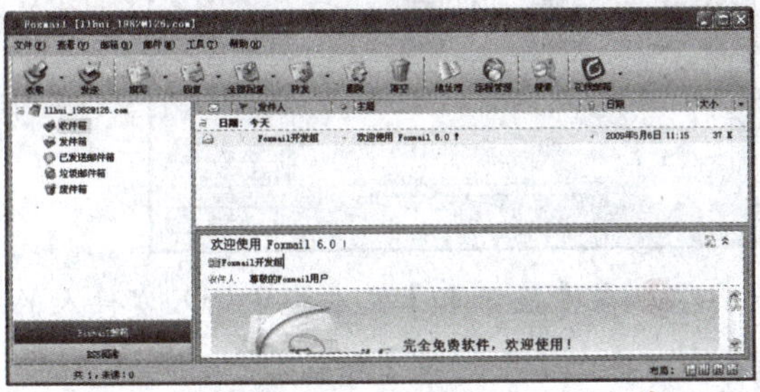

02 在【收件人】文本框中输入收件人的电子邮箱地址。

03 在【主题】文本框中输入该邮件的主题，然后在其下面的文本编辑窗口中输入邮件的正文。

04 输入完成后，单击【发送】按钮，即可开始发送邮件。

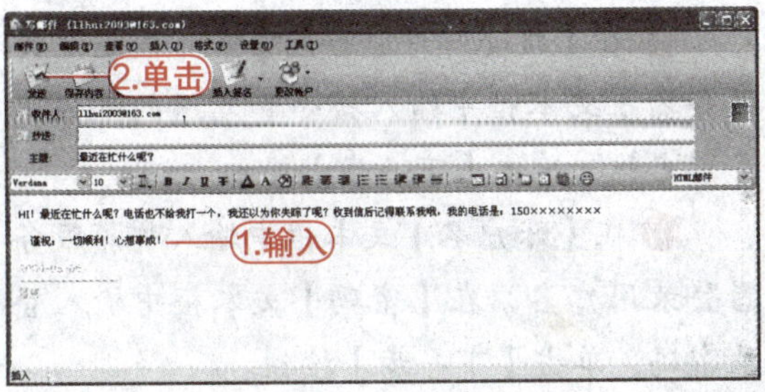

5.2.6　建立Foxmail地址簿

Foxmail提供了强大的地址簿功能，在Foxmail的主界面中单击【地址簿】按钮，可打开【地址簿】窗口，在该窗口中用户可以新建和查看地址簿。

【例5-14】 使用Foxmail地址簿　视频

01 启动Foxmail，单击【地址簿】按钮，打开【地址簿】窗口。然后单击【新建卡片】按钮，打开【新建卡片】对话框。

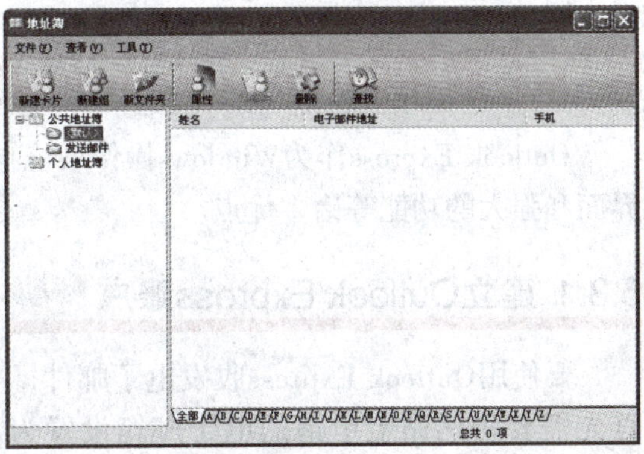

02 在【普通】选项卡中，用户可设置联系人的姓名、昵称和电子邮件地址等信息(如果该联系人有多个电子邮件地址，可单击【E-Mail地址】文本框后的【增加】按钮，添加多个地址)。

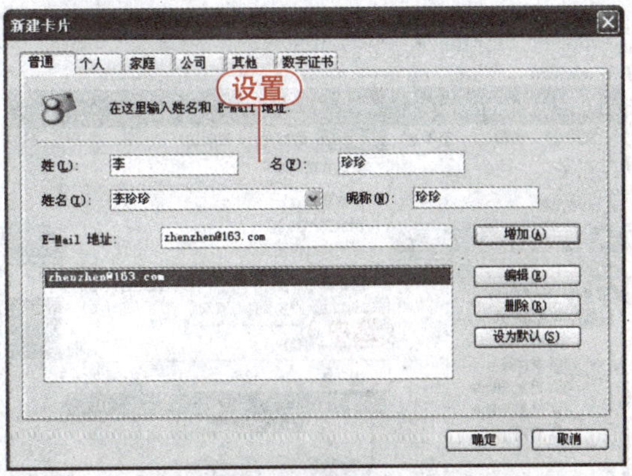

03 单击【个人】选项卡，打开该选项卡对话框，用户可设置更加详细的联系人信息。

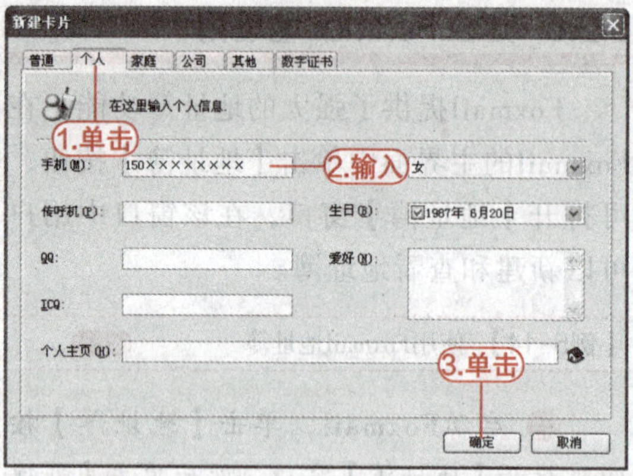

04 按照同样的方法，可以在其他选项卡中设置更多的联系人信息。

05 设置完成后，单击【确定】按钮，即可将该联系人添加到地址簿中。

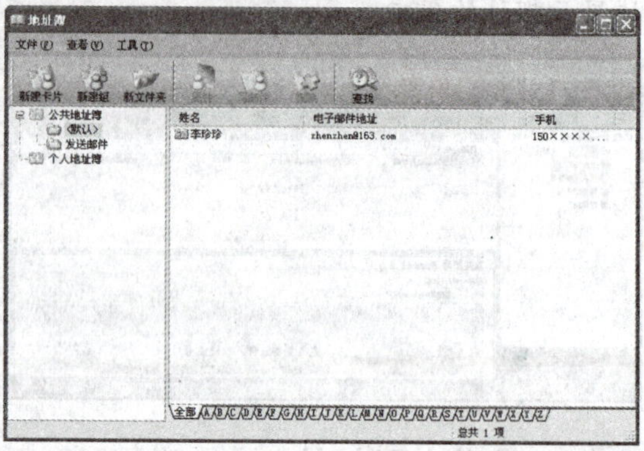

5.3 使用Outlook Express收发邮件

Outlook Express作为Windows操作系统自带的一款电子邮件客户端程序，它具有友好的界面和强大的功能等诸多优点。

5.3.1 建立Outlook Express账户

要使用Outlook Express收发电子邮件，首先需要将网站上申请的电子邮箱设置为Outlook Express的电子邮件账户。

【例5-15】 创建Outlook Express账户。视频

01 选择【开始】|【所有程序】|Outlook Express命令，打开Outlook Express。

02 选择【工具】|【账户】命令，打开【Internet帐户】对话框。

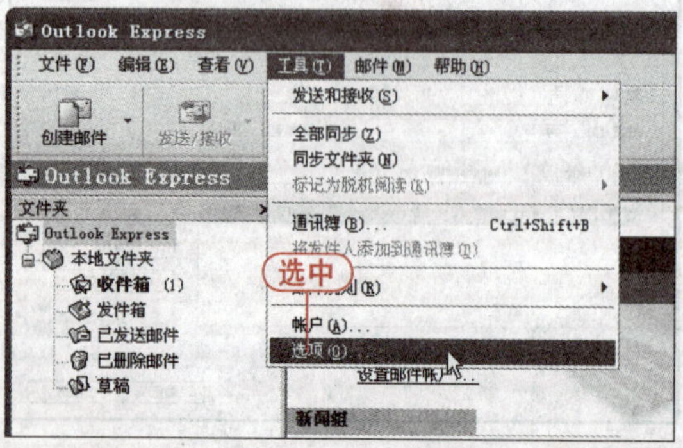

03 单击【添加】按钮，在弹出的列表中选择【邮件】选项，打开【Internet连接向导】对话框。

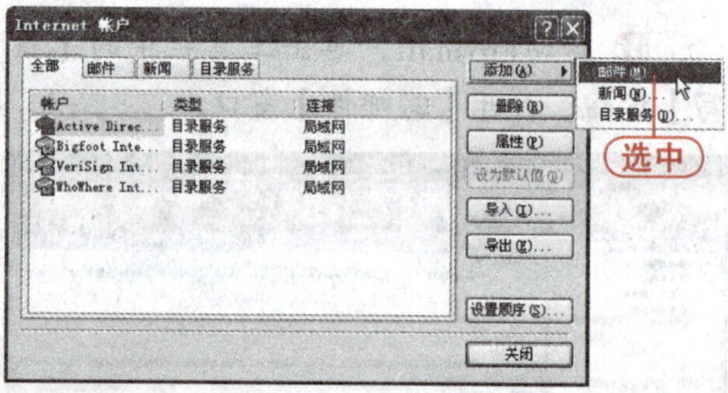

04 在【显示名】文本框中输入发件人的名称，单击【下一步】按钮。

05 在【电子邮件地址】文本框中输入申请的电子邮箱地址，单击【下一步】按钮。

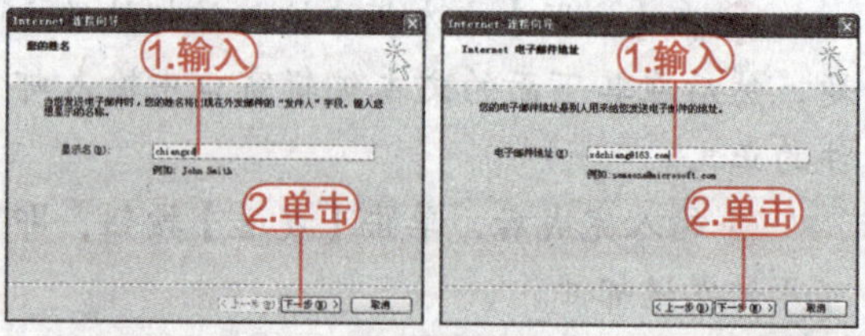

06 在【接受邮件服务器】和【发送邮件服务器】文本框中输入接受和发送的邮件服务器名称，单击【下一步】按钮。

07 在【账户名】文本框中输入邮箱服务器登录用户名，在【密码】文本框中输入登录密码，单击【下一步】按钮。

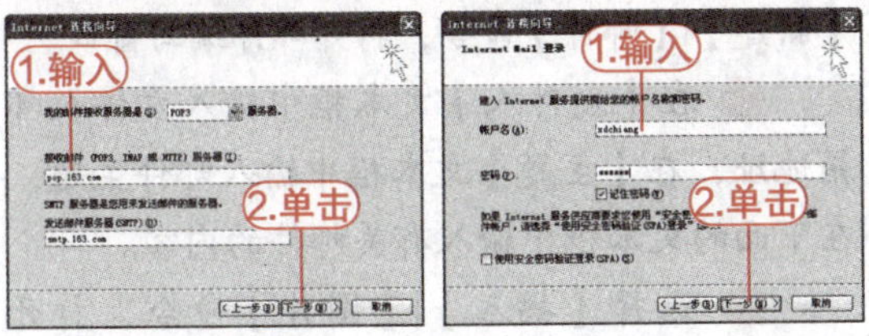

08 设置完成后，单击【完成】按钮返回【Internet账户】对话框。

09 此时在该对话框中显示了添加的新的电子邮件账户。

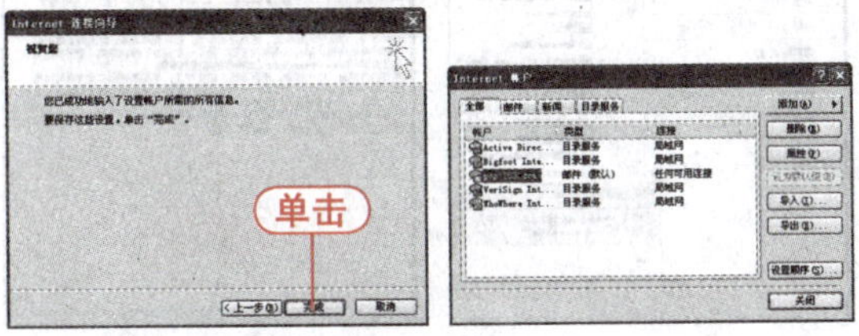

5.3.2 设置账户属性

添加新的Outlook Express账户后，可以设置相关的属性，也可以对资料进行修改。

【例5-16】 设置账户属性。 视频

01 选择【工具】|【账户】命令，打开【Internet账户】对话框。

02 选中新建的账户，单击【属性】按钮，打开【POP3属性】对话框。

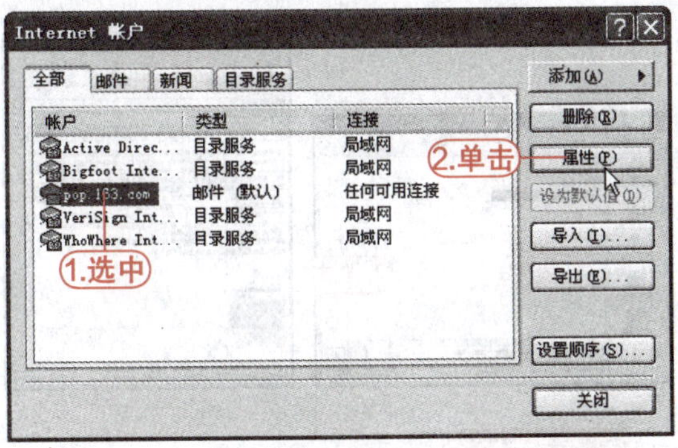

03 单击【常规】选项卡，打开该选项卡对话框，显示了用户在创建邮件过程中输入的内容，可以进行相应的编辑操作。

04 单击【服务器】选项卡，打开该选项卡对话框，选中【我的服务器要求身份验证】复选框，单击【设置】按钮，打开【发送邮件服务器】对话框。

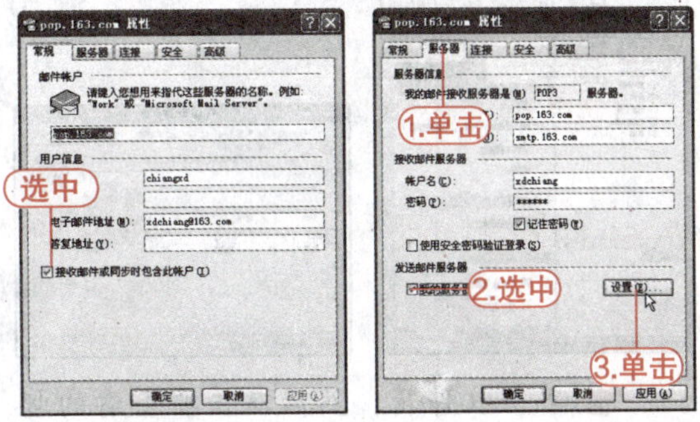

05 选中【使用与接受邮件服务器相同的设置】单选按钮，单击【确定】按钮，返回【POP3属性】对话框。

06 单击【高级】选项卡，打开该选项卡对话框，Outlook Express设置完毕，用户邮箱中的邮件会自动从网站上自动方发送到Outlook Express中。

07 如果想在网站的邮箱中保留邮件备份，选中【在服务器上保留邮件副本】复选框，单击【确定】按钮。

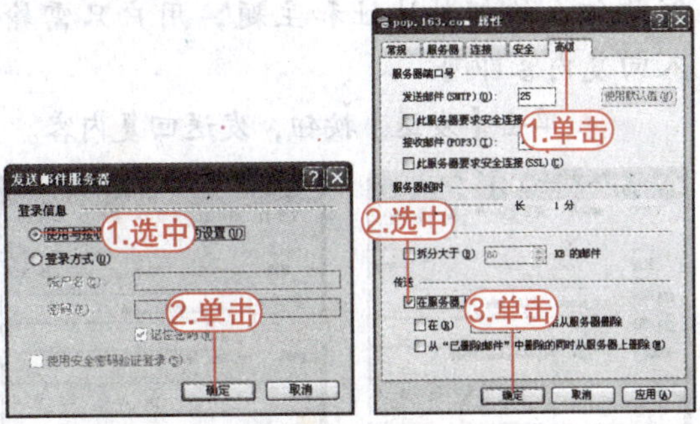

5.3.3 接收并回复邮件

当有新的电子邮件时，系统会自动将其下载到Outlook Express的收件箱中，用户可以直接查看邮件并回复。

【例5-17】 查看并回复邮件。 视频

01 启动Outlook Express，单击【发送/接受】按钮，在弹出的菜单中选择【发送和接受全部邮件】命令。

02 在打开的对话框中显示了正在接

收的邮件信息。

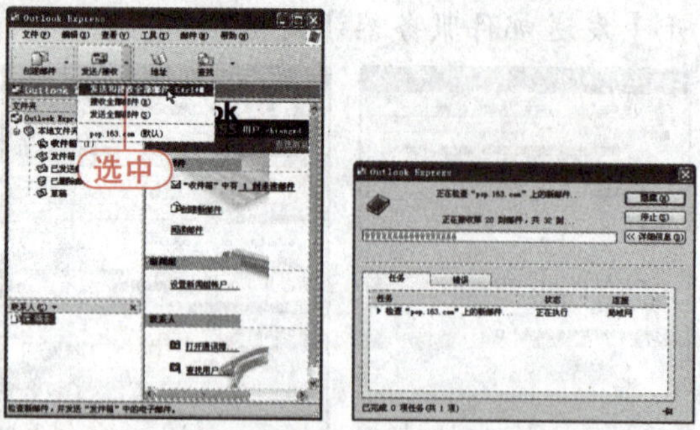

03 单击收件箱，然后双击要查看的邮件，即可打开该邮件。

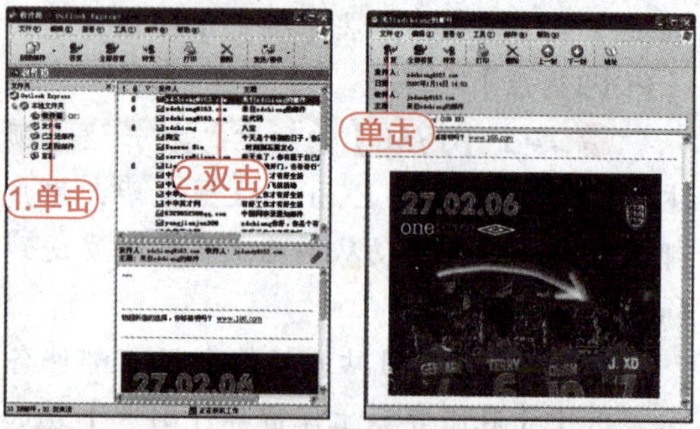

04 单击【答复】按钮，系统会自动填写收件人的邮件地址和主题，用户只需输入回复内容即可。

05 单击【发送】按钮，发送回复内容。

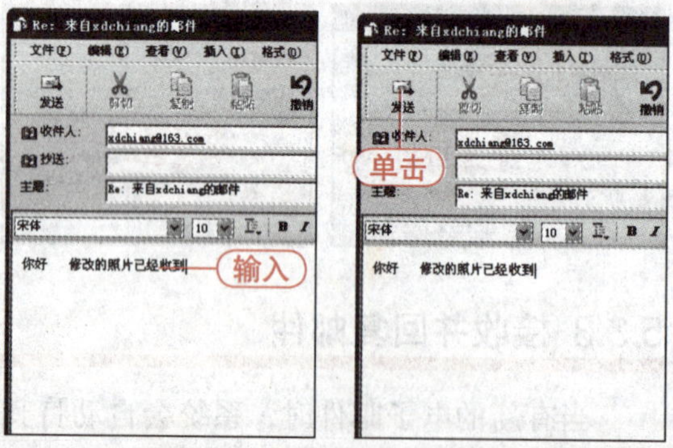

5.3.4 发送和编辑邮件

Outlook Express提供了强大的邮件编辑功能，可以轻松地创建出图文并茂、美观大方的电子邮件。

【例5-18】 编辑并发送邮件。视频

01 启动Outlook Express，选择【文件】|【新建】|【邮件】命令，打开邮件编写窗口。

02 在【发件人】文本框中输入发件人邮箱地址，在【主题】文本框中输入邮件主题，在下面的文本框中输入有关邮件的内容。

03 选择【插入】|【图片】命令，打开【图片】对话框。

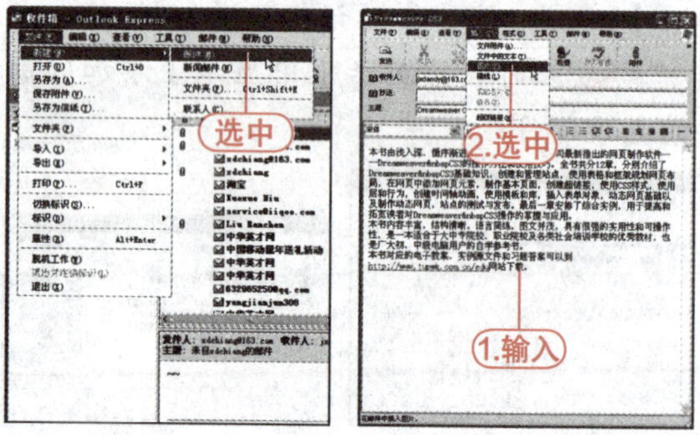

04 单击对话框中的【浏览】按钮，打开Picture对话框。

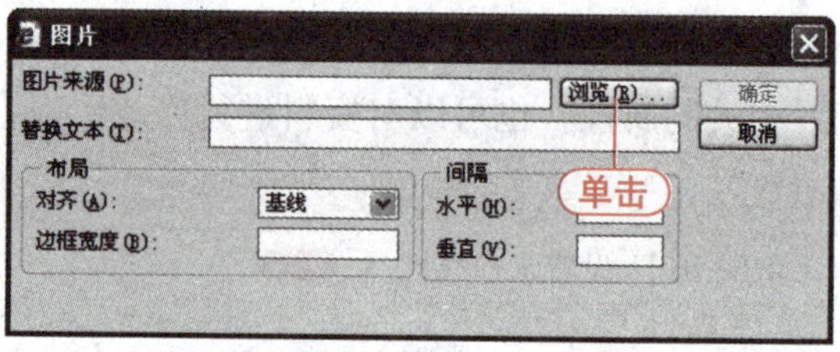

05 选择要插入的图片，单击【打开】按钮，返回【图片】对话框，单击【确定】按钮即可插入图片。

06 单击【发送】按钮，发送邮件。

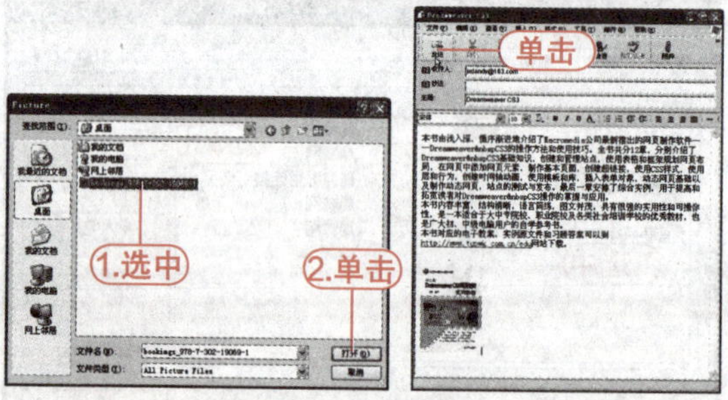

专家指点

在编写邮件时，还可以进行添加附件，编辑邮件内容格式等操作，用户可以自行操作。此外，还可以在Outlook Express中对邮件进行管理操作，方法与Foxmail和网站邮箱类似。

Chapter

06

网络视听生活

上网娱乐是网络应用之一，可以通过网络在线观看电影、看视频节目、在线听歌等。本章就主要介绍利用网络进行视听生活体验。

- 上网看电影
- 在线看视频
- 网络听歌

参见随书光盘

例6-1 在【迅雷看看】观看电影
例6-2 使用PPS看电影
例6-3 使用PPLive看电影
例6-4 在线观看优酷视频
例6-5 在线观看土豆视频
例6-6 下载土豆视频
例6-7 上【一听音乐网】在线听歌
例6-8 使用千千静听在线听歌
例6-9 使用QQ Music在线听歌

6.1 上网看电影

网上看电影是网上娱乐的一种方式，可以通过网络收看不仅仅丰富多彩的电视、电影节目，还可以使用专门的网络电视软件进行观看。

6.1.1 在线看电影

随着网络技术日新月异的发展，在线看电影已经非常便利了，并且在线电影的清晰度和流畅度也越来越好。

在线看电影可以直接在网上收看，也可以下载专门的播放软件，通过播放软件观看，例如PPS、PPLIVE等。

网上看电影需要安装插件，IE 7.0浏览器一般都安装了这些插件，如果未安装，更新浏览器即可。

【例6-1】 在【迅雷看看】观看电影。 视频

01 启动IE浏览器，在地址栏中输入网址“movie.xunlei.com”，按下Enter键，打开【迅雷影视】页面。

02 单击想要收看的电影链接，打开在线收看页面。

03 初次使用迅雷看看观看电影时，会提示安装迅雷看看播放器，单击【立即下载安装】按钮即可下载并自动安装播放器。

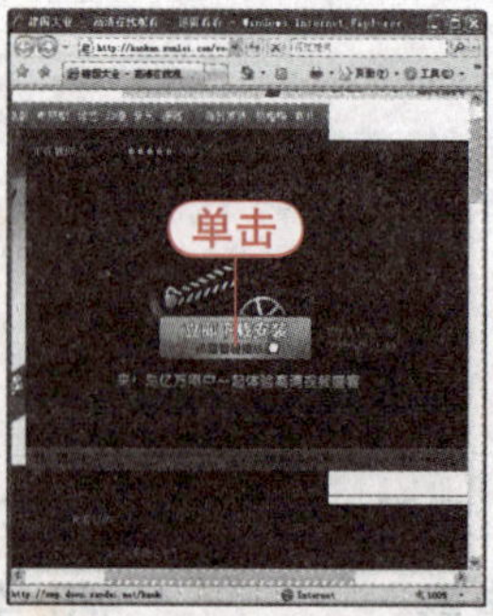

04 安装完成播放器后，会打开一个【安装完成】对话框，提示用户刷新播放页面即可播放影片。

05 按下F5键刷新播放页面即可播放影片。在观看影片时，可以执行调节音量、切换全屏模式、拖动进度条等操作，操作方法与传统播放器相同。

专家指点

在线观看电影时，通常会在开始几秒出现缓冲进度，缓冲是为了保证画面的流畅，先进行缓冲把数据下载到本地硬盘或者内存上然后再播放，就相当于从本地硬盘上读取数据来播放，以免网络链接状况的不稳定而带来观看的负面影响。

6.1.2 使用PPS观看电影

PPStream（http://www.pps.tv/）是一套完整的基于P2P技术的大规模流媒体应用解决方案，包括流媒体编码、发布、广播、播放和超大规模用户直播。能够为宽带用户提供稳定和流畅的视频直播节目。与传统的流媒体相比，PPStream采用了P2P-Streaming技术，具有用户越多播放越稳定，支持数万人同时在线的大规模访问等特点。

PPStream 客户端可以应用于网页，桌

面程序等各种环境。

【例6-2】 使用PPS看电影。 视频

01 启动PPS播放器，在左侧的播放列表中可以选择要收看的节目，例如【体育世界】|【劲爆篮球场】，在展开的菜单中显示相关的节目菜单。

02 在上方的【搜索栏】中输入所需观看的影片名称，例如输入“极限特工”，在下方的【搜索】菜单中会显示搜索结果。

03 双击所需观看的节目，即可播放影片，并且同样可以执行调节音量、切换全屏模式、拖动进度条等操作。

04 选择【播放】|【最近播放】命令，在弹出的级联菜单中可以选择最近播放的影片。

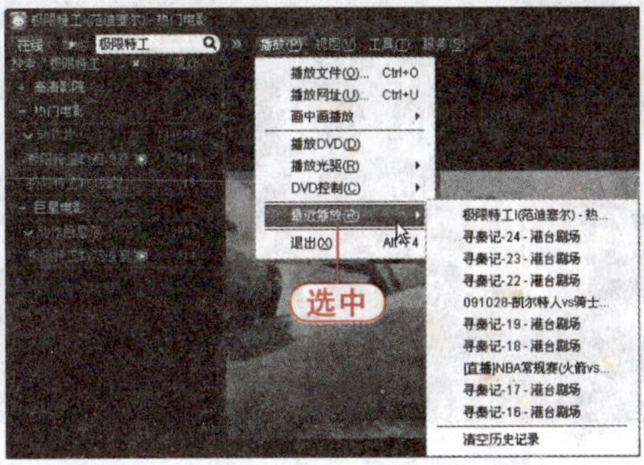

6.1.3 使用PPLive观看电影

PPLive是一款用于互联网上大规模视频直播的免费软件，它有别于其他同类软件，内核采用了独特的ALM多播和内聚算法技术，有效地降低了视频传输对运营商主干网的冲击，减少了出口带宽流量，并能够实现用户越多播放越流畅的特性，使得整体服务质量大大提高，是现今最常用的网络播放软件之一。

【例6-3】 使用PPLive看电影。 视频

01 启动IE浏览器，在地址栏中输入网址www.pplive.com，按下Enter键，打开【PPLive网络电视】页面。

02 单击【下载客户端】按钮，打开【软件下载】页面。

03 开始下载安装文件。

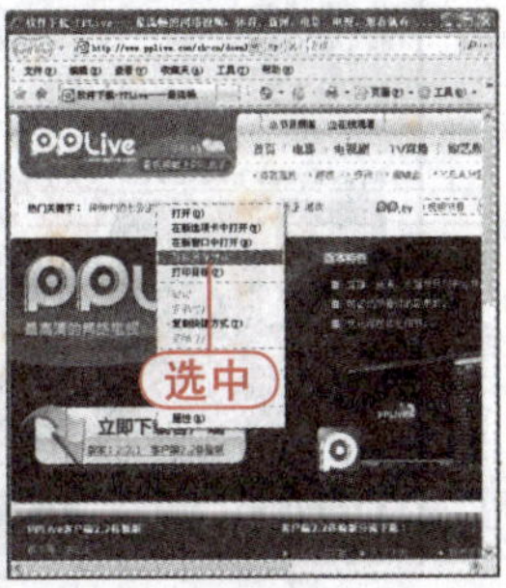

04 待下载完毕后，双击安装文件，开始安装软件。

05 启动PPLive程序，打开程序窗口。

06 双击所需观看的影片，进行缓冲，显示缓冲进度。

07 缓冲完成后，即可观看影片。

6.2 在线看视频

视频（Video）泛指将一系列的静态影像以电信号方式加以捕捉、纪录、处理、储存、传送与重现的各种技术。在线观看视频无需安装软件，直接在专门的视频网站中即可收看。

6.2.1 上优酷网看视频

优酷是是国内领先的视频网站，是网络视频行业的第一品牌。下面以观看优酷视频为例，介绍在线观看视频的方法。

【例6-4】 在线观看优酷视频。 视频

01 启动IE浏览器，在地址栏中输入网址www.youku.com，按下Enter键，打开【优酷网】主页。

02 可以单击某个视频观看或者在搜索栏中输入要收看的视频名称，单击【搜索】按钮，打开搜索信息列表页面。

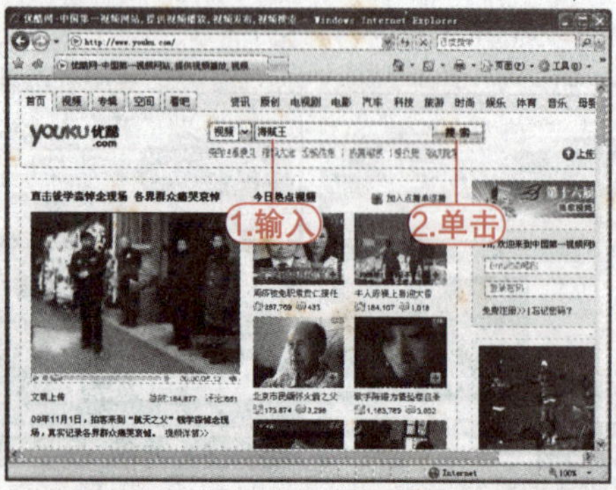

03 在搜索信息列表页面，单击要收看的视频链接，其中带有HD图标的，表示高清视频，一般情况下，搜索同一个视频内容会显示多个视频链接，在网络通畅的情况下推荐选择高清视频。

04 打开视频播放页面，待缓冲完成后，即可播放视频内容。

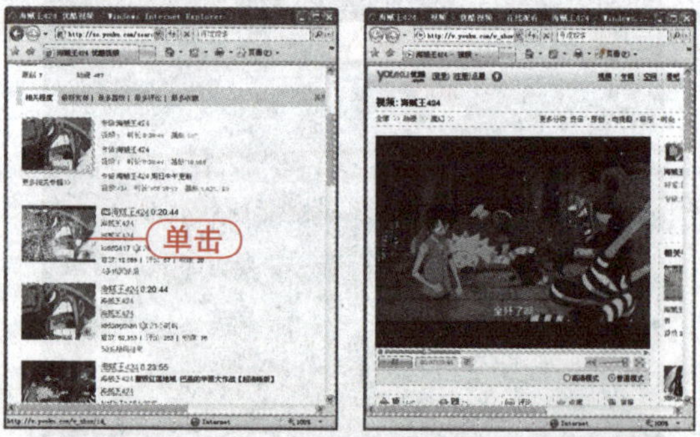

6.2.2 上土豆网看视频

土豆网是个人视频网站，每个用户都可以拥有免费的空间用来上传你的视频。还能观看海量视频节目，收藏你喜欢的视频，订阅你关注的播客，简单方便地分享给你的朋友们。下面以观看土豆视频为例，介绍在线观看视频的方法。

【例6-5】 在线观看土豆视频。 视频

01 启动IE浏览器，在地址栏中输入网址www.tudou.com，按下Enter键，打开【土豆网】主页。

02 在搜索栏中输入要收看的视频名称，单击【搜索】按钮，打开搜索信息列表页面。

03 在搜索信息列表页面，单击要收看的视频链接，其中带有H图标的，表示高清视频，一般情况下，搜索同一个视频内容会显示多个视频链接，推荐选择高清视频。

04 打开视频播放页面，待缓冲完成后，即可播放视频内容。

6.2.3 下载视频

下载视频需要使用专门的下载器，下面就以下载土豆网视频为例，介绍下载视频的方法。

【例6-6】 下载土豆视频。视频

01 启动IE浏览器，输入网址http://www.tudou.com/my/soft/，按下Enter键，打开土豆软件下载页。

02 单击iTudou 2.3软件下方的【下载安装】按钮，下载iTudou安装文件。

03 下载完成后双击安装文件图标，打开安装窗口，根据提示信息安装iTudou。

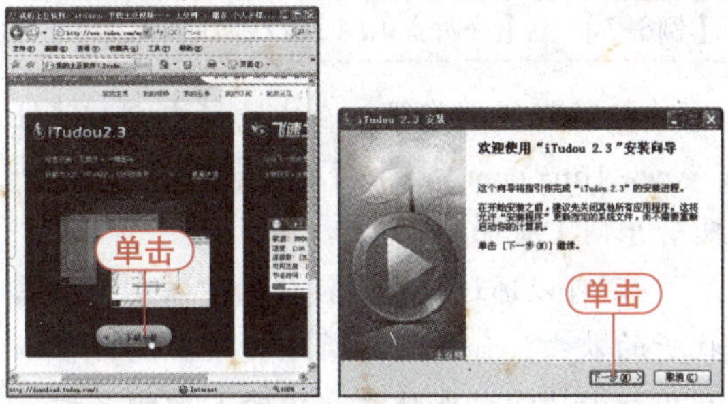

04 打开要下载的视频播放页，单击【下载】按钮，打开iTudou【用户登录】对话框。

05 输入土豆账户名和密码，单击【登录】按钮，登录iTudou。

06 登录iTudou，即可开始下载土豆视频。

6.3 网络听歌

网络听歌顾名思义是通过网络收听歌曲，它无需将歌曲下载到电脑中，直接打开在线听歌网站，下载要收听的歌曲，即可在线收听。

6.3.1 Web方式听歌

许多网站都提供了在线试听服务，只需单击歌曲名称，即可自动连接到服务器上开始播放歌曲，免去了下载歌曲操作。

【例6-7】上【一听音乐网】在线听歌。视频

01 启动IE浏览器，在地址栏中输入网址“www.1ting.com”，按下Enter键，打开【一听音乐网】页面。

02 可以通过单击超链接的方法浏览所需收听的歌曲，如果网站听过搜索功能，可以利用搜索功能，在搜索栏中输入歌曲名称，单击【搜索】按钮，打开搜索信息列表页面。

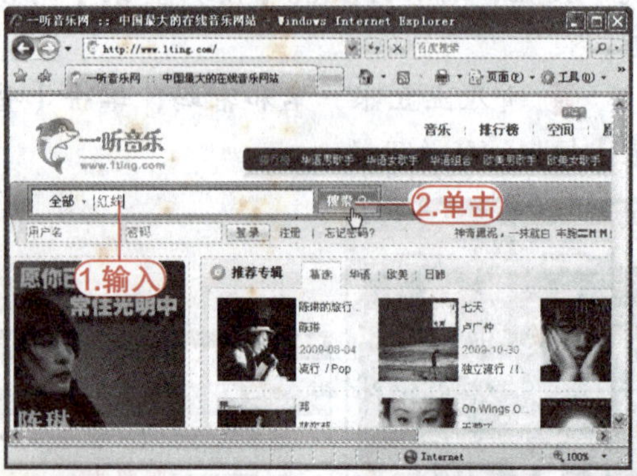

03 单击搜索信息列表页面中所要收听歌曲名称链接。打开试听页面，待缓冲完成后，即可在线收听歌曲。

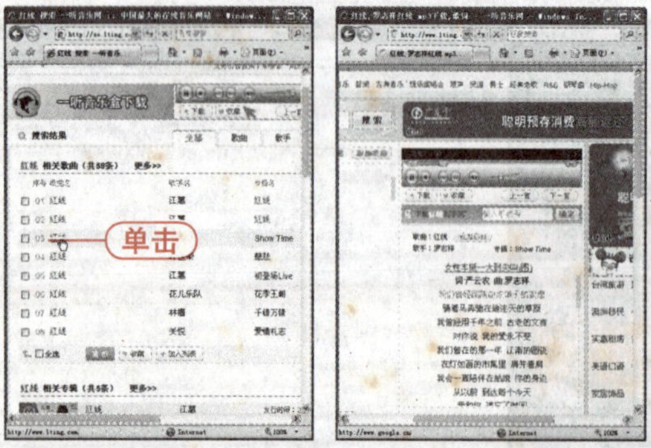

6.3.2 使用千千静听在线听歌

千千静听是一款目前比较流行的音乐播放软件，它集播放、音效、转换、歌词等众多功能于一体，并且具有小巧精致、操作简捷、功能强大的特点，深受广大电脑用户的喜爱，使用千千静听，无需注册会员即可在线听歌。

【例6-8】使用千千静听在线听歌。视频

01 启动千千静听，单击【音乐窗】按钮，打开【千千音乐窗】对话框。

02 单击所要收听的歌曲名称后面的【播放】按钮，即可播放歌曲。

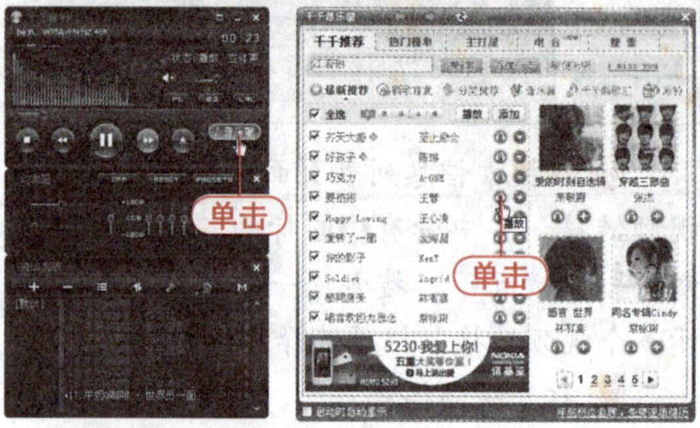

03 选中歌曲名称前面的复选框，然后单击【添加到播放列表】按钮，可以将选中的歌曲添加到播放列表中播放。

04 单击按钮，然后单击【下载】链接，可以下载歌曲。

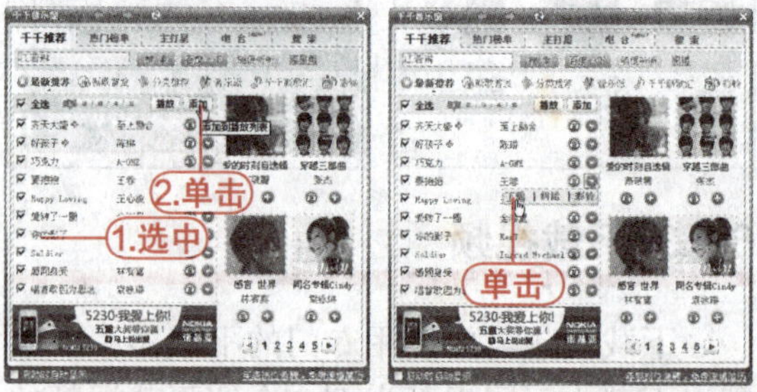

05 此外，千千静听还提供了【热门榜单】、【主打星】、【电台】等多个选项。

06 单击【热门榜单】选项卡，打开该选项卡对话框，显示了千千静听热门歌曲。

07 单击【搜索】选项卡，打开该选项卡对话框。

08 在搜索栏中输入要搜索的歌曲名称、歌手名称或者专辑名称，单击【搜索】按钮，开始搜索歌曲。

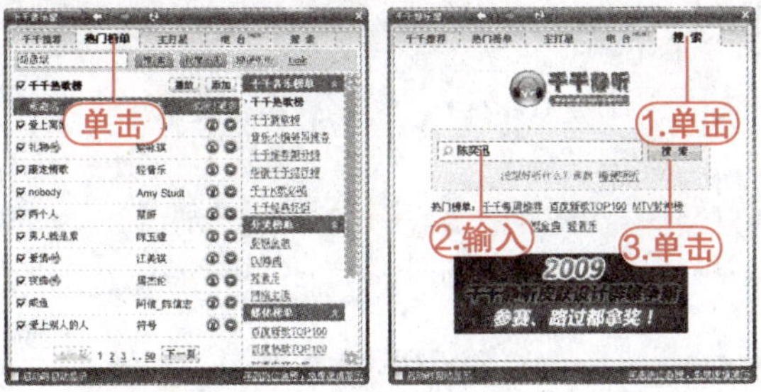

09 单击【下一页】按钮，可以翻页浏览歌曲。

10 单击【添加到列表】按钮，可以添加对应的歌曲到播放列表中。

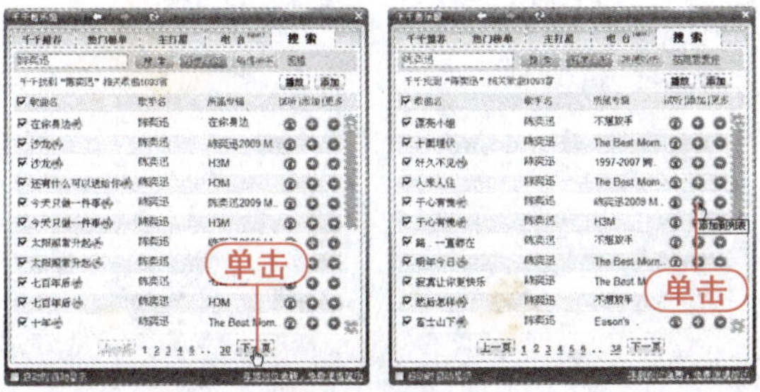

6.3.3 使用QQ Music在线听歌

除了通过网页连接到服务器实现在线听歌外，一些专门的音乐播放软件，例如千千静听、QQ Music等也支持在线听歌。下面就以QQ Music为例，介绍在线听歌的方法。

【例6-9】 使用QQ Music在线听歌。视频

01 登录QQ，单击【QQ音乐】按钮，启动【QQ音乐】播放器。

注意事项

如果电脑中未安装【QQ音乐】播放器，QQ程序会自动下载并安装播放器。

02 启动播放器后，会自动以当前QQ账号登录播放列表，单击【播放列表】按钮，可以打开播放列表，显示添加的歌曲，双击某个歌曲即可播放。

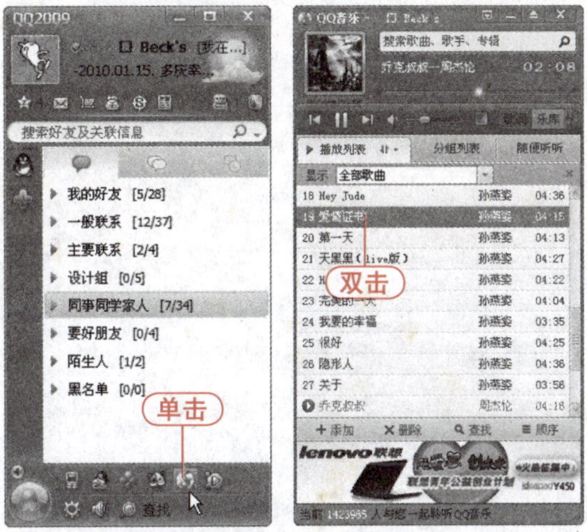

03 单击播放器界面中的【乐库】按钮，可以打开【乐库】对话框，显示了【推荐】、【排行榜】、【歌手】等7个选项卡。

04 单击【推荐】选项卡，打开该选项卡对话框，显示了QQ音乐推荐的歌曲，双击即可播放选择的歌曲；单击【添加】按钮，可以添加到当前播放列表中。

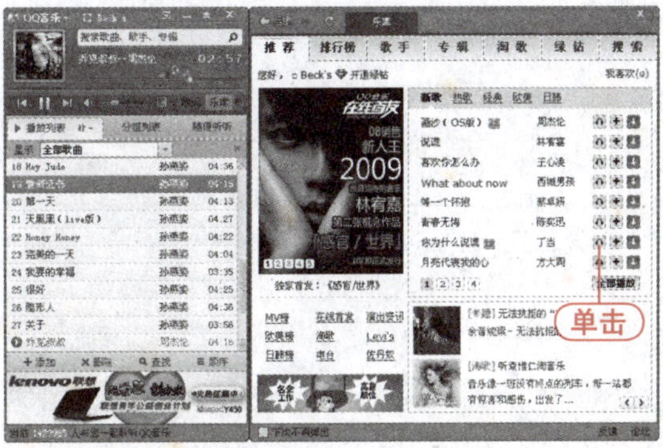

Chapter 07

畅游网络论坛

论坛，也就是俗称的BBS，是网络的主要应用之一，用户可以在论坛中彼此进行探讨和发表自己的观点。本章主要介绍了有关论坛的基础知识、浏览国内知名论坛、发表和回复自己的观点。

- 论坛简介
- 浏览天涯论坛
- 浏览西祠论坛
- 浏览百度贴吧
- 上开心网结交朋友
- QQ校友录

参见随书光盘

例7-1 注册天涯论坛账户
例7-2 回复和发表天涯主题贴
例7-3 修改论坛头像
例7-4 注册西祠账号
例7-5 发表西祠主题贴
例7-6 回复西祠主题贴
例7-7 修改签名内容
例7-8 与西祠好友进行飞语交流
例7-9 注册百度贴吧用户
例7-10 进入百度NBA吧
例7-11 回复贴吧主题贴
例7-12 发表贴吧主题贴
例7-13 查看留言和用户主题贴
例7-14 注册开心网用户
例7-15 查找开心网好友
例7-16 添加开心网组件
例7-17 与开心网中的好友进行互动
例7-18 加入QQ校友录
例7-19 进入QQ校友录
例7-20 查找和邀请QQ校友

7.1 论坛简介

在浏览论坛之前，首先要对论坛有个初步的了解，主要包括论坛的特点、国内知名论坛的特点以及论坛中常用常见的一些术语，有助于用户在今后浏览论坛打下基础。

7.1.1 论坛的特点

论坛（BBS），又名“电子公告板”，用户只需注册论坛账户，登录论坛后，即可发表话题或回复其他话题。

有关论坛的主要特点如下。

- 信息量大：网络论坛可以向用户提供丰富的信息资料，几乎包括了所有的社会科学和自然科学信息。
- 传递信息：是论坛的主要特点之一，用户可以通过在站点上阅读、撰写文章以及接收、发送信件来互相交流信息。
- 信息更新快：与网络上的其他资源相比，论坛的信息更新速度更加及时，每个网络论坛站点上的信息都是处于不断的更新状态中。
- 在线交流：论坛用户之间可以进行即时对话，无论对方是否在线都可以在站点上给其他用户发信，也可以在站点上收到其他用户的信件。
- 交互性强：用户除了享受传统网络论坛上的各种信息服务外，还可以通过论坛使用诸如收发电子邮件、提供Web访问方式、提供连接IRC服务器等功能。
- 文件传输：在不同的用户之间可以传输大量的数据和文献资料等，例如传输数据、传输科技文献资料、发布股票行情和发布企业内部信息等。
- 游戏互动：有些论坛附带了论坛游戏功能，用户可以通过论坛即可立享互动式的游戏。

7.1.2 国内知名论坛推荐

下面例举了国内的一些知名论坛，用户可以根据所需登录合适的论坛进行交流。

- 天涯社区：拥有众多用户，超强的人气、人文体验和互动原创内容形成了全球华人范围内的线上线下信任交往文化，成为华语圈最知名的网络事件聚焦平台之一。
- 百度贴吧：是一种基于关键词的主题交流社区，它与搜索紧密结合，准确把握用户需求，通过用户输入的关键词，自动生成讨论区，使用户能立即参与交流，发布自己所拥有的其所感兴趣话题的信息和想法。如果有用户对某个主题感兴趣，那么他立刻可以在百度贴吧上建立相应的讨论区。
- 西祠胡同：西祠在地区、人群、兴趣三大主类别下，设立了三十余个分类，内容丰富多彩、包罗万象。作为开放的综合社区，西祠既有类似BLOG的个人讨论版，也有以人群为主线的群体讨论版，还有基于商家、商品消费类讨论版。
- 猫扑：是一个具有一定影响力的简体中文网上论坛，聚集着大量18~35岁的活跃人群，是新一代青年网友娱乐互动的核心门户论坛。

专家指点

除了介绍的一些论坛外，还有许多其他的知名论坛，例如网站建设和开发人员交流的“蓝色理想”、网络游戏玩家交流的“17173论坛”、体育爱好者交流的“虎扑体育论坛”等，用户可以通过搜索引擎进行搜索。

7.1.3 论坛常用术语

随着论坛的发展，出现了一系列专用的论坛术语，在发表自己观点之前，有必要先了解下有关论坛的常用术语。

- 楼主：发表话题的开贴者，一般论坛的回贴数量喜欢用楼层来计算。
- 沙发：楼主发表的主题下面第1张回帖，是灌水爱好者热爱抢夺的位置。
- 灌水：通常指大量发贴、回贴的用户。
- 潜水：指不发表主题或留言，只看贴不回帖的行为。
- 直播：当楼主发表的主题很长且没发完整，用户边看贴边回复的行为。
- 菜鸟：就是初级水平的新人或新注册的用户。
- 板油：即版友，指论坛中的一般用户。
- 斑竹：即版主，指BBS论坛板块的管理员。
- 马甲：注册用户又注册了其他的帐户，这些帐户相对于主账户统称为马甲。
- 拍砖：对发贴者或跟帖者进行批评，点评等。

注意事项

有关论坛常用术语还有许多，这里例举了在发帖或回帖时常见的术语。

7.2 浏览天涯论坛

天涯论坛是国内最知名的网络论坛之一，它容纳了娱乐、新闻、实时动态等多个版块。下面就浏览天涯论坛的方法。

7.2.1 注册天涯账户

目前在国内比较著名的综合性论坛有天涯论坛、猫扑论坛、西祠胡同等。下面以天涯为例，介绍注册论坛帐户操作。

【例7-1】 注册天涯论坛账户。视频

01 启动IE浏览器，在地址栏中输入网址www.tianya.cn，按下Enter键，打开【天涯社区】页面。

02 单击【免费注册】按钮，打开新用户注册页面。

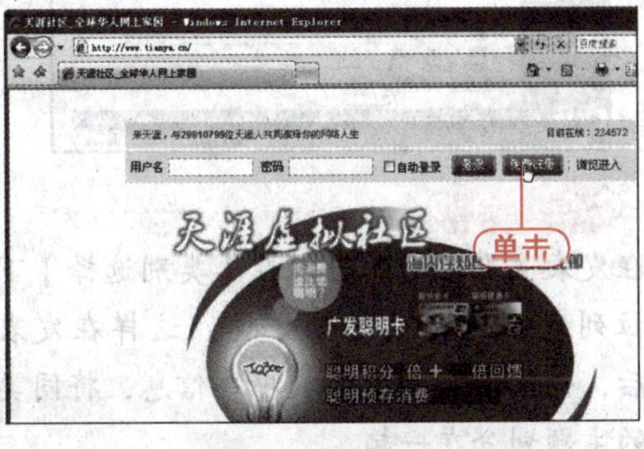

03 填写用户名、密码等注册信息，单击【提交信息】按钮，提交注册信息。

04 成功提交注册信息后，单击【登录邮箱收取激活邮件】按钮，激活用户。

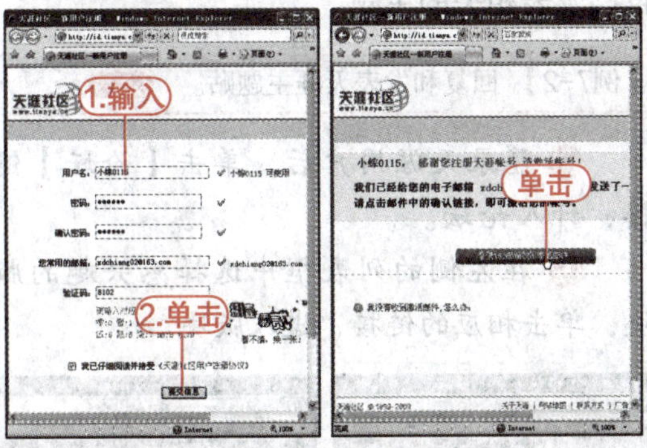

05 登录邮箱后，打开天涯论坛发送的激活用户链接，激活用户。

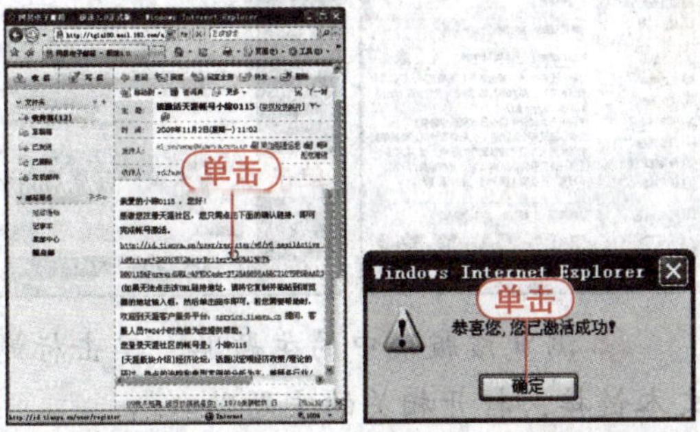

06 成功激活用户后，会打开一个信息提示框，提示已经激活账户。

07 单击【确定】按钮，在打开的页面中继续填写相关的注册信息，例如密码提示问题等，其中带*号的为必填项。

08 单击【完成注册】按钮，完成注册操作并且自动登录用户。

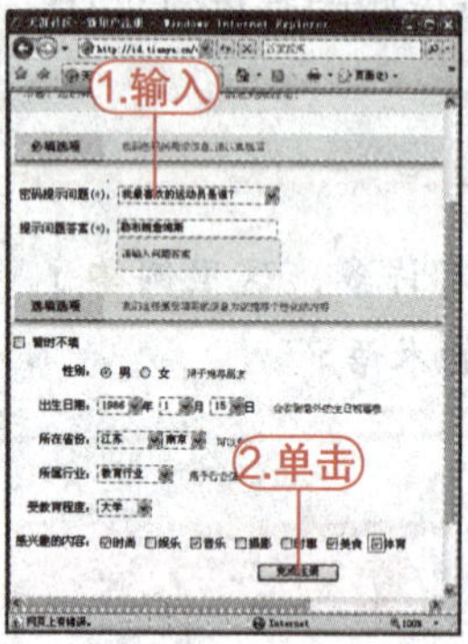

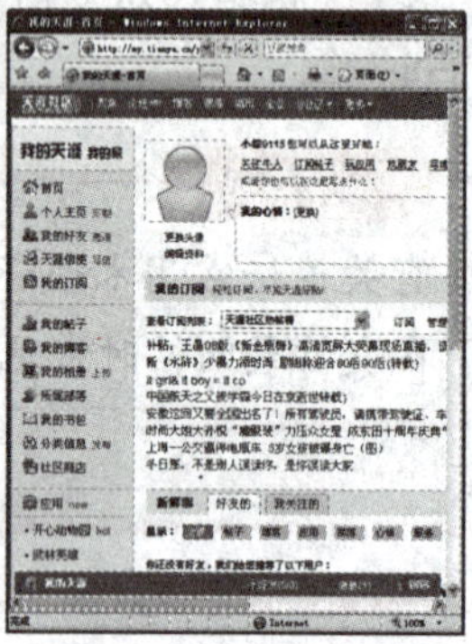

7.2.2 回复和发表论坛主题

登录论坛后，可以选择自己感兴趣的版块，浏览相关的主题贴并进行回复，也可以自己发表相关的主题。

【例7-2】 回复和发表天涯主题贴。 视频

01 登录天涯用户后，单击【论坛】链接，计入论坛。

02 在左侧的列表框中选择感兴趣的版块，单击相应的链接，进入版块。

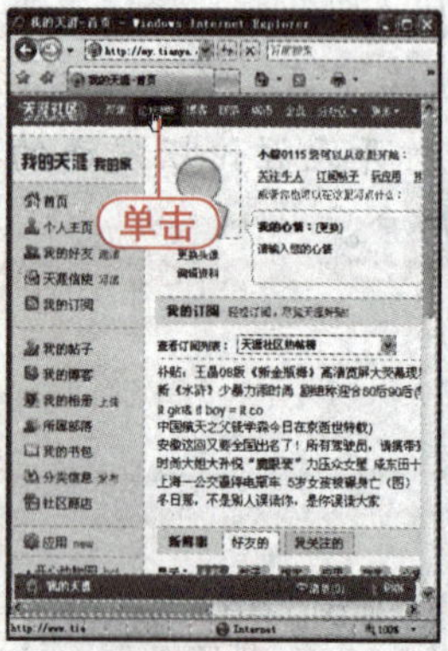

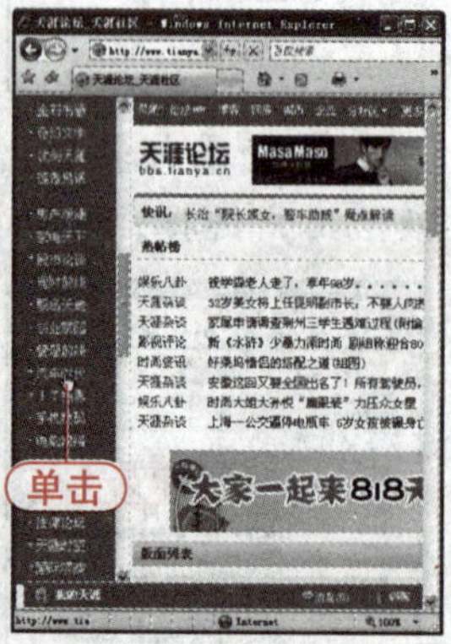

03 浏览该版块中的主题贴，单击标题文本链接，打开相关的主题贴。

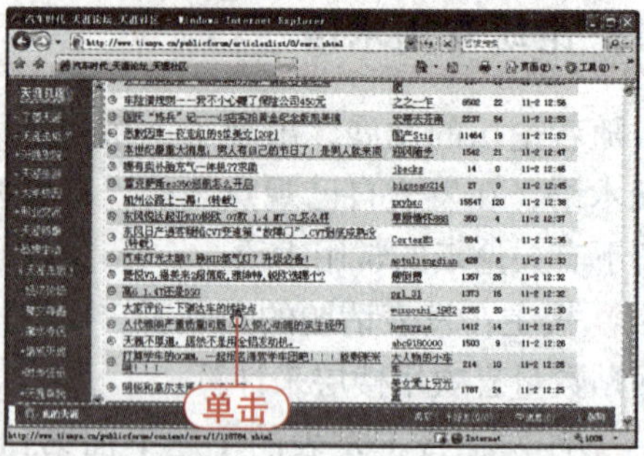

04 浏览主题贴后，在页面底部的文本框中可以输入自己的观点，然后单击【发表】按钮即可回复主题贴。

05 如果要发表主题贴，可以单击板块上的【发表帖子】按钮，打开发表帖子页面。

06 输入主题贴标题和帖子内容，在【描述】选项区域中选中【原创】或【转载】单选按钮，然后单击【发表】按钮即可发布主题贴。

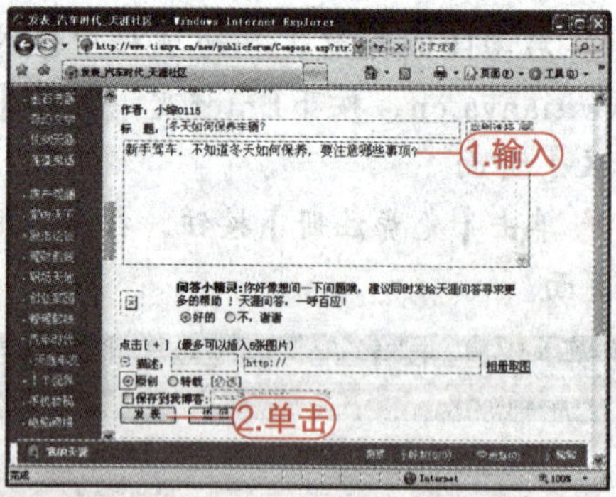

专家指点

在发表主题贴时，可以在【类别选择】下拉列表中选择主题贴分类，这样在发表后，论坛会自动更新数据库信息，将同类的主题划分在一起。

7.2.3 修改论坛头像

默认情况下，新注册的用户都是使用的论坛默认头像，可以选择自己喜欢的图片作为论坛头像。

【例7-3】 修改论坛头像。视频

01 登录天涯，单击【更改头像】链接，打开【图片上传】页面。

02 单击【浏览】按钮，打开【选择文件】对话框。

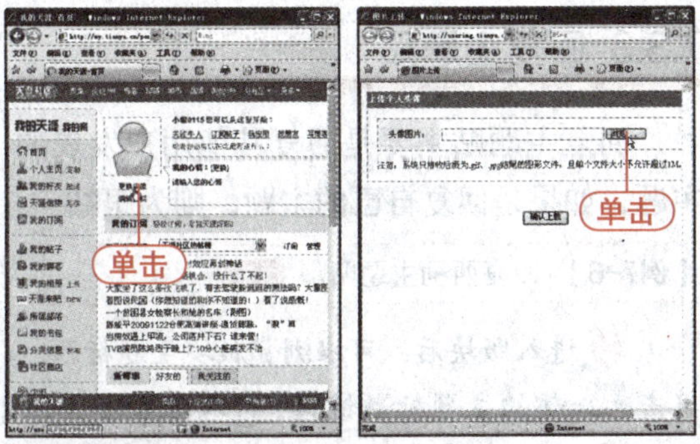

03 选择使用的头像图片，单击【打开】按钮。

04 单击【确认上传】按钮，上传头像。

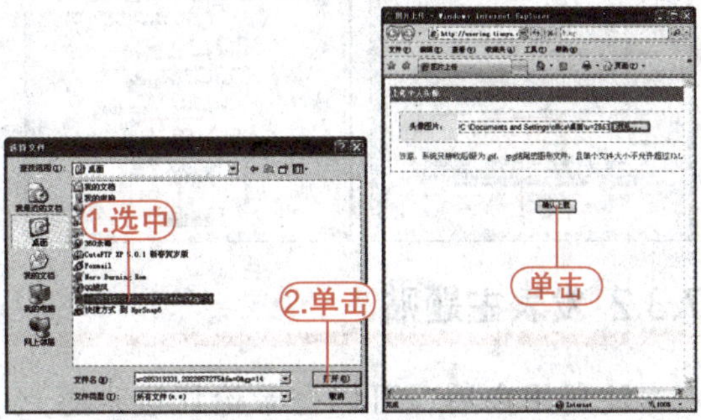

05 可以对上传的头像图片进行适当的裁剪操作，然后单击【生成小头像】按钮，生成论坛头像。

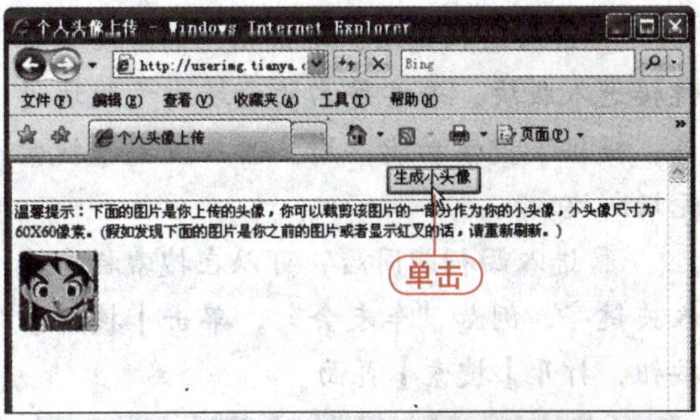

7.3 浏览西祠论坛

西祠论坛是华语地区第一个大型综合社区网站，经多年积累和发展，已成为最重要的华人社区门户网站之一，下面就介绍浏览西祠论坛的方法。

7.3.1 注册西祠账号

西祠用户账号是免费注册的，并且无需经过邮件验证，只需填写基本的注册信息即可注册。

【例7-4】 注册西祠账号。视频

01 启动IE浏览器，在地址栏中输入网址www.xici.net，按下Enter键，打开【西祠胡同社区】页面。

02 单击页面顶部位置的【注册新用户】链接，打开【新用户注册】页面。

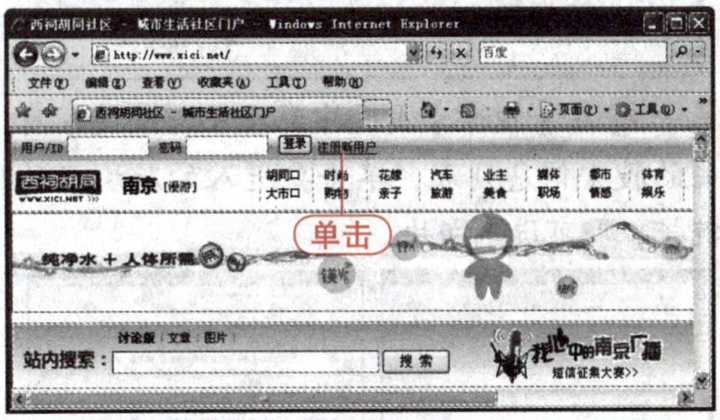

03 当前页面显示了有关论坛注册协议，单击【同意】按钮，接受协议。

04 填写注册信息，包括用户名、密码、电子邮箱等，单击【都填好了，确定！】按钮，注册用户。

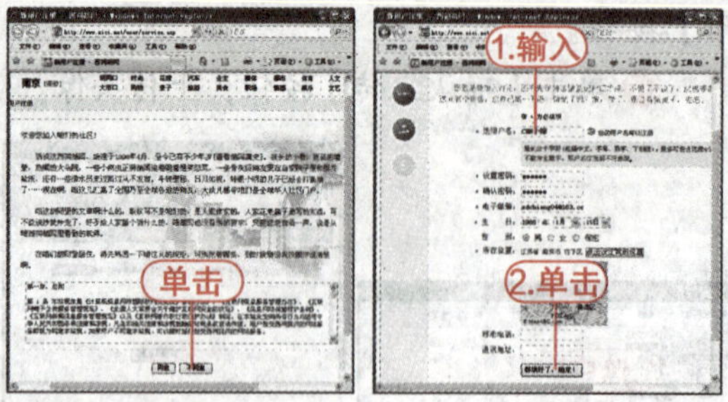

7.3.2 发表主题贴

注册用户后，可以登录论坛进入感兴趣的版块，发表自己的主题贴，与其他版友进行交流。

【例7-5】 发表西祠主题贴。视频

01 进入西祠论坛，单击相应的版块名称链接进入版块，一些著名的论坛由于版块过多，提供了搜索功能，用户输入关键字搜索论坛版块。

02 进入西祠胡同后，可以在搜索栏中输入关键字，例如“车友会”，单击【搜索】按钮，打开【搜索】页面。

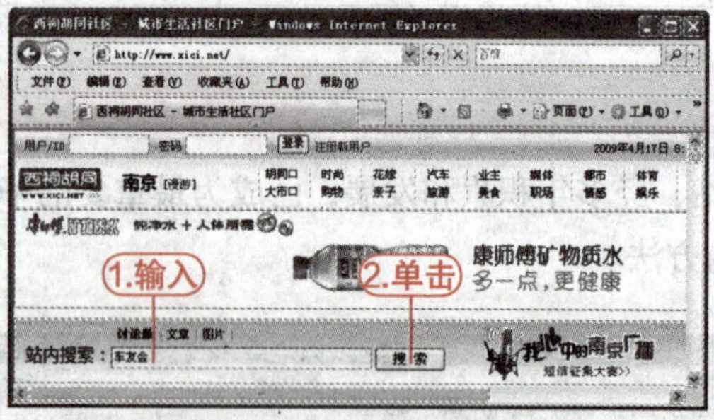

03 在【搜索】页面中显示了与关键字有关的搜索信息列表，单击要进入的版块名称链接，即可进入版块。

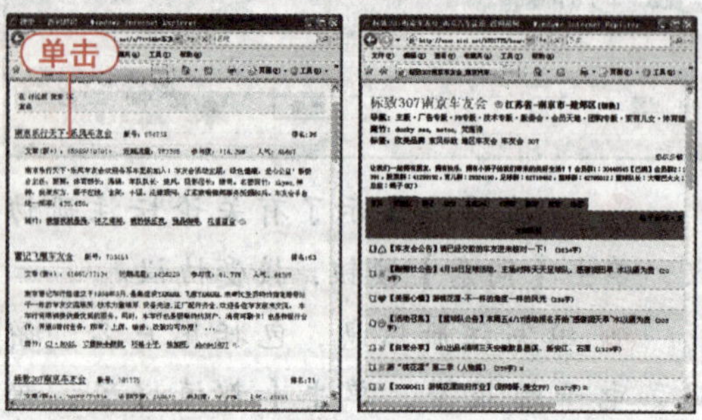

04 进入版块后，显示了最近回复或发表的主题贴，可以拖动滚动条，在页面下方输入发表主题贴的标题和内容，然后单击【发表】按钮，即可发表主题贴。

05 发表后的主题贴会在版块中显示。

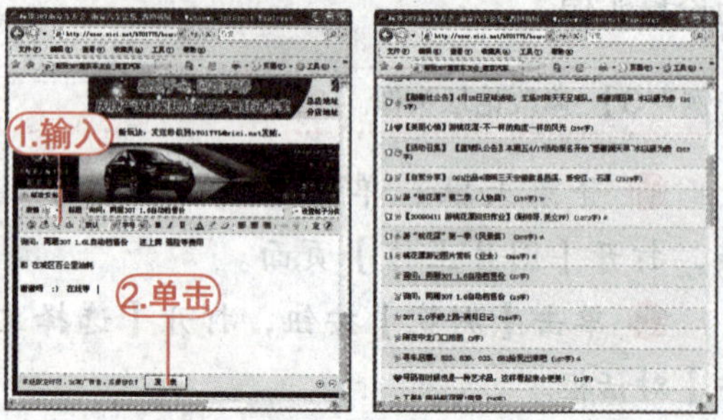

7.3.3 回复主题贴

回复主题贴主要是回复其他用户发表的主题，如果是回复自己的主题，则为跟帖。

【例7-6】 回复西祠主题贴。视频

01 进入版块后，可以浏览版块主题标题，单击感兴趣的主题标题链接，进入该主题贴。

02 进入主题贴后，浏览有关楼主发表的信息，也可以附带浏览其他用户回复信息。

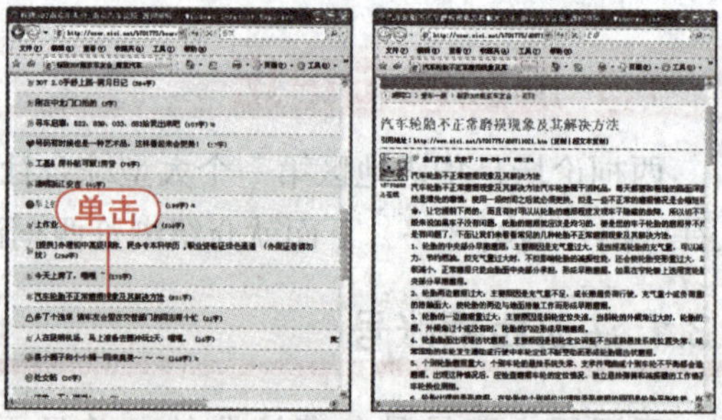

03 拖动滚动条到页面下方，输入回帖信息，单击【发表】按钮，发表回帖。

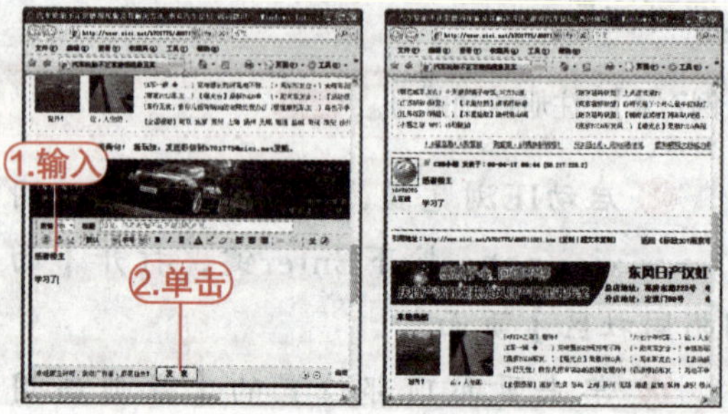

04 回帖发表后，会自动跳转到当前主题贴，显示发表的回帖。

7.3.4 修改签名内容

在西祠上注册的用户只要超过7天，即可修改签名内容，包括签名文本和签名图。

【例7-7】 修改签名内容。视频

01 登录西祠，展开左侧的快捷菜单，单击【管理】链接，打开个人管理页面。

02 单击【个人设置】列表框中的【我的签名】链接。

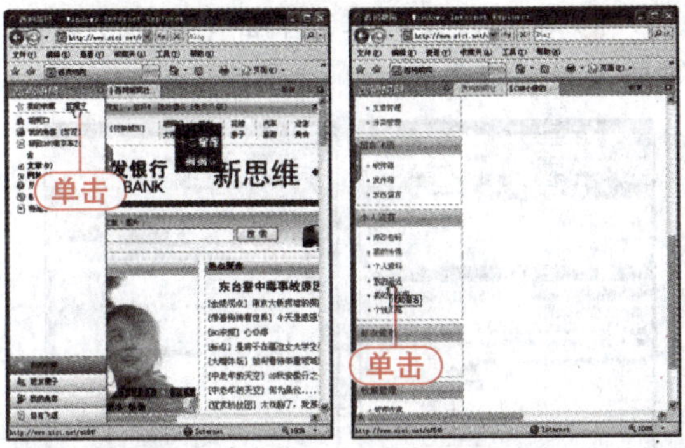

03 在【签名文字】文本框中可以输入签名文本内容。

04 如果要在签名档中添加外链，可以在【链接标题】文本框中输入外链名称，在【链接地址】文本框中输入外链地址，单击【提交】按钮，即可修改签名文本内容。

05 单击【个人设置】列表框中的【我的签名图】链接。

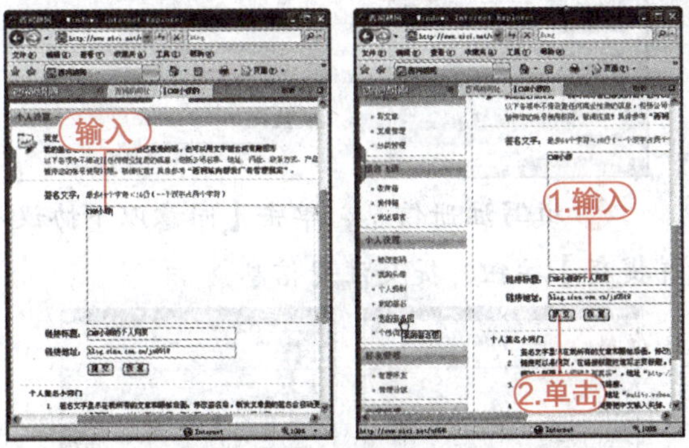

06 单击【浏览】按钮，打开【选择文件】对话框。

07 选择要插入的签名图片，单击【打开】按钮。

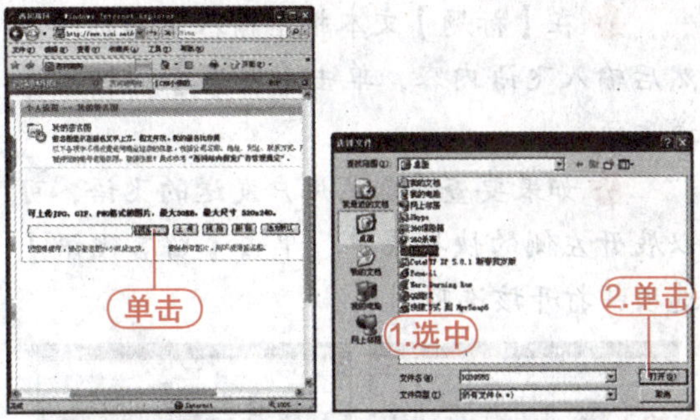

08 单击【上传】按钮，上传签名图片。

09 上传签名图片后，因图片需要缓存，在24小时内即可生效。

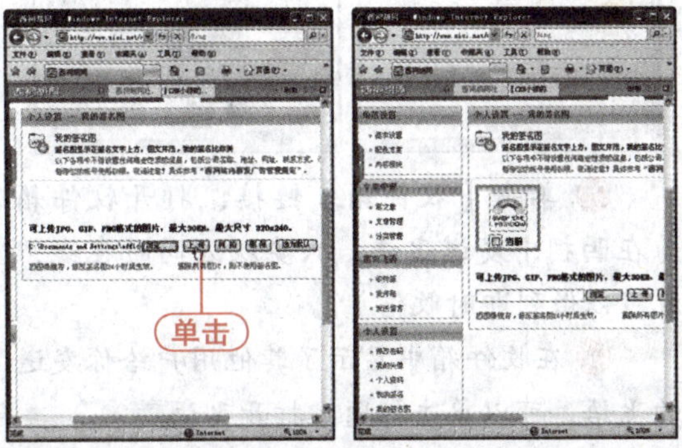

7.3.5 飞语交流

西祠用户之间进行交流称之为飞语，可以给任意一个西祠用户发送飞语，也可以回复飞语内容。

【例7-8】 与西祠好友进行飞语交流。视频

01 登录西祠，单击任意一个主题标题，打开该主题。

02 可以选择要发送飞语的用户，单击其用户名即可。

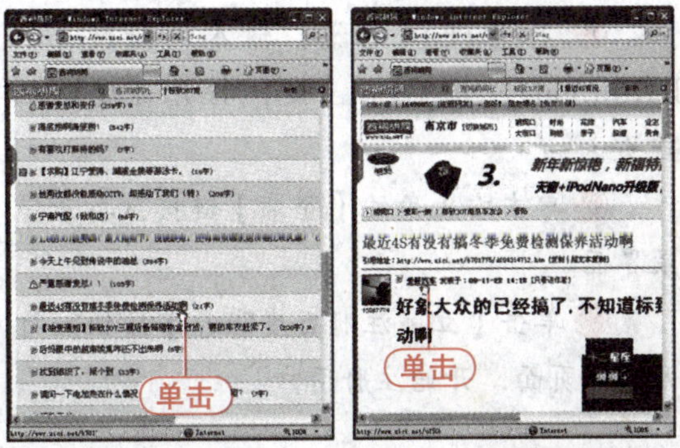

03 在【标题】文本框中输入飞语标题，然后输入飞语内容，单击【发送】按钮，发送飞语。

04 如果要查看其他用户发送的飞语，可以展开左侧的快捷菜单，单击【留言飞语】选项，打开该选项列表。

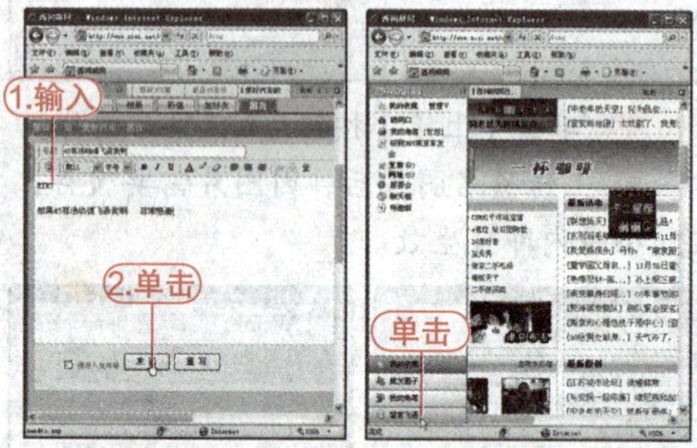

05 单击【收件箱】链接，打开收件箱（在西祠中发送飞语，只要双方同时在线，就可以做到即时收信）。

06 在收件箱中显示了其他用户给你发送的飞语，可以单击标题，打开飞语。

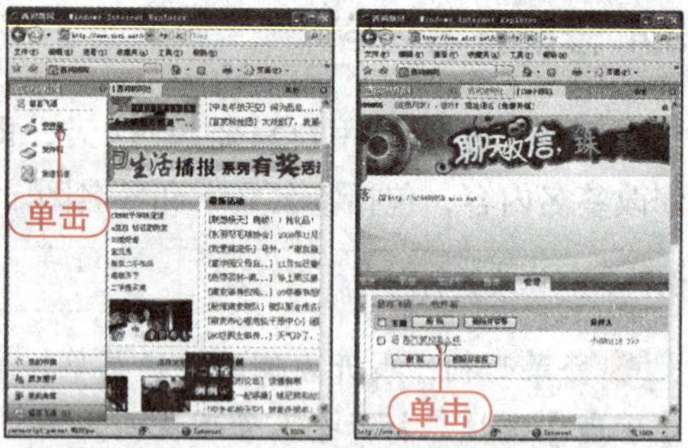

07 查看飞语内容后单击【回复留言】按钮，可以发送回复内容。

08 输入回复内容，单击【发送】按钮即可发送飞语内容。

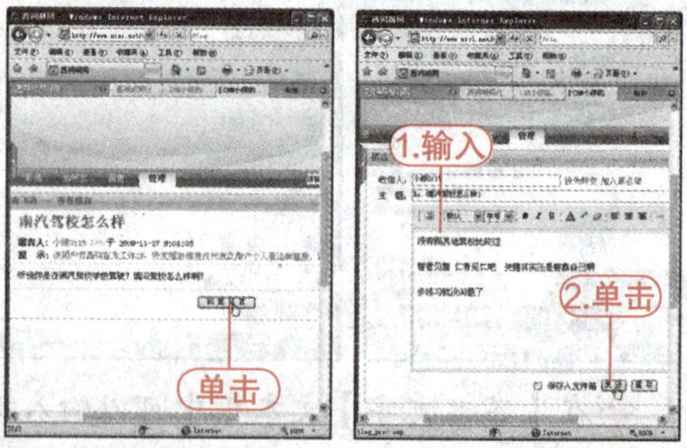

7.4 浏览百度贴吧

百度贴吧自从诞生以来逐渐成为世界最大的中文交流平台，为广大上网用户提供了一个表达和交流思想的自由网络空间。

7.4.1 注册贴吧用户

注册百度贴吧用户很简单，输入基本的注册信息即可注册，注册成功后还可以拥有自己的百度空间。

【例7-9】 注册百度贴吧用户。视频

01 打开IE浏览器，输入网址tieba.baidu.com，按下Enter键，打开百度贴吧首页。

02 单击右上角的【登录】链接，打开登录界面。

03 单击【立即注册百度账号】按钮，打开注册页面，开始注册用户。

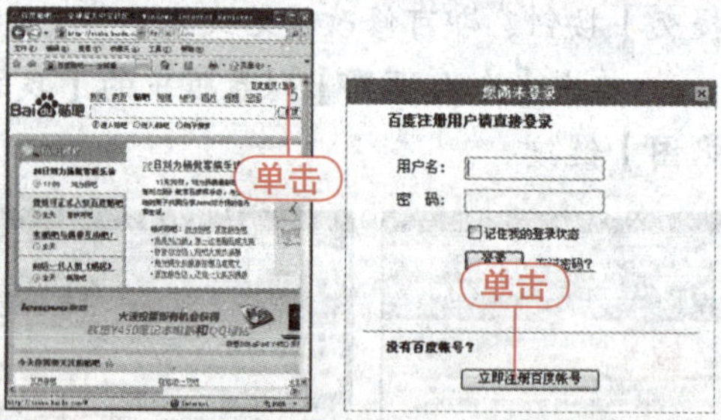

04 填写注册信息，单击【同意以下协议并提交】按钮，提交注册信息。

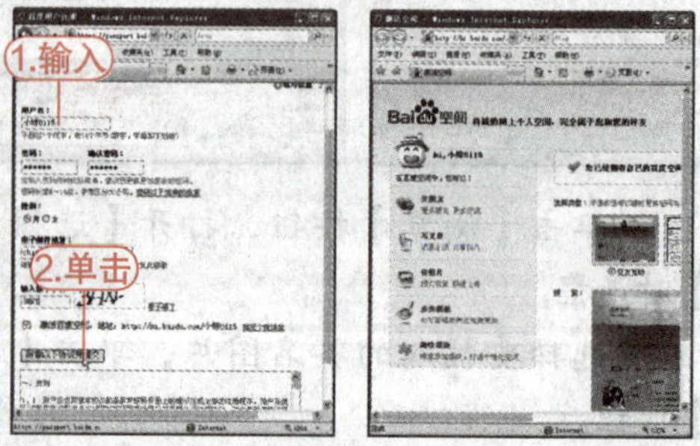

05 成功注册，显示个人百度空间页面。

7.4.2 搜索并进入贴吧

注册百度贴吧用户后，可以通过搜索操作进入感兴趣的贴吧，也可以通过百度贴吧目录进入贴吧。

【例7-10】 进入百度NBA吧。视频

01 登录百度贴吧，单击【贴吧目录】栏中的【体育】链接，打开贴吧体育栏目。

02 单击NBA链接，即可打开NBA贴吧。

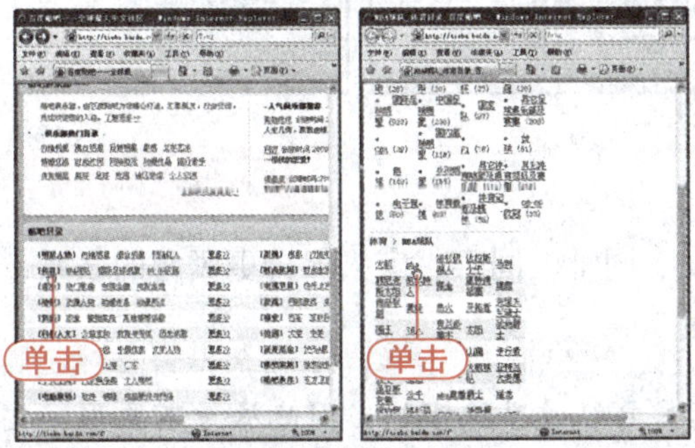

03 返回百度贴吧首页，在搜索栏中输入要进入的贴吧名称NBA。

04 单击【百度一下】按钮，同样可以进入NBA贴吧。

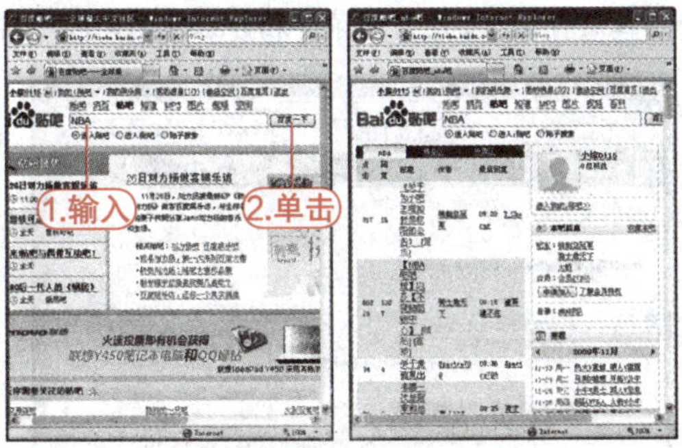

7.4.3 回复贴吧主题贴

进入某个贴吧后，即可浏览该贴吧中的所有主题贴，然后打开感兴趣的主题贴，可以进行浏览并回复操作。

【例7-11】 回复贴吧主题贴。视频

01 打开NBA贴吧，单击感兴趣的主题贴标题，打开该主题贴。

02 浏览主题贴后，在【发表回复】文本框中输入回复内容，输入正确的验证码，单击【发表】按钮即可回复主题贴。

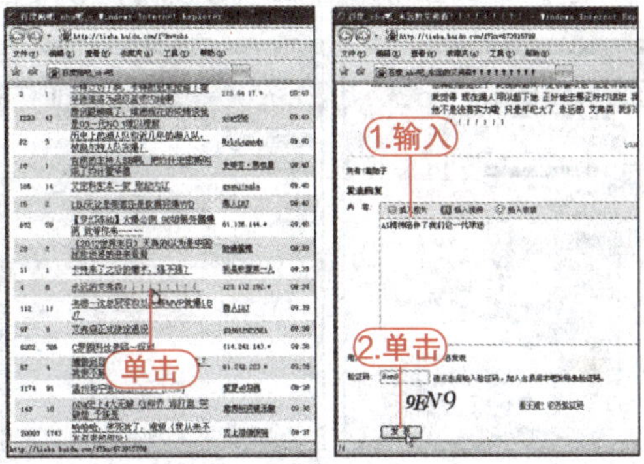

7.4.4 发表主题贴

在百度贴吧可以转载其他论坛中的主题贴与吧友进行交流，也可以发表原创主题贴。

【例7-12】 发表贴吧主题贴。视频

01 进入NBA贴吧，然后单击【发表新帖】按钮。

02 在【标题】文本框中输入主题贴标题内容，在【内容】文本框中输入主题贴内容。

03 输入正确的验证码，单击【发表】按钮即可发表主题贴。

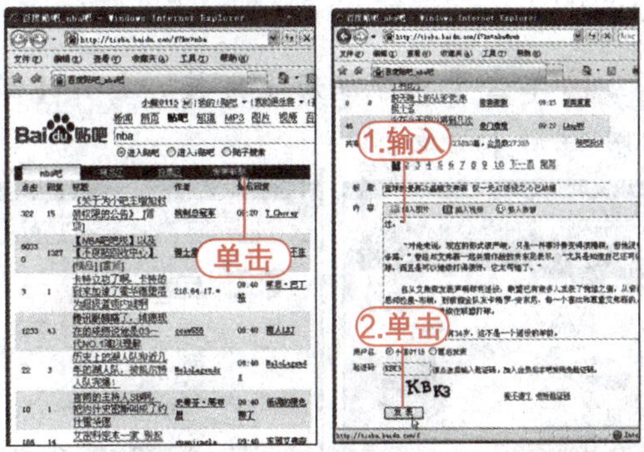

7.4.5 查看消息和用户主题贴

在百度贴吧中，同样可以发送和查看留言消息，如果用户对某位用户的主题贴非常感兴趣，可以查看该用户所有主题贴。

【例7-13】 查看留言和用户主题贴。视频

01 打开NBA贴吧，单击顶部的【我的消息】链接，打开发件箱。

02 单击要查看的留言消息标题，即可查看留言。

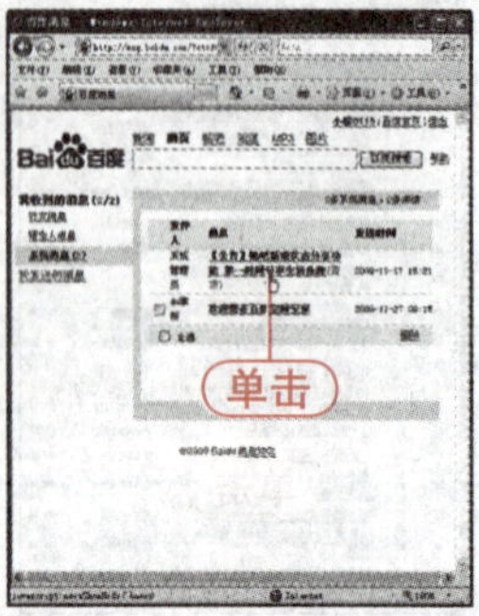

03 要查看某位用户的所有主题贴，进入贴吧后，单击用户名。

04 打开该用户的i贴吧，可以查看该用户发表的所有主题贴。

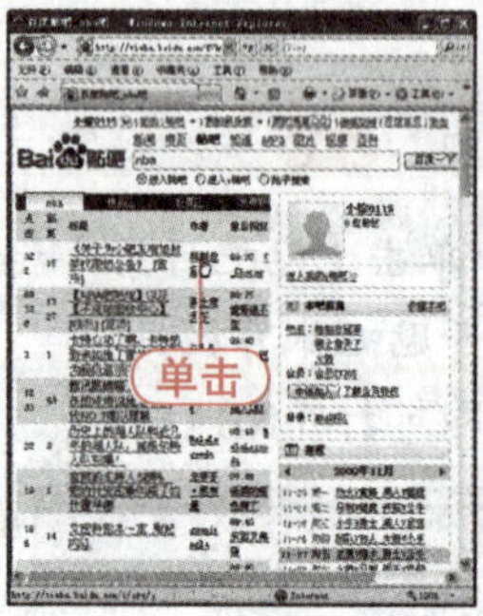

7.5 上开心网结交朋友

开心网是一个社交网络，通过它您可以与朋友、同学、同事、家人保持更紧密的联系，及时了解他们的动态，与他们分享你的生活和快乐。

7.5.1 注册开心网用户

只需注册一个开心网用户，即可登录开心网，与其他好友进行交流。

【例7-14】 注册开心网用户。视频

01 启动IE浏览器，输入网址www.kaixin001.com，按下Enter键，打开【开心网】首页。

02 单击【立即注册】链接，打开【开心网 注册】页面。

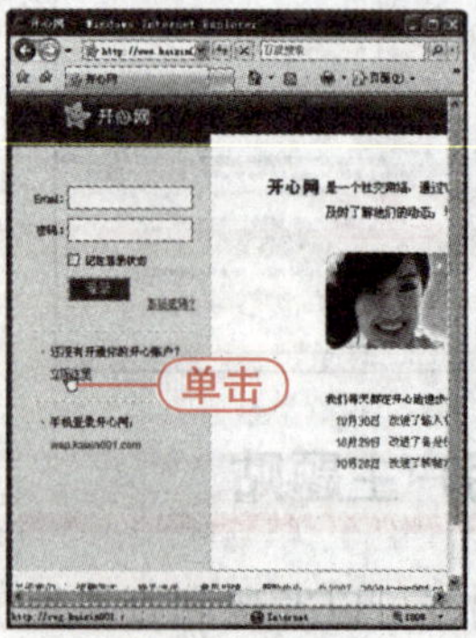

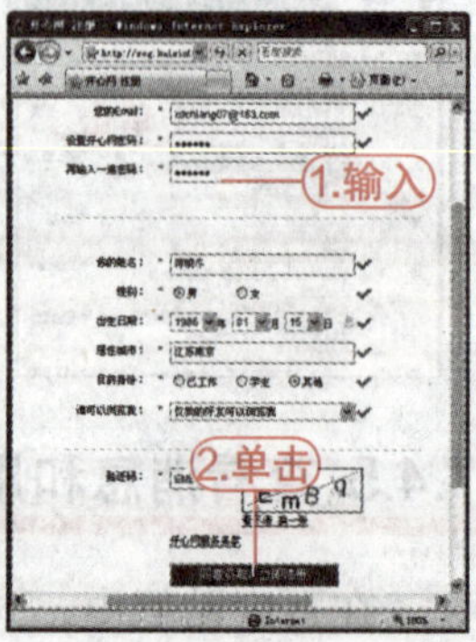

03 填写相关的注册信息，在这里要注意的是开心网是一个实名网站，填写的姓名信息需要经过系统审核，因此尽量不要用一些有歧义的名称。

04 单击【同意条款，立即注册】按钮，提交注册表单。

05 注册成功后，开心网会发送一封激活邮件到注册邮箱中，用户登录邮箱并激活用户即可。

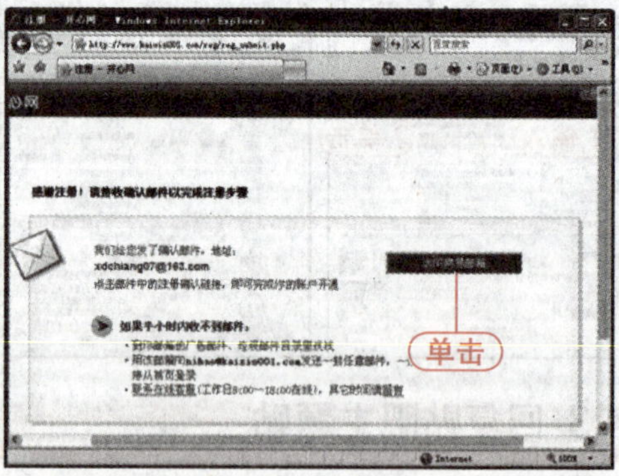

7.5.2 查找开心网好友

登录开心网后，就可以利用该平台，通过好友名称或邮箱地址查找好友。

【例7-15】 查找开心网好友。视频

01 打开【开心网】首页，输入注册邮箱地址和密码，然后单击【登录】按钮，登录开心网。

02 单击【好友】按钮，在弹出的下拉菜单中选择【查找朋友】命令，打开【查找朋友】页面。

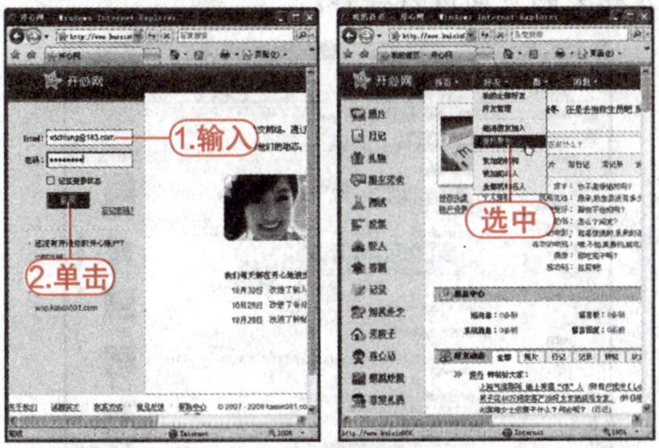

03 在打开的【查找朋友】页面中有多种查找方式。

04 这里选择【按姓名查找】。单击【按姓名查找】链接。

05 输入查找的好友信息，单击【查找】按钮，开始查找好友。

06 在查找结果中显示了当前在开心网注册好友，单击要添加的好友头像或名字，打开该好友主页。

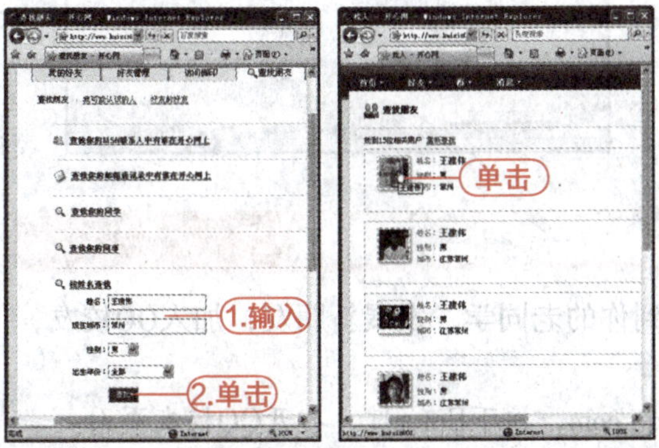

07 单击【加为好友】链接，打开【请求加为好友】对话框。

08 输入好友请求附言，单击【确定】按钮，发送请求。

09 待好友登录开心网，接受你的好友请求即可添加好友。

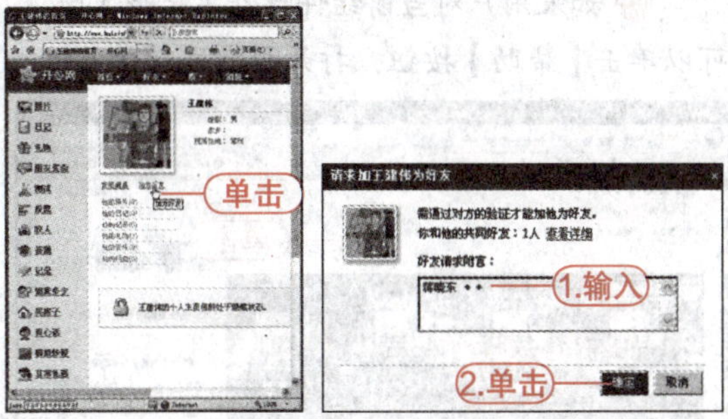

7.5.3 添加开心网组件

登录开心网后，可以添加相关的组件，与开心网上的好友一同进行游玩。

【例7-16】 添加开心网组件。视频

01 登录开心网，单击左侧列表框中的【添加组件】链接，打开【组件】页面。

02 选择要添加的组件，例如【争车位】，单击【我要添加此组件】链接，打开【添加组件】页面。

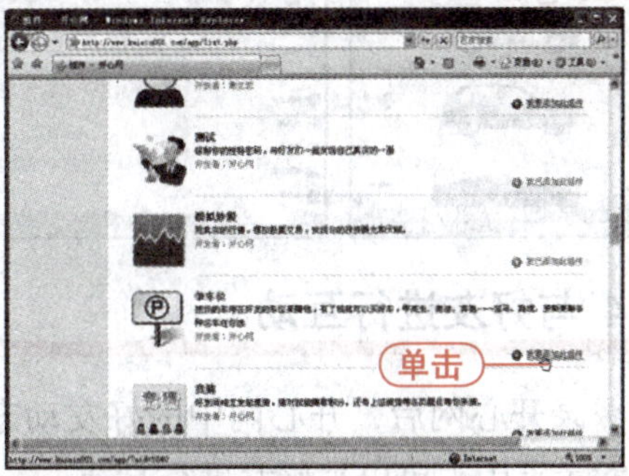

03 单击【立即添加】按钮，添加组件。

04 添加组件完成后，会在左侧的列表框中显示组件，单击【争车位】链接，打开该组件界面。

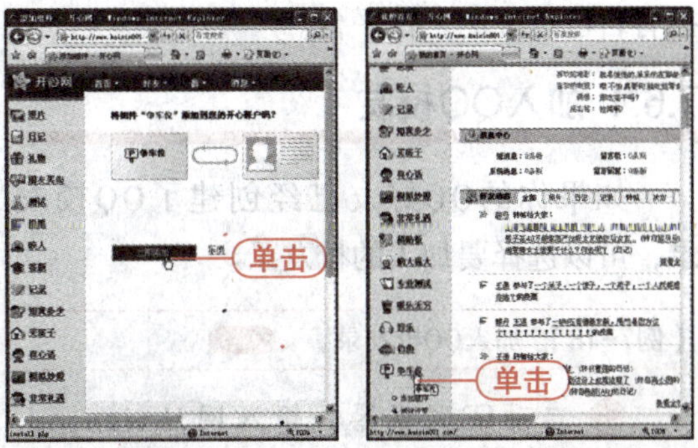

05 如果用户对当前组件操作不是很了解，可以单击【帮助】按钮，打开帮助进行学习。

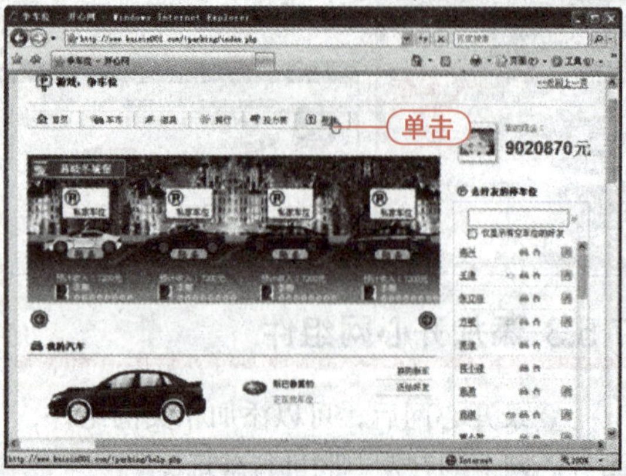

06 单击左侧列表框中的【组件管理】链接，打开【账户设置】页面，可以对添加的组件进行隐藏和删除操作。

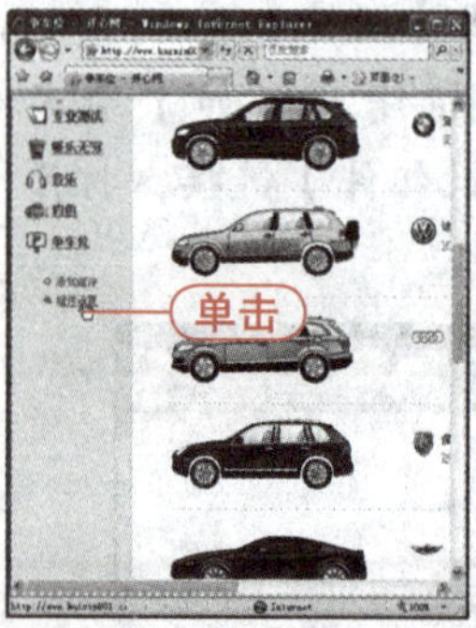

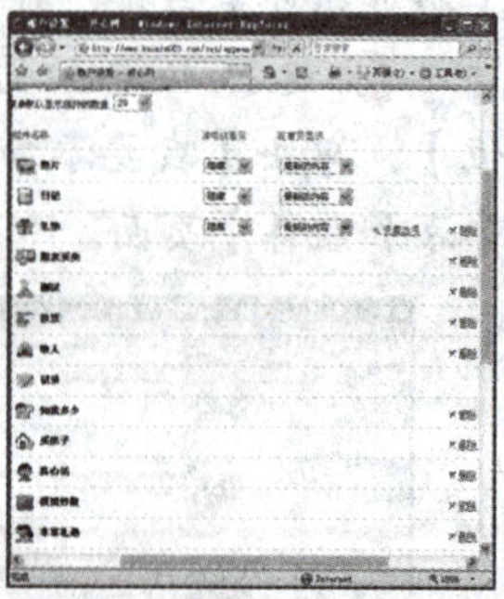

7.5.4 与好友进行互动

登录开心网后，开心网中的好友动态会显示在主页中，可以与好友进行互动。

【例7-17】 与开心网中的好友进行互动。 视频

01 登录开心网，在个人主页中显示了好友动态，可以单击【照片】、【日记】、【记录】等按钮，打开相应的好友动态操作。

02 单击某个好友动态操作链接，可以打开相关的页面进行操作。

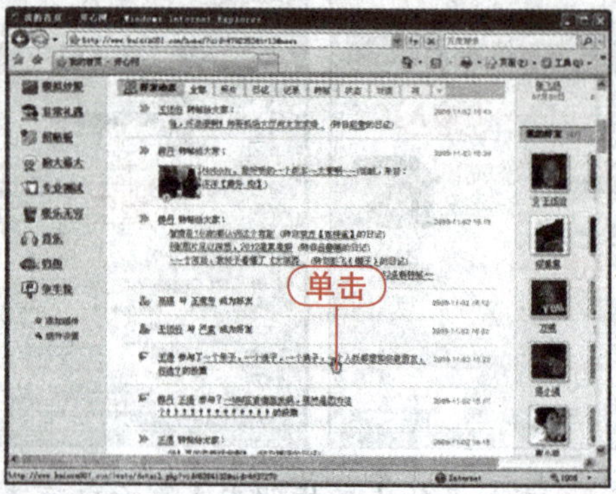

03 例如打开一个投票页面，除了可以投票外，还可以在下方查看好友的投票选项。此外，你的投票选项其他好友也可以看到。

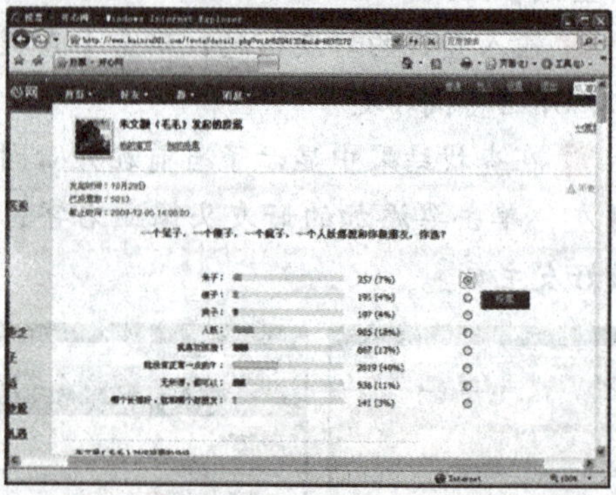

7.6 QQ校友录

只要拥有QQ账号，就可以加入QQ校友，找到你的老同学，发展新朋友；加入QQ校友，拥有自己班级的全校平台。

7.6.1 加入QQ校友

如果你的QQ好友已经创建了QQ校友录，可以选择要加入的校友录。

【例7-18】 加入QQ校友录。 视频

01 启动IE浏览器，输入网址xiaoyou.qq.com，按下Enter键，打开QQ校友页面。

02 输入QQ账号和密码，输入正确的验证码，单击【登录】按钮，登录并注册校友录。

03 输入正确个人信息，选择要加入的班级，选中【我已阅读并接受QQ校友用户协议】复选框，单击【加入】按钮，加入班级。

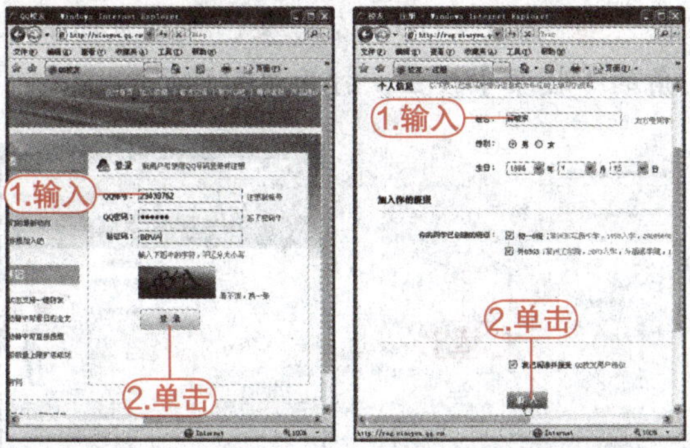

04 成功加入班级后，显示加入信息。

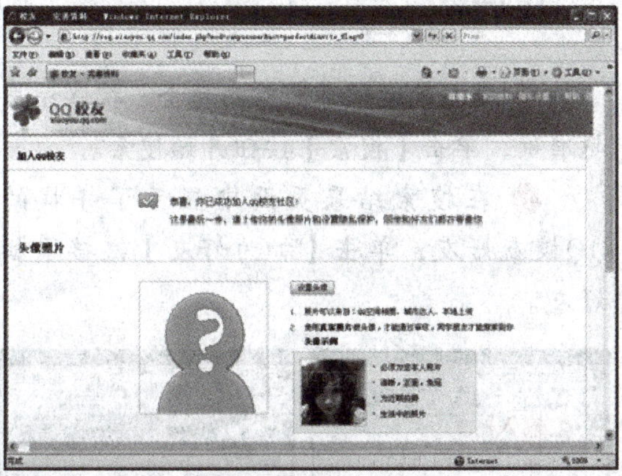

7.6.2 进入QQ校友

加入QQ校友后，设置校友头像并设置隐私保护，即可进入QQ校友。

【例7-19】 进入QQ校友录。 视频

01 加入QQ校友后，单击【设置头像】按钮，打开【修改头像照片】对话框。

02 单击【从电脑上传】链接。

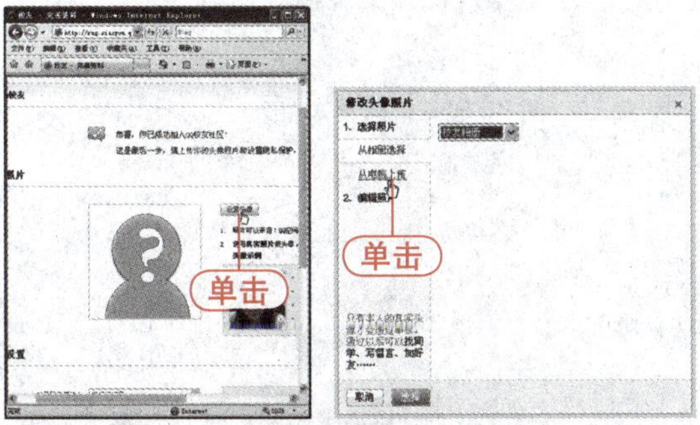

03 单击【浏览】按钮，打开【选择文件】对话框。

04 选择头像图片，单击【打开】按钮返回【修改头像照片】对话框，然后单击【选择】按钮。

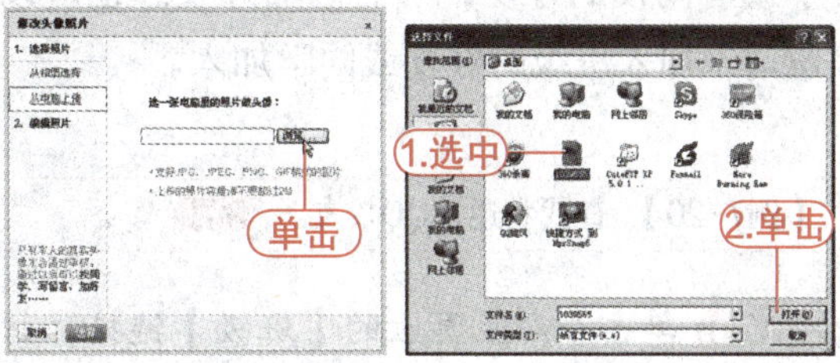

05 选择头像图片后，可以进行编辑操作，例如放大、缩小、左旋、右旋等操作，单击【确认】按钮，确认照片。

06 在【隐私设置】选项区域中分别设置【QQ号码公开】、【日志公开】和【相册公开】选项，单击【完成并进入校友】按钮，进入校友。

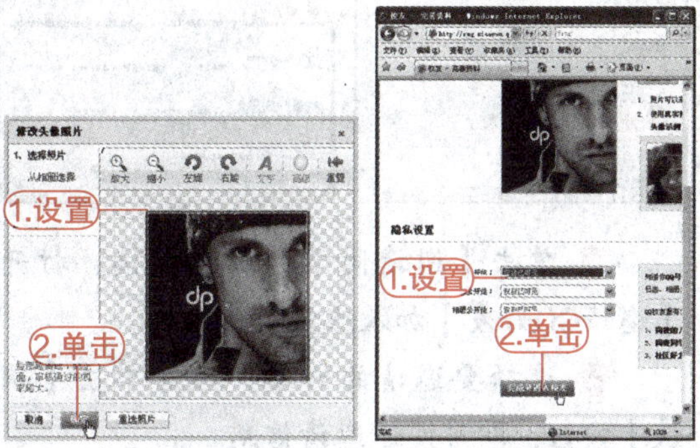

07 进入班级后，显示个人QQ校友主页，可以单击【班级】或【学校】链接，打开相应的页面。

08 例如单击【班级】链接，显示当前加入的班级情况。

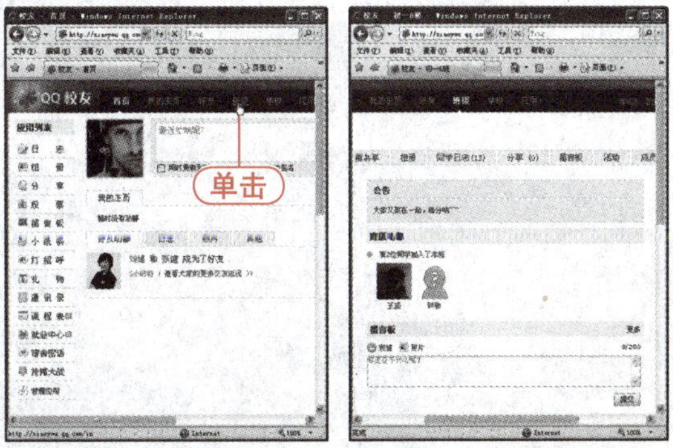

7.6.3 搜索并添加同学好友

进入QQ校友后，可以搜索自己以前的同学或者同校的好友，然后添加好友，也可以邀请未加入班级的好友或同学加入。

【例7-20】 查找和邀请QQ校友。视频

01 单击个人主页上的【班级】链接，打开班级信息页。

02 单击【邀请同学加入】链接，打开邀请加入班级对话框。

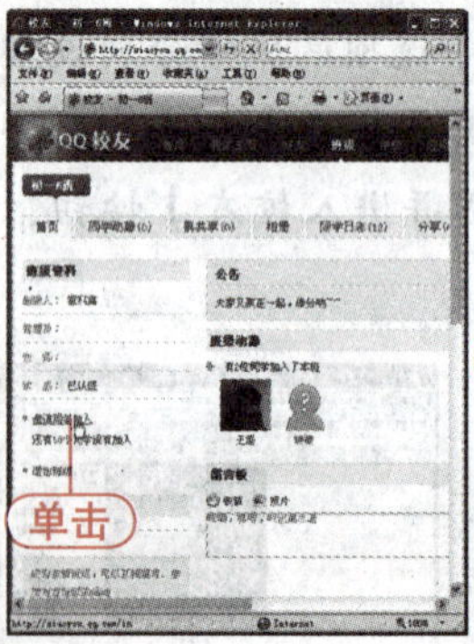

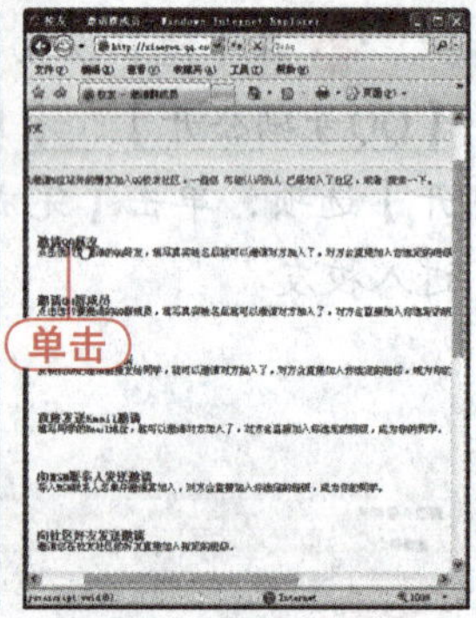

03 单击【邀请同学加入】链接，打开【邀请QQ好友】加入班级对话框。

04 选择要邀请的好友，然后单击【确认】按钮，即可发送邀请信息。

05 要搜索QQ校友好友，单击页面右上角的【搜索】按钮，打开搜索页面。

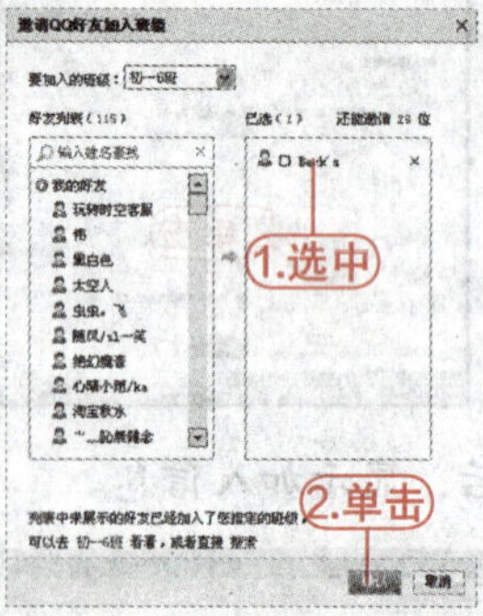

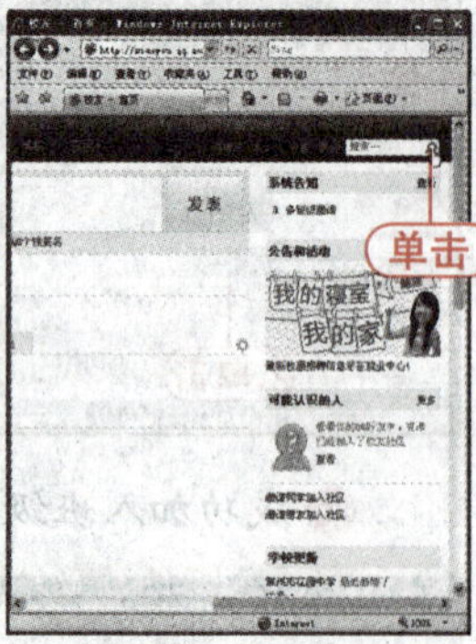

06 填写搜索信息，信息越全，搜索结果越准确，单击【搜索】按钮开始搜索。

07 在搜索结果页面中显示了寻找的QQ校友好友，单击【加为好友】链接添加好友。

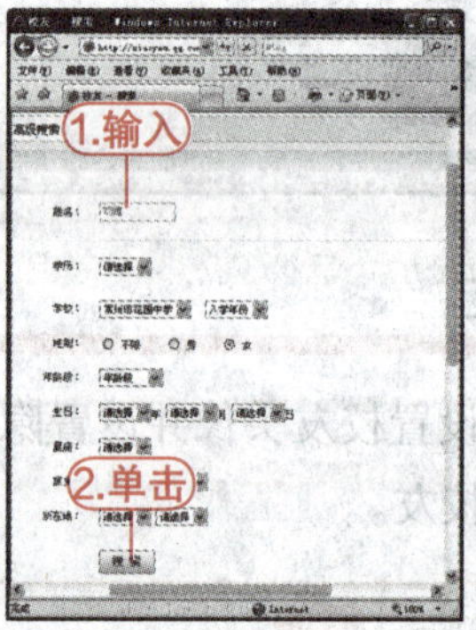

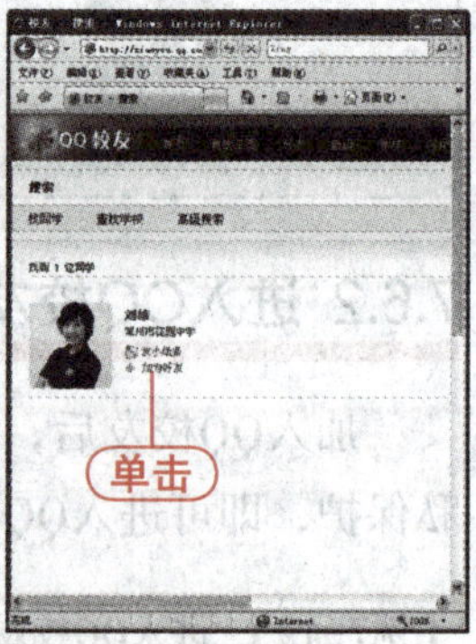

Chapter

08 网络个人空间

每个上网用户都可以拥有自己的免费网络空间，可以记录自己见闻、上传照片，还可以将文件上传到网络空间。本章主要介绍了个人网络博客、QQ空间以及FTP网络空间的基本使用和扩展应用。

- 开通个人新浪博客
- 个性化QQ空间
- FTP网络空间

参见随书光盘

例8-1 注册新浪博客通行证
例8-2 发表博文
例8-3 设置博客风格样式
例8-4 设置博客模块
例8-5 设置博客排版方式
例8-6 自定义博客头像
例8-7 自定义博客名称
例8-8 自定义博客风格
例8-9 添加博客背景音乐
例8-10 开通QQ空间
例8-11 装饰QQ空间
例8-12 自定义QQ空间
例8-13 自定义QQ空间模块
例8-14 在QQ空间日志中发表日志
例8-15 在QQ空间相册中上传相片
例8-16 在QQ空间中添加背景音乐
例8-17 注册QQ黄钻
例8-18 注册free258免费空间
例8-19 下载并安装CuteFTP
例8-20 上传文件到网络空间
例8-21 下载上传的文件
例8-22 上传网站

8.1 开通个人新浪博客

博客（Blog或Weblog）是指在网络虚拟空间中发布文章等各种形式的过程，只需注册博客通行证，即可开设自己的博客，在博客中可以进行发表博文，回复其他博友留言和美化博客。下面就以新浪博客为例，介绍注册开通新浪个人博客的一系列操作。

8.1.1 博客简介

博客（Blog）其实是一个网页，由简短且经常更新的博文构成，这些博文一般是按照年份和日期倒序排列的。

简言之，Blog就是以网络作为载体，简易迅速便捷地发布自己的心得，及时有效轻松地与他人进行交流，再集丰富多彩的个性化展示于一体的综合性平台。

8.1.2 注册博客通行证

现在国内较著名的博客有新浪博客、网易博客、搜狐博客等，用户只需注册博客通行证，即可开设博客。

下面以新浪博客为例，介绍注册博客通行证的方法。

【例8-1】 注册新浪博客通行证。视频

01 打开IE浏览器，在地址栏中输入网址blog.sina.com.cn，按下Enter键，打开【新浪博客首页】页面。

02 单击页面顶部的【通行证登录】按钮，打开【通行证】页面。

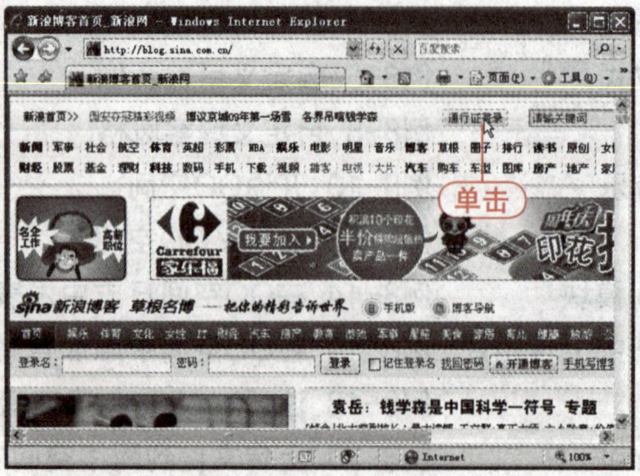

03 单击【马上注册】按钮，打开【注册新浪通行证】页面。

04 填写注册新浪免费邮箱名称和正确的验证码，然后单击【下一步】按钮。

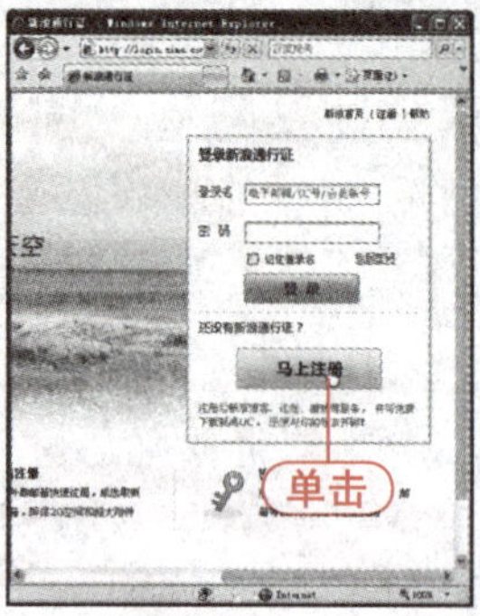

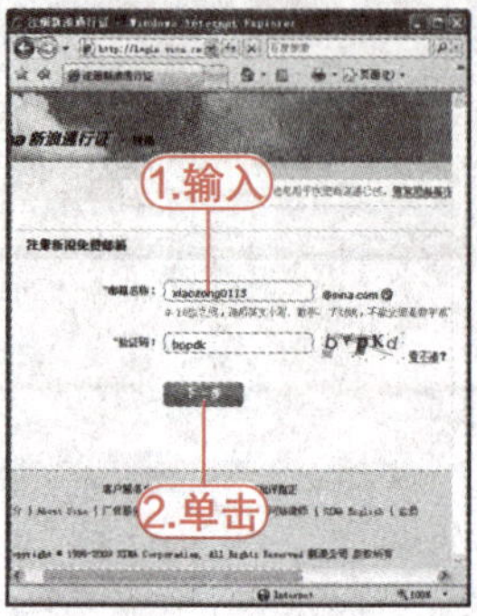

05 填写相关的注册信息，包括登录密码、密码查询问题、验证码等，单击【提交表单】按钮，注册通行证。

06 成功注册通行证后，显示注册信息。

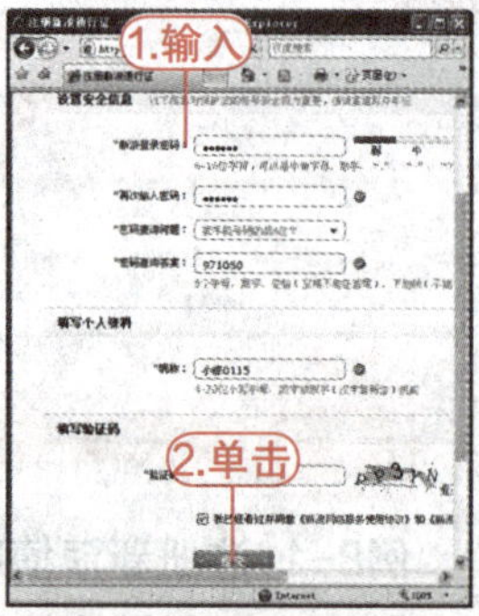

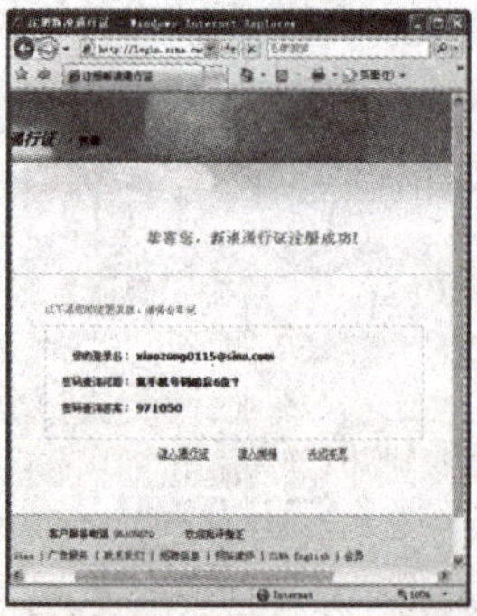

8.1.3 发表博文

注册通行证后，可以登录通行证，开通博客，发表博客的第一篇博文。

【例8-2】 发表博文。视频

01 打开IE浏览器，打开【新浪博客首页】页面。

02 单击【进入我的博客】链接，打开个人博客页面。

03 显示了还未开通博客信息，单击【立即开通】按钮，打开【注册新浪通行证】页面。

04 填写个人资料和注册码，单击【完成】按钮，开通博客。

05 开通博客后会自动登录博客。

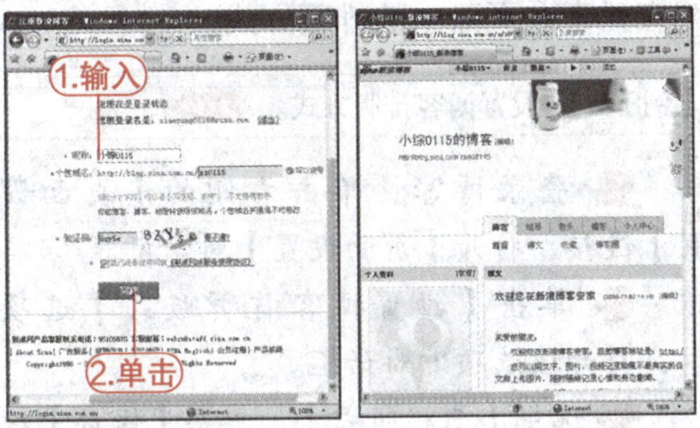

06 单击【发博文】按钮，打开【发博文】页面。

07 输入博文的标题和内容。

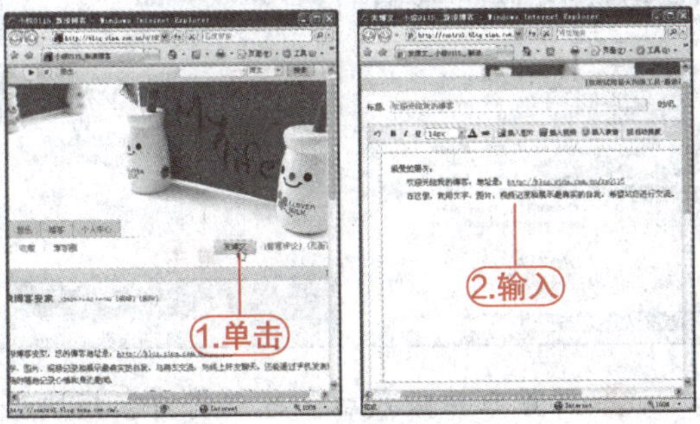

08 拖动滚动条，在【投稿到排行榜】选项区域中选中【杂谈】单选按钮，单击【发博文】按钮，发表博文。

09 成功发表博文后，会打开一个【提示】对话框，告之已经成功发表博文，单击【确定】按钮，跳转到发表的博文页面。

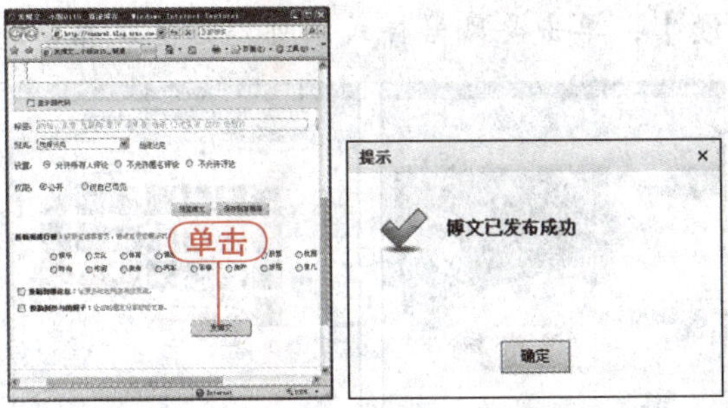

10 在单击博文页面中，单击博文标题右侧的【编辑】按钮，对博文进行修改，也可以单击【删除】按钮，删除博文。

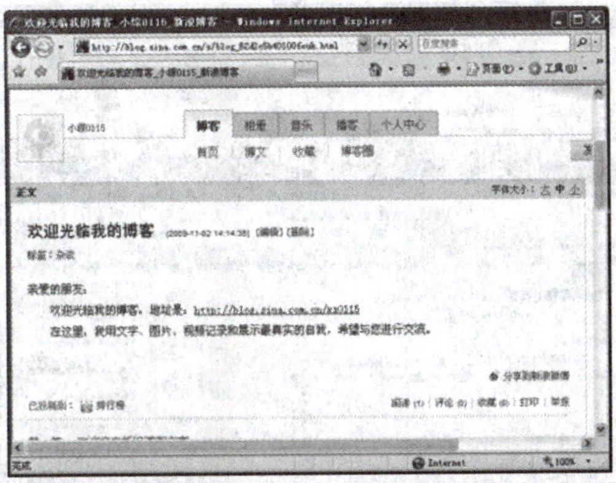

8.1.4 美化博客

精美的博客有助于增加流量，下面介绍下美化博客的常用设置，包括页面风格设置、模块设置和版式设置。

1. 风格设置

博客风格是指博客在整体上呈现出的具有代表性的独特面貌。

用户可以选择新浪博客自带的风格，如果掌握了一些常用的绘图和制作动画软件，例如Photoshop和Flash，可以自己设计风格，应用自定义的风格。

【例8-3】 设置博客风格样式。 视频

01 登录博客，单击右侧的【页面设置】链接，打开【页面设置】对话框。

02 单击【设置风格】选项卡，打开该选项卡对话框。

03 选择风格分类，例如选择【游戏动

漫】，单击要风格样式，可以预览风格。

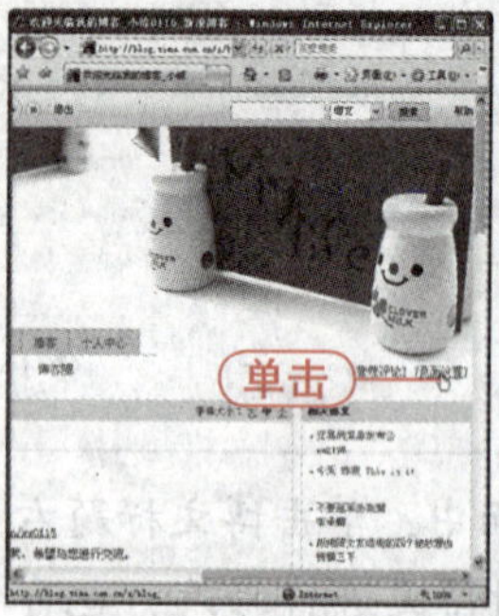

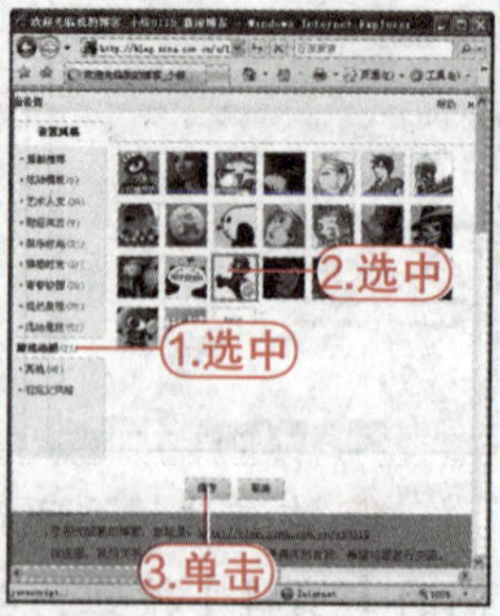

04 单击【保存】按钮，保存页面风格。

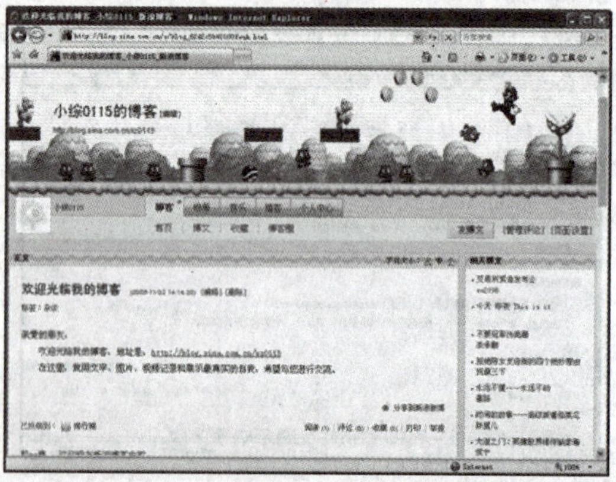

2. 设置博客模块

博客模块是指能够单独命名并独立地完成一定功能的集合。

新浪博客默认的模块有【个人资料】、【博文】、【访客】、【好友】、【评论】和【留言】，可以添加或删除模块。

【例8-4】 设置博客模块。视频

01 打开【新浪博客】页面，单击右侧的【页面设置】链接，打开【页面设置】对话框。

02 单击【设置博客首页模块】选项卡，打开该选项卡对话框。

03 其中选中的复选框表示已经添加的模块，可以选中所需添加的模块对应的复选框添加复选框。

04 取消选中复选框可以删除模块。

05 选中复选框，添加【音乐播放器】和【许愿瓶】模块。

06 取消选中复选框，删除【评论】、【分类】和【好友】模块。

07 单击【保存】按钮，保存模块设置。

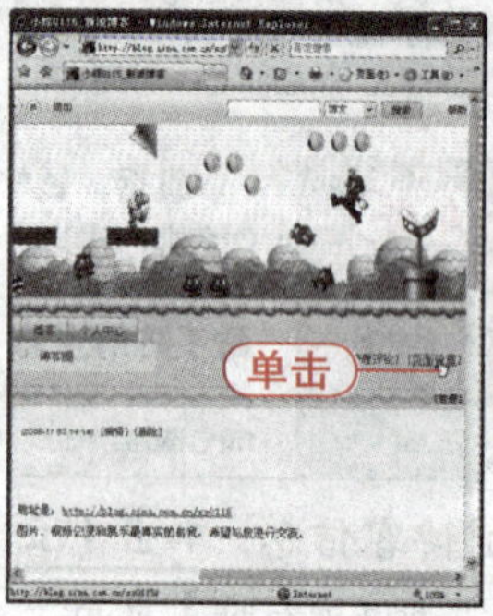

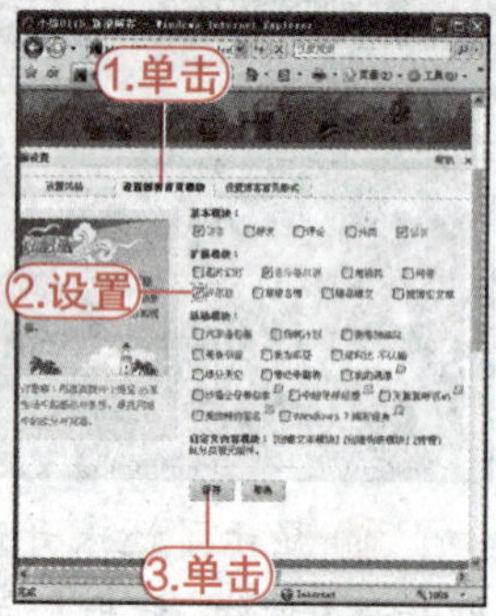

3. 设置博客版式

博客版式是指博客元素，例如标题、模块、文章摘要的排列方式，简单来说也就是博客元素在页面中的排版方式。

【例8-5】 设置博客排版方式。视频

01 登录博客，单击右侧的【页面设置】链接，打开【页面设置】对话框。

02 单击【设置博客首页版式】选项卡，打开该选项卡对话框。

03 选中【三栏版式】，单击【保存】按钮，保存版式。

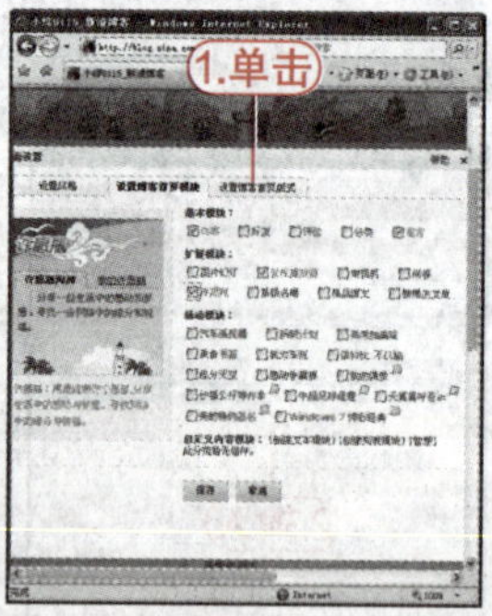

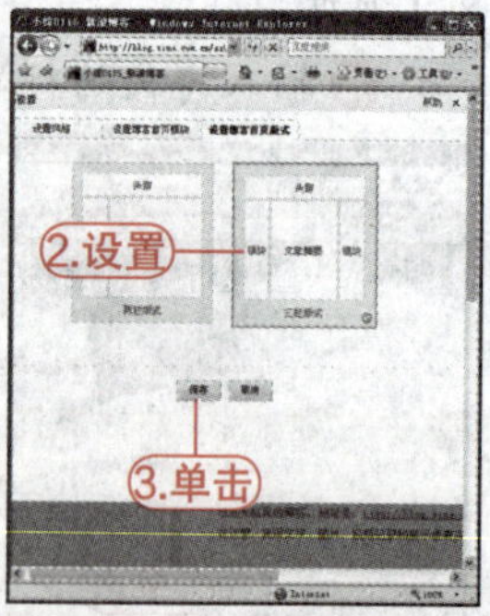

04 设置三栏版式后，可以将博客模块移至右侧栏目中。

05 将鼠标移至【音乐播放器】模块标题栏位置，鼠标光标显示为双向箭头。

06 按住鼠标拖动模块到右侧栏目中时释放鼠标，即可将【音乐播放器】模块移至右侧栏目中。

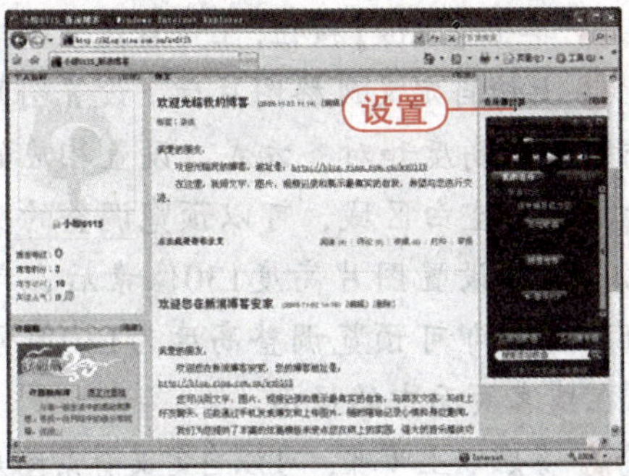

06 重复操作，将【访客】和【留言】模块移至右侧栏目中。

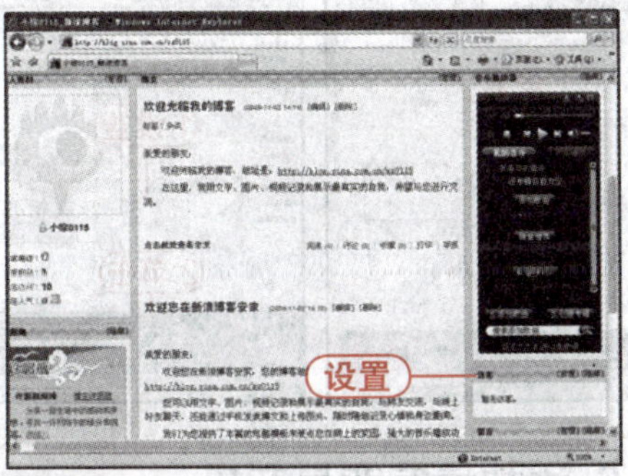

专家指点

在模块标题栏上显示了【管理】和【隐藏】两个链接，单击【管理】链接，可以对该模块进行管理；单击【隐藏】链接，可以隐藏显示该模块。

8.1.5 自定义博客

自定义博客主要包括自定义博客头像、名称和风格。

1. 自定义博客头像

用户可以使用本地电脑中的个人照片或者其他图片代替默认的博客头像。

【例8-6】 自定义博客头像。视频

01 登录博客，单击【个人资料】标题栏上的【管理】链接，打开【修改昵称头像】页面。

02 在【昵称】文本框中修改个人昵称，例如输入“超级马里奥”。

03 单击【头像】文本框右侧的【浏览】按钮，打开【选择要上传的文件】对话框，选择图片文件，单击【打开】按钮，上传图片。

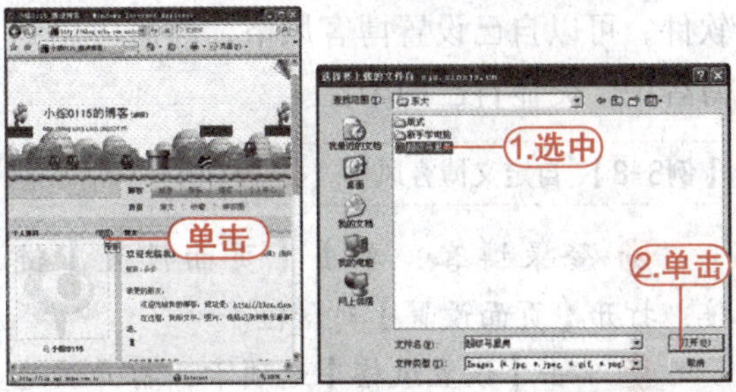

04 上传图片后，可以修改左侧的图片，可以旋转图片和裁剪图片，在右侧的图片即为修改后的图片，也就是最终的头像图片效果。

05 裁剪图片后，单击【保存】按钮，保存设置的昵称和头像。

2. 自定义博客名称

自定义博客名称的方法很简单，只需一个步骤即可修改成功。

【例8-7】 自定义博客名称。视频

01 登录博客，单击博客名称右侧的【编辑】按钮，打开【编辑博客名称】对话框。

02 在文本框中输入博客名称，单击【保存】按钮，即可修改博客名称。

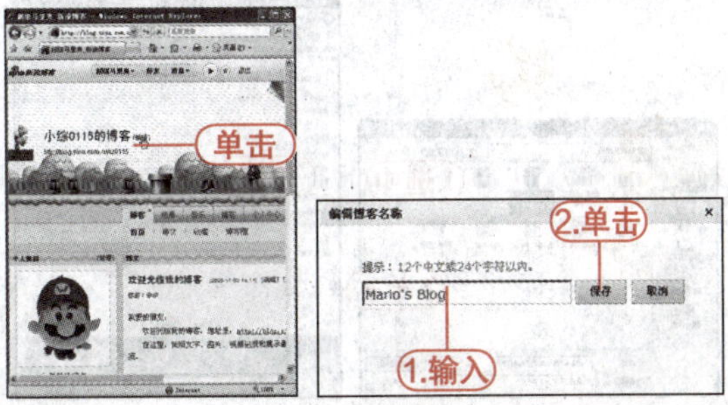

3. 自定义博客风格

如果用户熟练掌握一些图形图像编辑软件，可以自己设置博客风格，然后应用到博客中，突显自己的个性。

【例8-8】 自定义博客风格。视频

01 登录博客，单击【页面设置】链接，打开【页面设置】对话框。

02 单击【设置风格】选项卡，打开该选项卡对话框，选择【自定义风格】选项，打开该选项对话框。

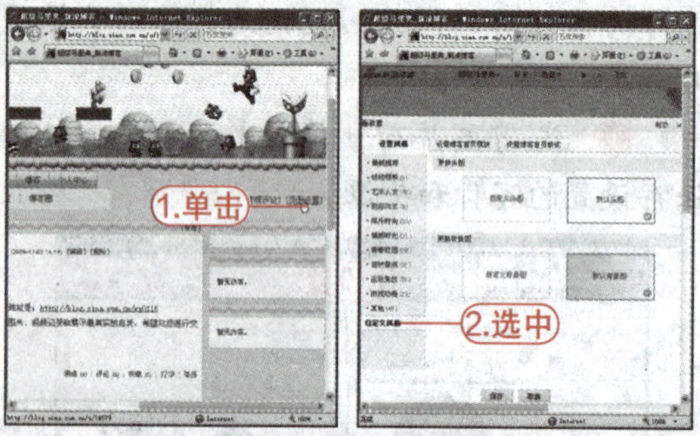

03 单击【自定义头图】选项，会出现【重新上传】链接，单击该链接。

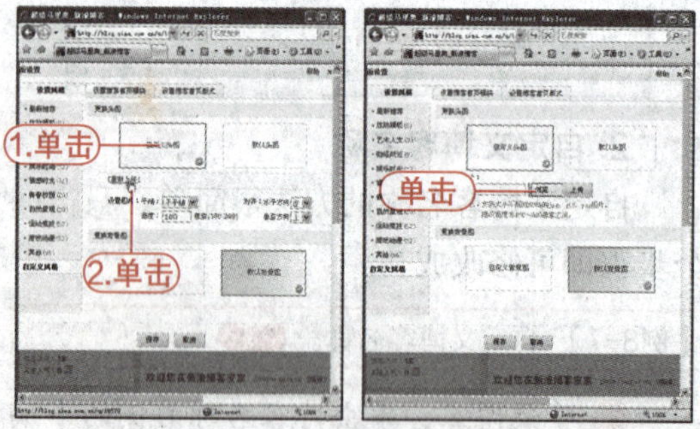

04 单击【上传图片】文本框右侧的【浏览】按钮，打开【选择文件】对话框，选择自定义风格图片，单击【打开】按钮。

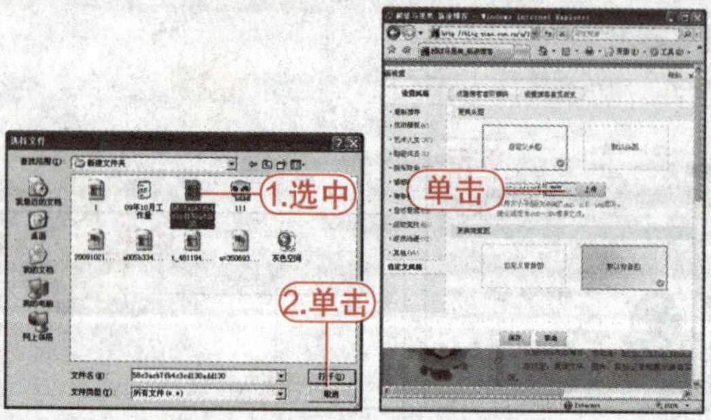

05 单击【上传】按钮，上传自定义风格。

06 上传自定义风格图片后，设置图片的平铺方式、高度和对齐方式。设置相应的选项后，单击空白区域，可以预览调整的头图效果，例如设置图片高度130像素后，单击空白区域，即可预览调整高度为130像素后头图在博客页面中的显示。

07 参照以上步骤，可以自定义背景图片，最后单击【保存】按钮，保存自定义风格设置。

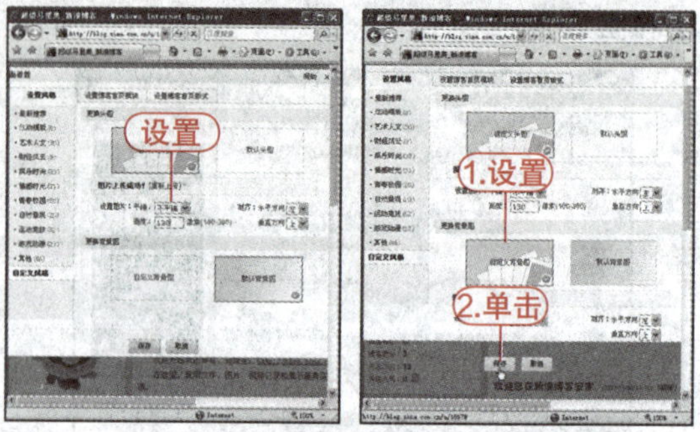

8.1.6 添加博客背景音乐

添加博客背景音乐其实是添加【音乐播放器】模块，然后添加音乐，当访问博客时会自动播放音乐，来实现博客背景音乐效果。

【例8-9】 添加博客背景音乐。视频

01 登录博客，单击【音乐播放器】模块中的【添加歌曲】按钮，打开新浪乐库面板。

02 在搜索栏中输入关键字，单击【搜索】按钮，在新浪乐库中搜索歌曲。

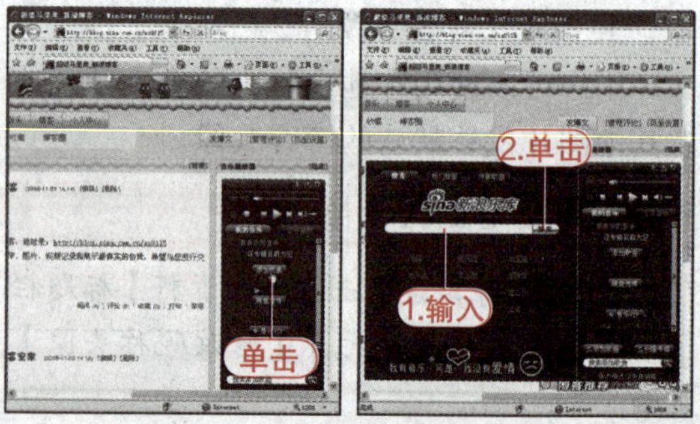

03 如果新浪乐库未有所需添加的歌曲，可以自行添加歌曲。

04 打开一个IE浏览器，输入网址mp3.

baidu.com，打开【百度mp3】页面，在搜索栏中输入歌曲名称with an orchid。

05 单击【百度一下】按钮，打开【百度MP3搜索】页面。

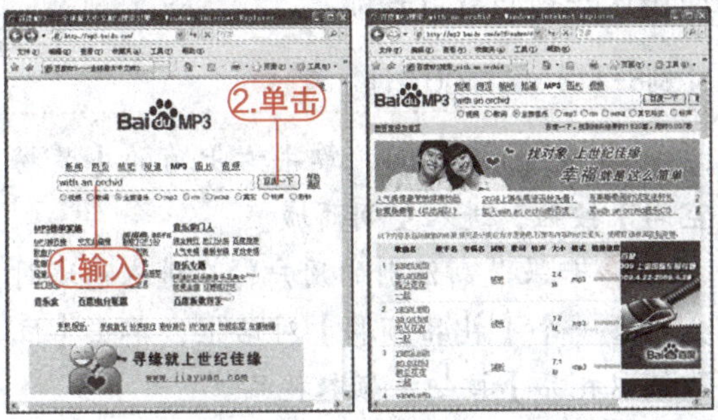

06 单击链接速度最快的歌曲对应的【试听】链接，打开【MP3试听】页面。

07 右击【歌曲出处】链接，在弹出的快捷菜单中选择【属性】命令，打开【属性】对话框。

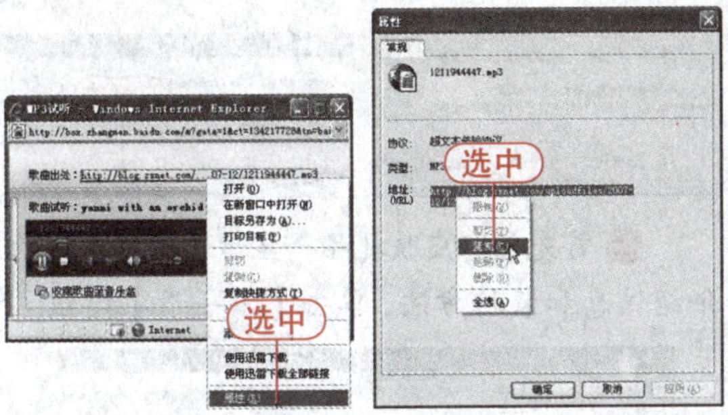

08 右击【地址】选项后面的链接地址，在弹出的快捷菜单中选择【复制】命令，复制链接地址。

09 返回【新浪博客】页面，单击新浪乐库面板中的【外部歌曲】按钮。

10 在【歌曲地址】文本框中输入歌曲的链接地址，在【歌曲名】文本框中输入歌曲名称，单击【确定】按钮，添加歌曲。

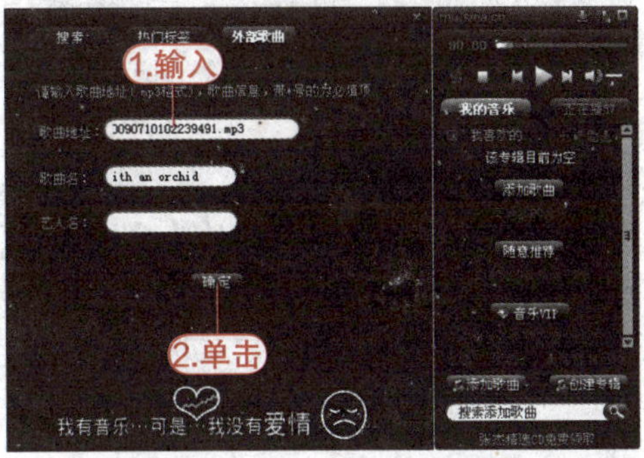

11 双击添加的歌曲，即可播放歌曲，以后打开博客时，会自动播放添加的音乐。

12 单击【音乐播放器】模块标题栏中的【换色】按钮，打开颜色定义面板，选中与页面颜色匹配的颜色，单击【保存修改】按钮，设置模块颜色。

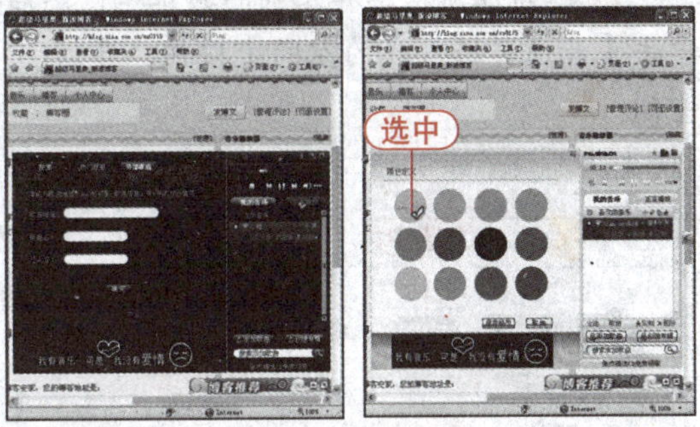

13 当其他用户访问博客时，会自动播放添加的音乐，达到背景音乐的效果。

8.2 个性化QQ空间

QQ空间是一个非常个性的个人空间，可以书写日记，上传图片，听音乐等多种方式展现自己。还可以根据设定空间的背景、小挂件等，从而使每个空间都有自己的特色。此外，针对精通网页的用户提供了高级的功能，可以通过编写各种各样的代码来打造自己的空间。

8.2.1 开通QQ空间

只要拥有一个QQ账号，即可开通QQ空间。

【例8-10】 开通QQ空间。 视频

01 启动IE浏览器，输入网址qzone.qq.com，按下Enter键，打开QQ空间官方页面。

02 输入要开通QQ空间的QQ号、密码和正确的验证码，单击【登录】按钮。

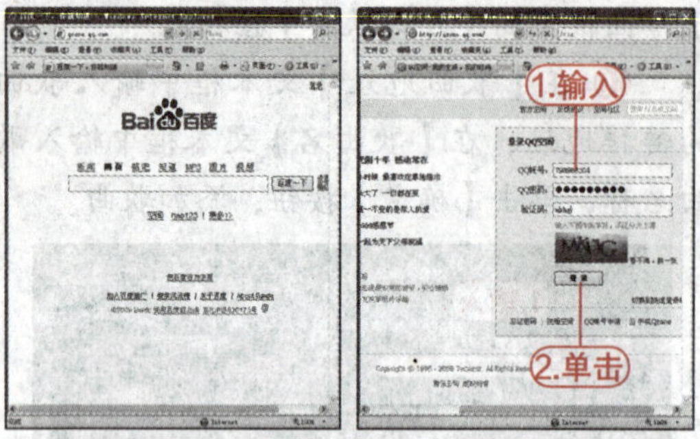

03 单击打开的对话框中的【立即开通QQ空间】按钮，打开新用户注册页面。

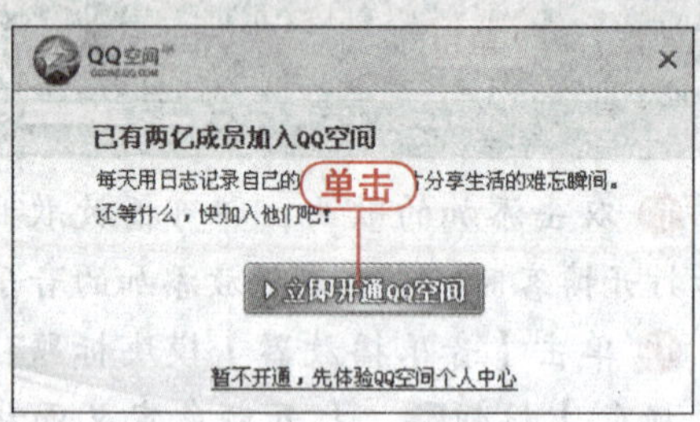

04 选择一种QQ空间风格，例如选择【蓝调优雅型】，选中该单选按钮。

05 填写注册信息和正确的验证码，然后单击【开通并进入我的空间】按钮，开通QQ空间。

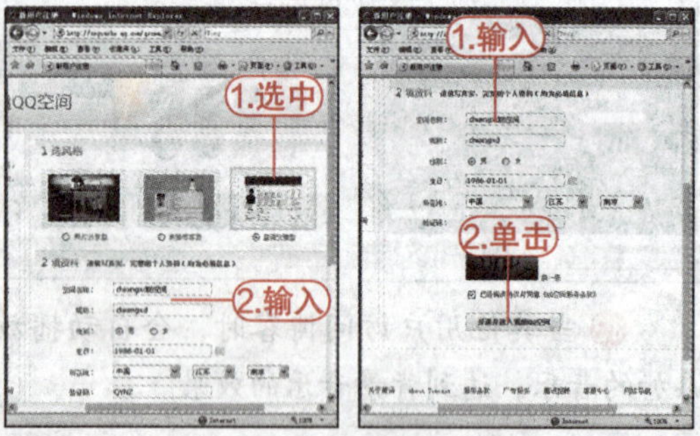

06 开通QQ空间后即可进入空间，如下图所示。

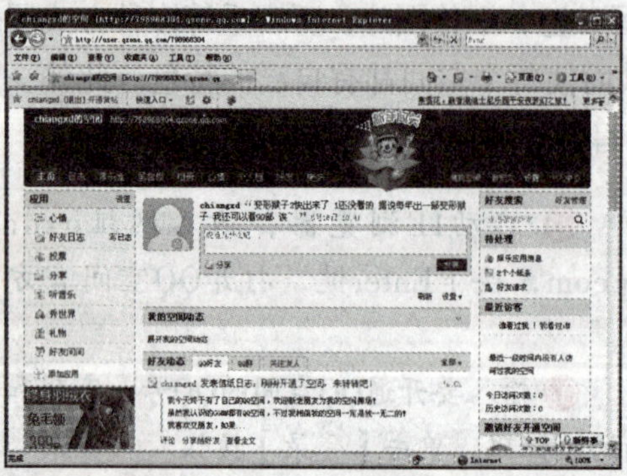

8.2.2 装扮QQ空间

新注册的QQ空间用户都可以免费领取装饰物品，包括背景、播放器等，用户可以使用这些物品进行装饰。

【例8-11】装饰QQ空间。视频

01 登录QQ空间，单击右上角的【装扮空间】按钮，进入空间商城。

02 如果是新注册的用户，在进入商城时会打开一个【礼品领取】对话框，单击【立即领取礼品】按钮，领取礼品。

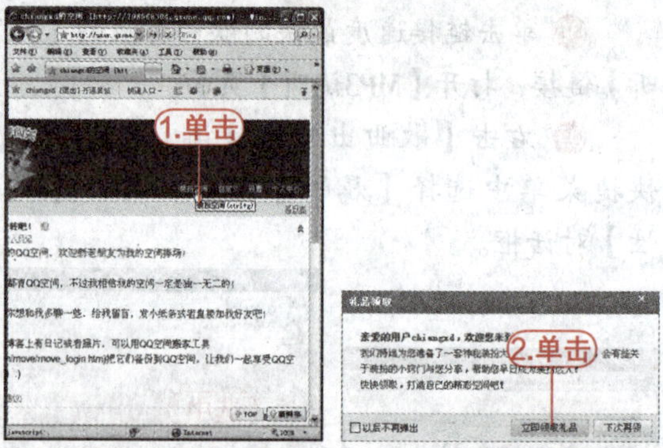

03 首先领取皮肤礼品，显示了有关皮肤的介绍信息和装扮方法，单击【下一步】按钮。

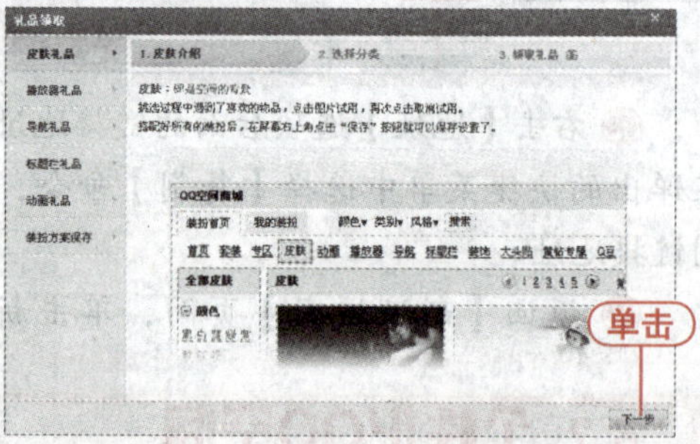

04 介绍了如何对皮肤进行分类选择，单击【下一步】按钮。

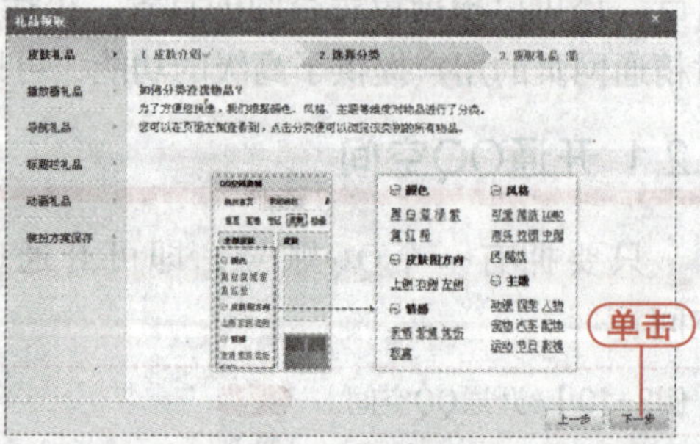

05 最后选择一款喜欢的皮肤，单击【领取礼品】按钮，即可免费领取该款皮肤。

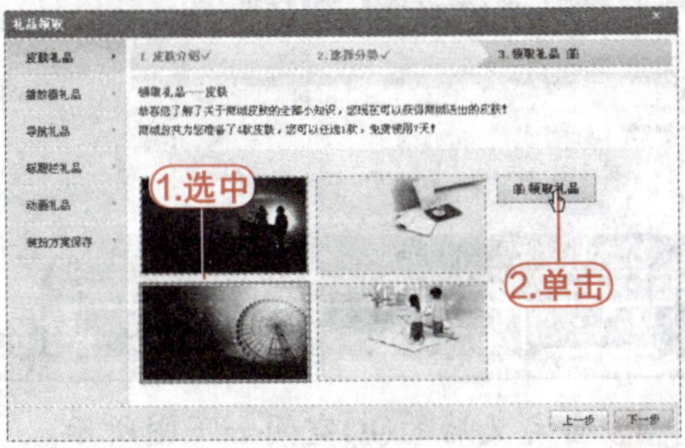

06 单击【下一步】按钮，开始领取其他礼品，然后根据领取皮肤礼品方法进行操作。

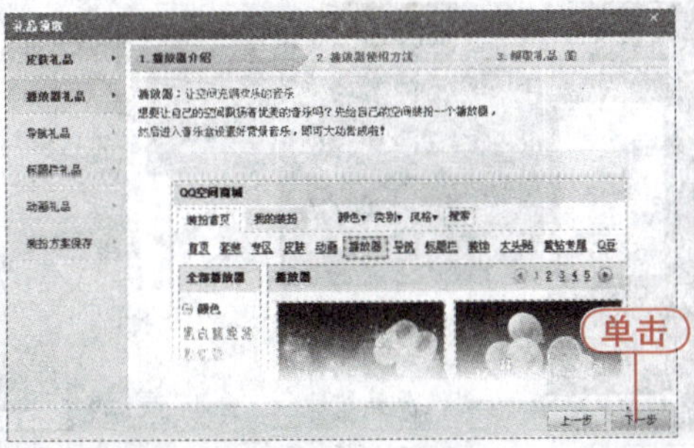

07 领取礼品后，可以在【物品管理】中选择需要装饰的物品。

08 进入QQ空间商城，单击【我的装扮】选项卡，打开该选项卡对话框。

09 单击【物品管理】选项，打开该选项对话框。

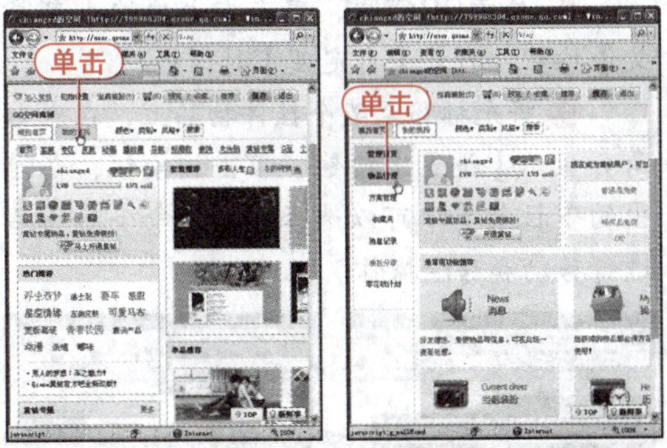

10 显示了所拥有的装饰物品，选择要装扮的物品，例如摩天轮上皮肤，然后继续选择其他要装扮的物品。

11 单击右上角的【保存】按钮，保存装扮方案。

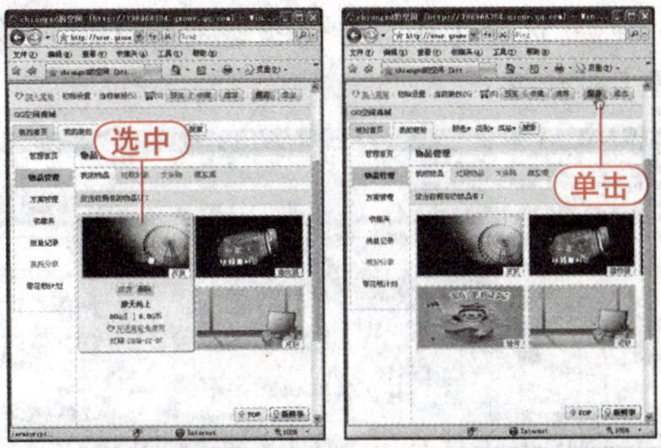

12 装饰后的QQ空间如下图所示。

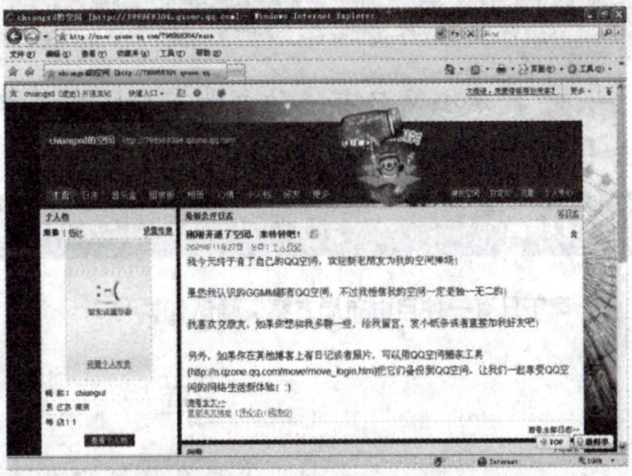

8.2.3 自定义QQ空间

自定义QQ空间包括设置空间版式、风格和模块等。

【例8-12】 自定义QQ空间。视频

01 登录QQ空间，单击右上角的【自定义】按钮，打开【自定义】对话框。

02 在该对话框中显示了可以自定义的选项，首先自定义版式，单击【版式】链接或者单击【版式/布局】选项卡，打开【版式】选项卡对话框。

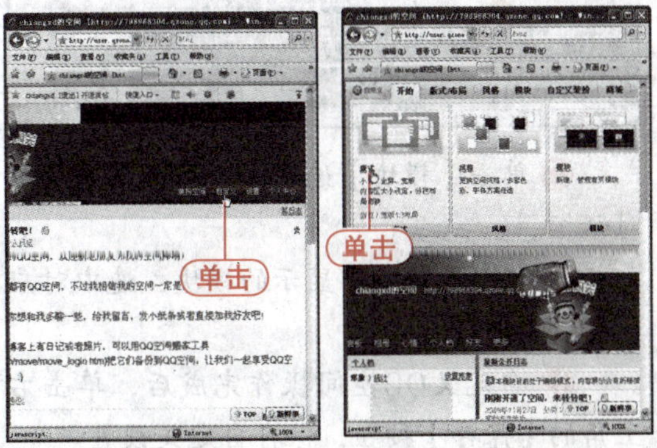

03 选择【小窝】选项，打开【空间设置】对话框。

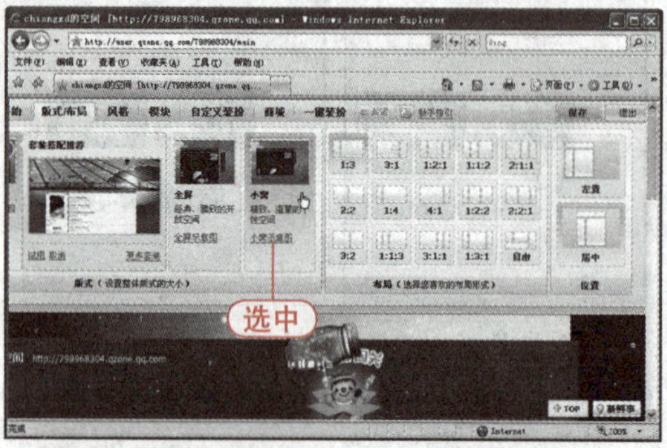

04 提示小窝只有一种自由布局方案，单击【确认】按钮，确认切换。

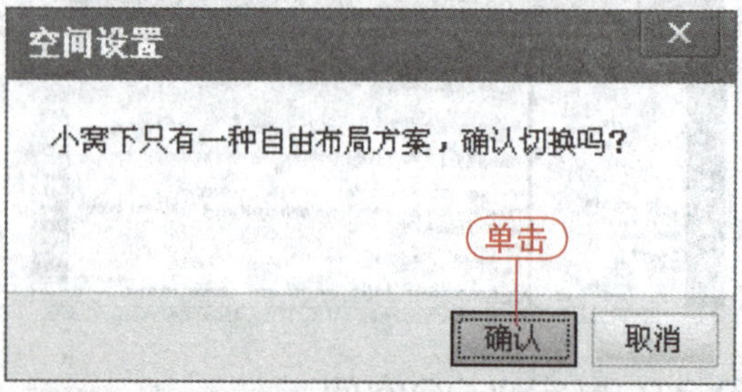

05 单击【风格】选项卡，打开该选项卡对话框。

06 选择一种风格，在右侧的【首页模块透明度设置】选项区域中可以设置模块透明度，设置为【半透明】。

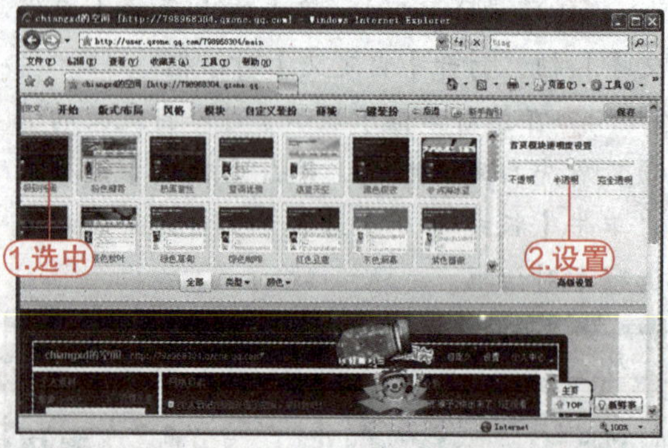

07 单击【模块】选项卡，打开该选项卡对话框。

08 可以选择所需显示的模块，选中对应的复选框即可。

09 自定义QQ空间操作完成后，单击右上角的【保存】按钮，保存自定义设置。

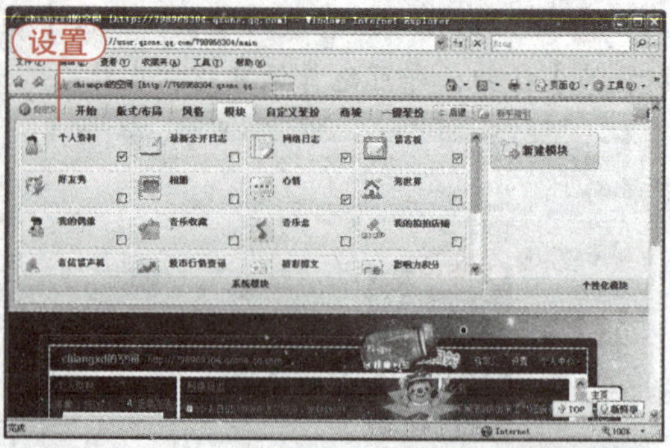

10 自定义后的QQ空间如下图所示。

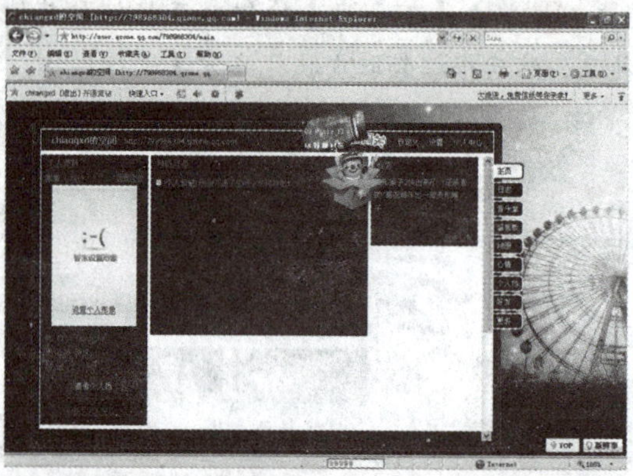

8.2.4 自定义模块

在QQ空间中添加的模块还有挂件都是可以进行移动、隐藏、顶部显示等操作的。

【例8-13】 自定义QQ空间模块。视频

01 登录QQ空间，单击右上角的【自定义】按钮，打开【自定义】对话框。

02 将光标移至某个挂件物品上，在左上角会显示【设置】按钮，单击该按钮，在弹出的下拉菜单中可以选择相应的命令对物品进行移动和移除操作。

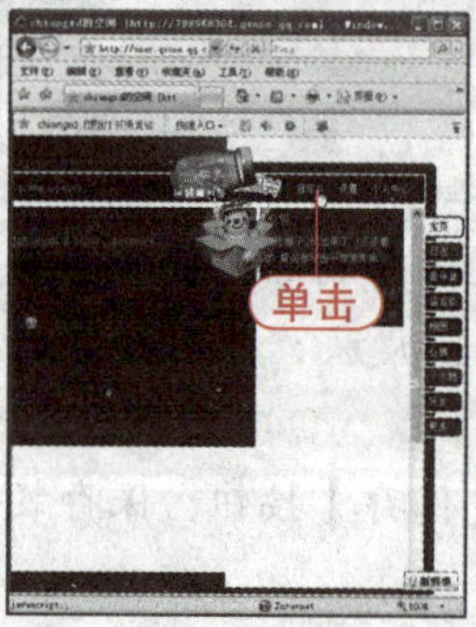

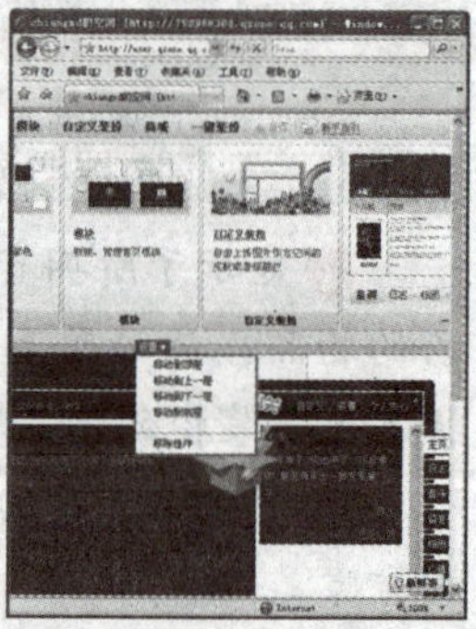

03 选中播放器物品，移动该物品，然后选择【移除挂件】命令移除【新手闯关】挂件。

04 移动【心情】模块至播放器物品下方，单击右上角的【保存】按钮，保存设置。

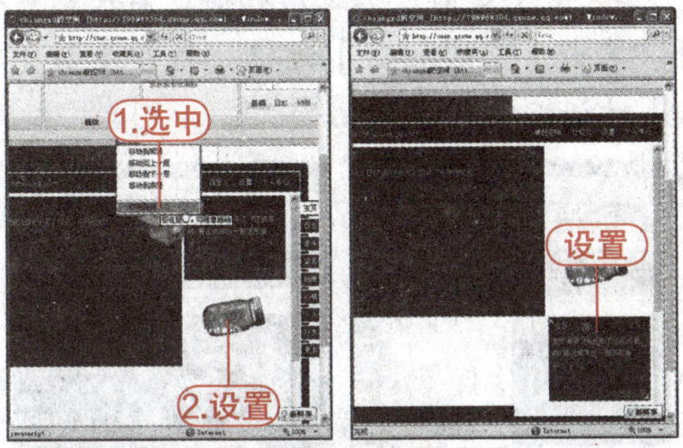

05 保存设置后的QQ空间如下图所示。

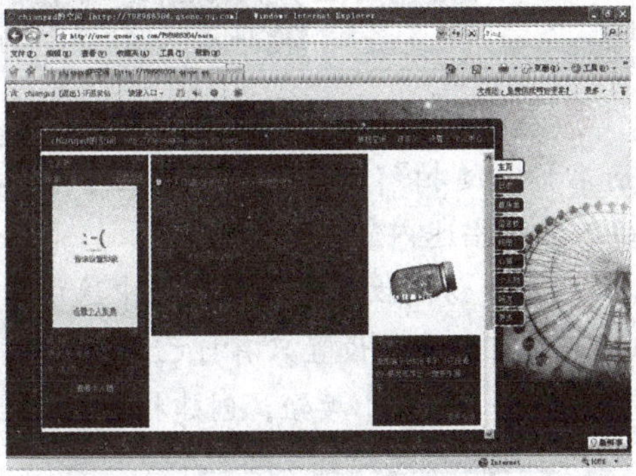

8.2.5 发表日志

QQ空间的日志是用来叙写个人日志的地方，用户可以将自己的所见所闻以文字加图片的方式记录在QQ空间中。

【例8-14】 在QQ空间日志中发表日志。视频

01 登录QQ空间，单击导航栏中的【日志】按钮，打开空间日志。

02 单击【写日志】按钮，开始写日志。

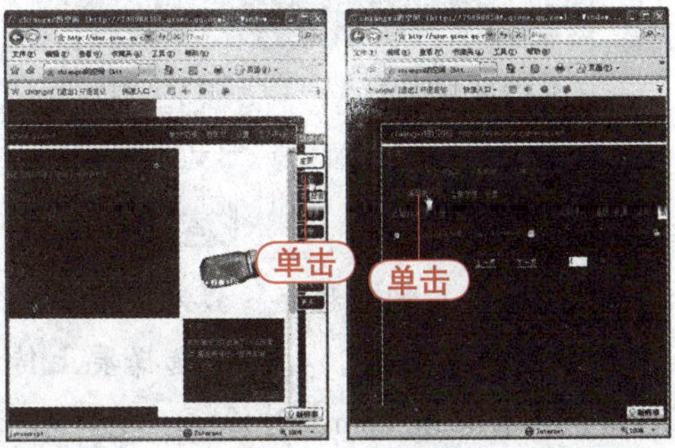

03 在文本框中输入日志内容。

04 如果要在日志中插入图片，可以单击【插入图片】按钮，打开【插入图片】对话框。

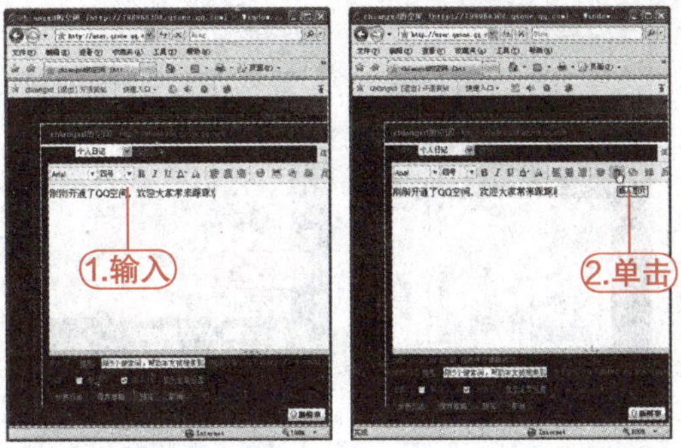

05 在【插入图片】对话框中，包含了【相册中选择】、【上传照片】和【网络图片】3个选项卡，由于相册中还没上传相片，因此可以选择上传照片或者使用网络图片方式添加图片。

06 单击【网络图片】选项卡，打开该选项卡对话框。

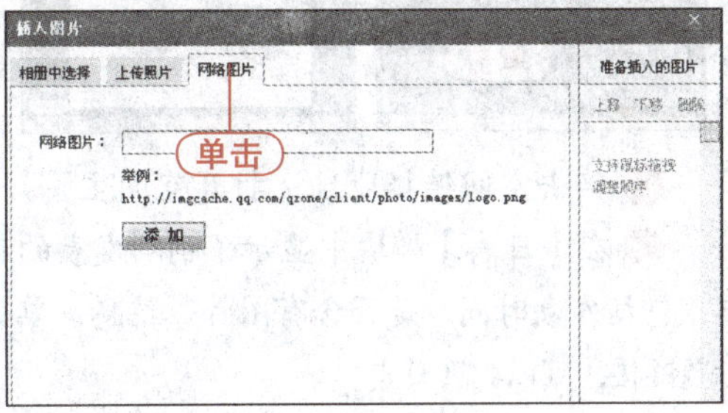

07 在【网络图片】文本框中输入添加的图片URL地址，然后单击【添加】按钮，添加图片。

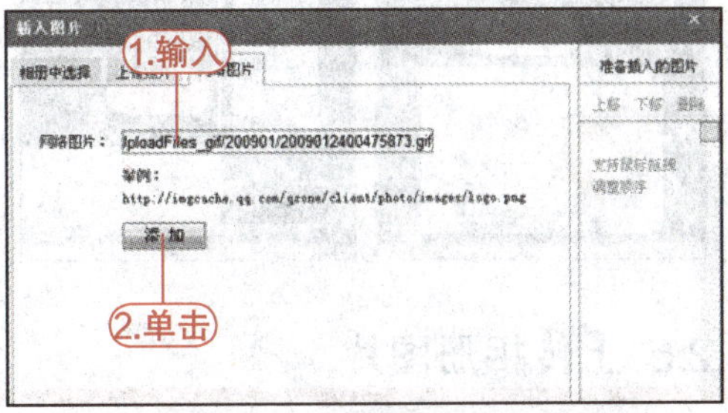

08 添加的网络图片会显示在日志中。

09 在日志下方的【设置】选项区域中可以选中【醒目灯】复选框，添加醒目灯。

10 在【权限】选项区域中可以对该篇

日志权限进行设置，选中对应的单选按钮即可，例如选中【公开】单选按钮。

⑪ 单击【发表日志】按钮，发表日志。

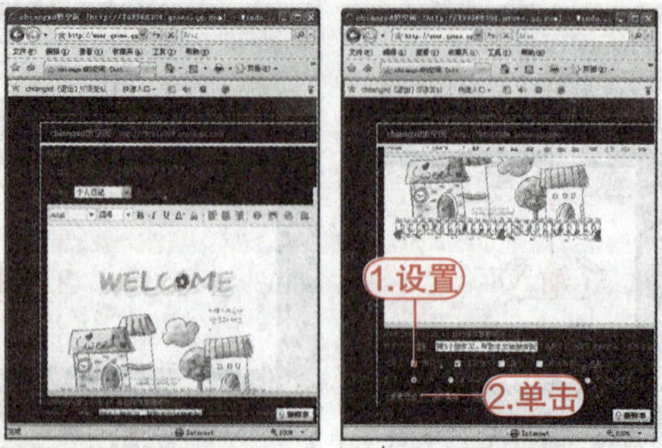

⑫ 成功发表日志后会显示发表信息，单击【返回查看日志】按钮，可以返回查看日志。

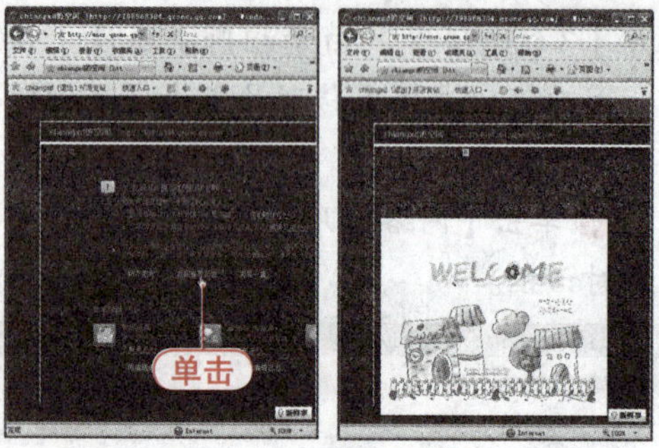

⑬ 单击空间链接地址，打开空间主页。

⑭ 在【日志】模块中显示了刚刚发表的日志，包括发表时间、是否含有图片等信息，单击标题链接，可以打开日志。

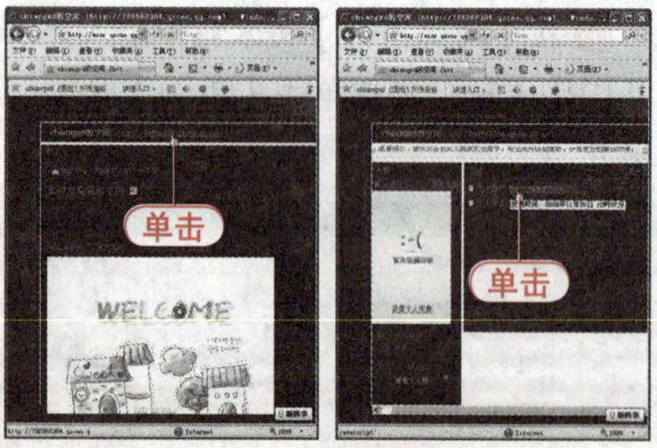

8.2.6 上传相册图片

在QQ空间的相册中，用户可以将自己的相片、旅游照等上传到相册中，好友可以通过相册浏览相片，也可以设置浏览权限，禁止陌生人浏览。

【例8-15】 在QQ空间相册中上传相片。视频

① 登录QQ空间，单击导航栏中的【相册】按钮，打开空间相册。

② 由于是第一次应用相册，需要创建相册，单击【创建相册】链接，打开【创建相册】对话框。

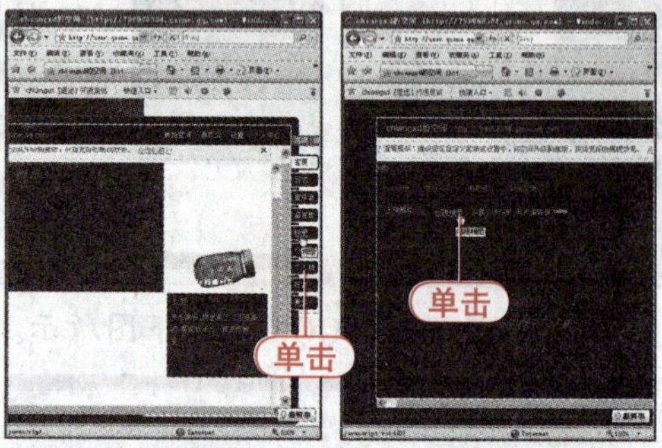

③ 在【相册名称】文本框中输入创建的相册名称“随拍”，在【相册描述】文本框中输入相册描述内容。

④ 在【访问权限】选项区域中选中【全部QQ好友可见】，设置只有自己的QQ好友才可见，单击【确定】按钮，创建相册。

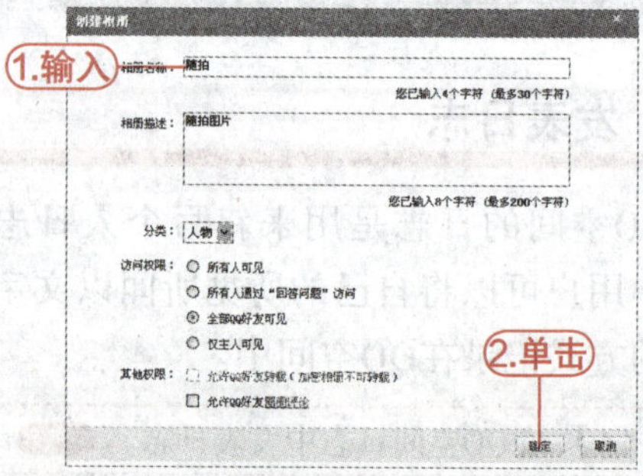

⑤ 成功创建相册后，会打开一个【创建成功】对话框，单击【是】按钮，进行上传相片操作。

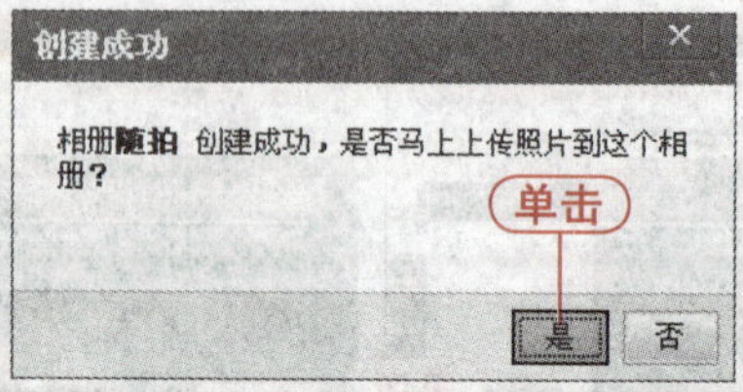

⑥ 开始载入相册程序，载入完成后，单击【添加照片】链接，打开【选择要上传的文件自imgcache.qq.com】对话框。

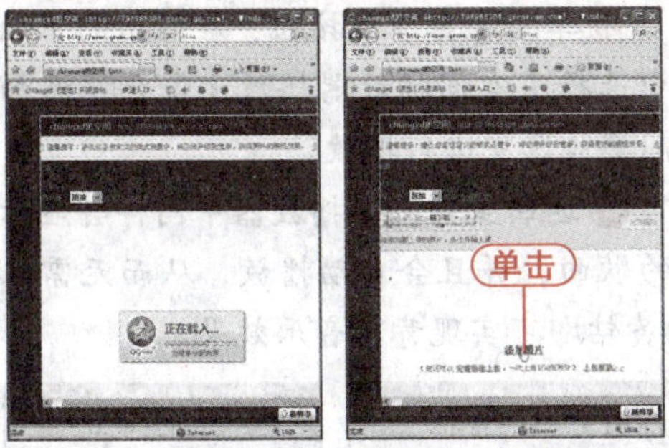

07 选择要上传的图片，可以按住Ctrl键，重复选中，然后单击【打开】按钮，添加上传的相片。

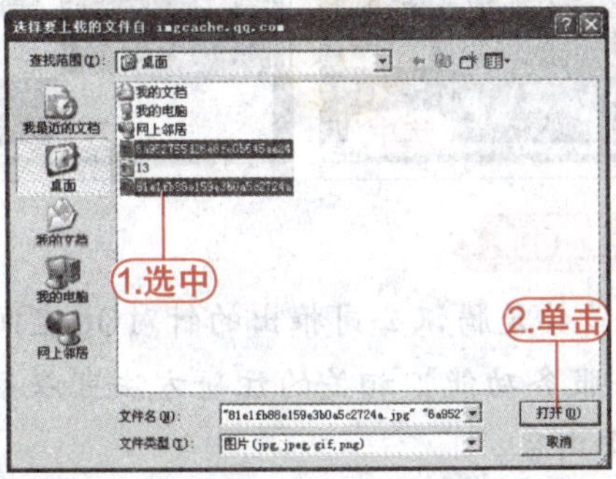

08 单击【开始上传】按钮上传相片。

09 上传完成后，打开【上传完成】对话框，可以单击【完成】按钮完成操作，或者单击【继续上传】按钮继续上相片。

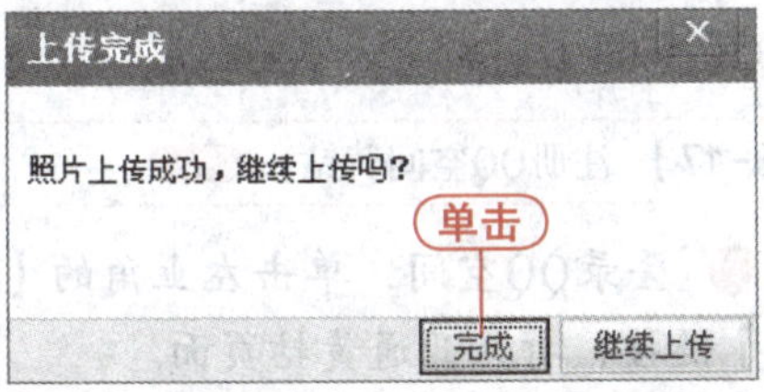

10 单击【完成】按钮，完成上传操作，然后为每个相片添加标题和相应的描述内容，单击【保存】按钮，完成相片信息。

11 单击【返回相册】按钮返回相册。

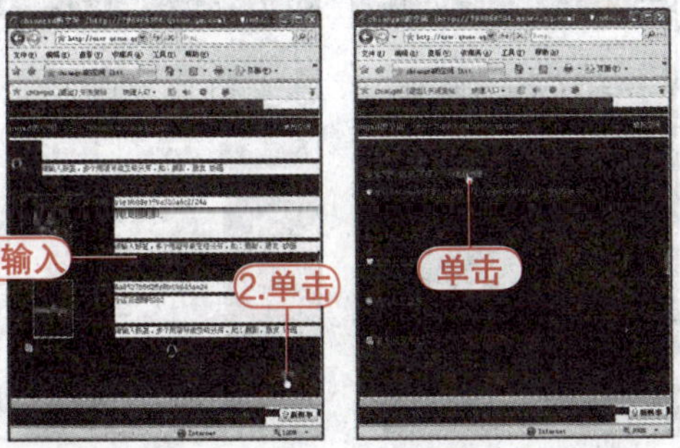

12 可以单击【继续上传】按钮，然后根据前面步骤继续上传相片。

13 上传一张封面相片后，单击【设为封面】链接，可以设置为当前相册的相册封面。

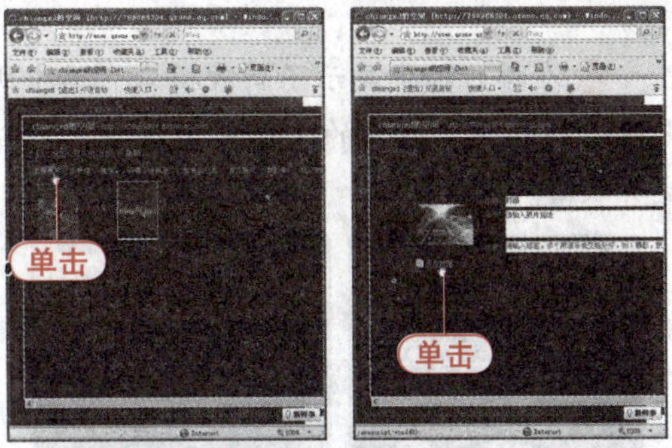

14 返回相册，即可显示创建的相册，单击相册可以浏览相册中的相片。

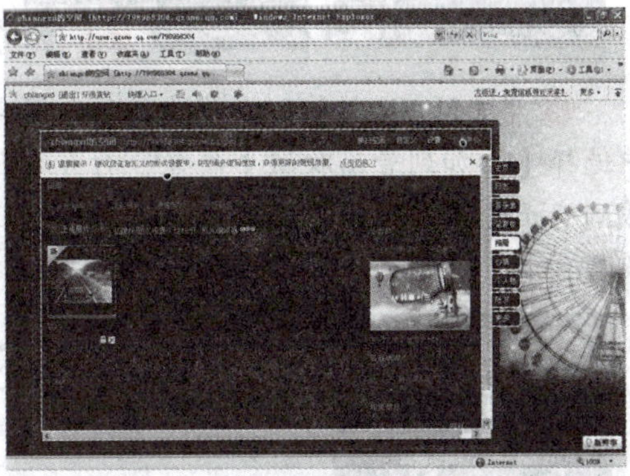

8.2.7 添加QQ空间背景音乐

利用QQ空间中的播放器，可以将喜欢的音乐作为空间背景音乐。

【例8-16】在QQ空间中添加背景音乐。视频

01 登录QQ空间，单击播放器上的音乐盒按钮，打开音乐盒。

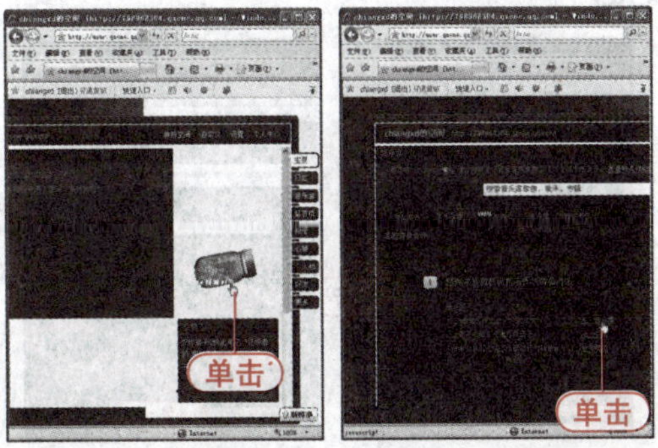

02 单击【进入音乐库】链接打开音乐库。

03 在音乐库中显示了热门歌曲、推荐音乐、热门专辑等栏目。

04 单击【排行榜】链接，打开音乐库排行榜。

05 在排行榜中显示了新歌排名，单击所需试听的歌曲名右侧的【播放】按钮，可以试听歌曲。

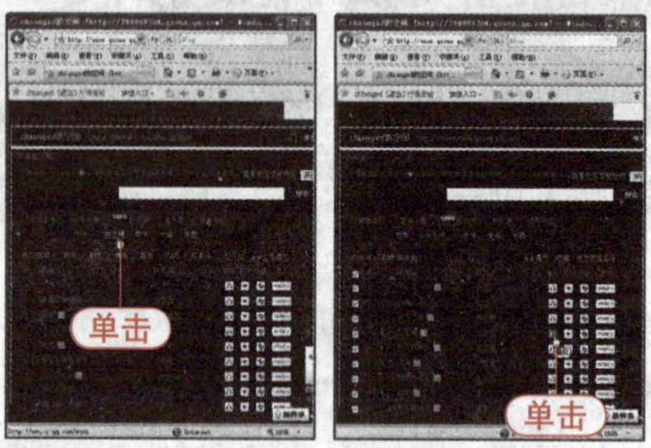

06 单击MORE按钮，在弹出的下拉菜单中选择【添加到音乐收藏】命令，打开【收藏到音乐盒】对话框，提示成功添加音乐到收藏盒中。

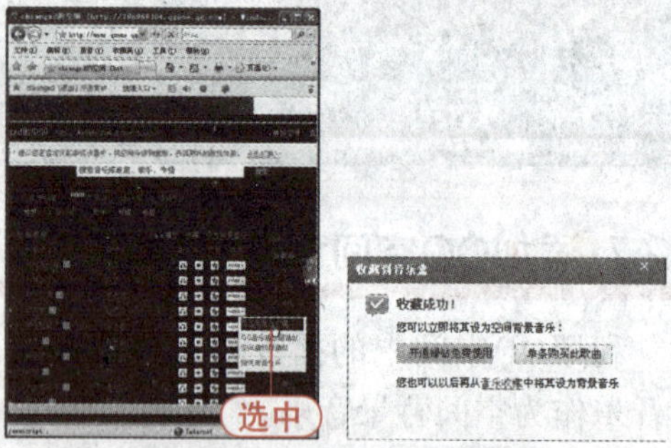

07 单击导航栏中的【音乐盒】按钮，打开音乐盒。

08 单击【进入收藏】链接，进入音乐盒收藏。

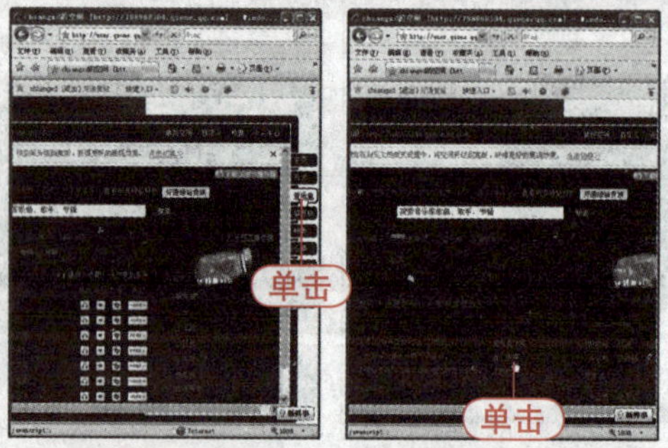

09 单击【更多】按钮，在弹出的下拉菜单中选择【空间播放器播放】命令，添加到空间播放器中进行播放。

10 返回主页，在播放器中同样会显示收藏的歌曲，并且会自动播放，从而无需注册QQ黄钻即可实现背景音乐效果。

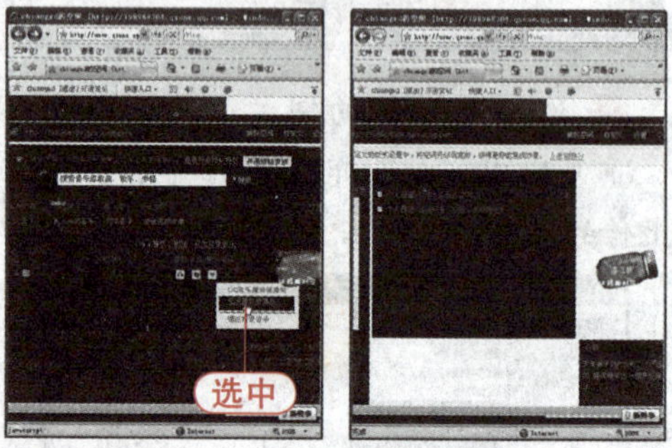

注意事项

QQ黄钻是腾讯公司推出的针对QQ空间的VIP服务功能，相关的注册方法可以参考下文内容。

8.2.8 注册QQ空间黄钻

QQ黄钻是腾讯针对QQ空间用户提供的高级VIP服务。开通了黄钻您就可以尽情地玩转QQ空间了。

【例8-17】 注册QQ空间黄钻。视频

01 登录QQ空间，单击左上角的【开通黄钻】链接，打开开通黄钻页面。

可以选择一种支付黄钻方式，也可以使用手机开通。

单击【移动手机开通】选项卡，打开该选项卡对话框。

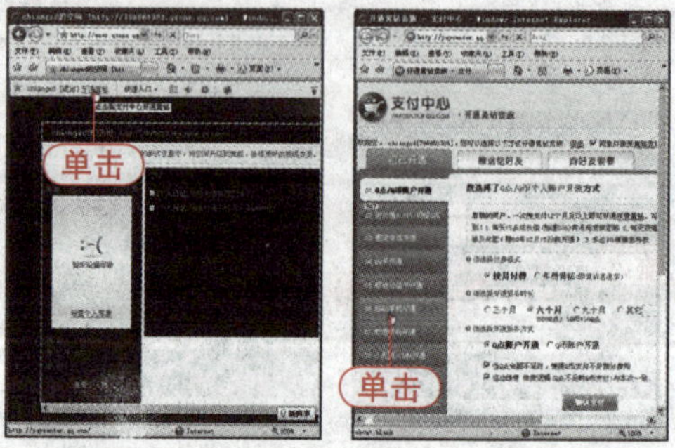

在【请输入手机号码】文本框中输入手机号码，单击【下一步】按钮。

服务系统会自动向您的手机发送短信确认码，输入正确的确认码和附加码，单击【下一步】按钮即可注册。

注册QQ黄钻后，就可以免费试用QQ空间中的所有装饰物品。

如果用户想要退订QQ黄钻，可以登录my.qq.com网站。

登录QQ号，显示该QQ号已经开通了的业务，其中有黄钻的那一项旁边会有【退订】和【续费】两个按钮，单击【退订】按钮即可。

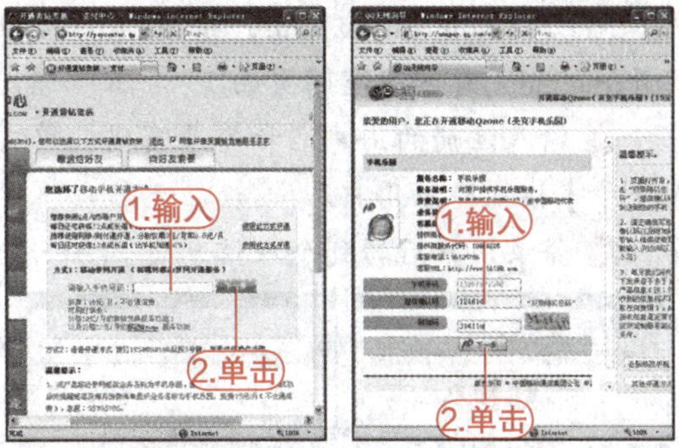

注意事项

退订黄钻后空间和装饰的物品是可以继续使用的，用户可以申请一个月的黄钻，然后装饰空间后退订服务。

8.3 FTP网络空间

FTP网络空间与网络硬盘非常相似，用户可以将本地电脑上的资料上传到网络空间中，也可以将自己制作的网页通过软件上传到FTP网络空间中供其他浏览。

8.3.1 注册FTP网络空间用户

目前提供免费FTP网络空间的网站众多，下面就以free258免费空间网站为例，介绍用户注册方法。

【例8-18】 注册free258免费空间。视频

01 启动IE浏览器，在地址栏中输入网址www.free258.com/index.html，按下Enter键，打开free258免费网络空间页面。

02 单击【注册】按钮，填写相关的注册信息，输入正确的验证码，选中【我已经阅读并同意注册协议】复选框，单击【注册】按钮，注册用户。

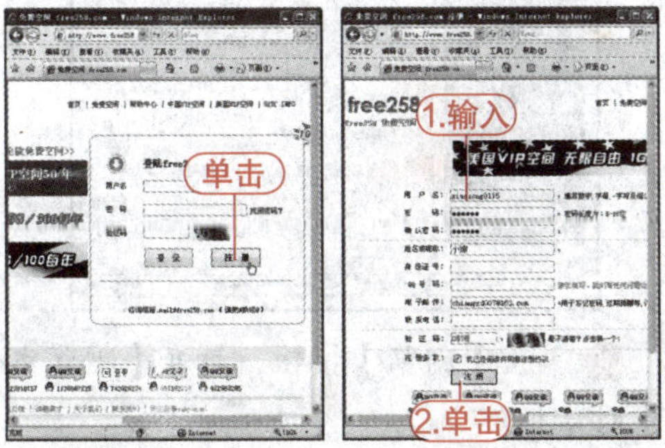

03 成功注册后在打开的页面中显示了相关的注册信息，包括拥有的空间资源大小、有效期、自动分配的域名等。

04 单击【增加使用时间】按钮，可以延长空间有效期使用时间。

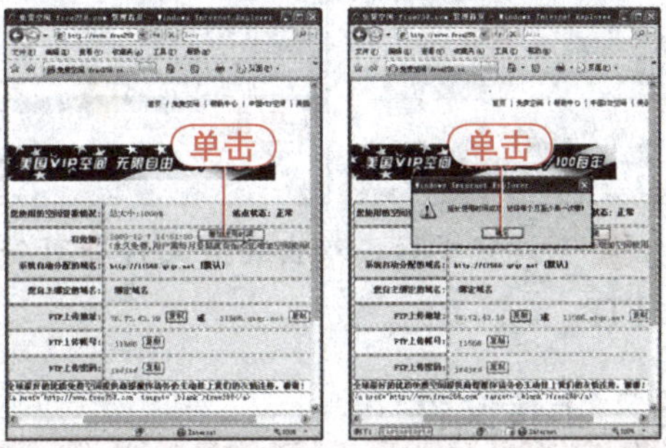

8.3.2 下载CuteFTP上传工具

注册免费空间用户后即可拥有免费空间，然后通过上传工具，例如CuteFTP，即可将本地电脑上的文件上传到空间中。下面介绍CuteFTP的下载和安装方法。

【例8-19】 下载并安装CuteFTP。视频

01 启动IE浏览器，在地址栏中输入网址

www.free258.com/index.html，按下Enter键，打开free258免费网络空间页面。

02 输入注册的用户名和登录密码，单击【登录】按钮登录用户。

03 登录用户后转到个人信息页。

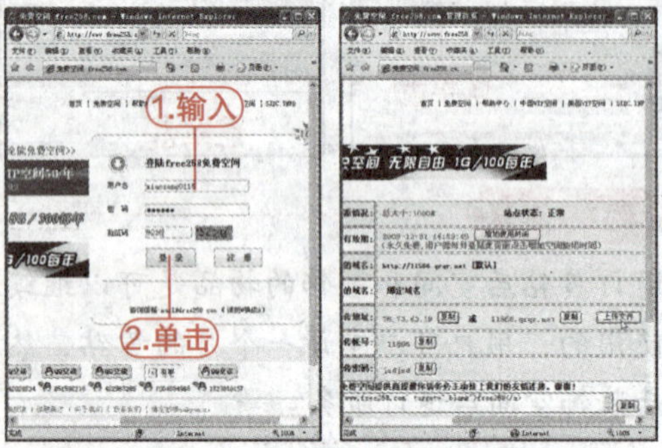

04 单击【系统自动分配的域名】选项右侧的网址，打开上传文件主页事项页面。

05 在该页面中显示了常用的3种上传工具，包括FlashFXP、LeapFTP和CuteFTP，单击CuteFTP下载链接即可下载CuteFTP。

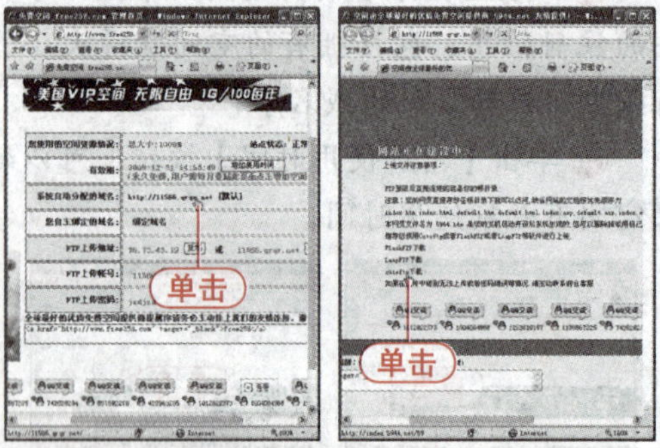

06 下载完成后，双击安装文件即可安装CuteFTP。

8.3.3 上传文件

安装上传工具后，可以将本地电脑上的文件上传到空间中。

【例8-20】上传文件到网络空间。视频

01 启动CuteFTP，选择【文件】|【站点管理器】命令，打开【站点设置】对话框。

02 选择【文件】|【向导】命令，打开【CuteFTP连接向导】对话框。

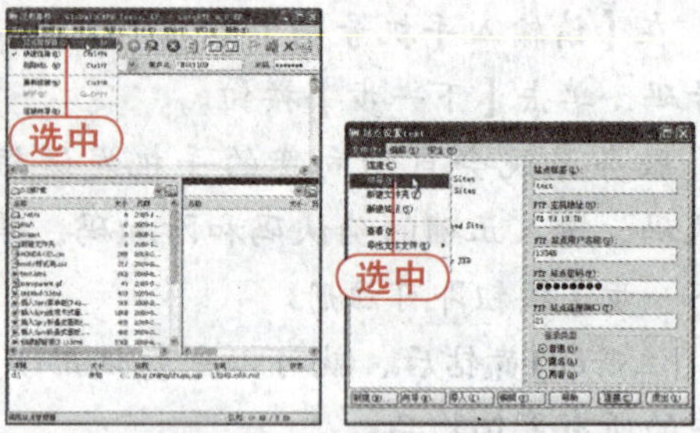

03 在文本框中输入新建的连接向导名称，单击【下一步】按钮。

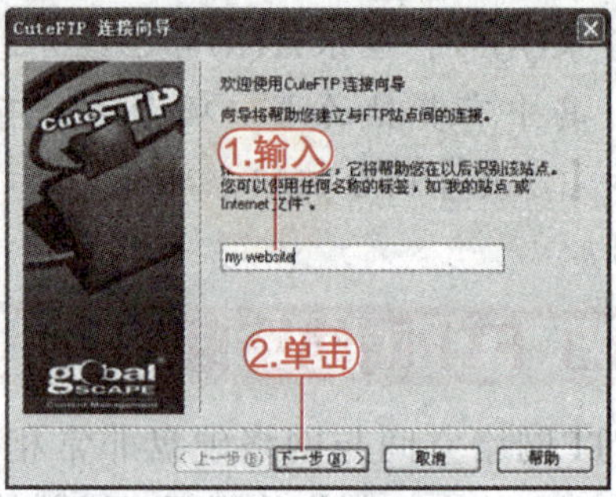

04 在文本框中输入注册信息，提供主机地址，即个人信息页中的【FTP上传地址】选项显示的地址，单击【下一步】按钮。

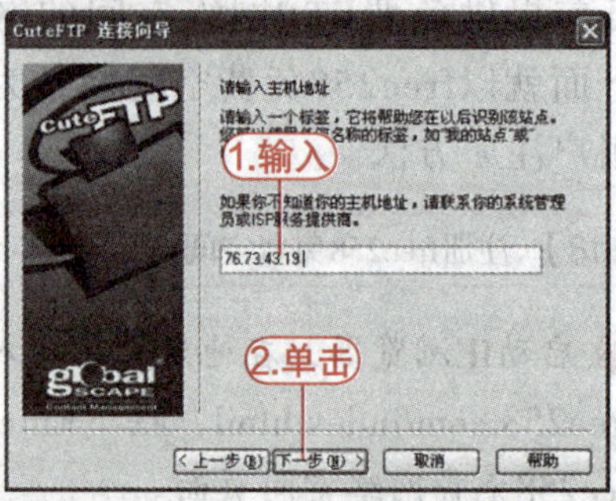

05 在文本框中输入FTP上传账号和FTP上传密码，单击【下一步】按钮。

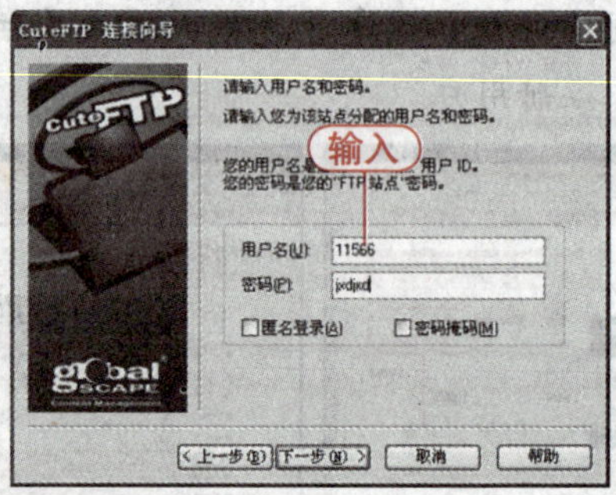

06 单击【浏览】按钮，打开【浏览文件夹】对话框。

07 选择本地电脑上的磁盘或者某个文件简介作为根目录，例如选中D盘，单击【确定】按钮，返回【CuteFTP连接向导】对话框。

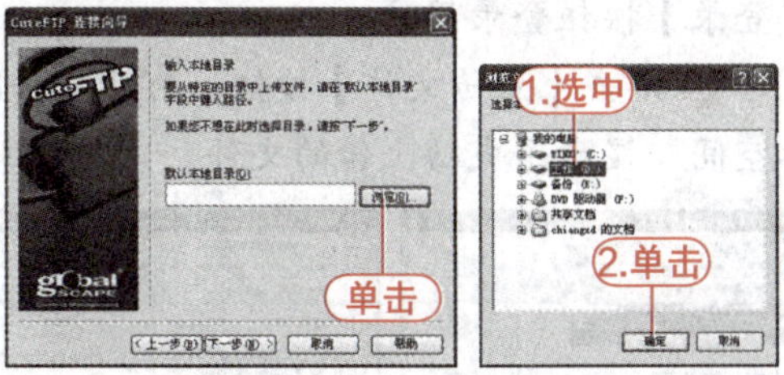

08 单击【下一步】按钮。

09 选中【自动连接到站点】和【添加到右键外壳集成】复选框，单击【完成】按钮，完成连接向导设置。

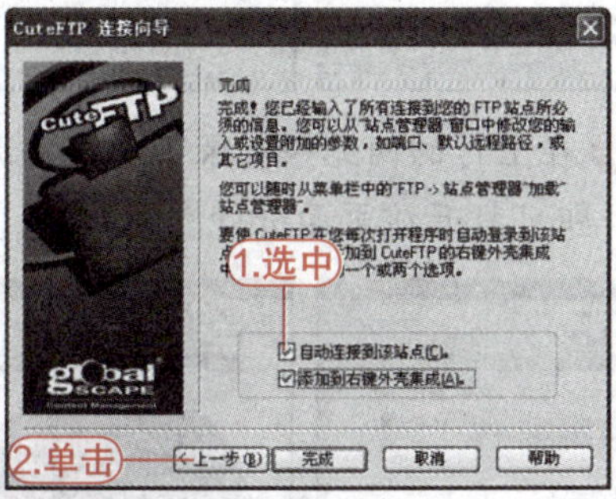

10 单击【完成】按钮后，CuteFTP开始自动登录用户并连接空间。

11 在CuteFTP左侧的根目录下显示了本地电脑D盘中的所有文件。

12 选择要上传的文件，拖动到右侧的列表框中。

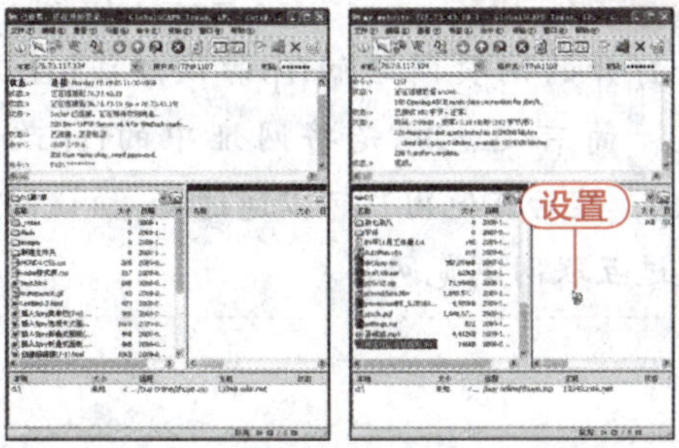

13 此时系统会打开一个【确认】对话框，单击【是】按钮，确认上传该文件。

14 在上传文件时，在CuteFTP底部的状态栏会显示上传进度、用时和余时等信息。

15 成功上传后，上传的文件会在右侧的列表框中显示。

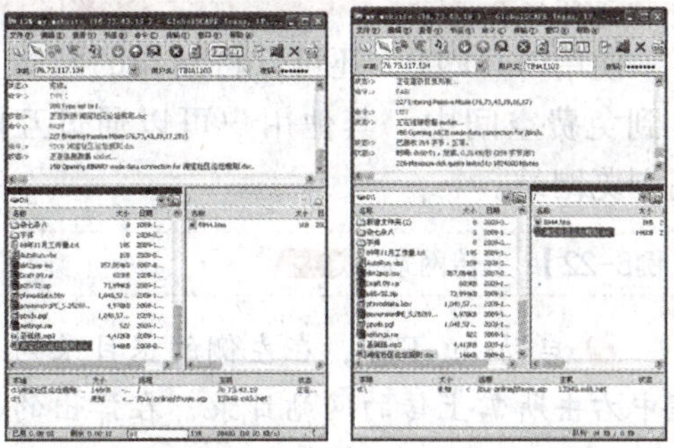

8.3.4 下载文件

如果用户需要下载上传的文件，可以登录free258免费空间网站进行下载。

【例8-21】 下载上传的文件。视频

01 启动IE浏览器，打开free258免费网络空间页面。

02 输入注册的用户名和登录密码，单击【登录】按钮登录用户。

03 单击【上传文件】按钮，打开个人网络空间，显示成功上传的文件。

04 单击要下载的文件，打开【文件下载】对话框。

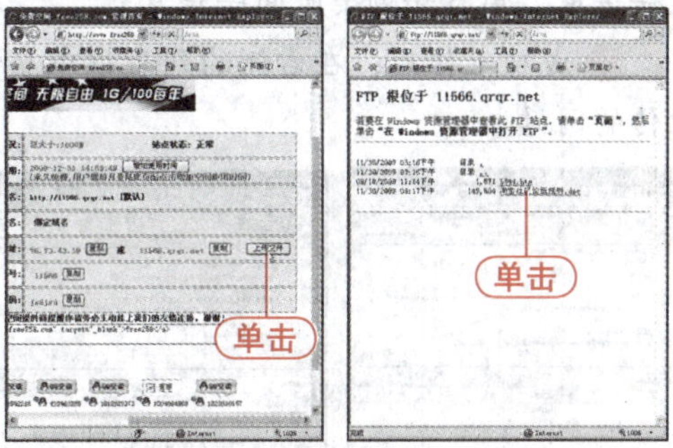

05 单击【保存】按钮，即可下载文件。

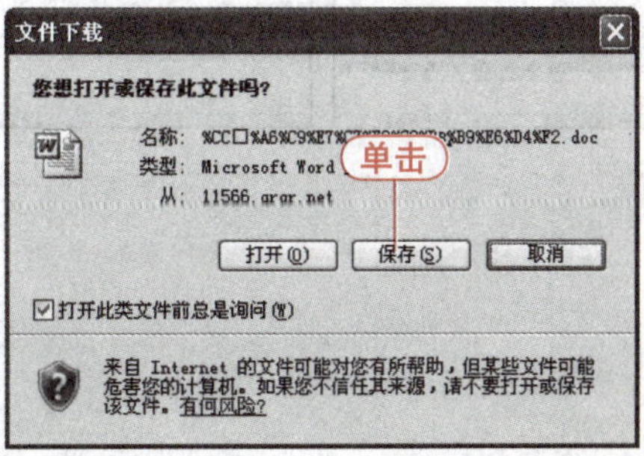

8.3.5 上传网站

使用CuteFTP，还可以将制作的网站上传到免费空间中，其他用户可以通过互联网浏览网站。

【例8-22】 上传网站。视频

01 启动CuteFTP，在左侧的根目录列表框中右击所需上传的网站目录，在弹出的快捷菜单中选择【上传】命令。

02 此时系统会打开一个【确认】对话框，单击【是】按钮，确认上传该文件。

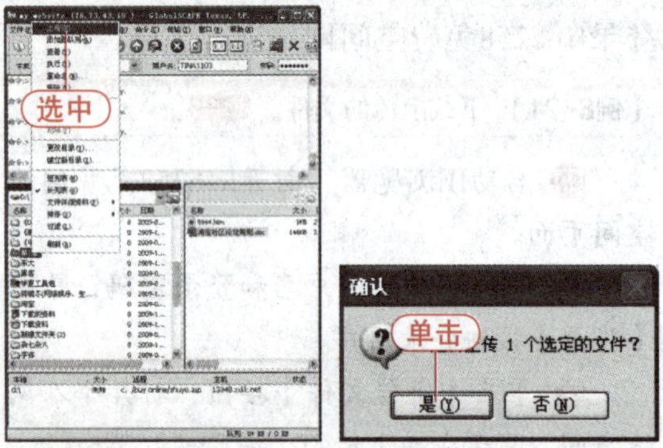

03 开始上传网站目录，包括该目录下的所有文件，在CuteFTP底部的状态栏会显示上传进度、用时和剩余时间等信息。

04 成功上传后，在右侧的列表框中显示上传的网站。

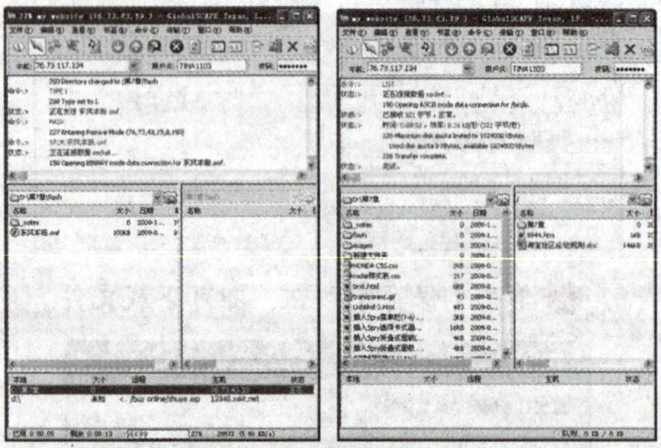

05 启动IE浏览器，打开free258免费网络空间页面。

06 输入注册的用户名和登录密码，单击【登录】按钮登录用户。

07 单击【上传文件】按钮，打开个人网络空间，显示了成功上传的文件。

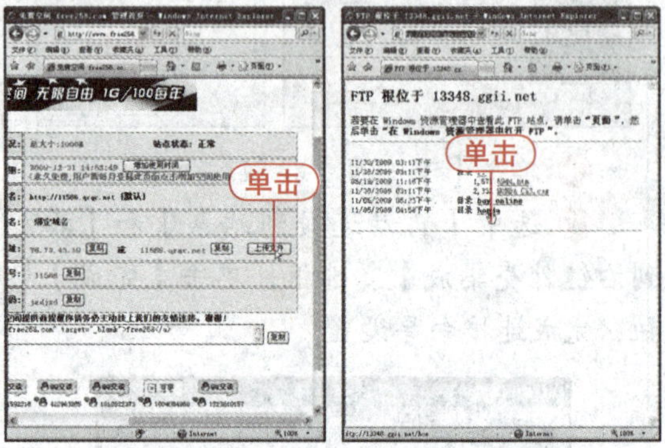

08 在上传的网站根目录下单击要浏览的页面，即可打开该页面进行浏览。

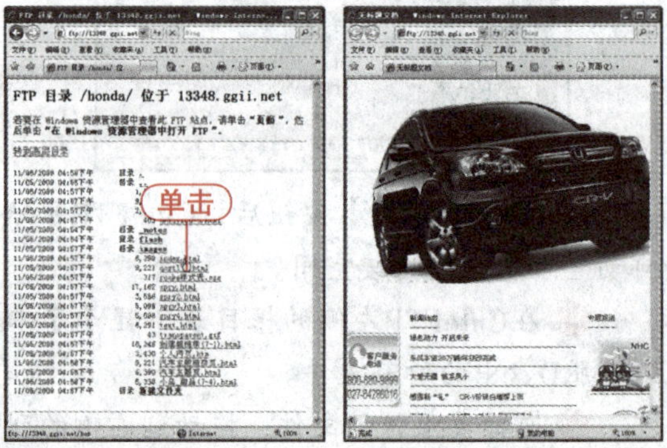

专家指点

将打开的网页网址的ftp协议改成http协议，简言之也就是将网址中的ftp改成http，然后其他用户可以通过http协议网址通过互联网浏览网页。

Chapter

09 上网玩游戏

近年来，网络游戏得到飞速的发展，已经风靡了整个网络。各种新游戏层出不穷，上网玩游戏已经成为人们重要的休闲方法之一。本章主要介绍了有关网络游戏的体验，包括休闲游戏、竞技游戏、小游戏等。

- 网页游戏
- QQ游戏
- 联众休闲游戏
- 浩方竞技平台游戏
- 网络客户端游戏
- 在线玩Flash小游戏

参见随书光盘

例9-1 搜索网页游戏
例9-2 注册网页游戏账号
例9-3 进入网页游戏
例9-4 下载并安装QQ游戏大厅
例9-5 下载并安装QQ游戏
例9-6 与好友进行QQ游戏
例9-7 下载联众世界平台
例9-8 注册联众世界账号
例9-9 进入联众世界
例9-10 下载并安装浩方对战平台
例9-11 注册浩方对战平台账号
例9-12 玩竞技游戏
例9-13 下载游戏客户端
例9-14 下载并安装游戏补丁
例9-15 注册并激活游戏账号
例9-16 进入游戏
例9-17 在线玩Flash游戏

9.1 网页游戏

网页游戏是近年来新兴的网络游戏，网页游戏其实是使用浏览器玩的游戏，它不用下载客户端，任何地方、任何时间、只要电脑连接上网络就可以快乐的游戏，非常适合上班一族。

9.1.1 网页游戏简介

网页游戏又称Web游戏，是利用浏览器玩的游戏，不用下载庞大客户端，更不存在电脑配置阻碍的问题。最大的优点是关闭或者切换极其方便。

在网页游戏的界面和动态交互过程中，玩家几乎已经难以区分这是浏览器上的网页应用，还是一个独立的游戏程序。

另外，网页游戏不单单停留在网页表现形式上，它还将会向手机WAP和手机客户端图形网游（j2me）方式联合发展，是跨平台的，两个平台访问的是同一服务器，离线后，玩家可以通过手机继续进行且资料库共享，具备了J2ME的网页游戏前途不可限量。

9.1.2 搜索网页游戏

网页游戏可以说是琳琅满目，用户可以使用搜索引擎搜索喜欢类型的网页游戏，也可以登录综合类的网页游戏网站，然后通过分类选择自己喜欢的游戏。

【例9-1】搜索网页游戏。视频

01 启动IE浏览器，在地址栏中输入网址www.baidu.com，按下Enter键，打开百度首页。

02 在搜索栏中输入关键字“网页游戏”，单击【百度一下】按钮，开始搜索操作。

03 在搜索结果页面中显示了许多网页游戏站点链接，单击【网页游戏第一门户站】链接，打开该网站。

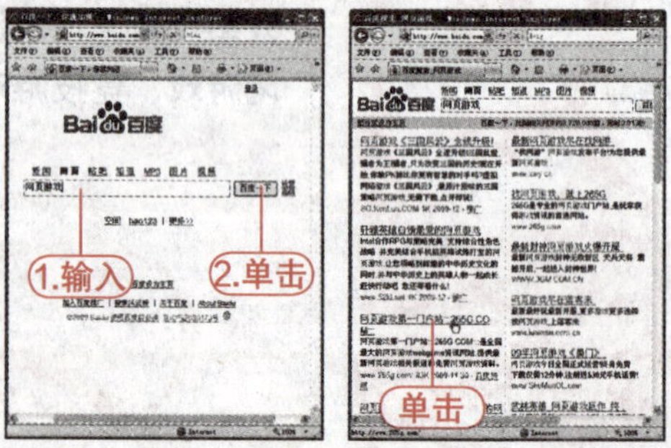

04 在打开的网站中显示了许多网页游戏，用户可以在搜索栏中输入喜欢的游戏关键字，然后单击【搜索】按钮查找。

05 也可以通过分类查找，例如对竞技类的游戏感兴趣，可以单击【休闲竞技】按钮，打开该分类游戏。

06 在休闲竞技分类中显示了所有相关的游戏，用户可以单击喜欢的游戏链接，例如【砰砰堂】链接，打开砰砰堂游戏。

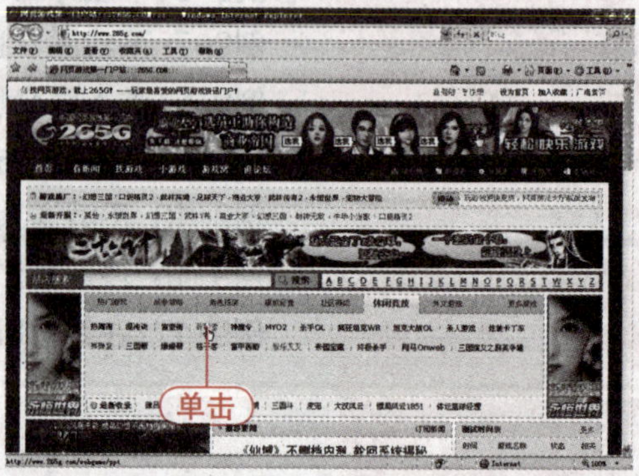

9.1.3 注册游戏账号

搜索到网页游戏后，只需注册账号即可进行游戏。

【例9-2】 注册网页游戏账号。视频

01 打开砰砰堂网页游戏，在游戏首页介绍了有关该游戏的游戏信息，包括游戏介绍、好评度等。

02 单击【注册账号】按钮，打开用户注册页面。

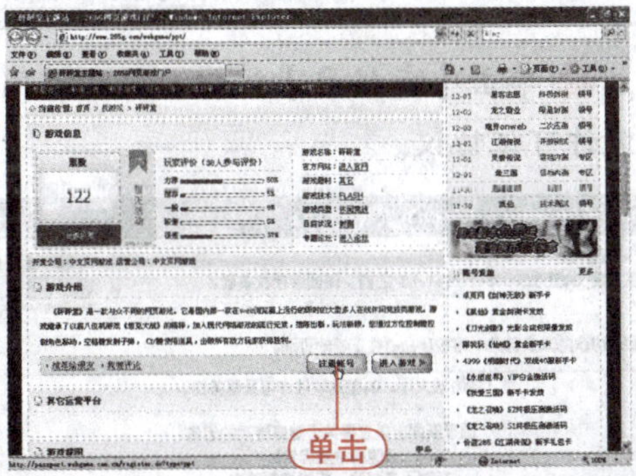

03 填写相关的注册信息，输入正确的验证码，选中【我已阅读并同意】复选框，单击【免费注册】按钮，注册账号。

04 成功注册账号会显示注册信息，可以单击【立即完善个人资料】链接，补充详细资料，更好地保障账号安全，也可以不做补充。

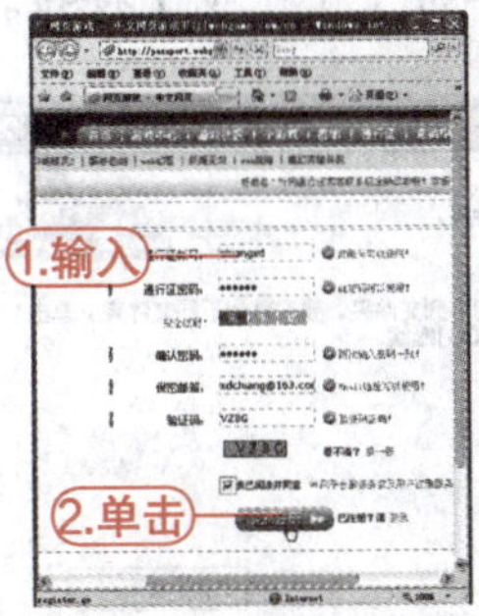

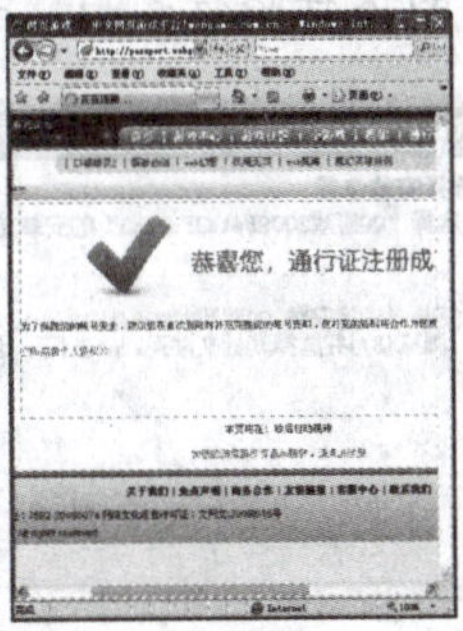

9.1.4 进入网页游戏

注册网页游戏账号后，就可以登录游戏进行游玩。

【例9-3】 进入网页游戏。视频

01 打开砰砰堂网页游戏，单击【进入游戏】按钮，打开游戏页面。

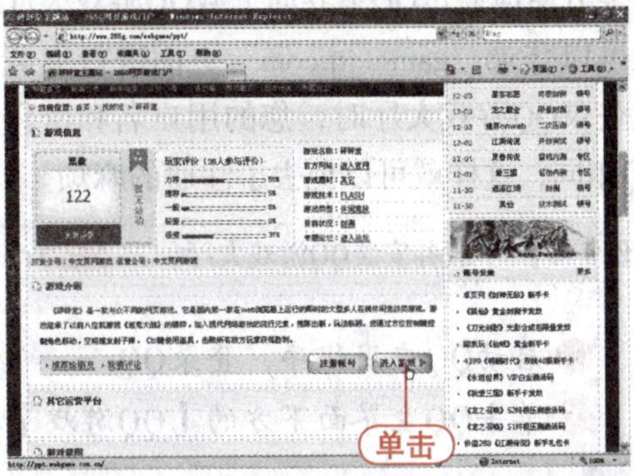

02 单击【进入游戏】按钮，进入游戏。

03 选择游戏服务器，登录服务器后登录账号即可进行游戏。

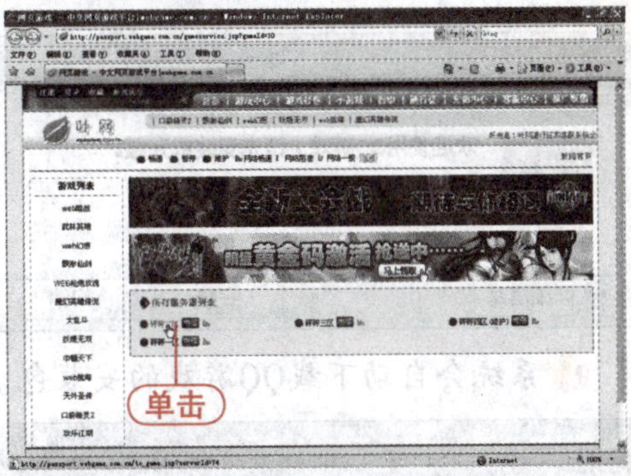

9.2 QQ游戏

有了互联网，足不出户，即可与好友进行游戏。目前提供在线游戏的平台很多，下面介绍以QQ游戏大厅为平台进行在线游戏。

9.2.1 下载并安装QQ游戏大厅

要玩QQ游戏很简单，你只需要登录QQ游戏大厅即可，如果未安装QQ游戏大厅，可以很方便地通过QQ主界面下载QQ游戏大厅，也可以登录“game.qq.com”页面进行下载。在登录QQ游戏大厅时，您的用户名和密码与QQ相同，这样就可以免去了注册的麻烦。

【例9-4】 下载并安装QQ游戏大厅。 视频

01 启动QQ应用程序，登录QQ。

02 单击QQ主界面下方的【QQ游戏】按钮。

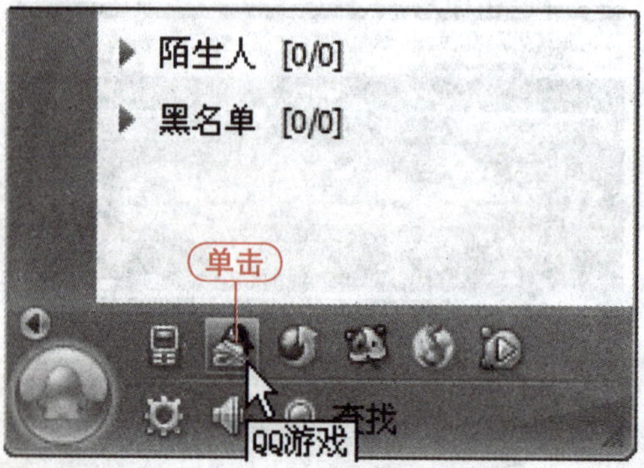

03 打开【在线安装】对话框，在该对话框中单击【安装】按钮。

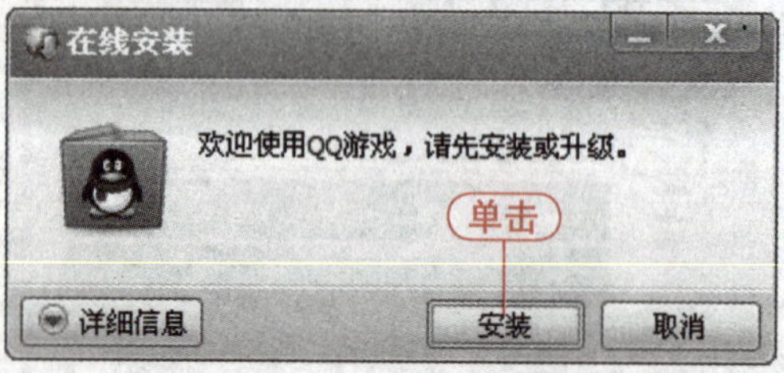

04 系统会自动下载QQ游戏的安装包。

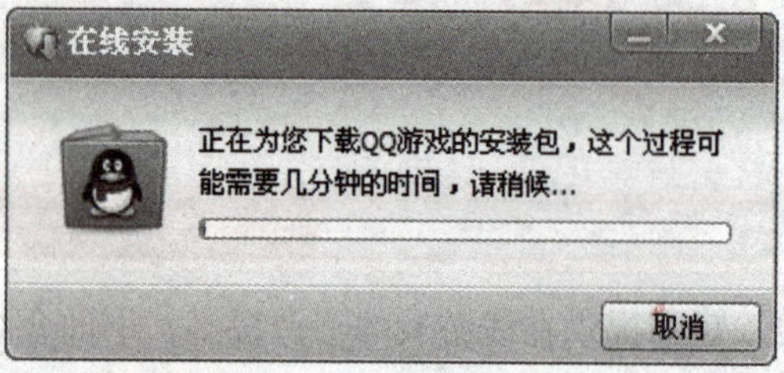

05 下载完毕后会自动打开安装界面，单击【下一步】按钮。

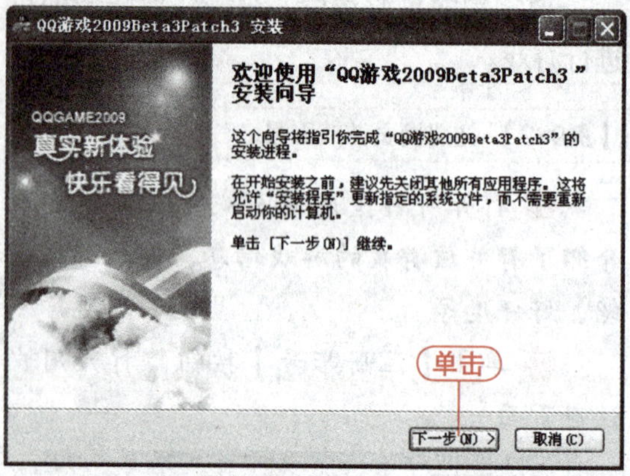

06 单击【我接受】按钮，接受并同意安装许可证协议。

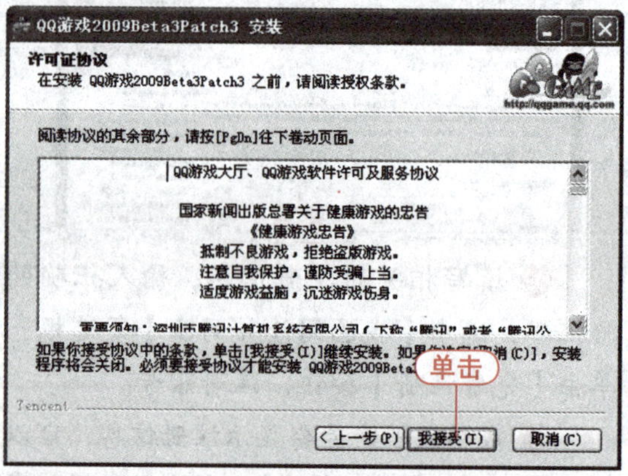

07 在【目标文件夹】中输入QQ游戏大厅的保存路径之后，单击【下一步】按钮。

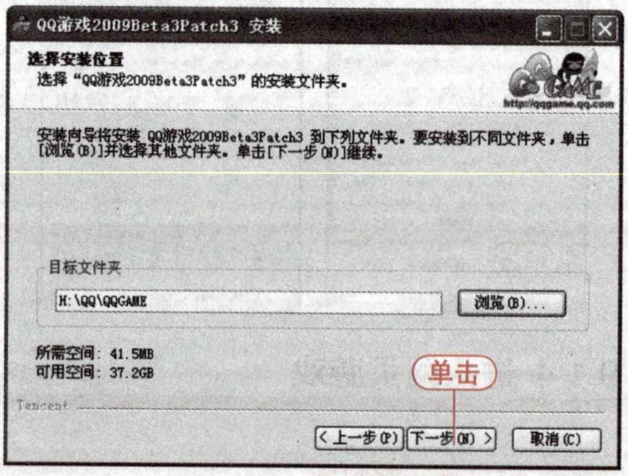

08 单击【安装】按钮，开始安装程序。

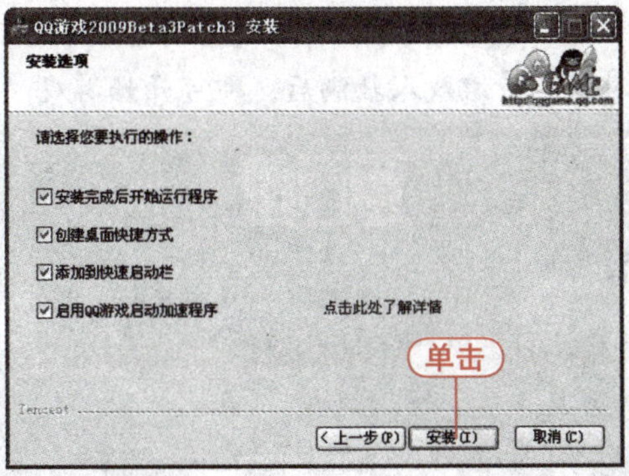

9.2.2 下载QQ游戏

进入QQ游戏大厅之后暂时还不能直接玩游戏，还需要先下载游戏程序到电脑中。QQ游戏大厅提供在线下载和安装服务，因此可以很方便地下载并安装游戏。

【例9-5】下载并安装QQ游戏。 视频

01 启动QQ游戏大厅，输入QQ的账号和密码，然后单击【登录】按钮登录游戏大厅。

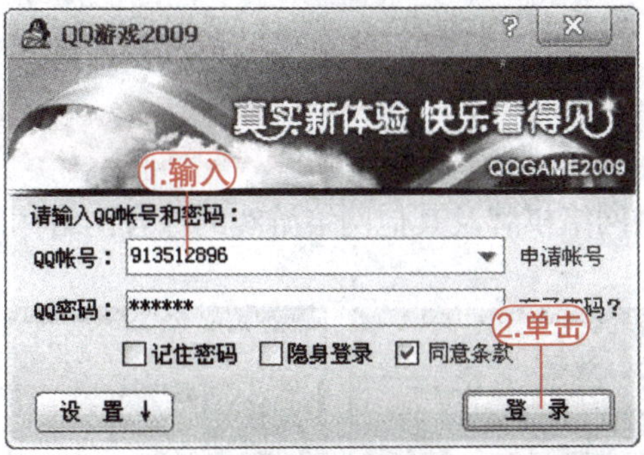

02 进入QQ游戏大厅后，在左侧的游戏列表中显示所有QQ游戏，双击要进行的游戏链接，例如【斗地主】链接。

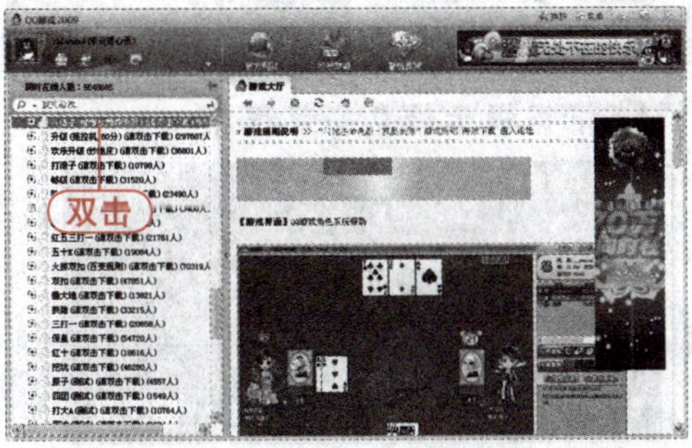

03 此时会打开一个【提示信息】对话框，在该对户框中单击【确定】按钮，即可开始下载游戏。

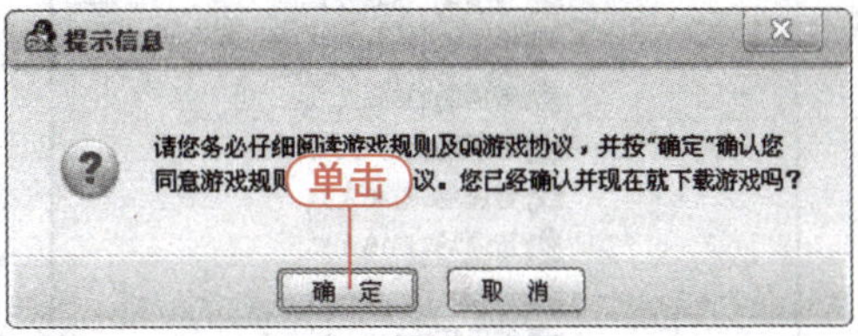

04 下载完成后自动安装游戏并显示安装进度条。

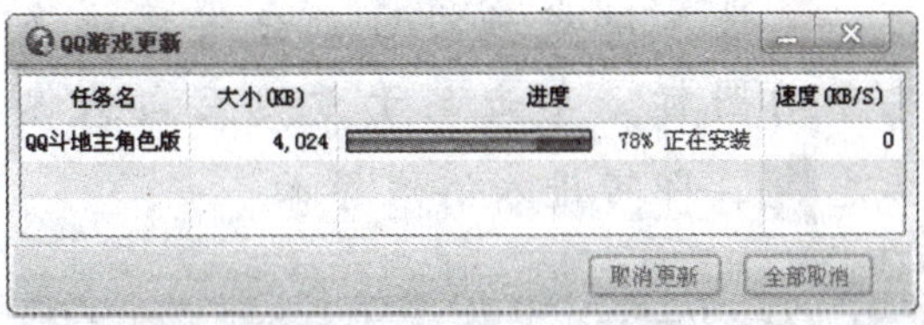

05 安装完成后会打开一个【提示信息】对话框，提示已经安装完成。

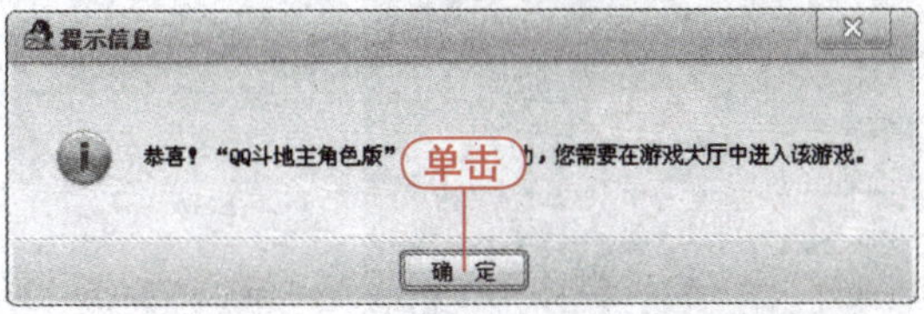

注意事项

在下载游戏时，可以利用这段时间了解一下游戏的规则和操作方法，因为即使是【斗地主】这样很普及的游戏，在QQ游戏中也会有很多不同的玩法，掌握基本游戏规则和操作才能确保将来顺畅地进行游戏。

9.2.3 玩QQ游戏

下载了游戏之后，选择合适的房间，进入游戏房间即可与好友们玩游戏了。

【例9-6】与好友进行QQ游戏。 视频

01 在QQ游戏大厅主界面左侧的列表中显示了该游戏的所有房间。

02 用户根据自己的网络情况和房间情况选择房间。双击房间名称即可进入房间。

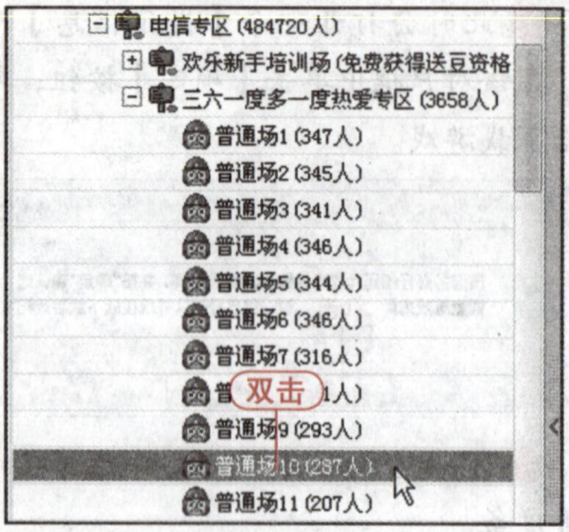

03 进入游戏房间后，会发现很多桌子的图标，单击桌子旁边空白头像标志，即可进入游戏界面。

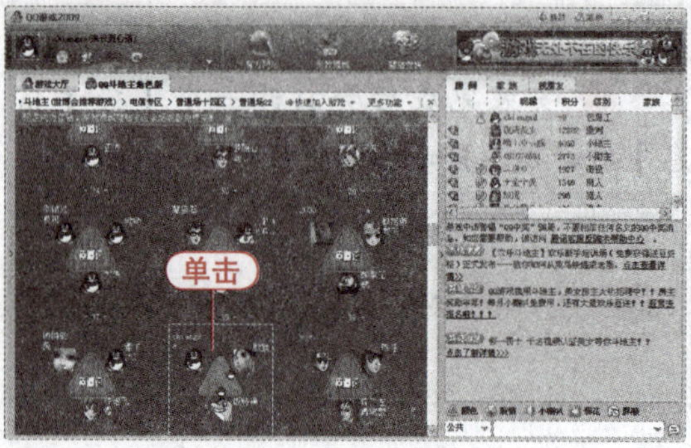

04 进入游戏后，单击【准备】按钮，准备游戏。待游戏人数满后，即可开始游戏。

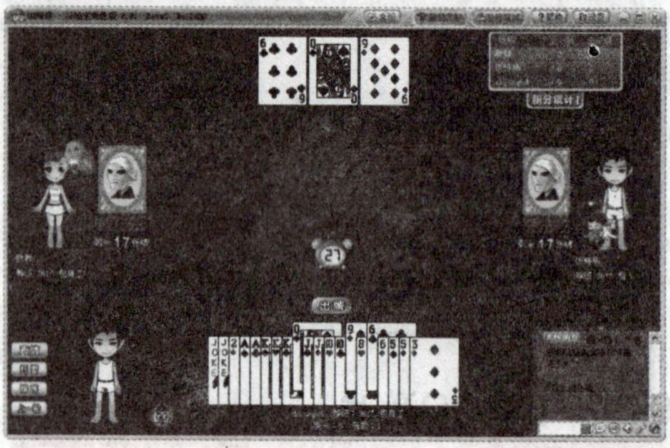

专家指点

用户可以自己创建房间，等待好友进来与您一起游戏。另外，作为房间的主人，你有权力将不受欢迎的玩家踢出房间，或者为房间设置密码，确保只有好友才能进入。

05 如果要玩其他QQ游戏，可以参照9.2.2小节内容下载游戏，然后选择房间后进入游戏。

9.3 联众休闲游戏

联众世界ourgame是一家服务于全球网民，提供网络棋牌及其他网络游戏的综合网络休闲娱乐服务游戏平台。

9.3.1 下载联众世界平台

联众世界游戏平台是可以免费下载的，下载地址：http://www.ourgame.com/download。

【例9-7】 下载联众世界平台。视频

01 启动IE浏览器，输入联众世界下载地址，按下Enter键，打开下载页面。

02 电信用户单击【电信下载】按钮，开始下载游戏平台。

03 下载完成后，双击安装文件图标，打开安装界面。根据提示信息安装程序。

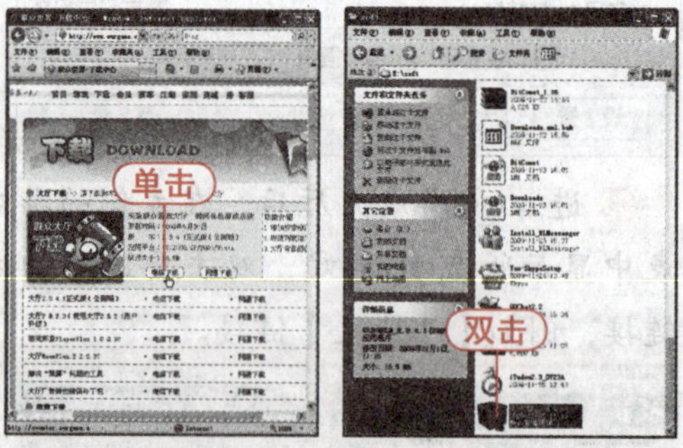

04 根据提示信息安装程序。

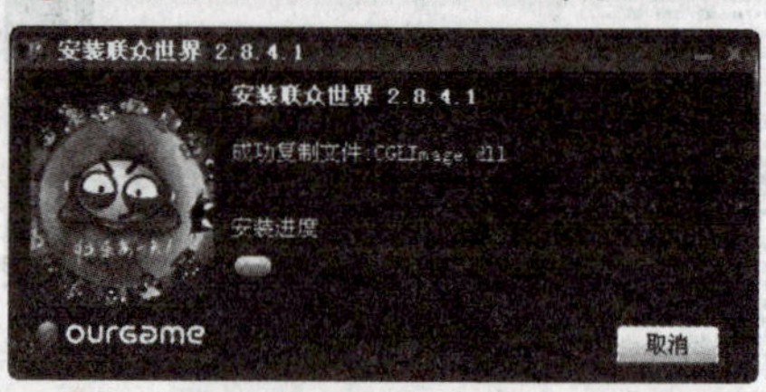

9.3.2 注册联众用户

联众世界与QQ游戏大厅不同，需要在线注册联众账号，然后才能登录。

【例9-8】 注册联众世界账号。视频

01 双击联众世界图标，打开登录界面，单击【免费注册用户】按钮，打开注册页。

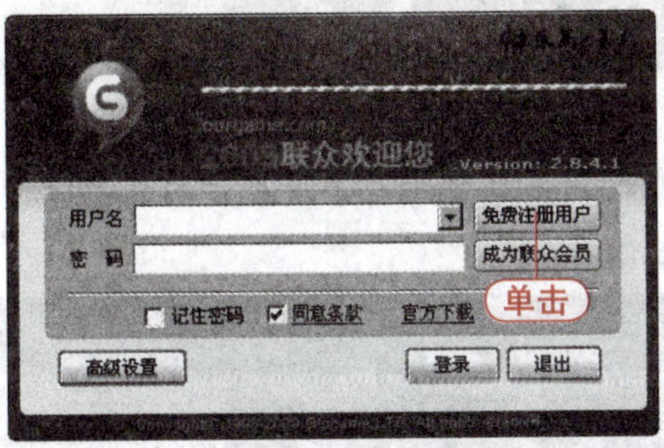

02 填写注册信息和附加码，选中【我已经阅读并同意《联众公司用户服务条款》】复选框，单击【下一步】按钮，注册用户。

03 成功注册游戏账号后，可以申请二级密码用于保护账号，在【申请二级密码】和【二级密码确认】文本框中输入正确的二级密码，然后单击【提交】按钮。

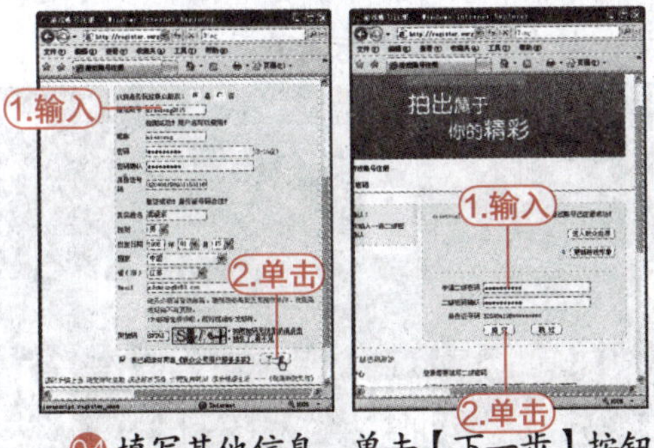

04 填写其他信息，单击【下一步】按钮。

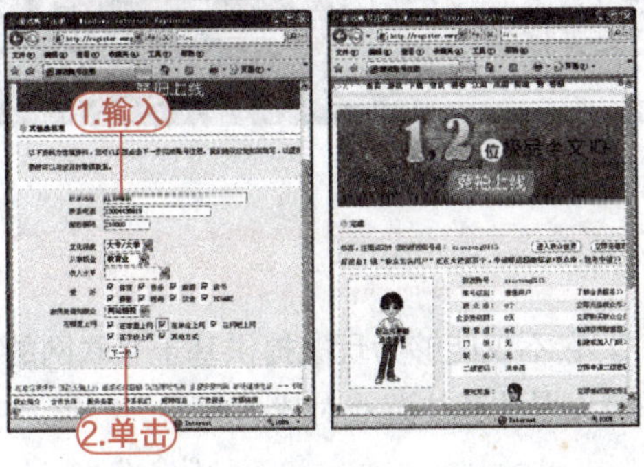

05 成功注册用户并申请二级密码。

9.3.3 进入联众世界

注册联众世界帐户后，可以登录联众世界游戏平台，与在线好友进行游戏。

【例9-9】 进入联众世界。视频

01 双击联众世界图标，打开登录界面，输入用户名和密码，单击【登录】按钮，登录用户。

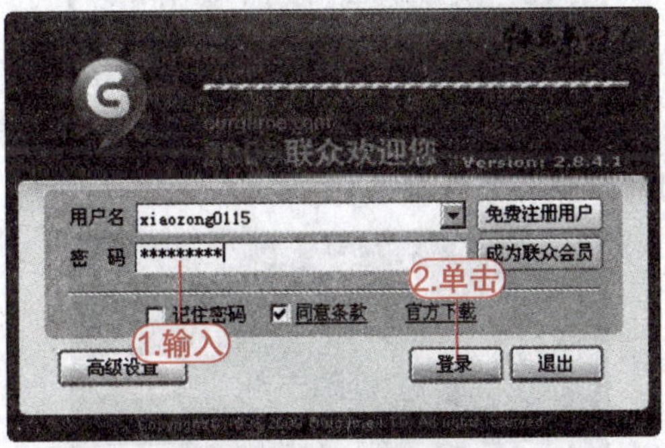

02 成功登录联众世界后，界面与QQ游戏大厅相似，左侧是游戏分类，右侧是相关的游戏信息。

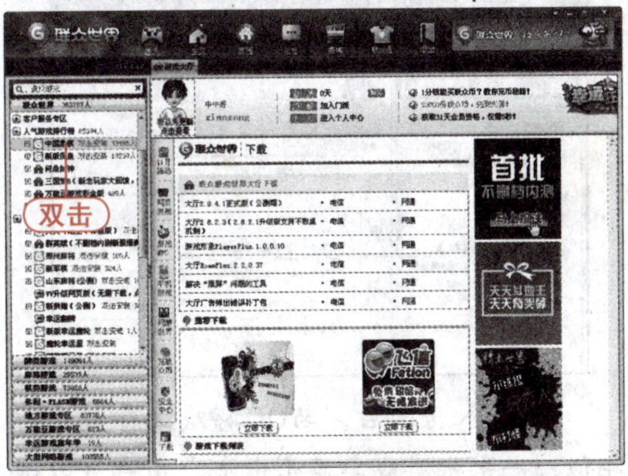

03 单击左侧列表框中的【牌类游戏】选项卡，在该选项卡列表框中双击【升级】游戏，打开【游戏下载】对话框。

04 开始下载升级游戏，显示下载进度条，下载完成后会自动打开【安装联众升级】对话框，开始安装游戏。

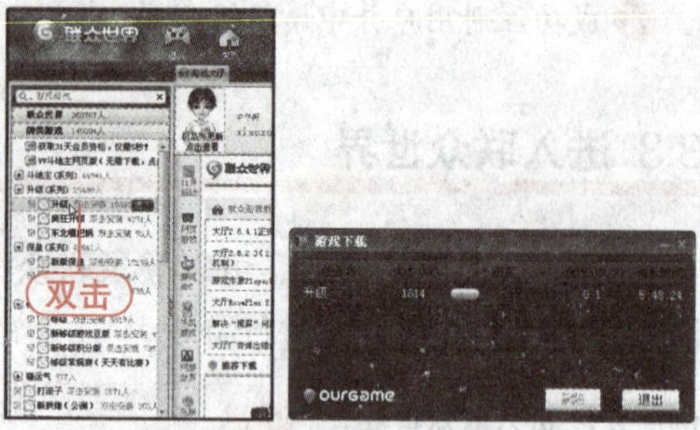

05 单击【我同意】按钮，开始安装。

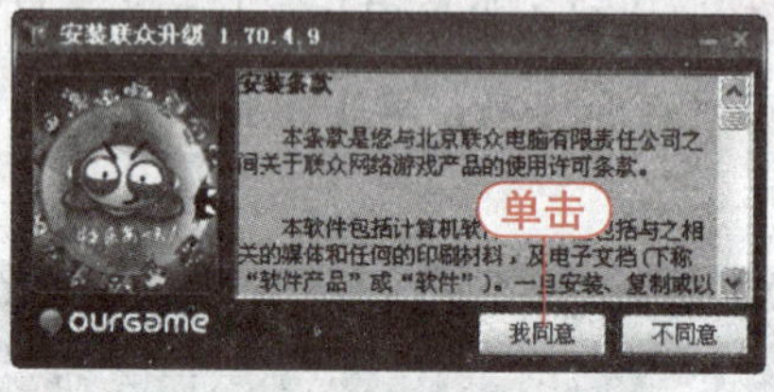

06 安装完成后单击【完成】按钮，关闭对话框，完成安装。

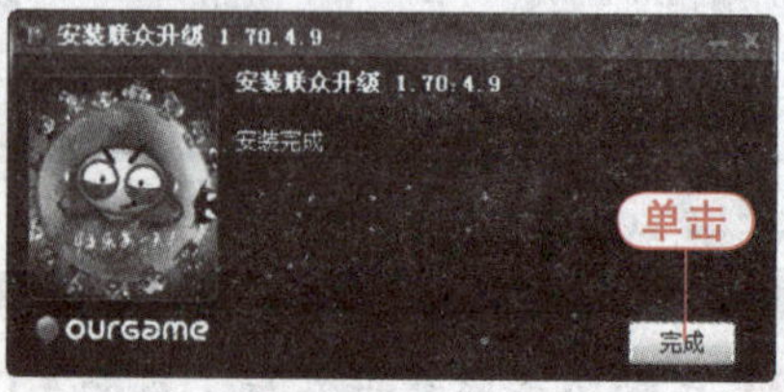

07 在左侧的列表框中选择要进入的房间，双击进入房间。

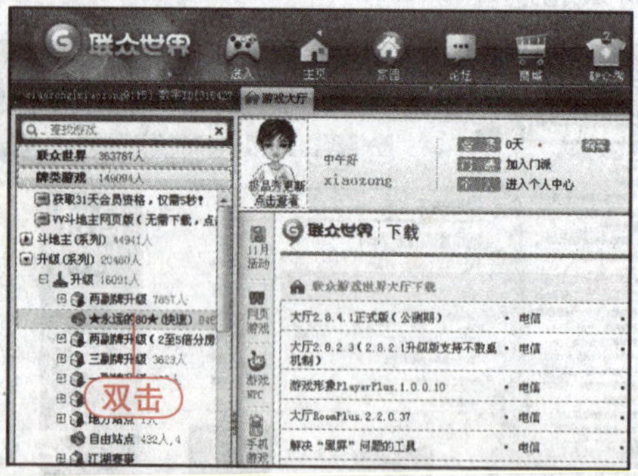

08 进入房间后，与QQ游戏大厅也非常相似，一张张游戏桌显示出来，用户可以选择要坐下的游戏桌。

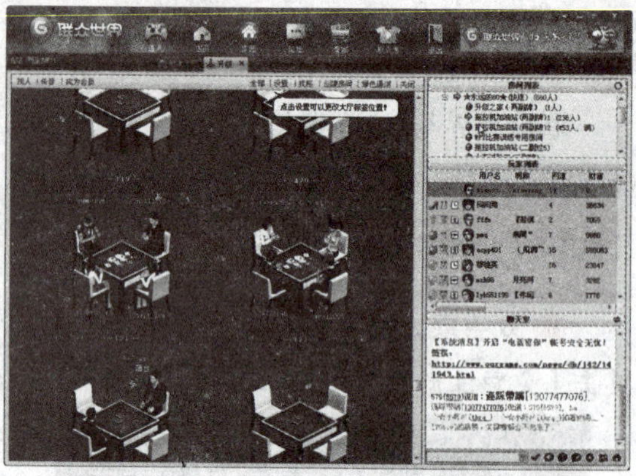

09 单击【开始】按钮，准备游戏。其中在人物头部显示有手形符号的表示该用户已经准备。

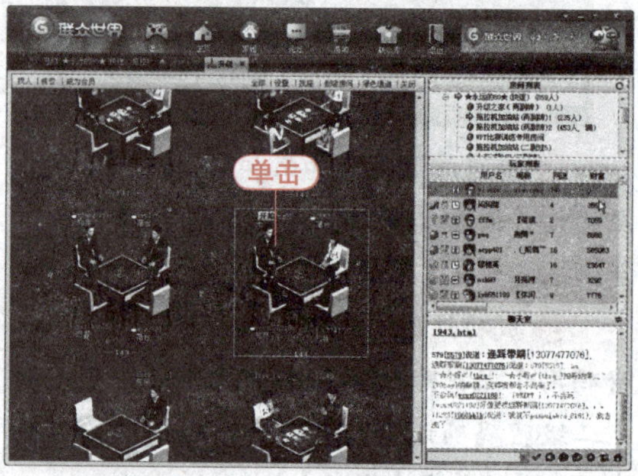

10 待所有玩家都准备好后，即可进入游戏，与在线玩家进行游戏。

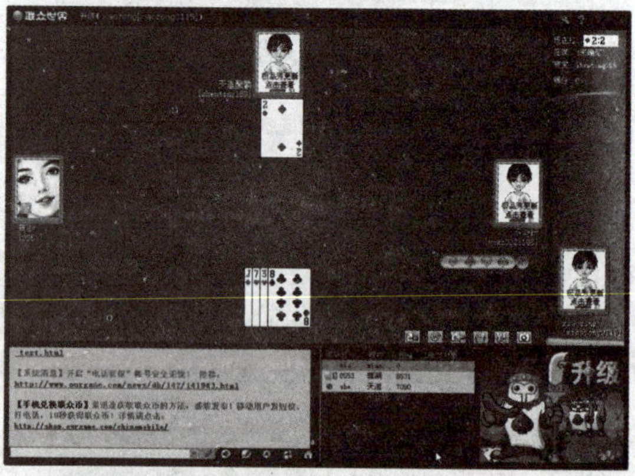

9.4 浩方竞技平台游戏

浩方对战平台，是目前最大的游戏对战平台之一。它不仅能够为玩家提供基于互联网的多人联机游戏服务，还可以以局域网般的速度进行时下最火爆的竞技游戏对战。

9.4.1 下载并安装浩方对战平台

要登录浩方对战平台，同样需要浩方账号并安装对战平台。

对战平台下载地址：

www1.cga.com.cn/hfsite/down.html

【例9-10】 下载并安装浩方对战平台。 视频

01 启动IE浏览器，输入浩方平台下载网址，按下Enter键，打开下载页面。

02 单击【电信下载】按钮，下载浩方对战平台。

03 下载完成后，双击安装文件图标，然后根据提示信息安装浩方对战平台。

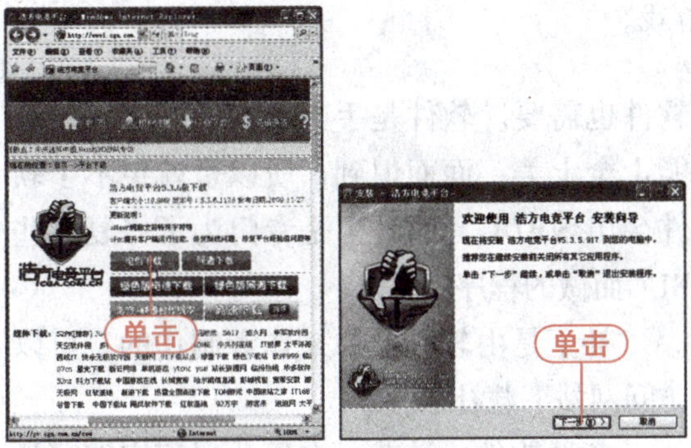

9.4.2 注册浩方对战平台账号

要登录浩方对战平台，同样需要浩方账号并安装对战平台。

浩方账号注册地址：

register.sdo.com/PTNew/index.aspx?from=7

【例9-11】 注册浩方对战平台账号。 视频

01 启动IE浏览器，输入浩方平台账号注册网址，按下Enter键，打开注册页面。

02 用户可以选择【经典注册】、【邮箱账号】和【手机账号】3种注册方式，一般来说常用【经典注册】方式。

03 单击【经典注册】按钮。

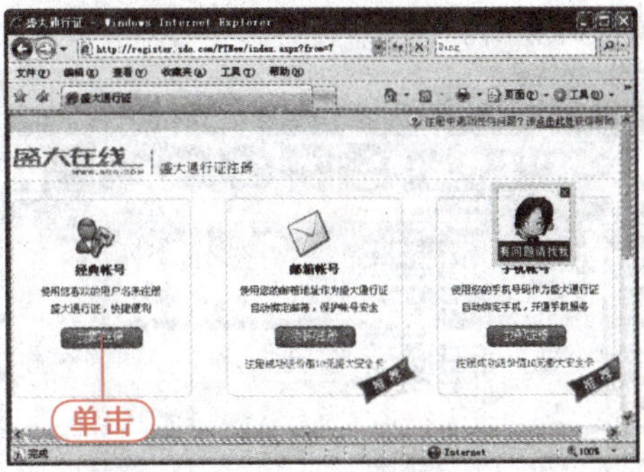

04 填写注册信息，选中【我已经看过并同意《盛大通行证用户服务协议》】复选框，单击【创建我的盛大通行证】按钮，注册用户。

05 成功注册用户后显示注册信息。

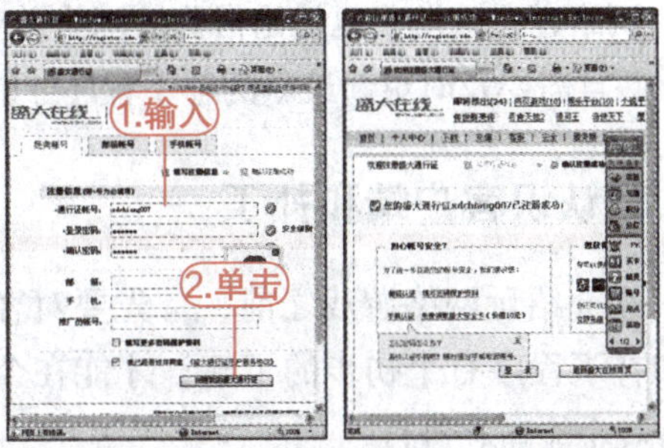

9.4.3 登录浩方平台玩游戏

下载并安装浩方平台后，使用注册用户即可登录平台，与在线玩家进行游戏。

【例9-12】 玩竞技游戏。 视频

01 启动浩方对战平台程序，输入浩方账号和密码，单击【登录】按钮，登录平台。

02 单击最左侧的列表框中【竞技】按钮。

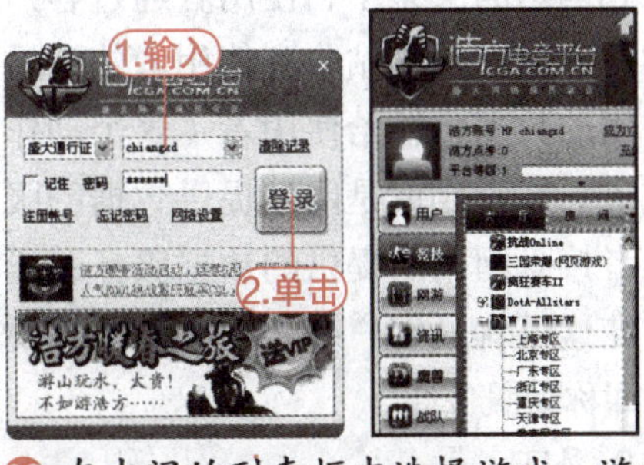

03 在中间的列表框中选择游戏，游戏专区和游戏房间，一般选择本地专区且连接速

度较快的房间。

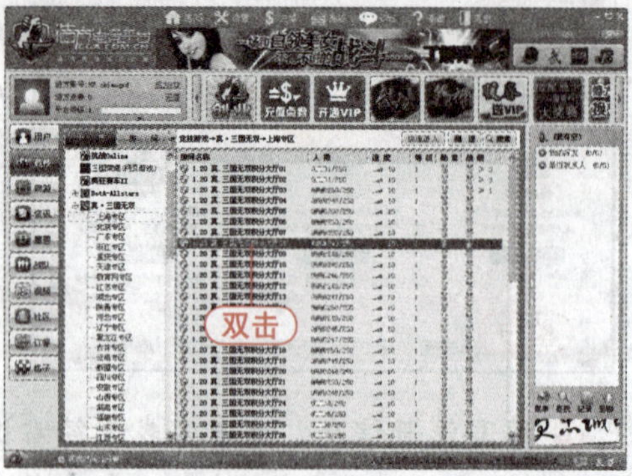

04 进入房间后，单击【启动游戏】按钮，即可启动游戏，与同房间在线玩家进行对战。

9.5 网络客户端游戏

网络客户端游戏也就是俗称的网络游戏，是网络中最风靡的游戏，它需要下载并客户端程序，并且需要及时更新最新的补丁程序才能正常游戏。

9.5.1 认识客户端和补丁

在介绍玩网络游戏之前，首先要对客户端和补丁程序有个初步的了解，才能在今后的游戏中能顺利进行。

1. 客户端

在网络世界里，凡是提供服务的一方称为服务器，而接受服务的另一方称作客户端。好比是局域网络里的打印服务器所提供的打印服务：提供打印服务的计算机，可以说它是打印服务器；而使用打印服务器提供打印服务的另一方，则称作客户端。

而这种关系在网络游戏中上，就变成使用者和网站的关系了，使用者通过客户端向网站提出请求，网站收到使用者的请后，将要应用的数据传输给使用者（这个动作称为响应）。简言之就是网站提供数据的服务，使用者接受网站所提供的数据服务；所以使用者在这里就是客户端，响应使用者要求的网站即称为服务端。

2. 补丁

补丁就像衣服破了就要打补丁一样，软件也需要。软件是手工编写的程序，不可能十全十美，面面俱到，所以也就免不了软件会出现BUG。而补丁是专门为了修复这些BUG而做的程序。

补丁是由软件的原来作者制作的，可以访问网站下载补丁。

各种软件、游戏，在原公司程序编写员发现软件存在问题或漏洞，统称为BUG，可能使用户在使用系统或软件时出现干扰工作或有害于安全的问题后，写出一些可插入于源程序的程序语言，这就是补丁。

9.5.2 下载网络游戏客户端

下面以街头篮球网络游戏为例，介绍下载游戏客户端的方法。

【例9-13】下载游戏客户端。 视频

01 启动IE浏览器，输入网址：www.fsjoy.com，按下Enter键，打开街头篮球游戏官方网站。

02 单击【完整游戏客户端下载】栏目中

的【下载链接1】链接，开始下载客户端。

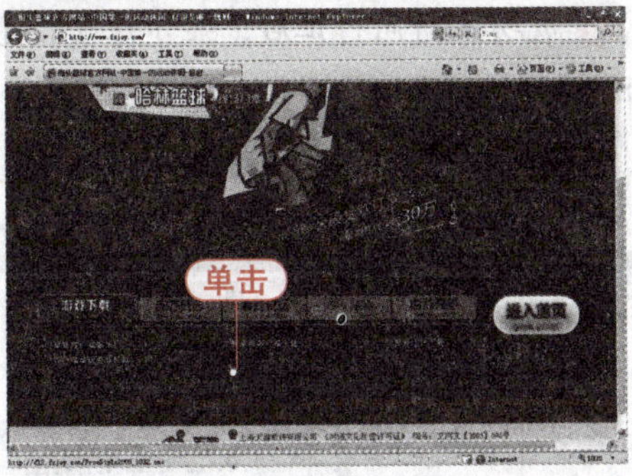

03 下载完成后双击客户端安装图标，安装客户端即可。

9.5.3 下载补丁

安装街头篮球客户端后，就需要安装补丁，在安装补丁时要注意将补丁文件安装在客户端所在的文件夹中，不可以随意选择安装路径。

【例9-14】下载并安装游戏补丁。视频

01 启动IE浏览器，输入网址：www.fsjoy.com，按下Enter键，打开街头篮球游戏官方网站。

02 单击【完整补丁包下载】栏目中的【下载链接1】链接，开始下载补丁。

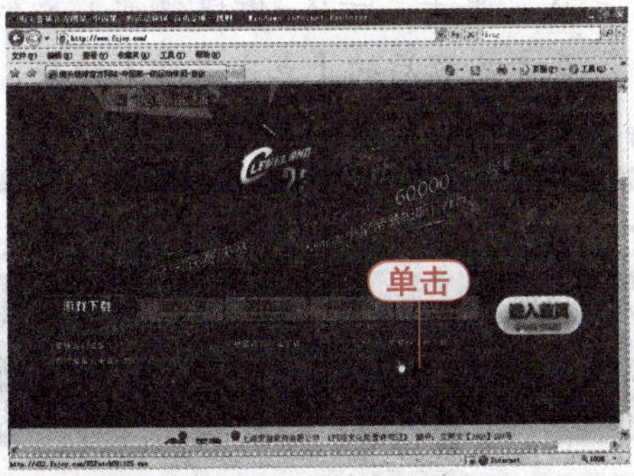

03 下载完成后双击补丁程序，打开补丁安装对话框，单击【确定】按钮开始安装补丁。

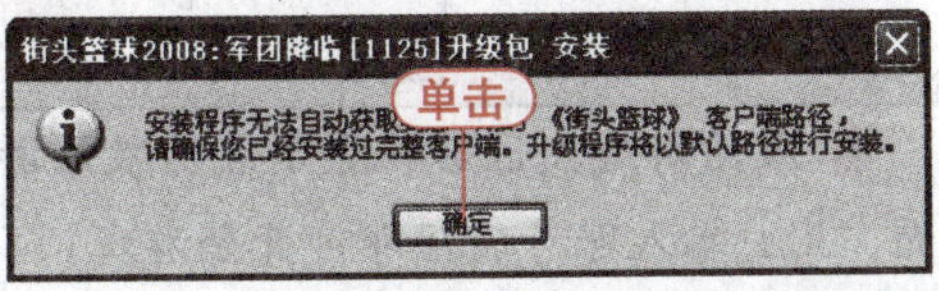

04 单击【下一步】按钮。

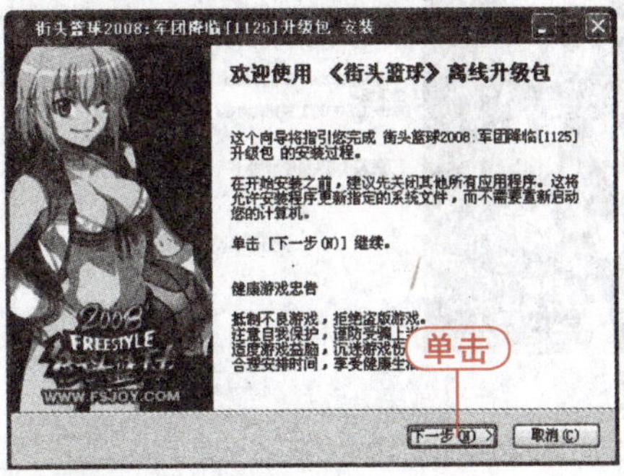

05 选中【我接受"许可证协议"中的条款】单选按钮，单击【下一步】按钮。

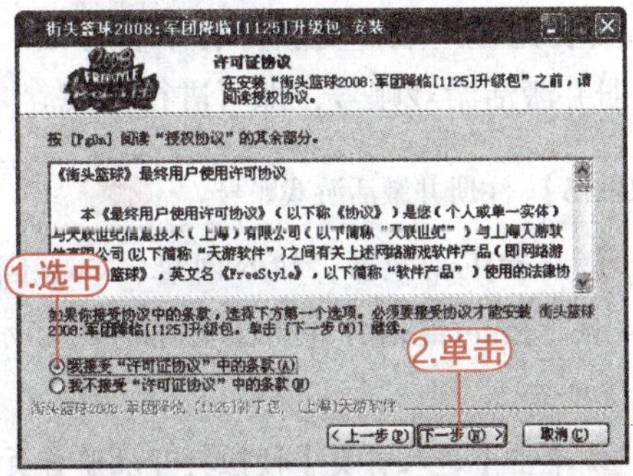

06 单击【浏览】按钮，打开【浏览文件夹】对话框，选择客户端程序安装路径，单击【确定】按钮，返回安装对话框。

07 单击【下一步】按钮。

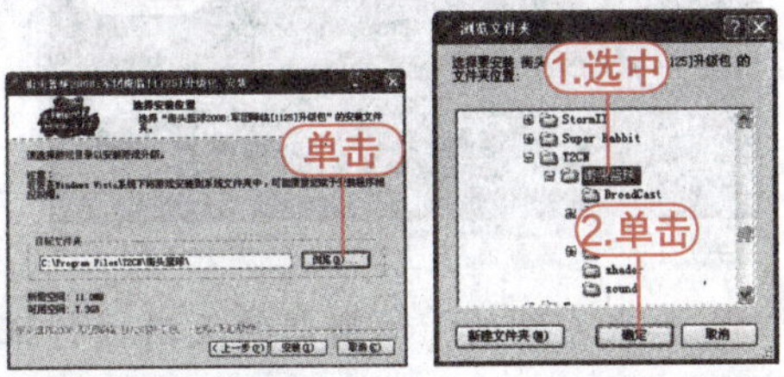

07 开始安装补丁，显示安装进度条。

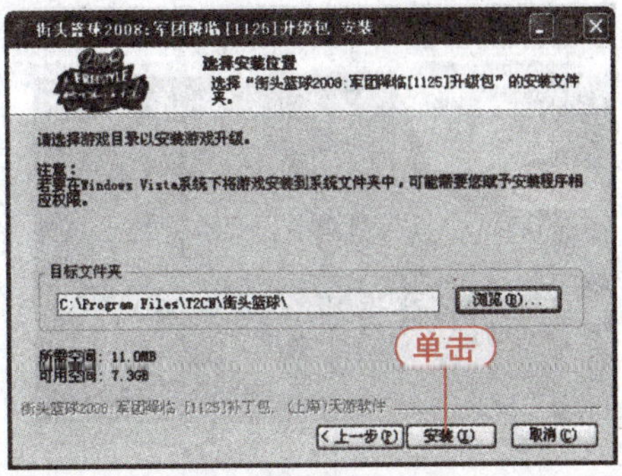

09 补丁安装完成后，单击【完成】按钮，关闭安装对话框。

9.5.4 注册游戏账号

安装完客户端并更新好补丁程序后，只需注册并激活游戏账号，即可进行游戏。

【例9-15】 注册并激活游戏账号。 视频

01 启动IE浏览器，输入网址：www.fsjoy.com，按下Enter键，打开街头篮球游戏官方网站。

02 单击【进入首页】按钮打开注册首页。

03 单击左侧的【注册新的天游通行证】按钮，打开注册页面。

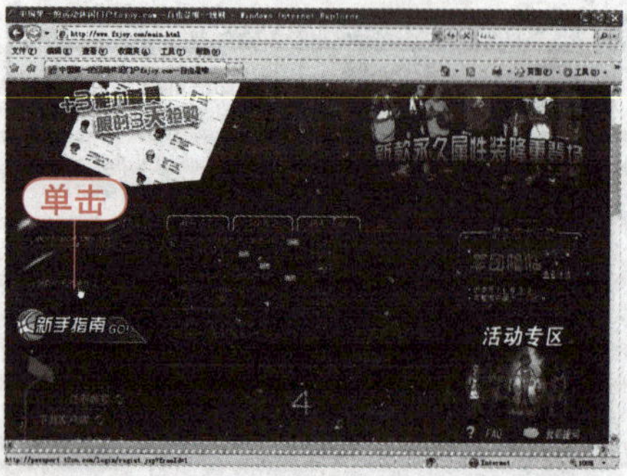

04 填写注册信息和正确的验证码，选中【我已经阅读并同意最终用户协议】复选框，单击【注册通行证】按钮，注册通行证。

05 成功注册同行证后，显示注册信息，开始激活游戏。

06 单击【下一步选择游戏产品激活】链接，打开游戏激活页面。

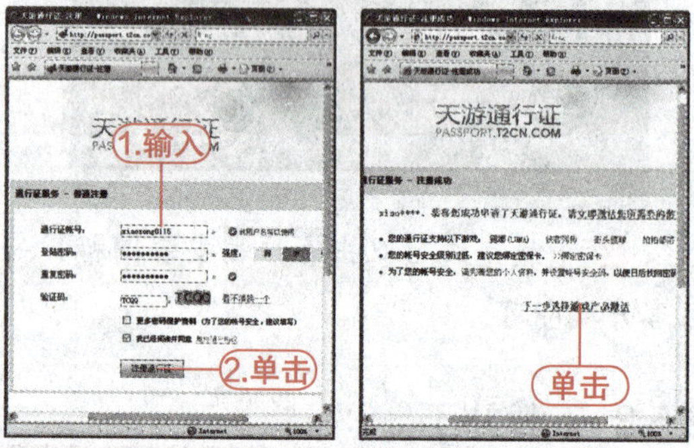

07 选择要激活的街头篮球游戏，单击【激活游戏】按钮，激活游戏。

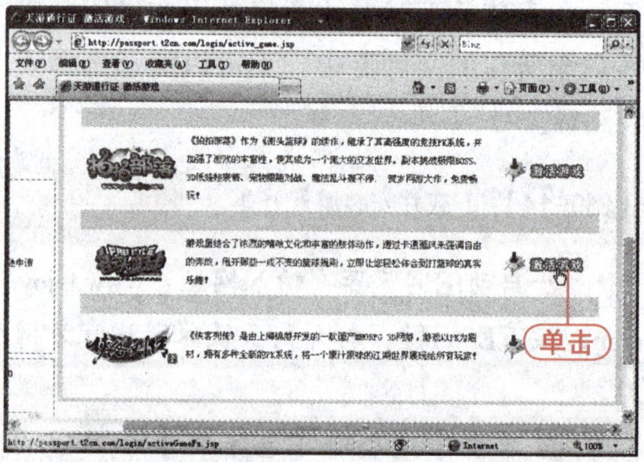

08 激活游戏后，选择游戏大区，例如选择一区，单击"一区-街球地带（华东电信）"文本内容后的【点击激活】链接，激活游戏大区。

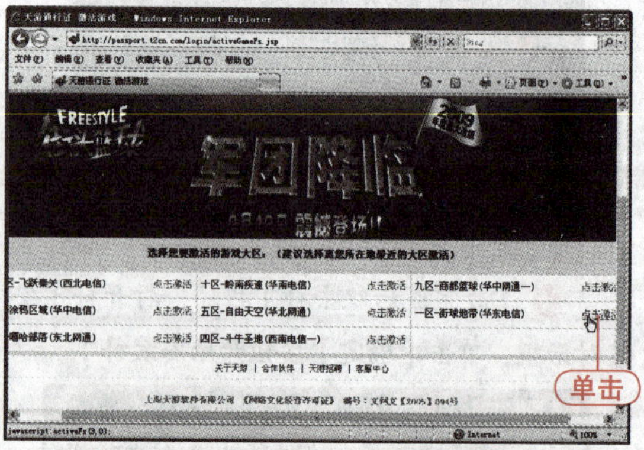

09 激活游戏大区后，显示成功激活游戏页面，用户输入账号密码即可开始游戏。

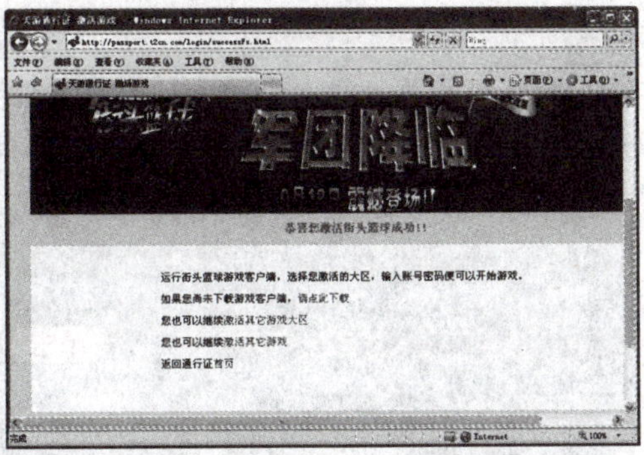

9.5.5 进入游戏

激活游戏后，双击游戏图标启动游戏，选择激活的游戏大区，输入正确的账号和密码即可进入游戏。

【例9-16】 进入游戏。 视频

02 双击游戏图标，启动游戏，选择要登录的游戏大区，即【街球地带（华东电信1）】，单击【开始游戏】按钮，进入游戏。

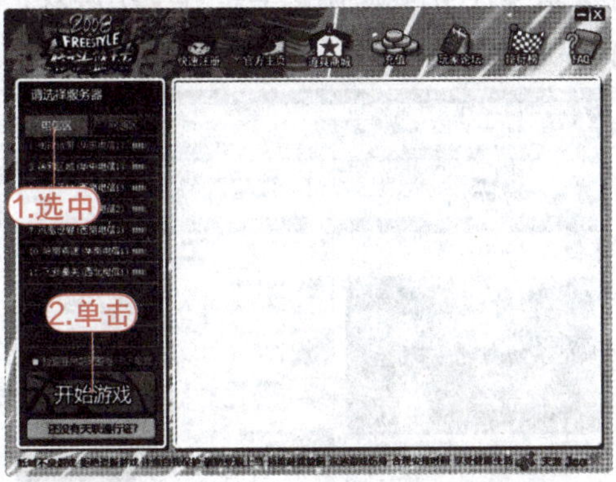

02 进入游戏后，输入注册的账号和密码，单击【登录】按钮，登录游戏。

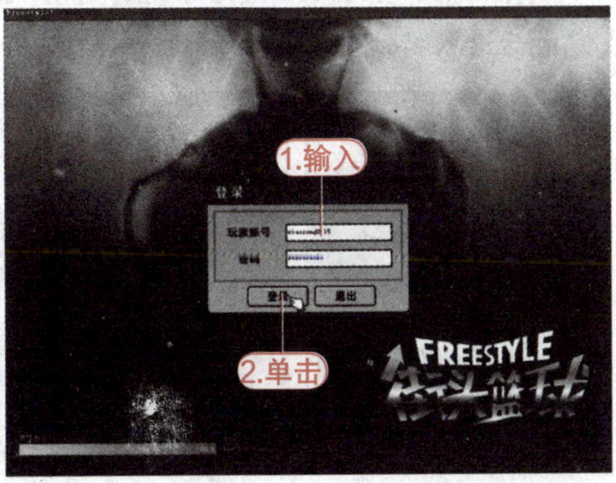

03 成功登录游戏后，由于是新账号，需要创建人物角色，单击【创建角色】按钮，开始创建角色。

04 选择职业后，填写角色信息，单击【创建】按钮，创建角色。

05 成功创建角色后选择要进入的频道，单击房间频道名称后面的【参加】按钮即可。

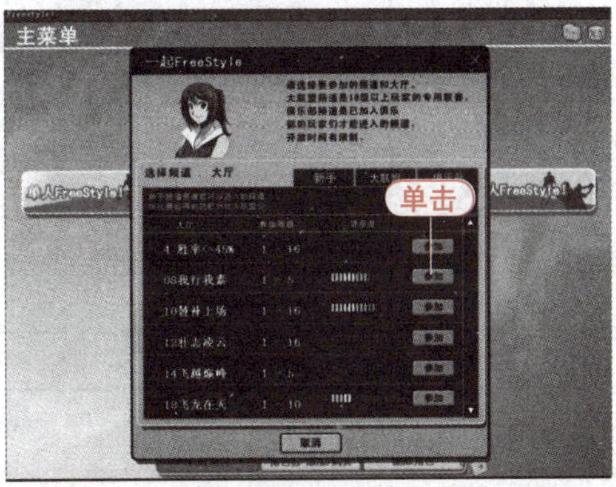

06 选择要进入的房间，双击房间名称即可进入。

07 最后单击【准备】按钮，待所有玩家都准备好后，即可开始游戏。

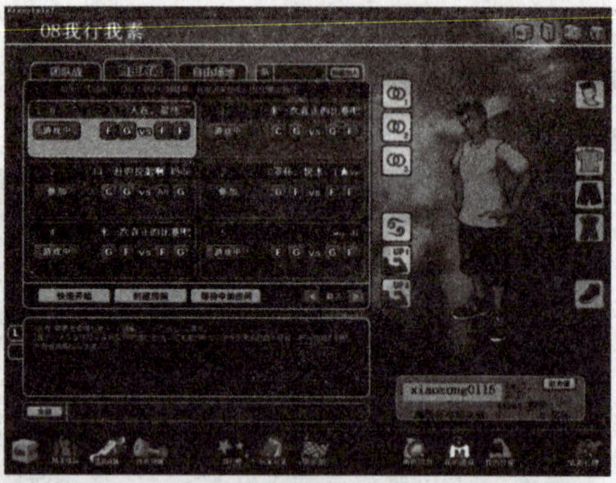

9.6 在线玩Flash小游戏

Flash小游戏是指一类有flash制作软件制作的，主要是放在网站上供大家休闲娱乐的游戏。一般比较小巧，在宽带水平下1分钟就可以开始进行游戏了，并且无需注册，操作简单，非常适合休闲之用。

9.6.1 Flash小游戏推荐

在下表中显示了推荐的Flash小游戏网址，用户可以在忙里偷闲中打开这些游戏尽兴在线游玩。

网站名称	网　址
偶邀久flash网	www.o19.cn
小游戏	www.4399.com
在线小游戏	www.xiaoyouxi.com
456小游戏	www.456.net
7k7k小游戏	www.7k7k.com
酷利奥小游戏	flash.coolioo.cn
小游戏007	www.yx007.com
TOM小游戏	games.tom.com/flash
4399小游戏	www.4399.net
牛牛游戏	www.niu-niu.com
no3c小游戏	www.no3c.cn

9.6.2 玩Flash小游戏

下面以【在线小游戏】网站为例，介绍在线玩Flash小游戏的方法。

【例9-17】 在线玩Flash游戏。视频

01 启动IE浏览器，输入网址：www.xiaoyouxi.com，按下Enter键，打开在线小游戏网站首页。

02 在首页中显示了众多个Flash小游戏，并且有多个分类，任意单击一个小游戏，打开该游戏页面。

03 打开游戏页面后稍许等待，待游戏加载完成后进入游戏即可进行游玩。

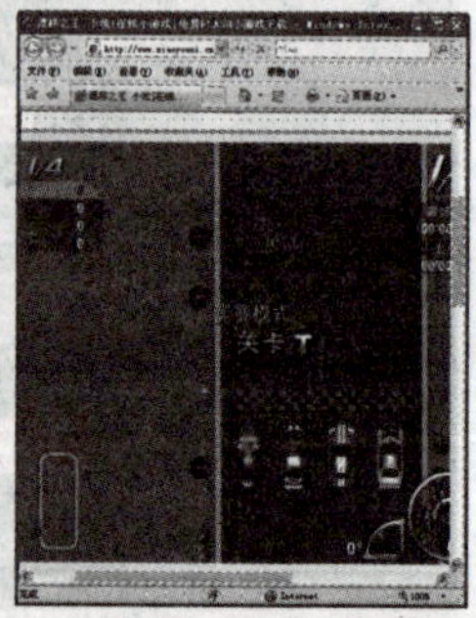

Chapter

10

网络生活助手

网络在发展的同时给人们的日常生活提供了很多的便捷服务，并且网络服务是不限制时间的。本章主要介绍了在日常生活中对网络的主要应用，包括网上预订、求职、发送电子贺卡、发布信息等。

- 新闻时事随意看
- 网上读书阅报
- 上网比较数码产品
- 网上预订
- 网上求职
- 发送电子贺卡
- 网上房屋租赁

参见随书光盘

例10-1 登录新华网在线观看新闻
例10-2 登录在线听广播网听广播
例10-3 使用超星阅读器
例10-4 在线阅读报纸和杂志
例10-5 登录泡泡网查询手机信息
例10-6 登录泡泡网进行产品比较
例10-7 在线预订飞机票
例10-8 查询火车票
例10-9 网上预订酒店
例10-10 注册智联招聘会员
例10-11 创建个人简历
例10-12 搜索职位
例10-13 申请职位并投递简历
例10-14 活用智联招聘网站求职指导
例10-15 发送网易贺卡
例10-16 发送心意坊贺卡
例10-17 注册House365网站会员
例10-18 搜索房源信息
例10-19 发布房源信息
例10-20 发布求租信息

10.1 新闻时事随意看

利用网络，不必局限在譬如报纸、广播等旧有新闻渠道中了。现在，我们可以访问一些大型的新闻类网站，在线看即时新闻；也可以访问一些广播网站，使用电脑在线收听广播。

10.1.1 在线看实时新闻

提供新闻报道的网站非常多，比较有名的网站有新华网、人民网、凤凰网、新浪新闻、中国新闻网等。我们可以在这些新闻网站的首页单击新闻的文字链接随便看看，也可以对感兴趣的新闻话题进行搜索查看。

【例10-1】 登录新华网在线观看新闻。视频

01 启动IE浏览器，在地址栏中输入新华网的网址：www.xinhuanet.com，按下Enter键，打开新华网的首页。

02 单击首页中的新闻链接，即可打开该新闻的页面查看新闻。

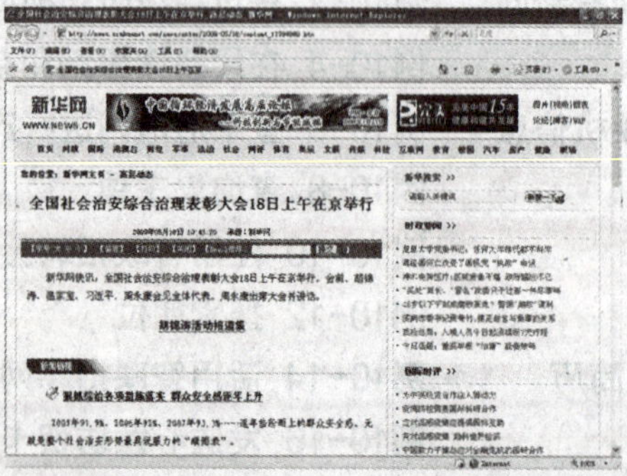

03 返回新华网主页，在搜索文本框中输入文字“健康”，然后在右侧的下拉列表框中选择【新闻】选项，然后单击【搜索】按钮。

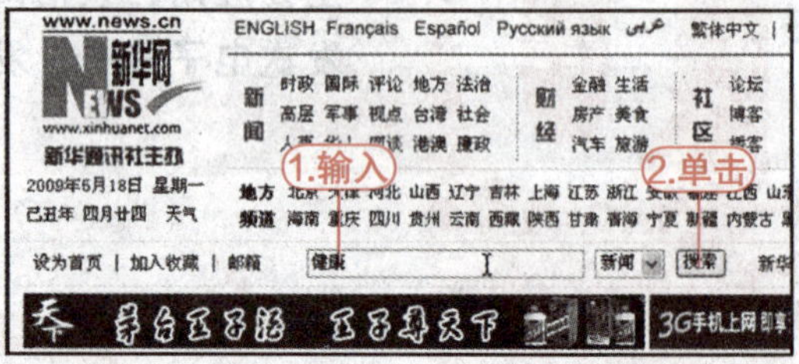

04 此时将打开一个搜索结果页面，该页面中列出了所有包含关键字“健康”的新闻。

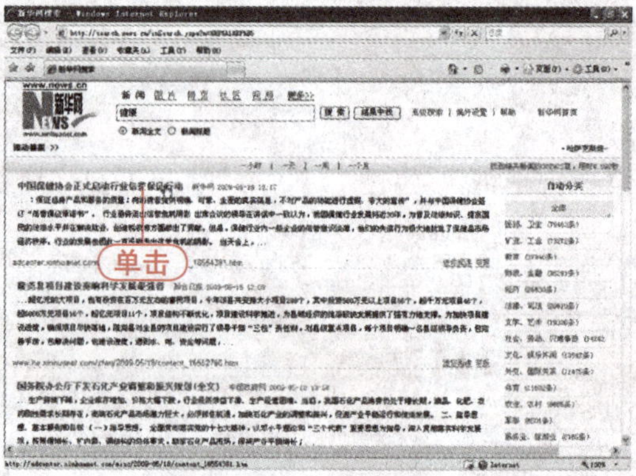

05 单击新闻标题链接，在打开的页面中即可查看详细内容。

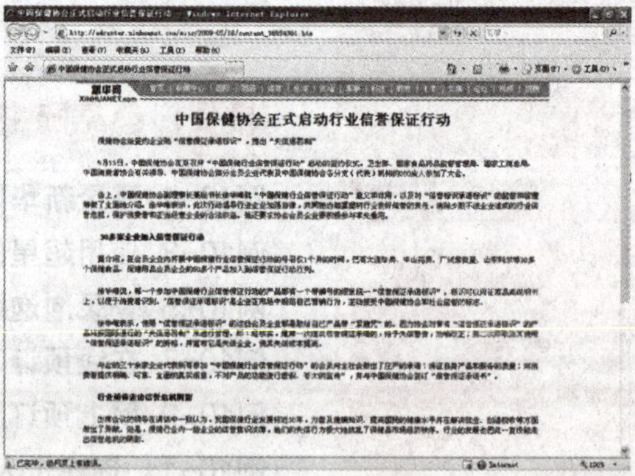

10.1.2 在线听广播

利用网络，还可以在电脑上听广播节目。网络广播与传统广播相比，具有声音清晰、节目丰富等优点。

【例10-2】登录在线听广播网听广播。视频

01 启动IE浏览器，输入网址：www.wmav.cn，按下Enter键，打开在线听广播网的首页。

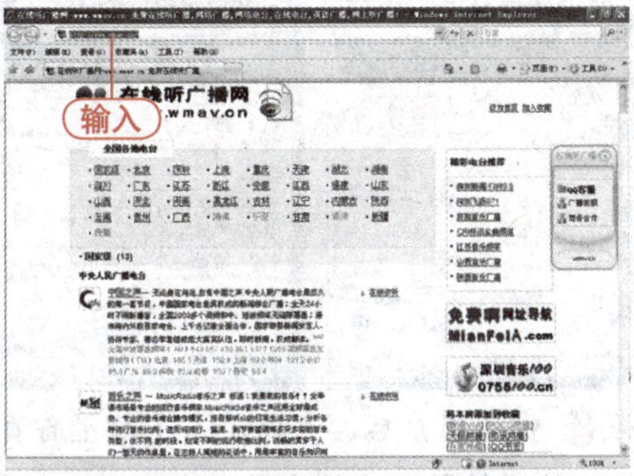

02 在该站主页中列出了中国之声、音乐之声、经济之声等广播节目链接，单击其后的【在线收听】文字链接即可。

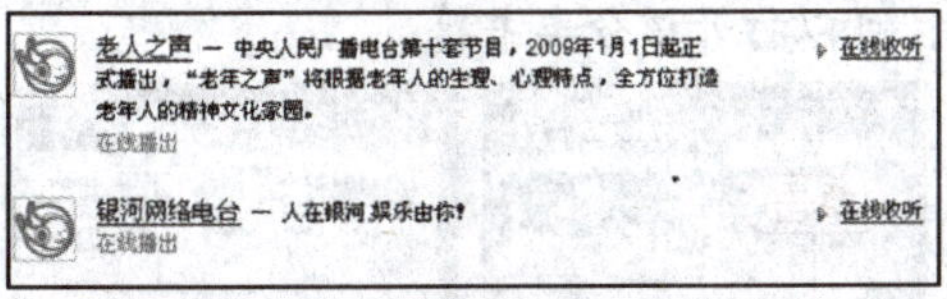

03 此时进入一个类似于播放器的页面，在该页面中单击【准备】按钮，即可播放。

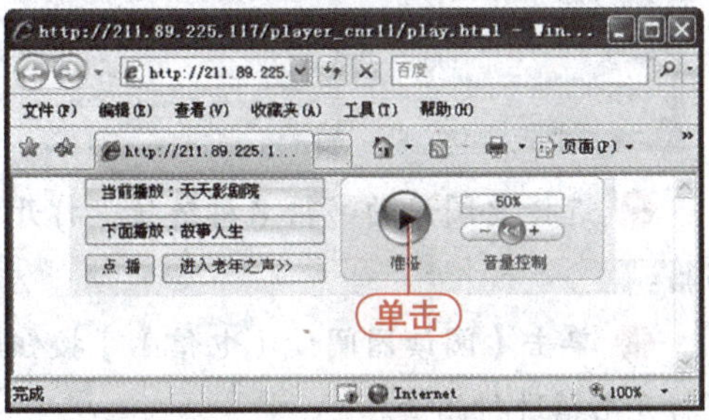

04 如果要调整音量，可以单击－或＋按钮降低或提高音量，如果要暂停播放，单击按钮即可。

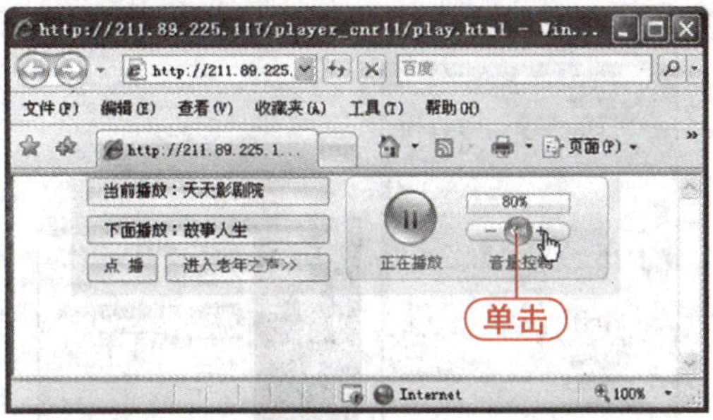

05 如果要收听地方台的节目，可以在首页上单击地方链接，譬如单击【江苏】文字链接。

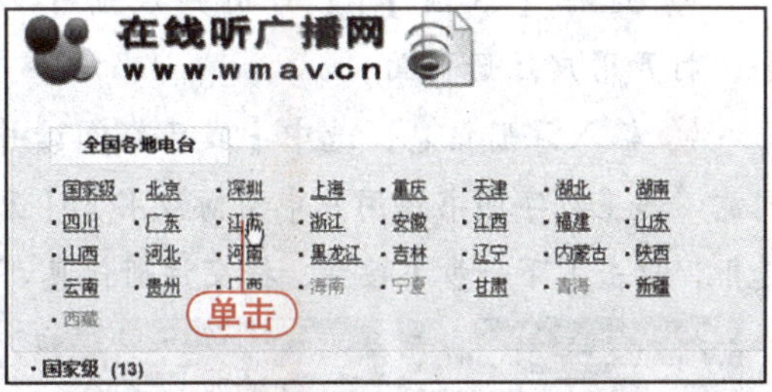

06 然后单击地方广播电台后的【在线试听】文字链接（譬如南京音乐台），即可开始收听。

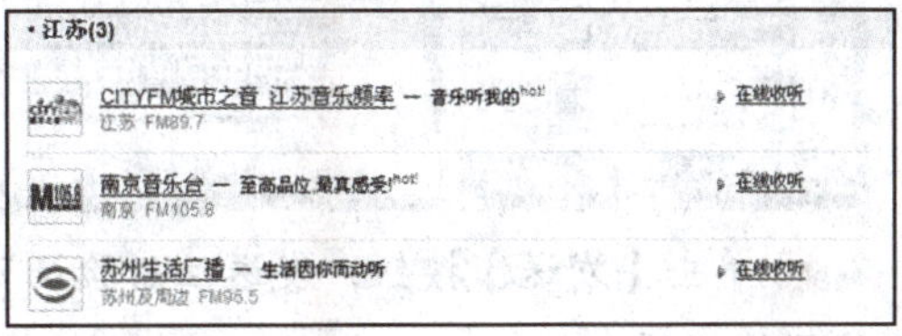

10.2 网上读书阅报

网络具有其他媒体无可比拟的及时性和实效性，用户通过网络可以阅读报纸和杂志，坐在家中即可知道天下的奇闻趣事。

10.2.1 超星阅读器

阅读超星数字图书网图书（pdg）需要下载并安装专用阅读工具——超星阅览器（Ssreader）。除阅读图书外，超星阅览器还可用于扫描资料、采集整理网络资源等。

【例10-3】使用超星阅读器。视频

01 启动IE浏览器，输入网址：www.ssreader.com/download/，按下Enter键，打开超星阅读器下载页面。

02 单击【电信镜像下载】按钮，即可下载软件。

03 下载完成后，双击安装图标，打开安装窗口，根据提示信息安装超星阅读器。

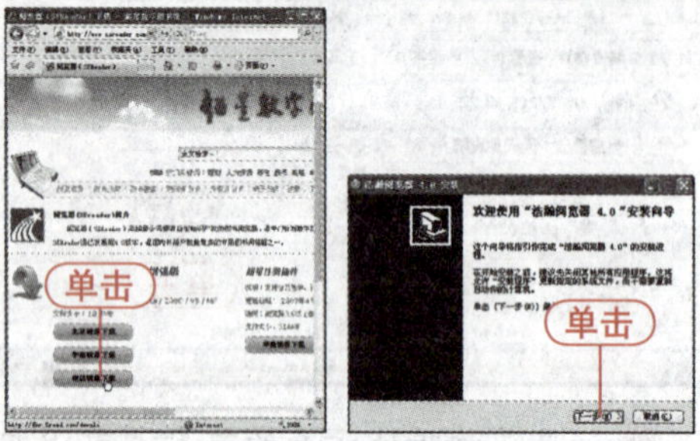

04 安装完成后，双击程序图标，启动超星阅读器。

05 选择【注册】|【新用户注册】命令，打开用户注册页面。

06 输入注册信息，选中【我已经阅读并同意《超星数字图书馆用户申请协议书》】复选框，单击【下一步】按钮，提交注册信息。

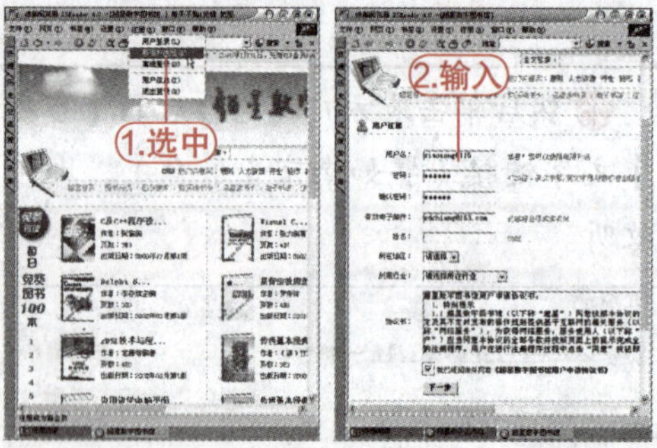

07 单击【发送】按钮，发送注册验证码到注册的邮箱中。

08 登录邮箱，查看验证码，返回注册页面，输入注册验证码，单击【确认注册】按钮，开始注册。

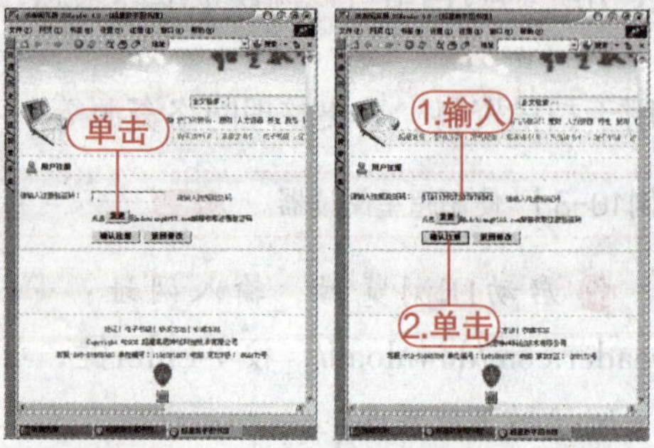

09 确认注册完成后，显示成功注册信息，单击【点击登录】链接，打开登录页面。

10 输入用户名和密码，单击【登录】按钮，登录用户。

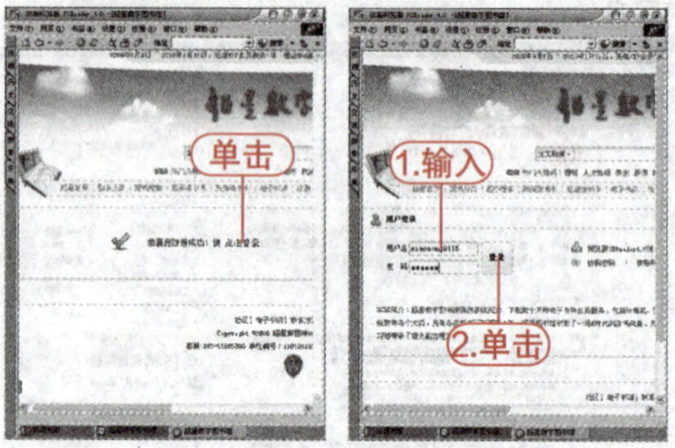

11 登录用户后，可以单击【超星首页】链接，转到超星阅读器首页，显示了可以阅读的电子书籍。

12 单击书籍分类链接，例如【英语】链接，可以打开该分类书籍。

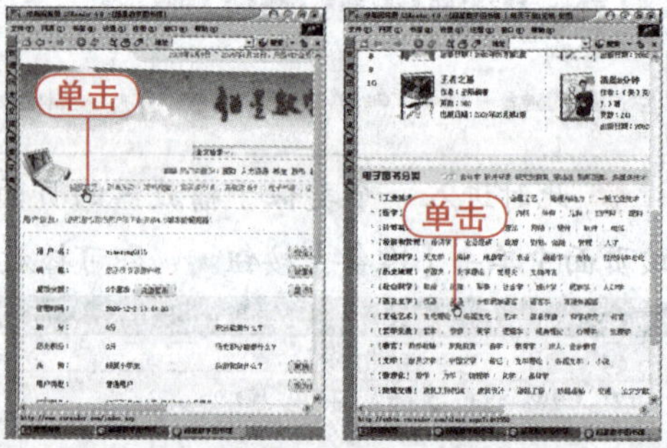

13 选择要阅读的书籍名称链接，打开该书籍。

14 单击【阅读器阅读（电信）】按钮即可打开书籍进行阅读。

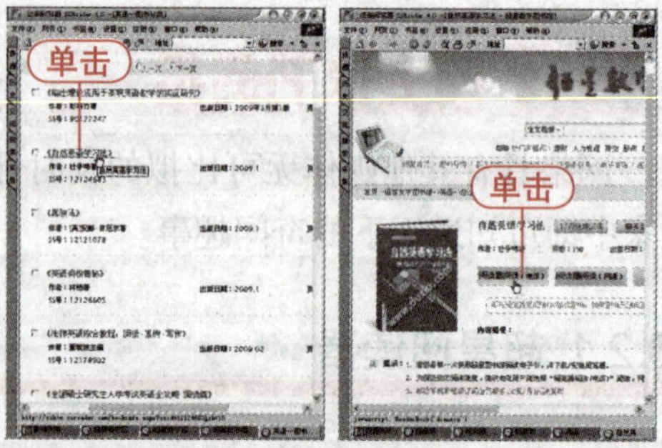

10.2.2 在线阅读报纸刊物

阅读报纸和杂志也是人们获得信息的重

要途径，很多报社和杂志社都在网上建立了自己的网站，通过网络用户可以方便地浏览自己喜欢的报纸和杂志。

【例10-4】 在线阅读报纸和杂志。 视频

01 启动IE浏览器，在地址栏中输入网址：www.haogao.com/bkml/dzbz.htm，按下Enter键打开网页，显示了全国各地报纸的名称。

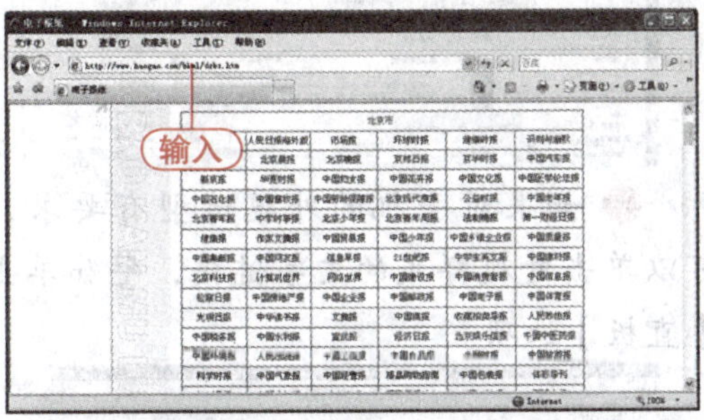

02 单击其中的某个名称链接，即可打开该报纸的网站首页，用户可在该网页中浏览报纸信息。

03 如果要阅读期刊，用户可在IE浏览器的地址栏中输入网址：cn.qikan.com，然后按下Enter键，打开龙源期刊网站首页。

04 单击所要的杂志命令链接，例如【网友世界】链接，即可打开《网友世界》的首页。

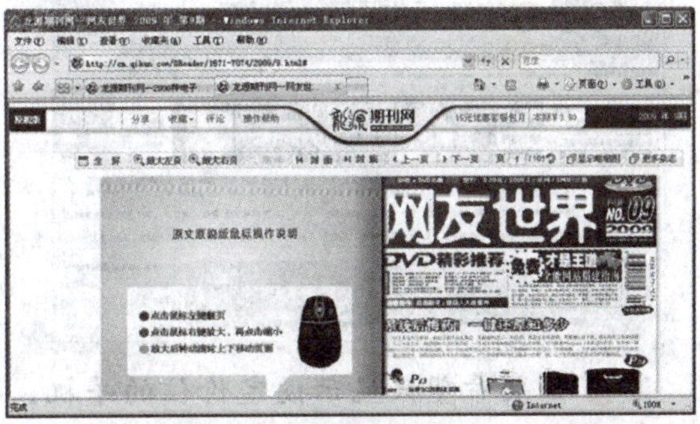

05 在打开的页面中可以阅读杂志，用户可以通过拖动操作进行浏览。

10.3 上网比较数码产品

手机、数码相机、DV、笔记本电脑等数码产品已经是家庭中必备的商品了，但是市面上的数码产品琳琅满目，而商家的宣传又可信度不高，着实令人头疼。其实，我们不妨先上数码网站，对要买的数码产品先进行了解和比较，再做决定不迟。

10.3.1 访问泡泡网

泡泡网是国内比较知名的综合类数码网站，它是提供资讯、数据、互动三位一体的大型网络营销平台。泡泡网还拥有495万注册用户以及五千家经销商与容纳数万产品的即时报价系统，现已成为用户消费，品牌推广最为关注的信息平台。

对于消费者而言，无论是手机、数码相机、数码摄像机、电脑硬件产品还是电脑外设产品，都可以在泡泡网上进行查询。

【例10-5】 登录泡泡网查询手机信息。 视频

01 启动IE浏览器，输入网址：www.pcpop.com，按下Enter键，打开泡泡网。

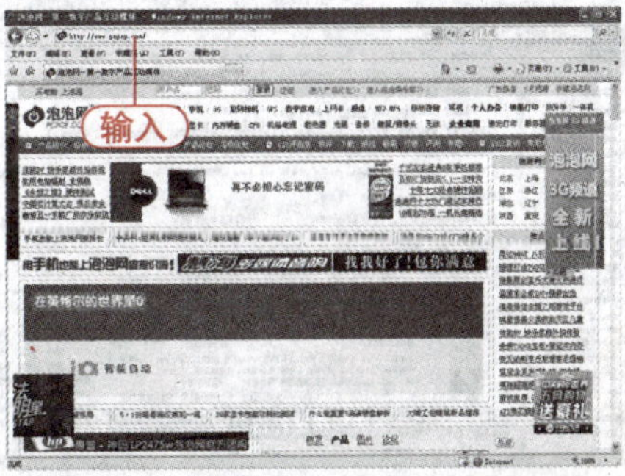

02 单击标题栏中的【手机】链接，打开手机频道。

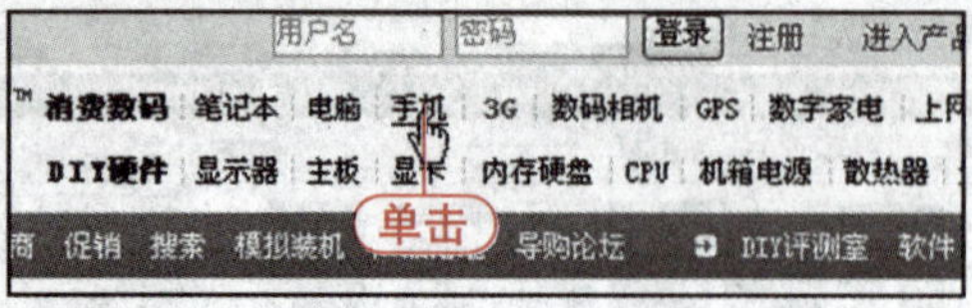

03 在泡泡网手机频道中，单击手机品牌的文字链接，例如单击【诺基亚】文字链接，将会显示该品牌的所有手机。

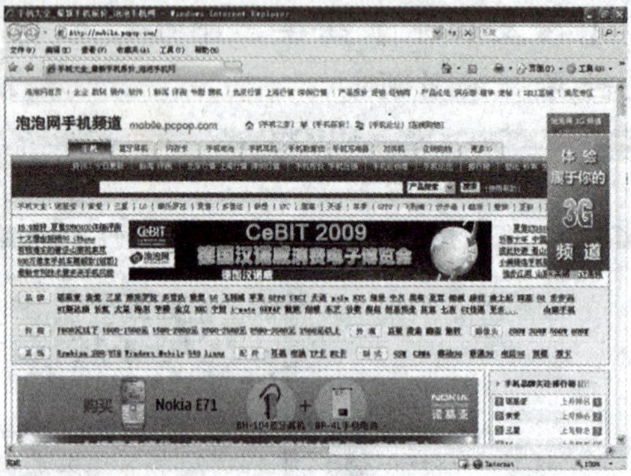

04 如果希望只显示设定价位的手机，可以单击相应价格区间的文字链接。

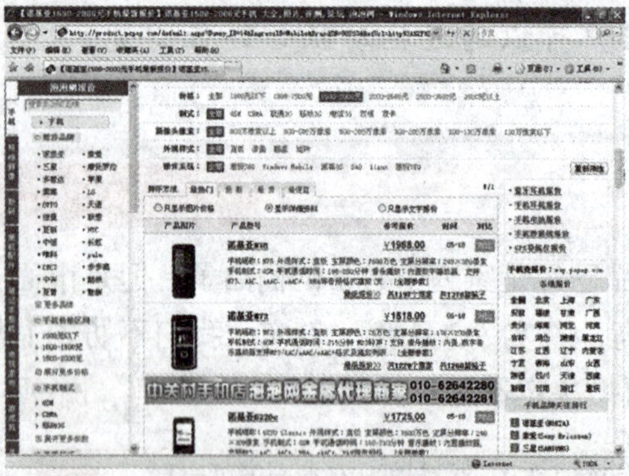

05 如果希望只显示固定制式的手机，可以单击某一制式，譬如【联通3G】链接。

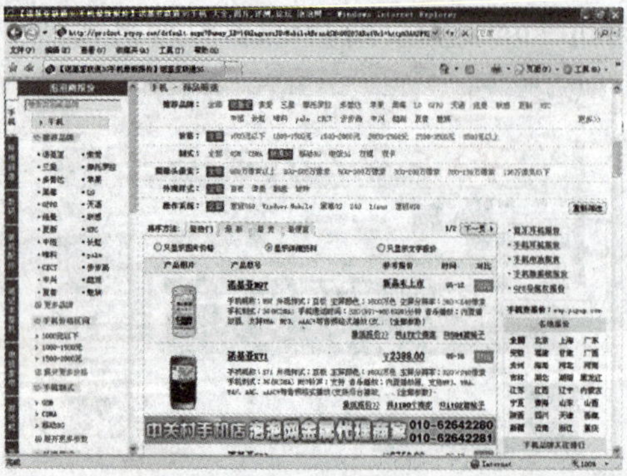

06 如果对手机的摄像头像素有要求，可以单击某一像素的文字链接，譬如单击【200~300万像素】文字链接。

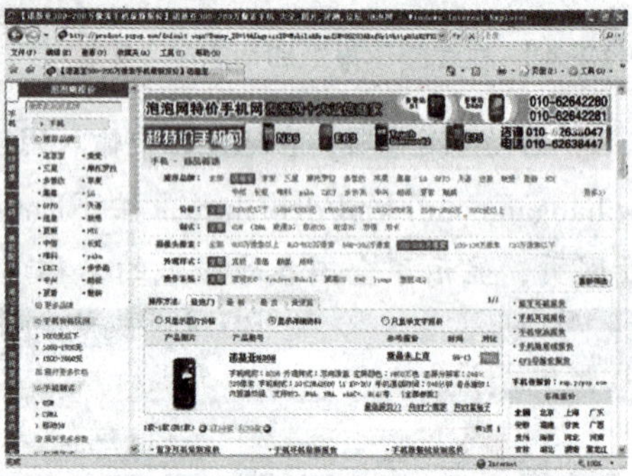

07 如果对手机的外观造型有要求，可以单击外观样式的文字链接，譬如单击【直板】选项。

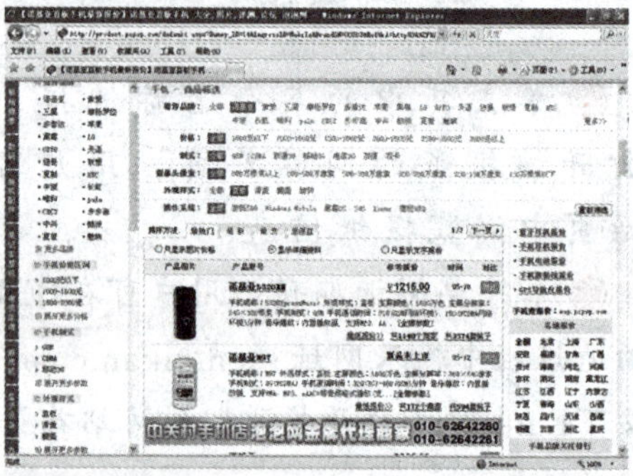

08 在下方的产品展示区域中，给出了符合条件的手机的基本情况，包括预览图片、价格、上市时间以及手机参数信息等。如果需要了解详细信息，可以单击该手机的文字链接。

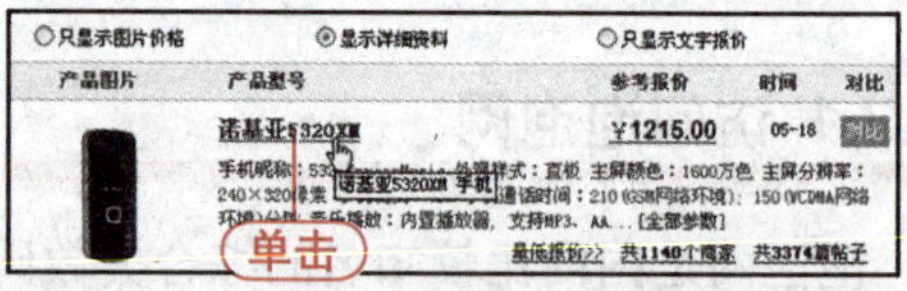

09 在该手机的详细信息页面中，您可以在【综述】选项卡下查看手机的基本参数；在【报价】选项卡下查看各地经销商对这款手机的报价；在【图片】选项卡下查看更多关于这款手机的图片；在【特性】选项卡下查看该手机的特点；在【评论】选项卡下查看或者参与该手机的网友评论；在【评测】选项卡下查看专家对该

手机的评测信息。

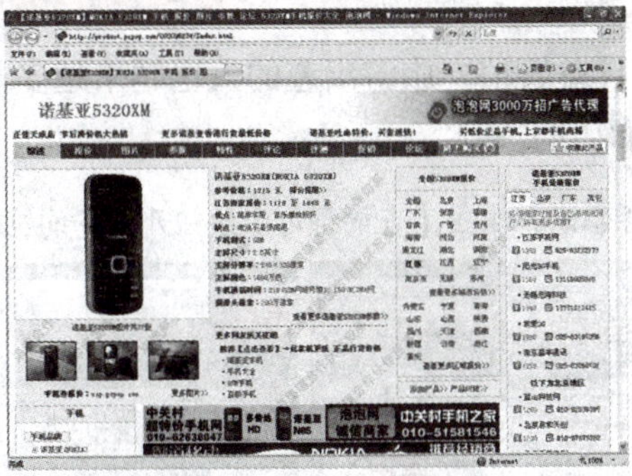

10.3.2 进行产品比较

有时我们在选购商品时，会遇到在两个或多个产品之间取舍不定的情况。选购数码产品也一样，但是我们可以在泡泡网上对产品进行各项参数的比较，通过专业的数据分析帮助我们拿定主意，择优选购。

【例10-6】 登录泡泡网进行产品比较。 视频

01 打开泡泡网，找到待比较的手机，单击其后的【对比】按钮，此时在右侧的【产品比较】浮动框中将会出现该手机的缩略图。

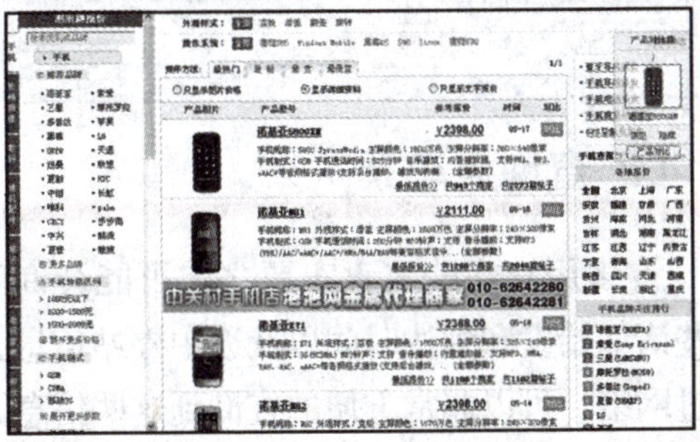

02 打开一手机品牌，单击【对比】按钮，添加到【产品比较】浮动框中。

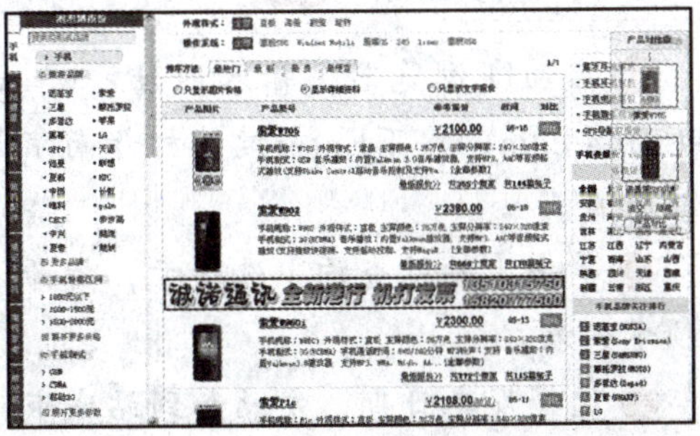

03 继续之前的步骤，添加第3个手机到【产品比较】浮动框中，然后单击【产品对比】按钮。

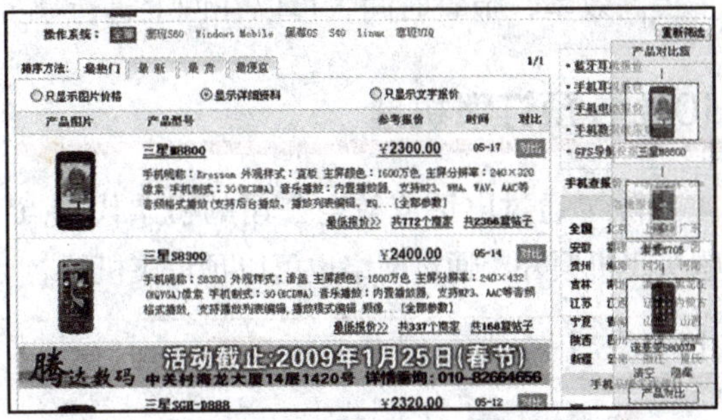

04 此时在打开的网页中显示了这3款手机的参数对比以及优缺点。

05 经过比较后，可以在该页面的下方单击【排除比较】按钮，将其中的某一款排除在候选之列。

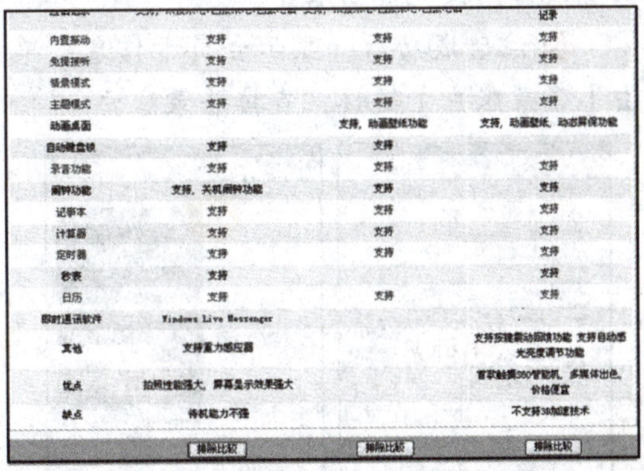

06 此时列表中将只剩下两款手机进行比较，显示相关校对信息。

10.4 网上预订

随着人们生活水平的不断提高以及商务活动的日益繁忙，旅游出差的人也越来越多。为了提高效率，节省时间，可以在网上进行票务以及酒店的预订。

10.4.1 预订飞机票

除了通过电话或航空公司的机票代理点购买飞机票外，通过网络也可以预订飞机票。

【例10-7】 在线预订飞机票。视频

01 启动IE浏览器，输入网址www.csair.com/cn，按下Enter键，打开中国南方航空网站首页。

02 单击登录界面中的【注册】链接，打开注册页面。

03 单击【同意】按钮，同意服务协议。

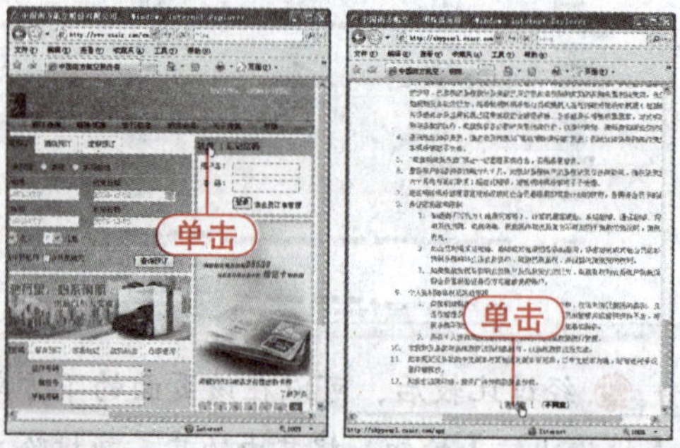

04 输入正确的注册信息，单击【确认】按钮，提交注册表单。

05 注册成功后，显示会员卡信息，单击【登录账户】链接，直接登录账户。

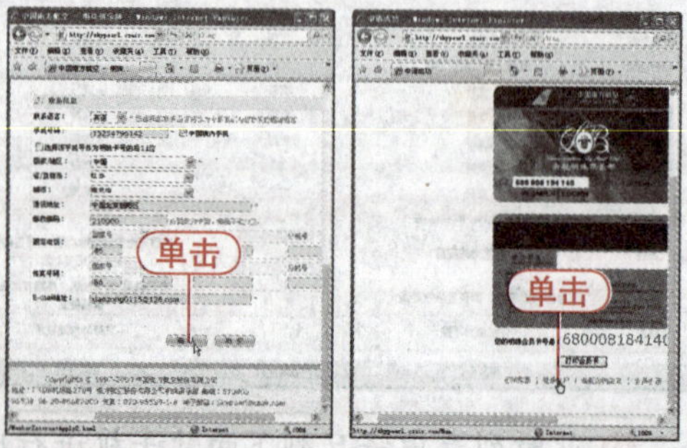

06 单击【预定/查询】按钮，在弹出的下拉菜单中选择【机票预订】命令开始预订机票。

07 输入出发城市、到达城市、出发时间等信息，单击【查询预订】按钮开始查询航班。

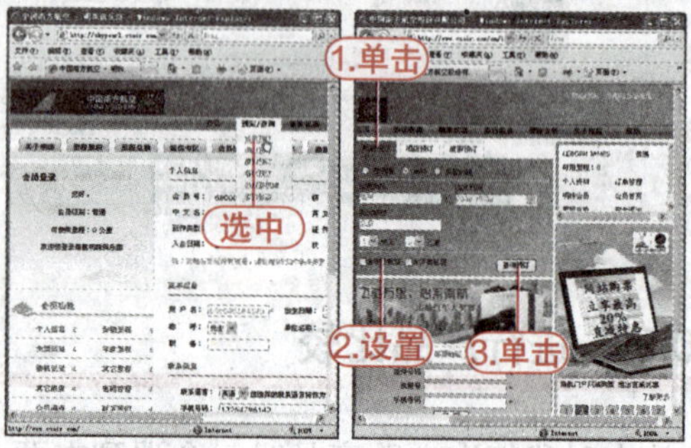

08 选择相应航班的相应票价，单击【下一步】按钮。

09 在打开的页面中输入旅客信息，单击【下一步】按钮即可成功预订机票。

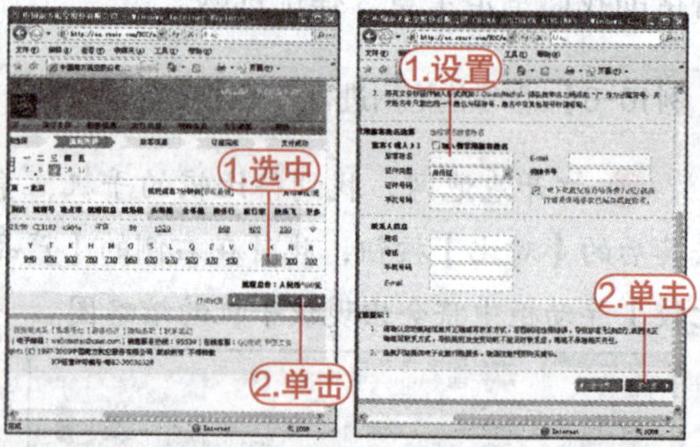

10.4.2 查询火车票

许多用户在购买火车票之前可能会询问一些诸如始发和到达时间以及途中停站信息，通过网络，可以非常方便的查询到这些信息，做到心中有数。

【例10-8】 查询火车票。视频

01 启动IE浏览器，输入网址：www.njstation.com，按下Enter键，打开南京火车站首页。

02 单击【站站查询】选项卡，打开该选项卡列表。

03 选择发车日期、发站和到站城市，

单击【搜索】按钮，搜索车次。

04 在打开的页面中显示了所有车次，单击要查询的车次链接，打开该车次页面。

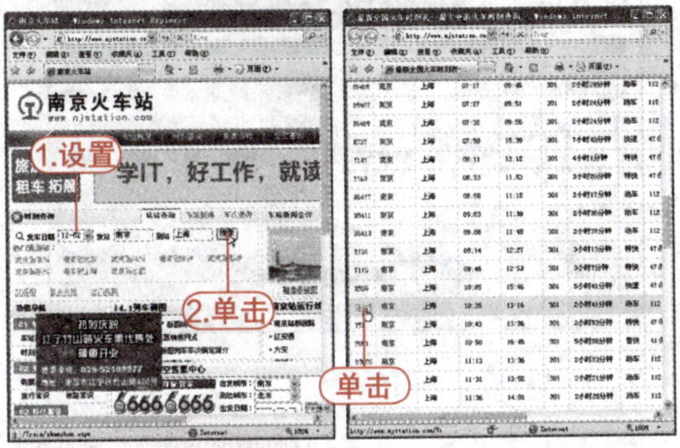

05 下图显示了相关的信息，包括发车时间、到达时间、停靠站点、里程数、票价等。

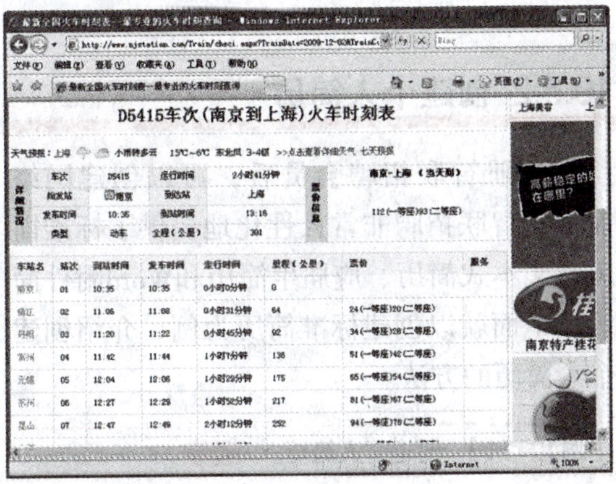

10.4.3 网上预订酒店

许多网站都提供了酒店预订服务，下面就以携程旅行网为例，介绍网上预订酒店的操作方法。

【例10-9】 网上预订酒店。视频

01 启动IE浏览器，输入网址：www.ctrip.com，按下Enter键，打开携程旅行网首页。

02 单击【酒店】选项卡，打开该选项卡列表，输入入住城市、入住日期、离店日期和价格范围。

03 单击【搜索】按钮搜索酒店信息。

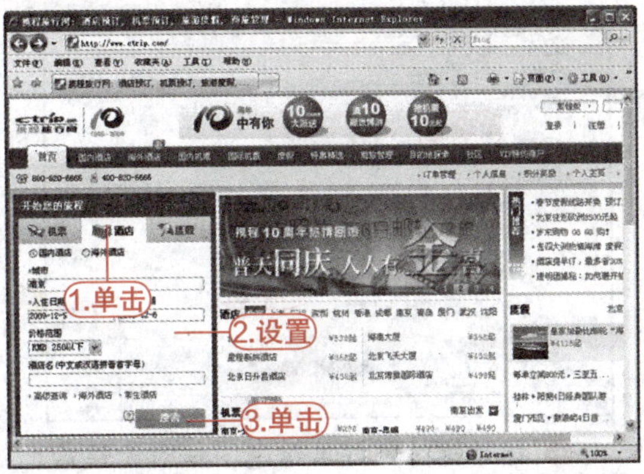

04 在打开的页面中显示了所有符合搜索条件的酒店，单击要预订的酒店右侧的【预订】按钮，开始预订酒店。

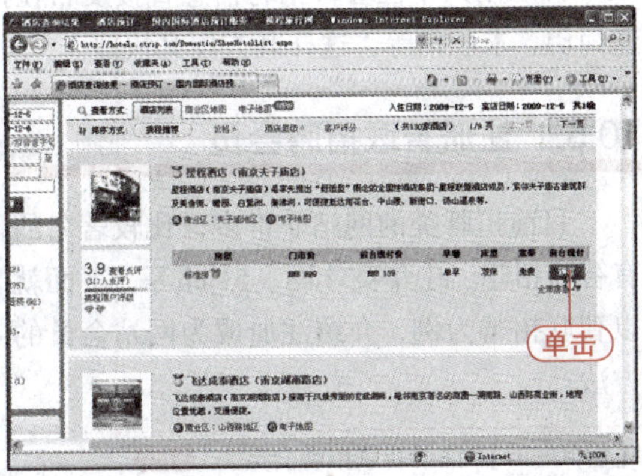

05 由于不是携程网会员，因此选择非携程会员预订方式，在【手机号】文本框中输入手机号码，单击【直接预订】按钮。

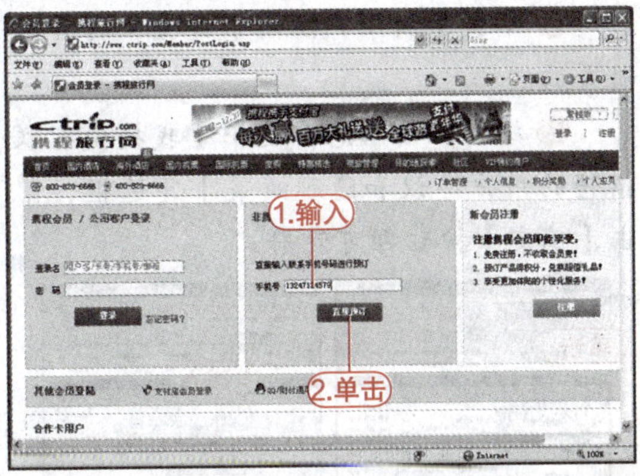

06 设置最早和最晚入住时间，填写旅客姓名，房间数量等信息，单击【下一步】按钮，提交信息。

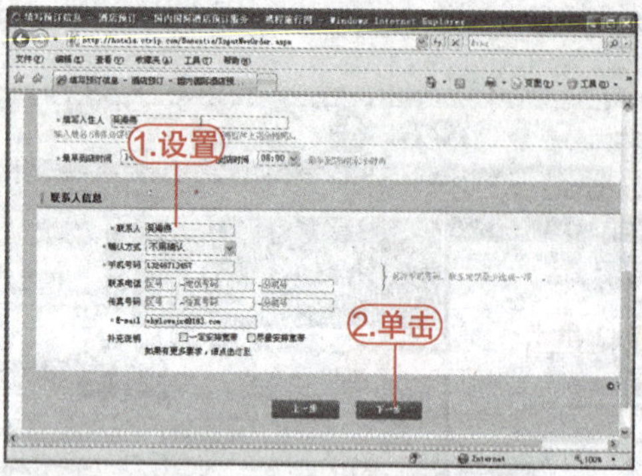

07 打开核对预订单信息，核对无误后，单击【提交订单】按钮提交。

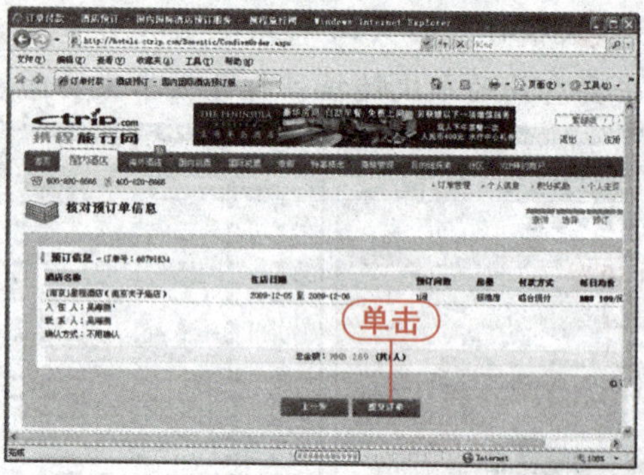

10.5 网上求职

许多用人单位会将招聘信息直接发布在招聘网站上，用户可以直接在网上查找工作，投递简历、求职信等，这样既方便又快捷。

10.5.1 注册智联招聘会员

目前招聘类的网站非常多，比较著名的有智联招聘、中华英才网、51job等，下面就以智联招聘为例，介绍注册成为网站会员的方法。

【例10-10】 注册智联招聘会员。 视频

01 启动IE浏览器，输入网址：www.zhaopin.com，按下Enter键，打开智联招聘网站首页。

02 单击【新用户注册】链接，打开注册页面。

03 填写注册信息，选中【我接受智联招聘的用户协议和隐私政策】复选框，单击【确定】按钮即可注册。

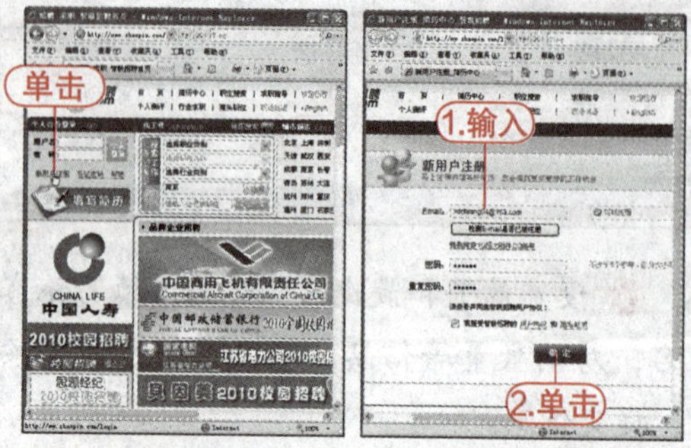

10.5.2 创建个人简历

注册智联招聘会员后，可以创建网络简历，智联招聘非常人性化地提供了标准简历、文本式简历、应届生简历和Word附件简历，下面就以创建标准简历为例，介绍创建个人简历的方法。

【例10-11】 创建个人简历。 视频

01 成功注册智联招聘会员后，打开简历向导页面，单击【创建标准简历】按钮，开始创建标准简历。

02 填写个人信息以及自我评价信息。

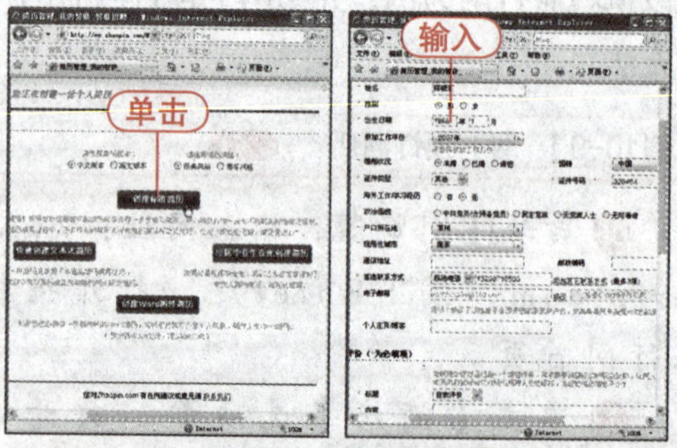

03 选择求职意向，然后单击【保存下一步】按钮，保存信息。

04 填写学历和工作经验信息，然后单

击【保存完成】按钮，保存并完成简历。

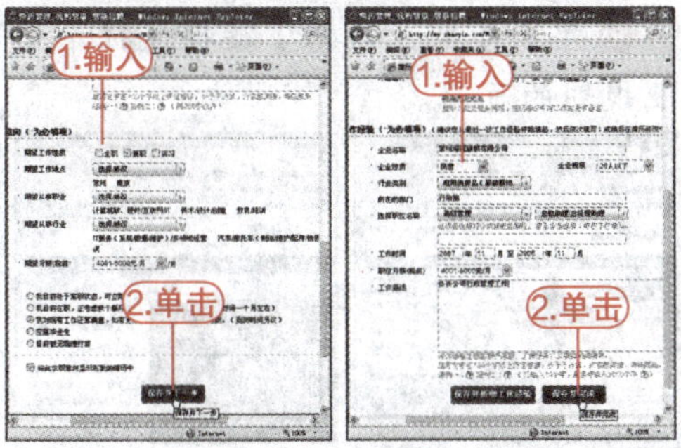

10.5.3 搜索职位

创建好简历后，可以在智联招聘网站上寻找招聘信息，然后选择自己中意的单位。

【例10-12】搜索职位。视频

01 打开智联招聘网站，登录用户。

02 单击顶部的【职位搜索】链接，打开职位搜索页面。

03 在【职位类别】选项中选择搜索的职位类别；在【职位名称】选项中选择职位；在【行业类别】选项中选择行业类别；在【发布时间】选项中选择招聘信息发布时间；在【工作地点】文本框中可以输入期望的工作地点，然后单击【搜索】按钮，搜索职位。

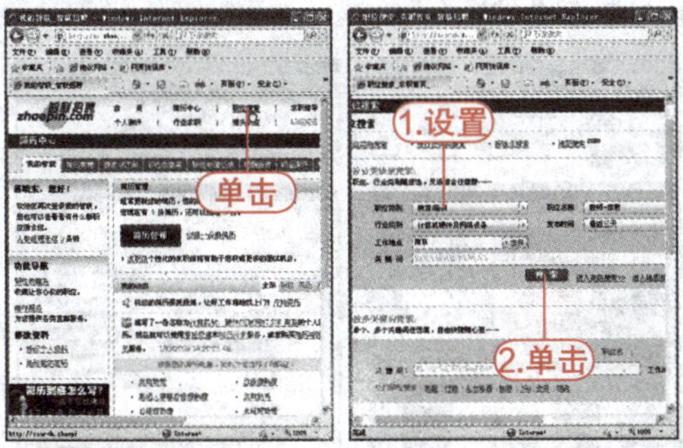

04 在打开的页面中显示了所有符合条件的职位信息。

05 单击页面右上角的【发布时间】链接，可以按照职位信息发布时间进行排序，单击【详细】链接，可以显示职位详细信息。

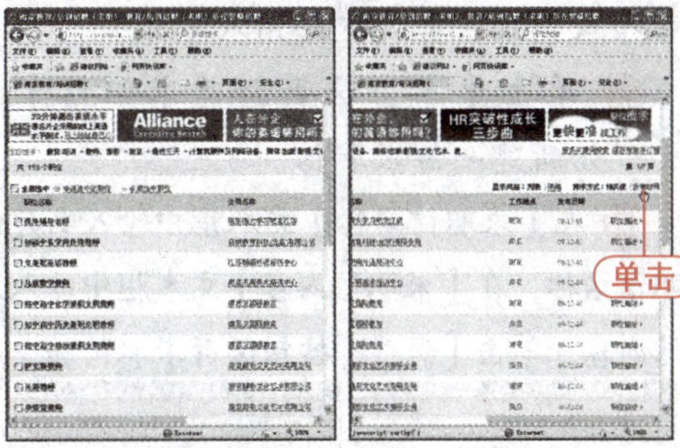

10.5.4 投递简历

搜索职位后，可以在所有职位信息中进行筛选，选择自己合适的工作，申请职位并通过智联招聘投递个人简历和求职信。

【例10-13】申请职位并投递简历。视频

01 在职位信息页面中，选择自己中意的工作，单击链接，打开该职位详细页面。

02 在打开的页面中显示了该职位的详细信息，包括职位描述/要求、联系方式等。

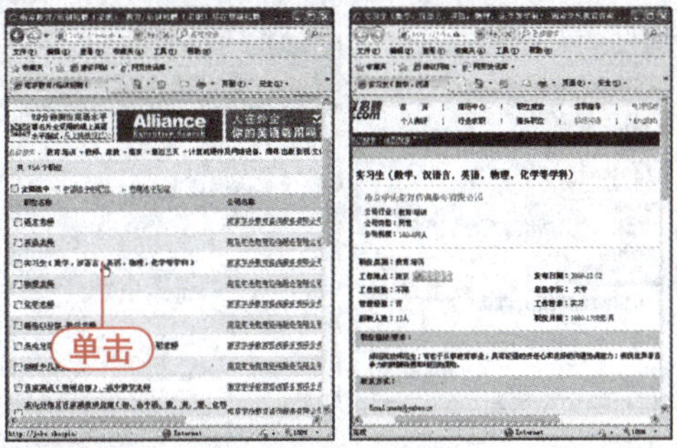

03 拖动滚动条到下方，可以显示有关公司的详细信息。

04 单击【申请职位】按钮，开始申请职位。

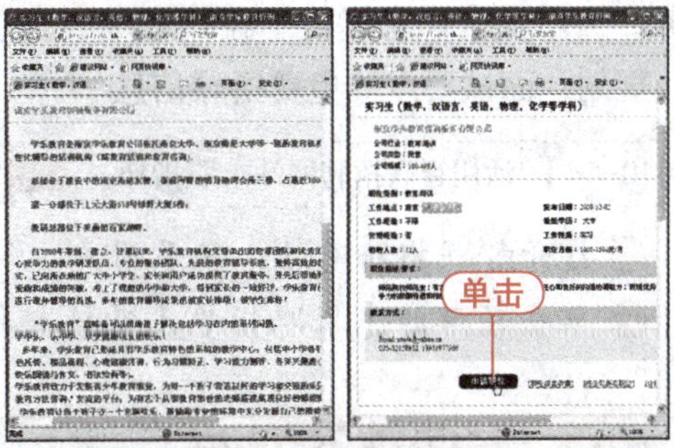

05 用户可以直接单击【现在申请】按钮立即申请职位，也可以新建一份求职信，

连带个人简历一并发送给用人单位。

06 单击【点击这里新建求职信】链接，开始新建一份求职信。

07 在【求职信名称】文本框中输入新建的求职信名称，在【求职信内容】文本框中输入求职信内容，单击【保存】按钮保存求职信。

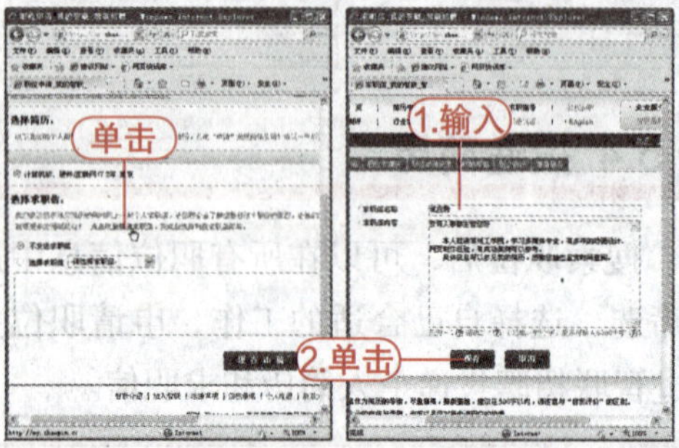

08 保存求职信后，可以在【选择求职信】选项区域中选中【选中求职信】单选按钮，在右侧的下拉列表中选择求职信，然后单击【现在申请】按钮，申请职位。

09 成功申请职位后，会显示成功信息。

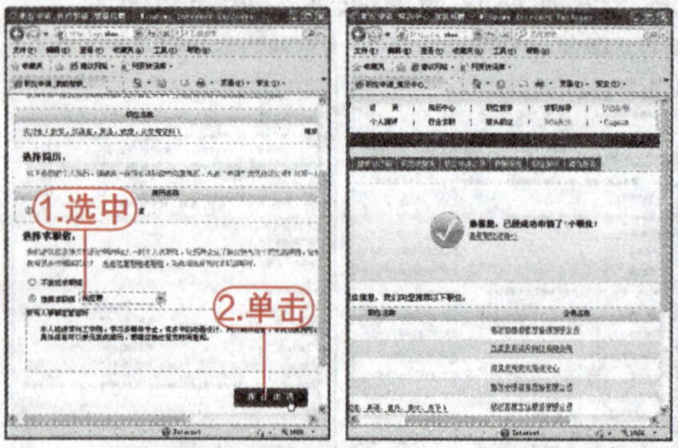

10.5.5 活用求职指导

现在主流的招聘网站都提供了求职指导服务，为广大求职者提供了在线职场咨询、职业规划、面试要点等免费指导信息。

【例10-14】 活用智联招聘网站求职指导。视频

01 打开智联招聘网站，登录用户。

02 单击顶部的【求职指导】链接，打开求职指导页面。

03 单击【职业规划】链接，打开有关职业规划的页面。

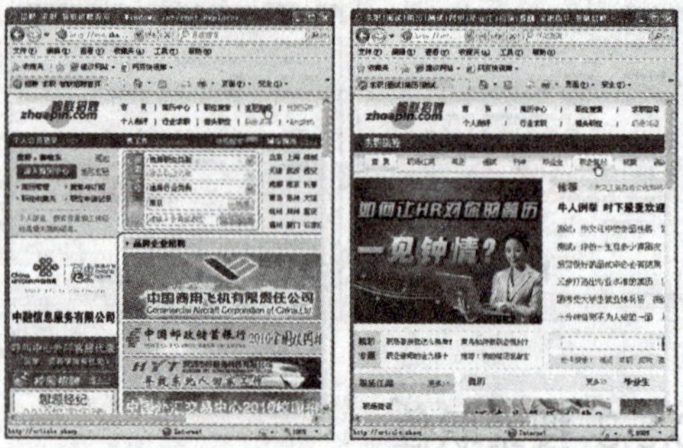

04 单击要查看的文章标题链接，例如【五绝招帮你找准理想职业】链接，打开该文章页面，显示相关的内容。

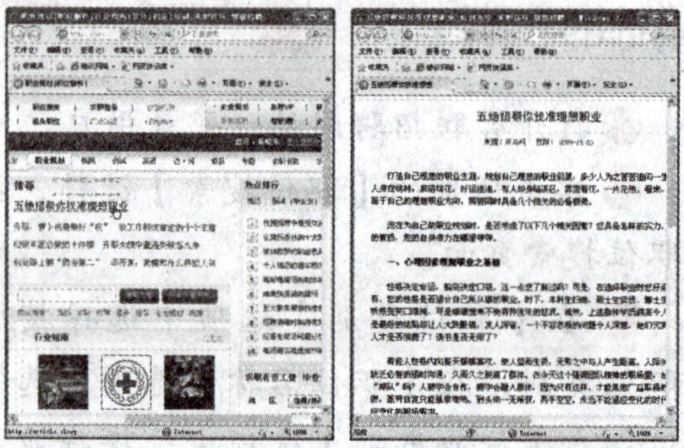

05 单击【面试】链接，打开有关面试内容的页面。

06 可以在【热点排行】栏中单击要查看的内容标题名称，在打开的页面中学习面试要点知识。

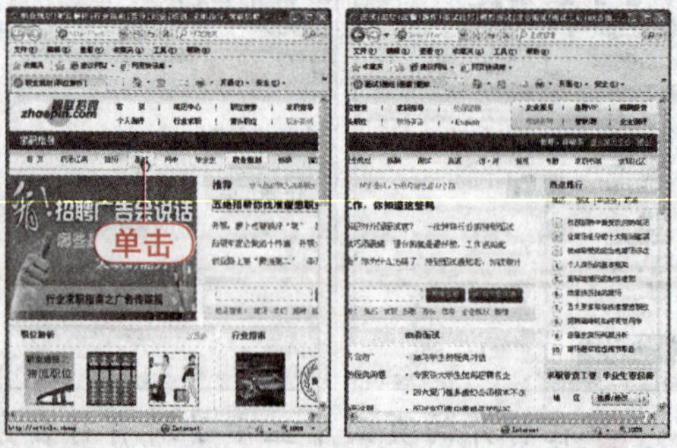

10.6 发送电子贺卡

过年过节，好友生日的时候，可以送上一份精美的电子贺卡，通过网络传递您的祝福信息。

下面就介绍发送电子贺卡的方法。

10.6.1 发送网易贺卡

网易贺卡是可以通过免费手机短信、电子邮件、聊天工具方式传达您祝福的免费贺卡中心。

【例10-15】 发送网易贺卡。视频

01 启动IE浏览器，输入网址：cards.163.com，按下Enter键，打开网易贺卡站页面。

02 在登录界面中输入网易通行证和密码，使用163或126邮箱可以作为网易通行证，单击【登录】按钮，登录用户。

03 可以单击所需发送的贺卡分类链接，例如【爱情】链接，打开有关爱情的贺卡。

04 同样方法选择要发送的贺卡爱情类别，例如【天长地久】链接，打开该类别贺卡。

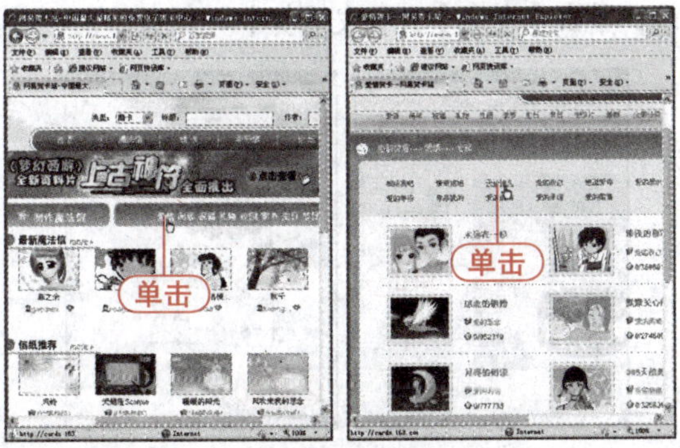

05 单击要发送的贺卡图片或标题，打开该贺卡页面。

06 在打开的页面中可以浏览该贺卡。

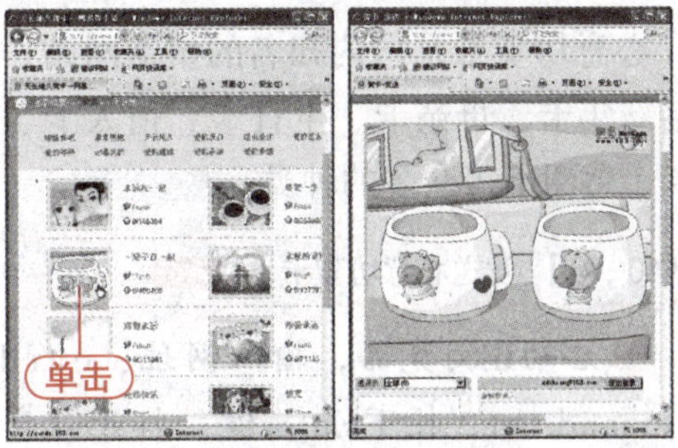

07 单击贺卡下方的【添加好友】按钮，在打开的对话框中【姓名】文本框输入好友名称，在【电子邮箱地址】文本框中输入好友邮箱地址，单击【添加】按钮，添加好友。

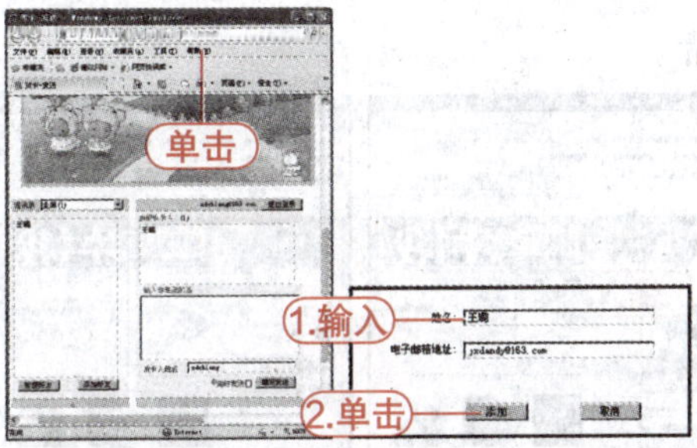

08 在【输入你想说的话】文本框中输入想要发送的祝福内容，单击【确定发送】按钮即可发送贺卡。

09 成功发送贺卡后会显示贺卡发送成功信息。

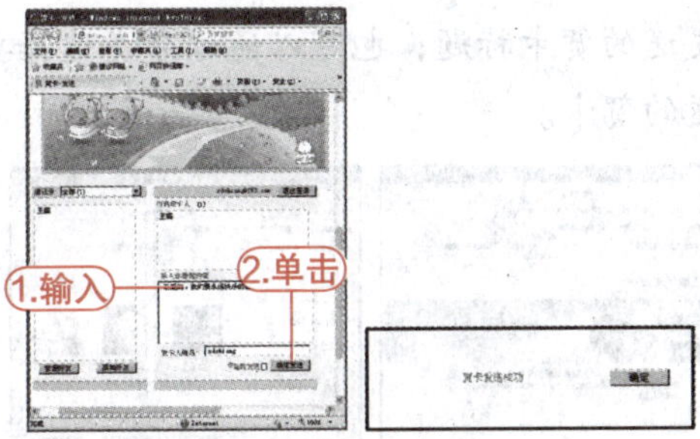

10 如果用户不想即时发送贺卡，可以选择发送贺卡时间。

11 单击【定时发送】链接，在打开的对话框中设置发送电子贺卡的时间，可以准确到小时，单击【关闭】按钮，退出对话框，然后单击【确定发送】按钮，即可定时发送贺卡。

10.6.2 心意坊贺卡

心意坊贺卡是国内知名的贺卡网站，它包括新年卡、母亲卡、生日卡、情人卡、问候卡、感谢卡等众多的种类。

【例10-16】 发送心意坊贺卡。视频

01 启动IE浏览器，输入网址：cards.silversand.net，按下Enter键，打开心意坊贺卡页面。

02 输入注册的通行证和密码、输入正确的验证码，单击【登录】按钮，登录用户。

03 由于是注册的用户，还未申请使用贺卡功能，单击【申请】按钮，开始申请。

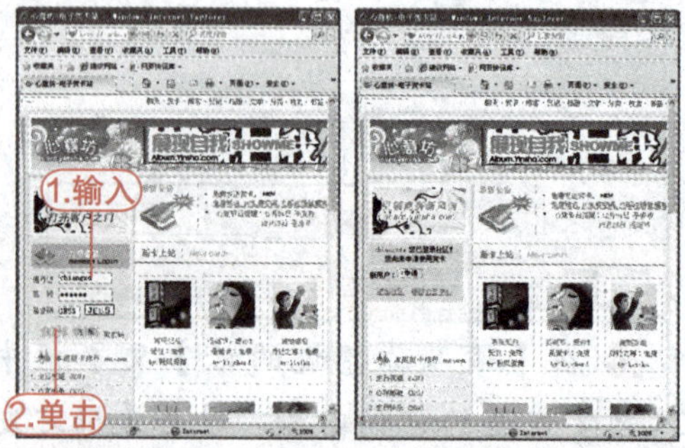

04 成功申请贺卡使用功能后显示成功申请信息并且自己返回贺卡页面。

05 在【本周贺卡排行】栏中可以单击要发送的贺卡标题，也可以通过分类选择要发送的贺卡。

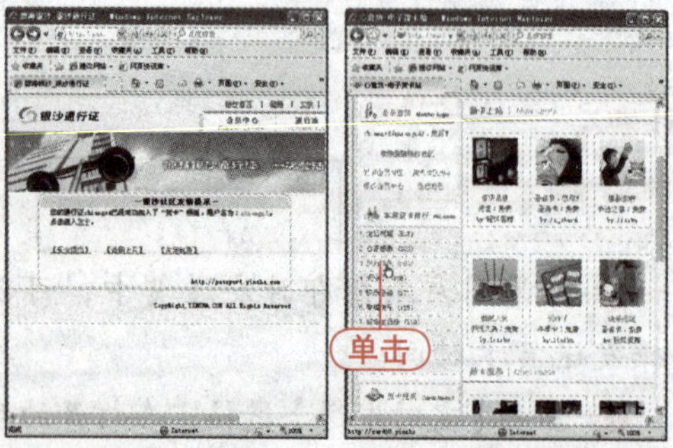

06 打开该贺卡页面，可以浏览贺卡。

07 在贺卡右侧的【选择祝福语】文本框中可以输入发送的祝福信息。

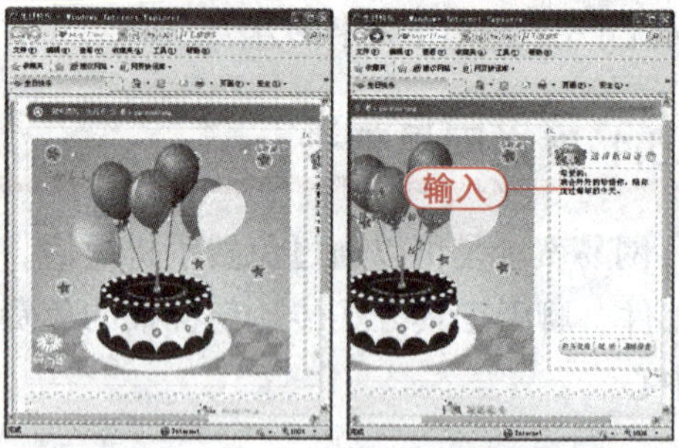

08 单击【打开录音】按钮，可以在打开的页面中可以进行录音，前提是电脑必须安装并调试好麦克风。

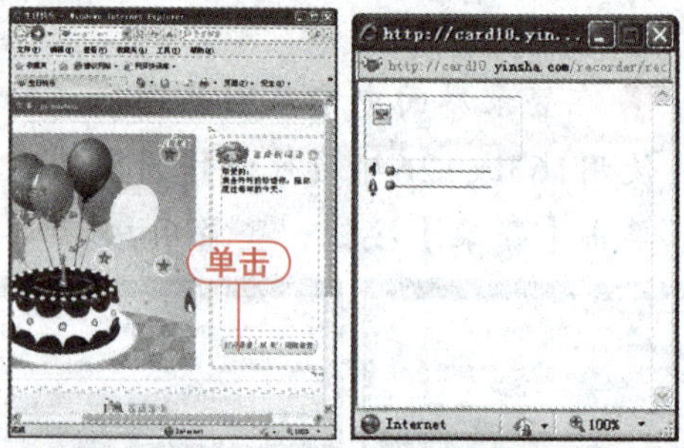

09 录音完成后，可以单击【试听】按钮试听录音，如果对效果不满意，可以单击【消除录音】按钮，消除录音，然后单击【打开录音】按钮重新进行录音。

10 在贺卡下方的【收卡人】文本框中可以输入收卡人姓名，在【对方邮箱】文本框中可以输入收卡人邮箱地址。

11 在【您的姓名】文本框中输入自己的姓名，在【您的邮箱】文本框中输入自己的邮箱地址，单击【发送】开始发送贺卡。

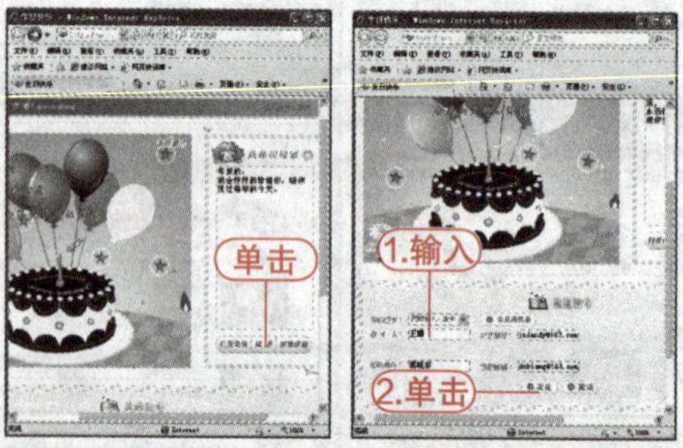

12 输入正确的验证码，单击【好了，送出贺卡吧！】按钮，可以立即发送贺卡。

13 单击【还要改动一下设置哦！】按钮，

可以对贺卡发送信息进行修改。

> **专家指点**
>
> 目前提供贺卡服务的网站很多，基本上所有网站都是免费提供贺卡使用服务的，如果用户会自行制作贺卡，例如使用Flash制作动态贺卡，使用Photoshop制作平面贺卡，相信能更好地传递自己的祝福。

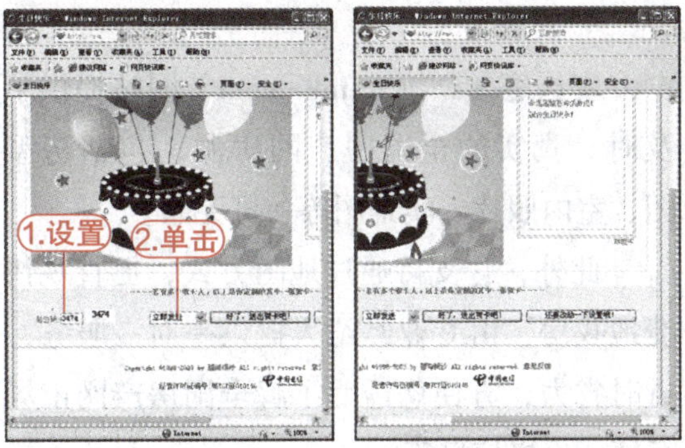

10.7 网上房屋租赁

很多网站都提供了网上房屋租赁服务，可以通过网络免费查看房屋租赁、出售信息，既方便又省时。

10.7.1 房屋租赁网站推荐

有关房屋租赁的网站很多，这里推荐几个比较著名的房屋租赁网站。

1. House 365

House365（www.house365.com）是一家房地产家居门户网站，它提供了全国主要城市最及时最全面的房地产新闻资讯，包括商品房、二手房、房屋租赁、家居信息、建材广告等。

2. 口碑网

口碑网（fang.koubei.com）是中国最大的生活服务网站，它汇集了租房、买房以及房产等各个方面的信息，是一个综合性非常强的网站。

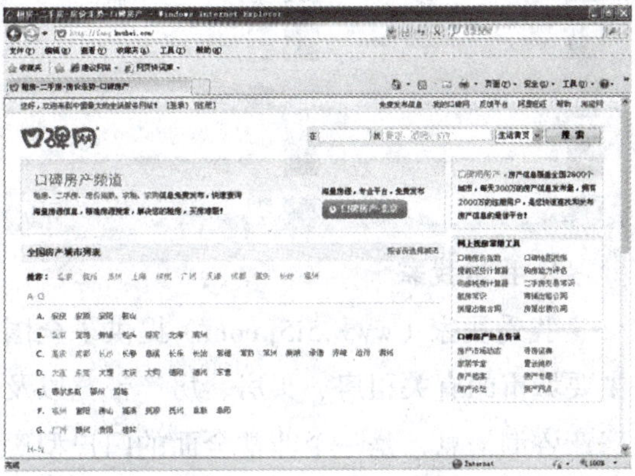

3. 淘房网

淘房网（www.taofang.com.cn）围绕新房、尾房和二手房3个中心价值链条而服务，以专业发掘价值、服务提升价值、目标：打造房地产价值服务门户网站为宗旨。

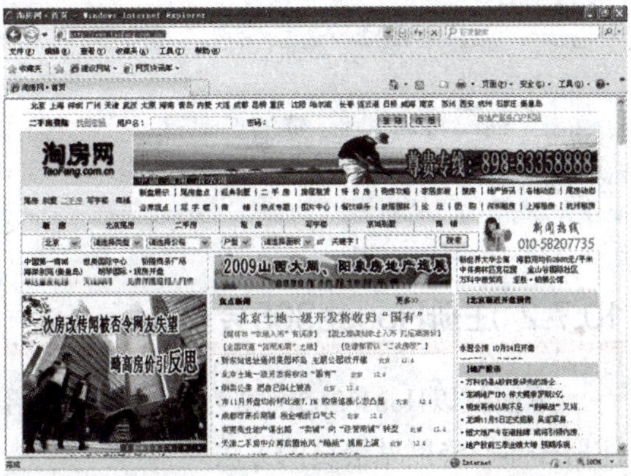

4. 安居客

安居客（www.anjuke.com）网站提供了及时、真实的全国房产网房源，包括房型图、室内照片、实景图等一览无余。

此外，它支持通过地图方式，更直观快捷地找房，由专业经纪人提供一对一服务，省时省力，方便您透明了解全国房产网市场行情，价格信息等。

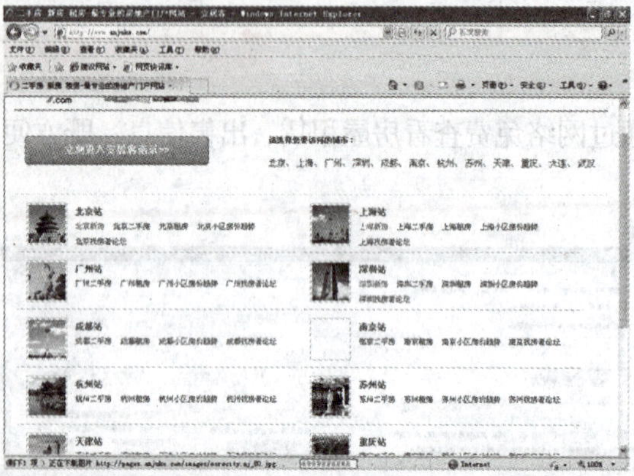

5. 我爱我家

我爱我家（www.5i5j.com）提供了全国主要城市的有关租房、买房、房产带宽以及房产咨询信息，是一个非常全面的门户型房产网站。

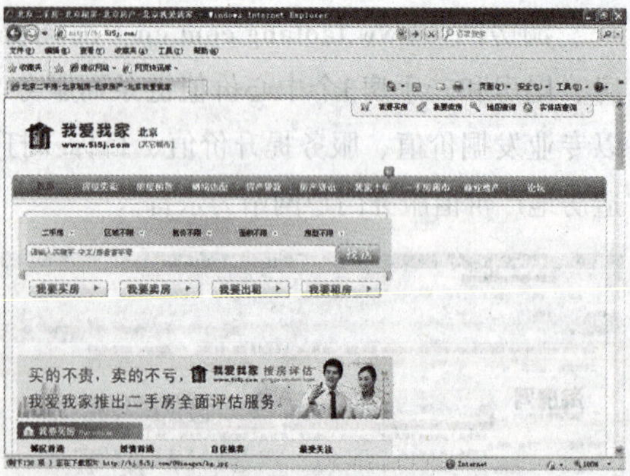

10.7.2 注册House365会员

下面就以House365网站为例，首先介绍注册House365网站会员的方法。

【例10-17】 注册House365网站会员。视频

01 启动IE浏览器，输入网址www.house365.com，按下Enter键，打开House365网站。

02 单击【房地产】按钮，打开房地产页面内容。

03 单击【注册】链接，打开注册页面。

04 填写注册信息，选中【我已经看过并同意华侨路茶坊论坛服务条款及法务声明】复选框，单击【提交】按钮，提交注册表单。

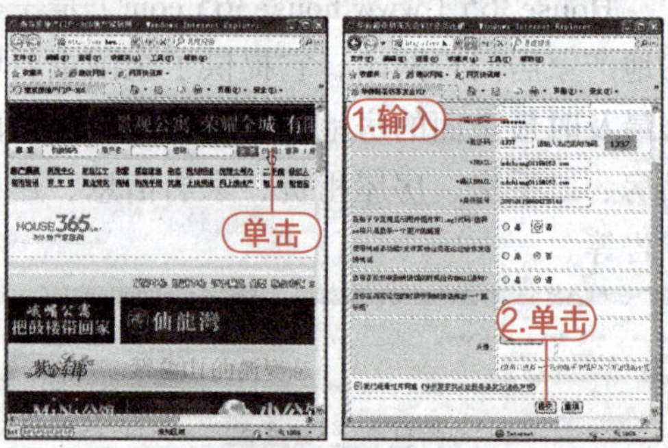

10.7.3 搜索房源

注册网站会员后，可以搜索相关的房源信息，包括二手房、新房或租房信息。

【例10-18】 搜索房源信息。视频

01 打开House365网站，输入用户名和密码，单击【登录】按钮，登录网站。

02 在【365搜索】栏目中，选择楼盘区属、版块、均价等搜索条件，单击【搜索】按钮，开始搜索操作。

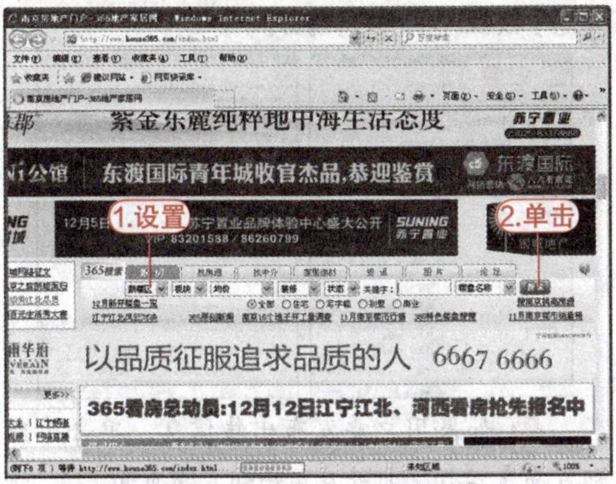

03 在搜索结果页面中显示了所有符合条件的房源，用户可以按照不同的方式进行排列，例如按浏览次数、更新时间等。

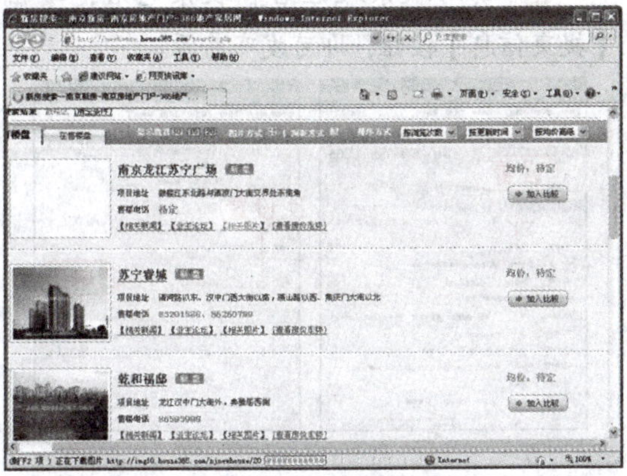

04 单击某个要查看的楼盘，即可打开该楼盘页面，显示详细信息。

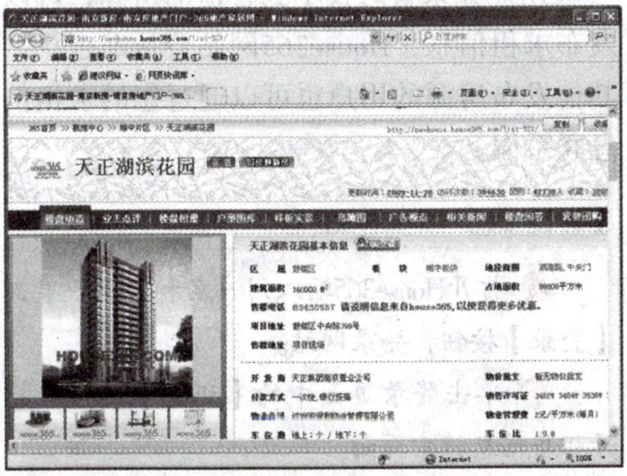

05 如果用户要查找租房信息，可以单击登录页面中的【租房】链接，打开租房信息搜索页面。

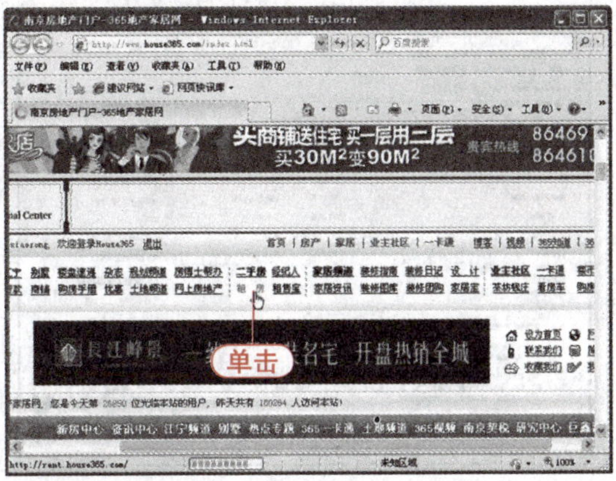

06 在搜索条件中选择合适的选项，包括来源、租赁方式、区属等，单击【搜索】按钮，开始搜索。

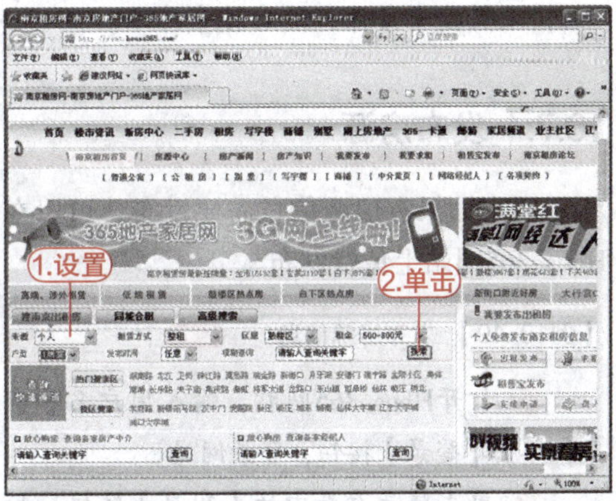

07 在搜索结果页面中显示了所有符合条件的房源，用户可以按照不同的方式进行排列，例如更新时间、出租价格等。

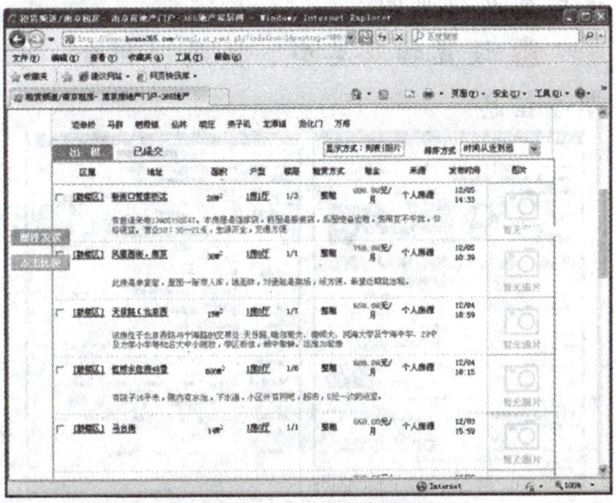

08 单击某个要查看的租赁信息，即可打开该房屋页面，显示详细信息。

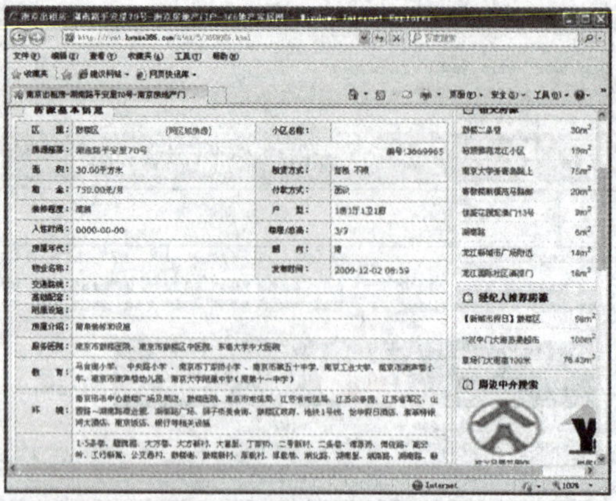

专家指点

用户可以使用同样的方法，单击登录页面中的【二手房】链接，打开二手房搜索页面，设置搜索条件，然后搜索房源。

10.7.4 发布房源

用户如果有房源信息需要发布，可以在House365网站上免费发布。

【例10-19】 发布房源信息。 视频

01 打开House365网站，输入用户名和密码，单击【登录】按钮，登录网站。

02 单击登录页面中的【租房】链接，打开租房信息搜索页面。

03 单击【出租发布】按钮，打开房屋出租发布页面。

04 设置物业类型、区属、租金、租期等信息。

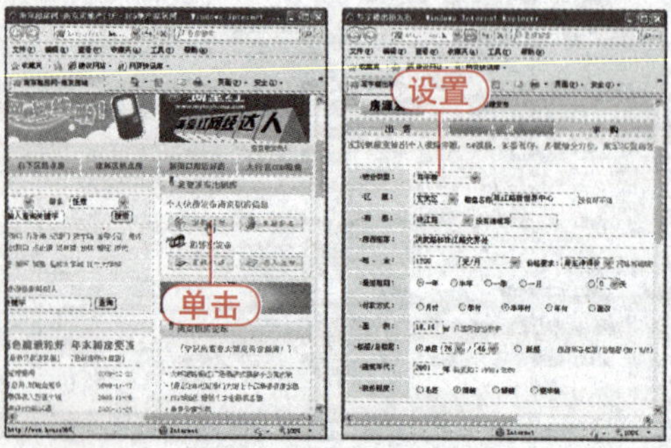

05 设置房屋详细信息。

06 填写联系人姓名和联系电话，单击【提交信息】按钮，即可发布房源。

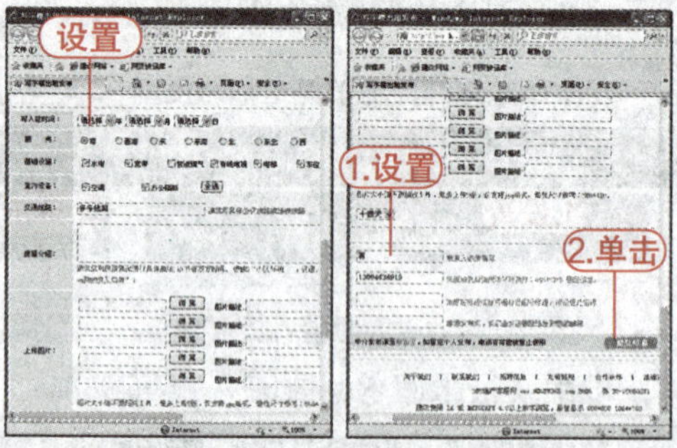

07 如果用户要发布出售信息，单击【出租发布】按钮，打开房屋出租发布页面。

08 单击【出售】选项卡，设置物业类型、区属、租金、租期等信息。

09 设置房屋详细信息。

10 填写联系人姓名和联系电话，单击【提交信息】按钮，即可发布房源。

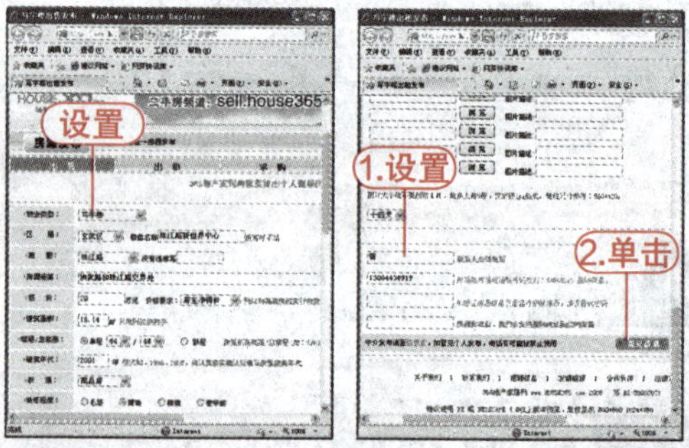

10.7.5 发布求租信息

用户如果暂时找不到合适的房源，可以发布求租信息，House365网站会帮助查找，其他发布房源的用户也可以通过您的求租信息联系你。

【例10-20】 发布求租信息。 视频

01 打开House365输入用户名和密码，单击【登录】按钮，登录网站。

02 单击登录页面中的【租房】链接，打开租房信息搜索页面。

03 单击【求租发布】按钮，打开房屋出租发布页面。

04 设置物业类型、区属、房源座落等条

件，输入联系人和联系电话，单击【提交信息】按钮，提交租房信息。

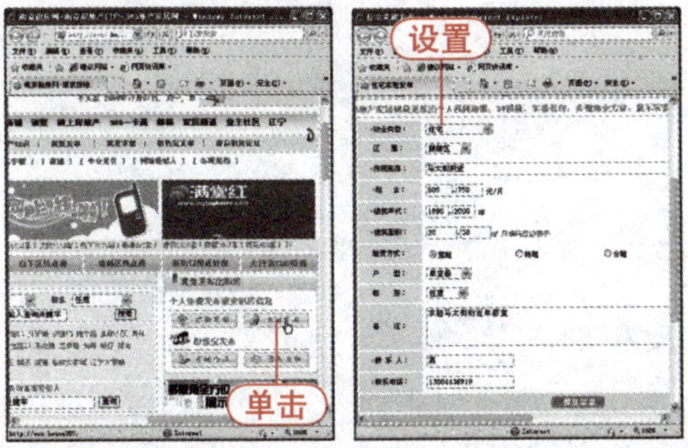

05 如果用户要发布求购信息，单击【求租发布】按钮，打开房屋出租发布页面。

06 单击【求购】选项卡，设置物业类型、区属、房源座落等条件。

07 输入联系人和联系电话，单击【提交信息】按钮，提交求购信息。

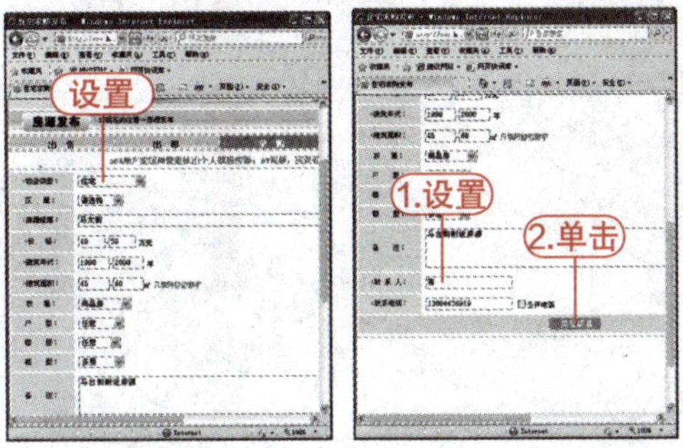

Chapter 11

网络电子商务

电子商务是通过网络逐步发展起来的，如今依托于网络的商务活动也越来越频繁，影响力也越来越大。本章主要介绍了有关电子商务的知识，包括网上炒股、网上购物、网上开店等。

- 网上炒股
- 网上购物
- 网上开店

参见随书光盘

例11-1 访问网易财经网，查看大盘行情和个股信息

例11-2 安装同花顺炒股软件，通过该软件查询股市信息

例11-3 注册淘宝网会员

例11-4 开通工商银行网上银行

例11-5 搜索淘宝网中的商品

例11-6 发送站内信

例11-7 使用阿里旺旺与卖家沟通

例11-8 购买商品

例11-9 确认收货

例11-10 申请支付宝会员并进行认证

例11-11 发布商品

例11-12 开设店铺

11.1 网上炒股

对于现在的股民而言，以前那种通过报纸和电视定时了解股市行情的时代已经过去了，股市行情瞬息万变，只有通过网络才能第一时间得到股市信息。

11.1.1 上网查看股市行情

提供股市行情的门户网站很多，目前比较知名的有新浪财经频道、雅虎财经、网易财经、百度和讯全财经网等。下面就以网易财经网为例，介绍在线查看股市行情的方法。

【例11-1】 访问网易财经网，查看大盘行情和个股信息。视频

01 启动IE浏览器，在地址栏中输入网址：money.163.com，按下Enter键，打开网易财经频道。

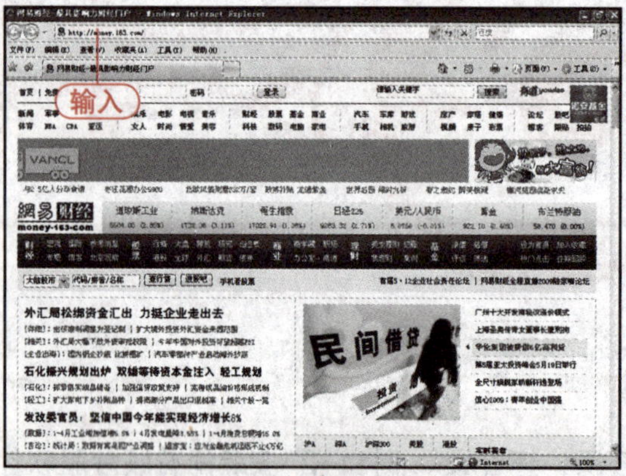

02 在该页面的下方有中国股市各个交易所的行情图表，单击该图表可以进入证券详细信息行情页面。

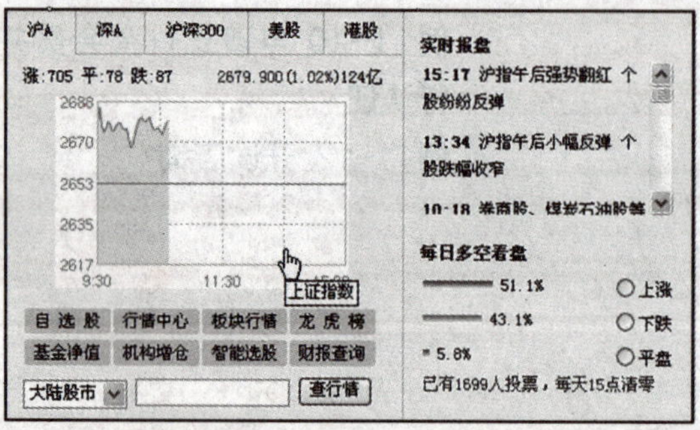

03 在证券行情页面中，通过图表、数字等多种形式列出了当天中国股市各股票交易所的交易情况，并列出了涨跌幅前十的股票。

04 单击某一支个股的文字链接，还可以查看该股票的具体走势。

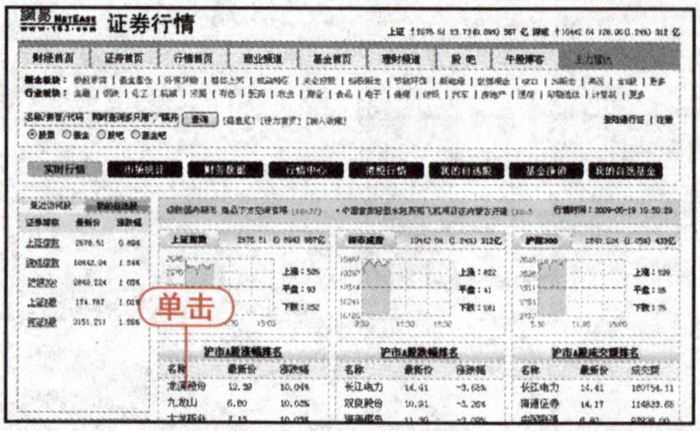

05 在个股的行情页面中，通过图表方式列出了该股的近期走势，您还可以单击图表上方的【一月日K】、【三月日K】等选项卡，查看一段时间内该股票的走势情况。

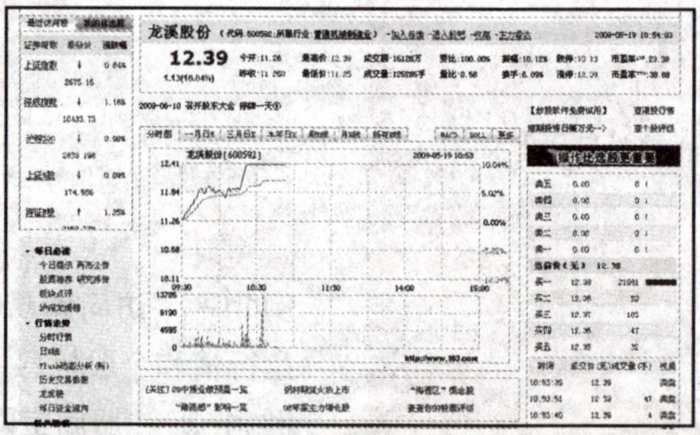

06 单击图表，还可以打开一个新页面，并以大图方式显示该股票的走势。

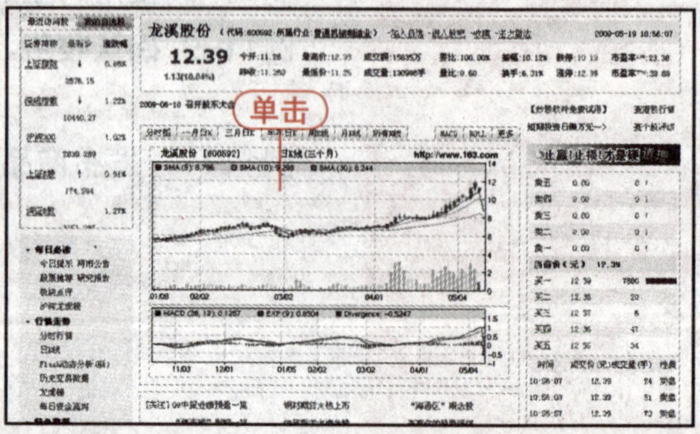

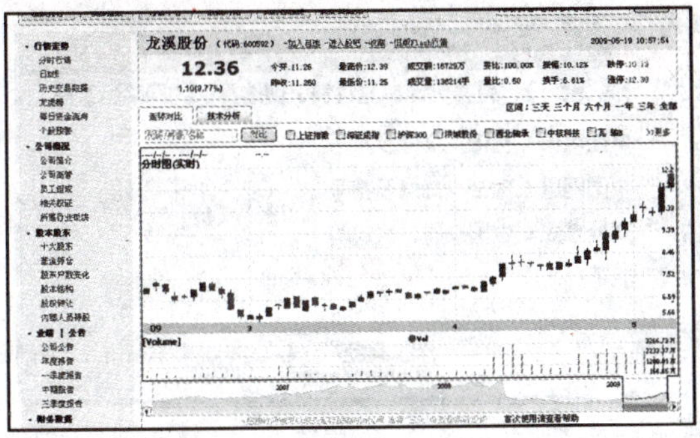

> **注意事项**
>
> 网易财经频道中的股票行情页面是动态的，每隔3到5分钟左右该页面就会自动刷新一次，并根据最新的股市行情重新给出牌价和图表，确保您第一时间获得股票信息。同样，其他类似的财经股票类网站也都具有这个特点。

11.1.2 使用同花顺炒股软件

除了通过财经网站了解实时股票行情之外，您还可以通过一些比较专业的股票软件进行股市行情分析。

同花顺就是一款不错的股市资讯平台，它能为投资者提供多种形式的股票资讯信息，而且个股资料、交易所新闻等资讯都经过预处理，您可以轻松浏览、快速查找所需信息。

总之，该软件可以将丰富的资讯信息与股票的行情走势密切地结合，您可以借助它方便、及时、全面地享受股市的资讯服务。

【例11-2】安装同花顺炒股软件，通过该软件查询股市信息。

01 启动IE浏览器，输入网址：www.10jqka.com.cn，按下Enter键，打开同花顺官方网站。

02 下载软件的安装程序到电脑硬盘中。

03 双击同花顺软件的安装程序，打开软件安装窗口。

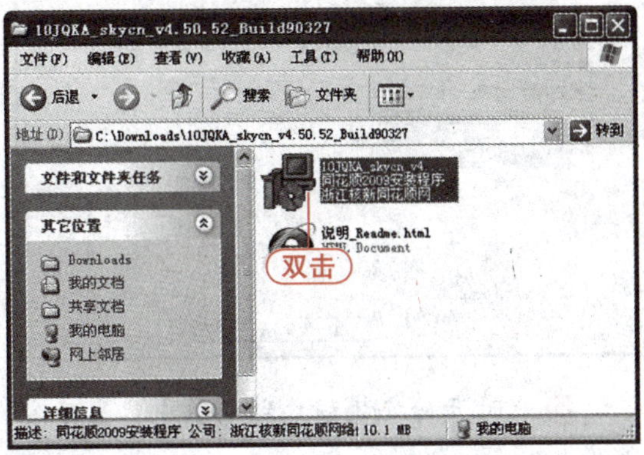

04 单击【下一步】按钮，开始安装同花顺软件。

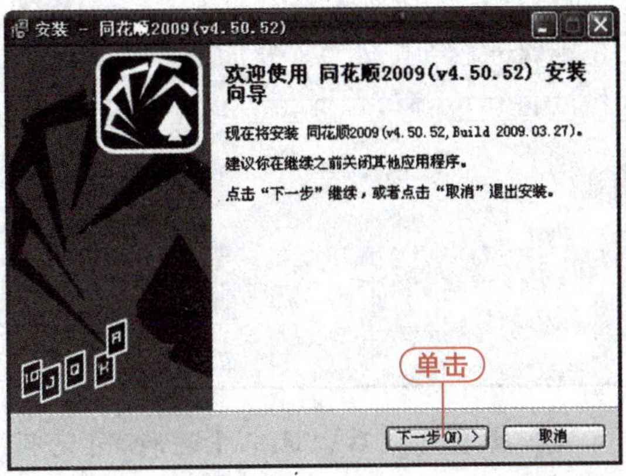

05 设置软件的安装路径后，单击【下一步】按钮。

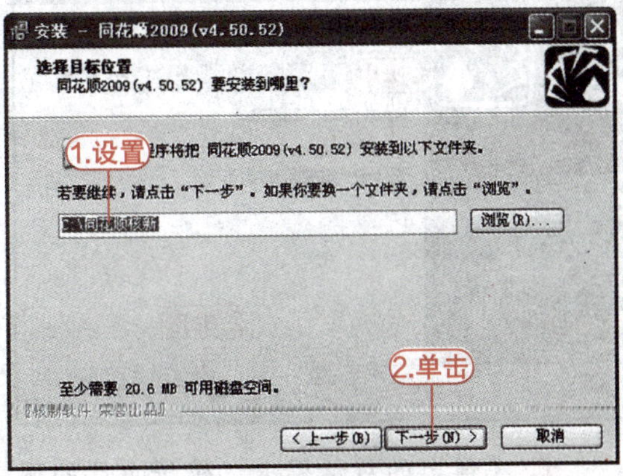

06 选中要安装的附加任务对应的复选框，然后单击【下一步】按钮。

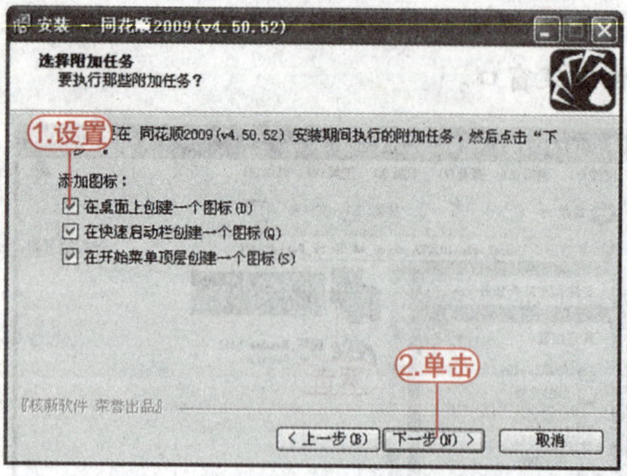

07 此时开始安装程序到电脑中，显示安装进度条。

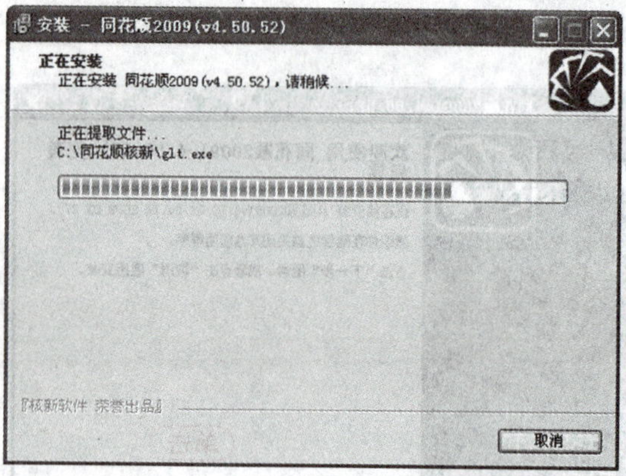

08 安装完成后，选中【运行 同花顺2009】复选框，然后单击【完成】按钮，退出安装窗口并且自动启动同花顺软件。

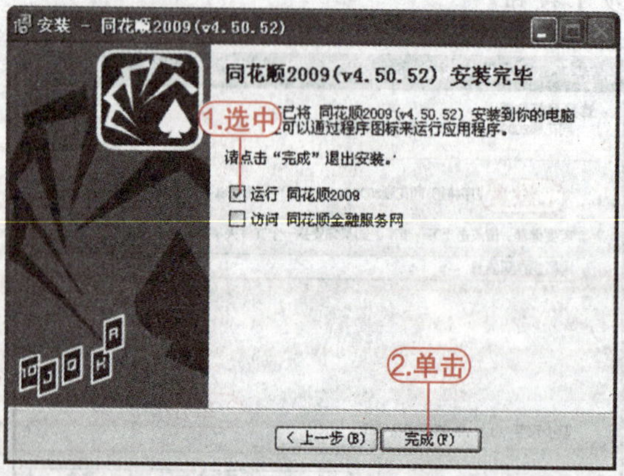

09 在弹出的对话框中，根据自己的网络状况选中相应的单选按钮，然后单击【确定】按钮。

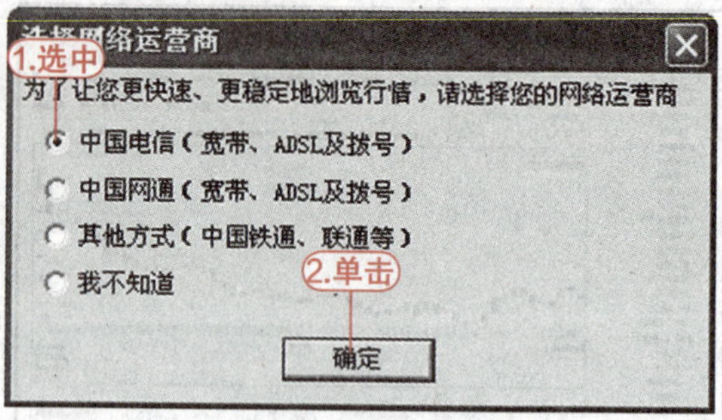

10 打开登录界面后，由于还没有注册用户，单击【免费注册】按钮，开始注册新用户操作。

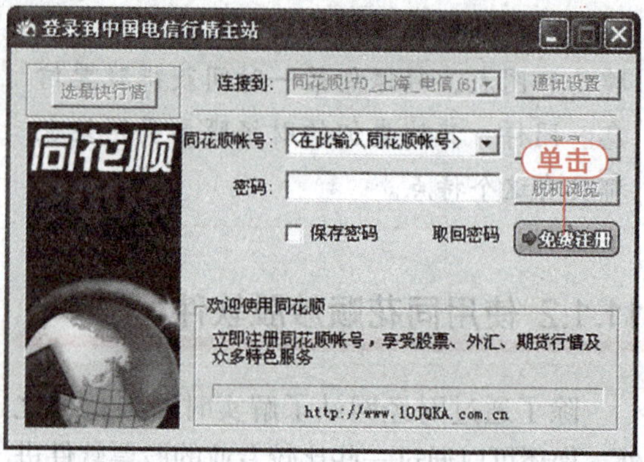

11 在【请输入一个便于您记忆的用户名】文本框中输入用户名称，然后单击【下一步】按钮。

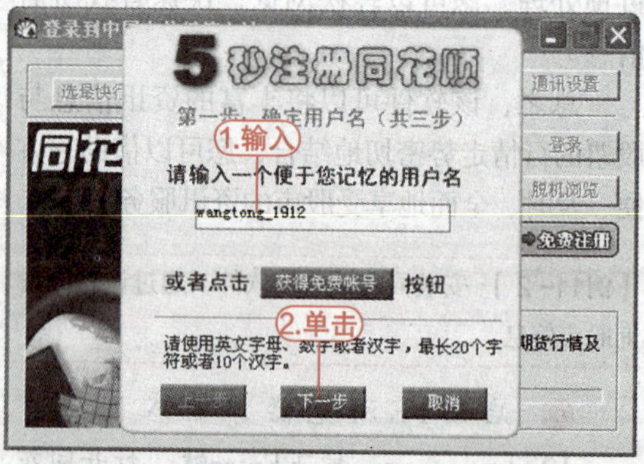

12 确认用户名可以使用后，在【输入密码】和【确认密码】文本框中输入两次您设置密码，然后单击【下一步】按钮。

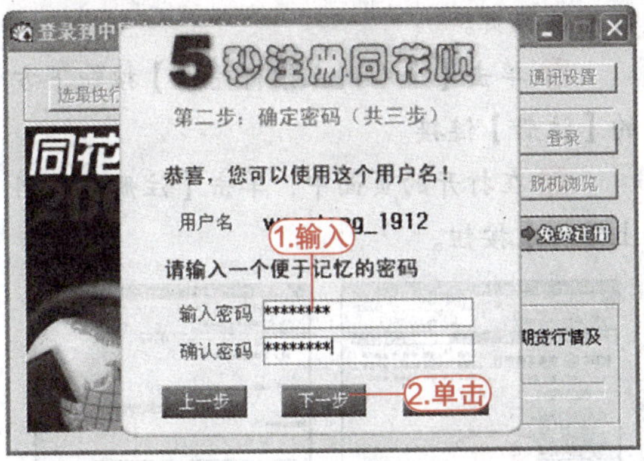

⑬ 您可以在【联系电话】和【电子邮件】文本框中输入电话号码和邮箱地址（也可以不填），然后单击【完成】按钮。

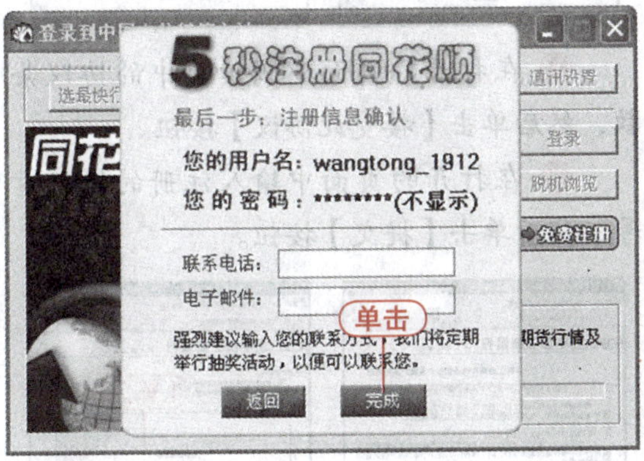

⑭ 在弹出的对话框中，选中需要的服务器选项，然后单击【确定】按钮，即可进入同花顺软件的主界面。

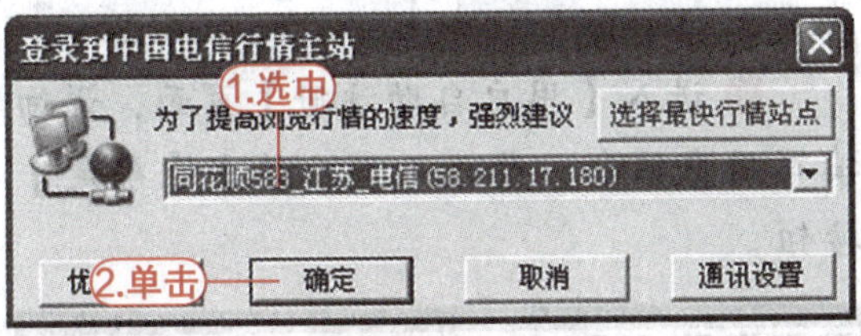

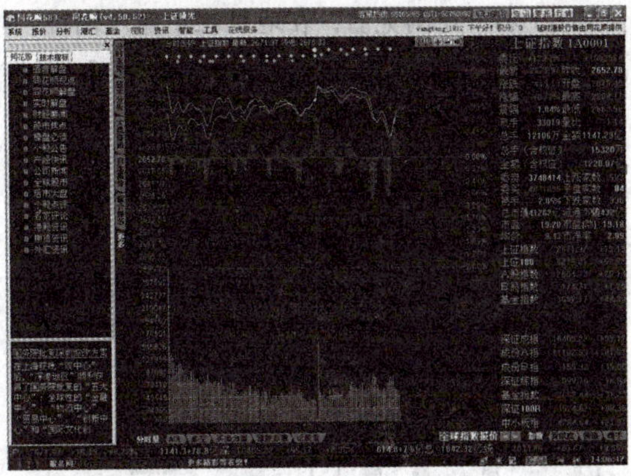

⑮ 在左侧的列表中列出了【语音解盘】、【同花顺视点】、【同花顺解盘】等选项，单击选项可以打开相关的信息窗口。

⑯ 譬如单击【同花顺解盘】选项则打开当日的资讯中心窗口，列出股市相关的信息新闻等。

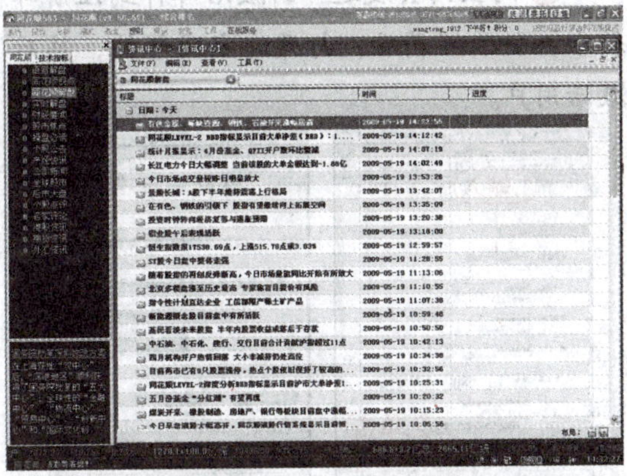

⑰ 要查看信息，只需单击新闻的文字链接即可。

11.2 网上购物

随着电子保密技术的不断进步，网上购物已经成为时下流行的购物方式，可以让用户坐在家中通过点击鼠标可购买物品。目前热门的网上购物网站包括：淘宝网、当当网、易趣网以及京东等。本节就以淘宝网为例，介绍网上购物的方法。

11.2.1 注册淘宝会员

下面一淘宝网为例，全面介绍在网上购买物品的方法。

要在要在淘宝网上购买物品，首先需要注册淘宝用户，才能继续购买操作。

【例11-3】注册淘宝网会员。 视频

01 打开IE浏览器，在地址栏中输入网址：www.taobao.com，按下Enter键，打开【淘宝网】页面。

02 单击左上角的【免费注册】链接。

03 选择【邮箱注册】，单击【点击进入】按钮，打开【新会员免费注册】页面。

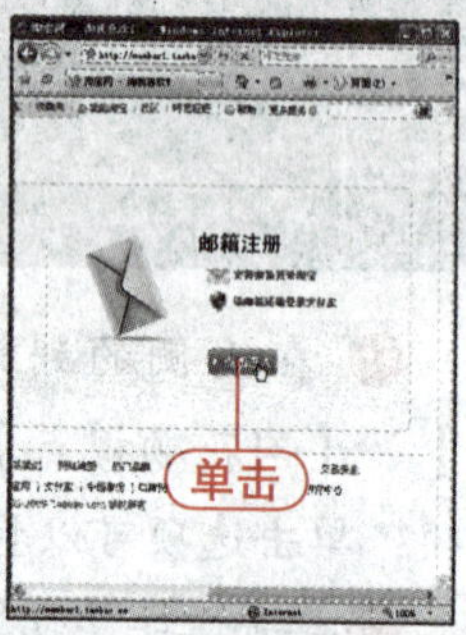

04 输入相关的注册信息，单击【同意以下服务条款，提交注册信息】按钮。

05 淘宝网会发送一封激活邮件到注册邮箱中，登录邮箱后，打开淘宝网邮件，然后激活用户。

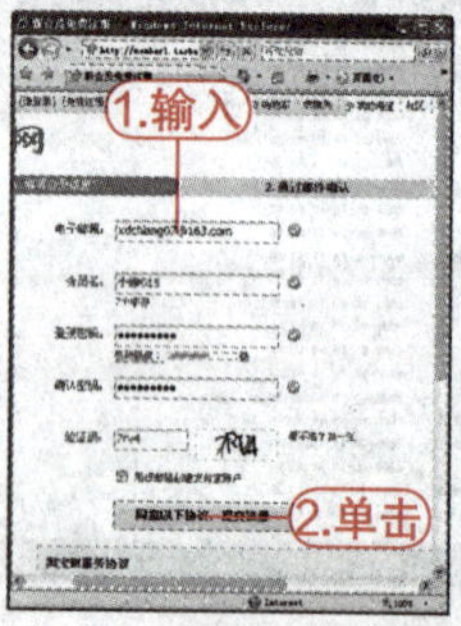

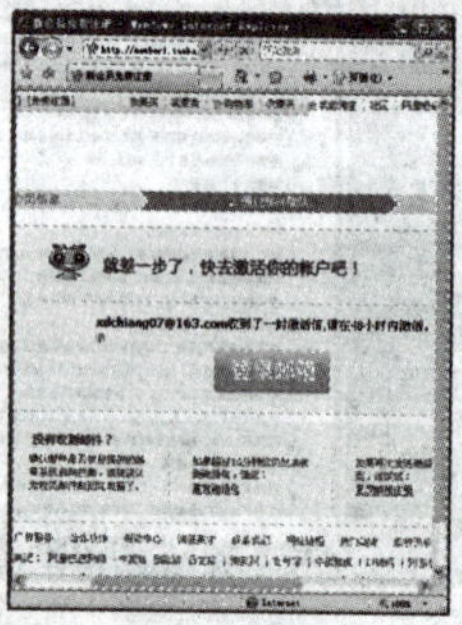

11.2.2 开通网上银行

在淘宝网上购物时，推荐使用支付宝支付，也可以通过网上银行支付，但切忌通过银行汇款方式支付。

开通网上银行可以去银行柜台开通，也可以在网上开通，下面通过实例介绍网上开通网上银行的方法。

【例11-4】 开通工商银行网上银行。视频

01 打开IE浏览器，在地址栏中输入网址：www.icbc.com.cn，按下Enter键，打开工商银行网站首页。

02 单击【个人网上银行登录】按钮下方的【注册】链接。

03 在打开的页面中，单击【注册个人网上银行】按钮。

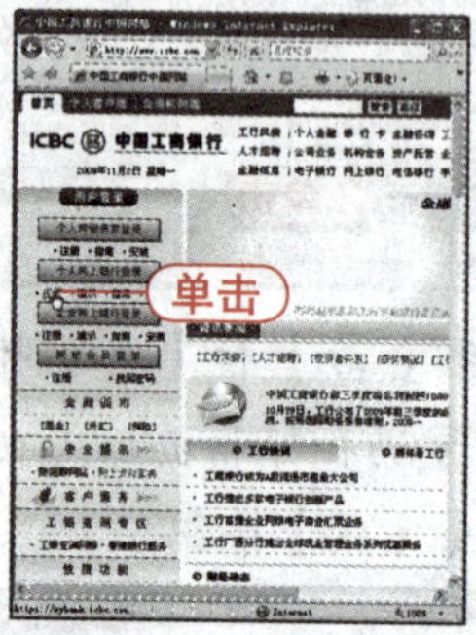

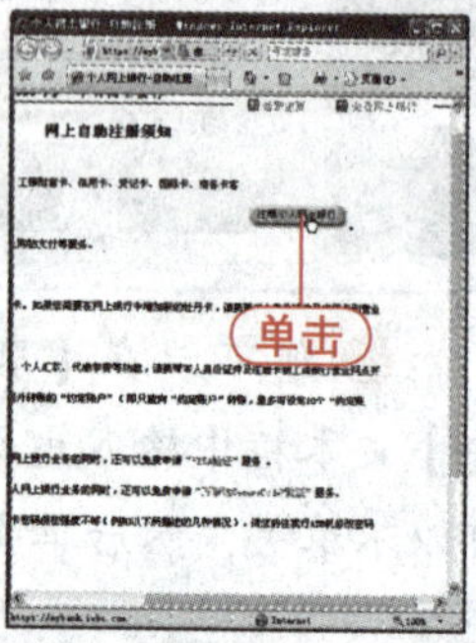

04 在打开的页面中阅读其中的协议条款，然后单击【接受此协议】按钮。

05 在打开的页面中输入注册的银行卡号，然后单击【提交】按钮。

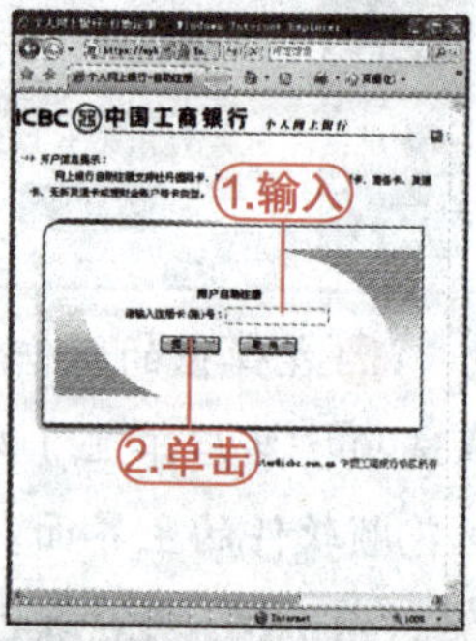

06 进入【用户自助注册】页面，详细填写用户信息，确认无误后单击【确定】按钮。

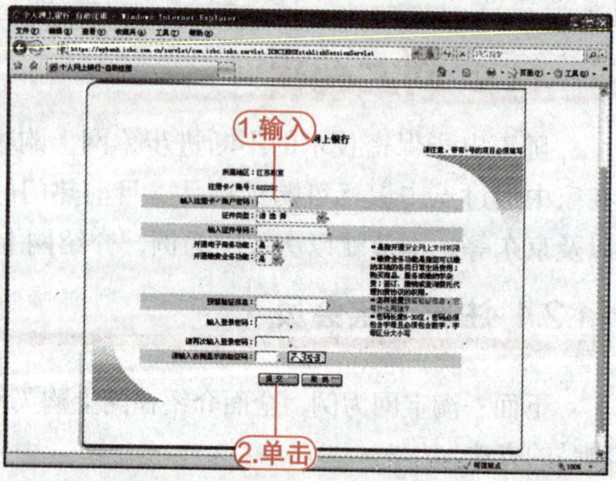

注意事项

此处的登录密码就是在银行柜台申请银行卡时设置的密码。在该页面中可以修改这个登录密码，将其设置为较长较复杂的密码，从而增加网上银行的安全性。

07 进入【用户自助注册确认】页面，牢记其中显示的注册号码。

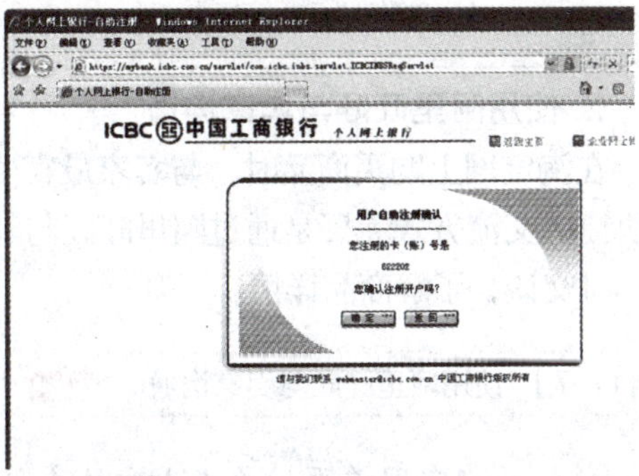

08 注册申请成功，即可实现在线实时支付款项。

11.2.3 搜索商品

淘宝网中的商品数量众多，如果盲目查找常常会事倍功半。所以，网上购物首先就要学会如何搜索好商品。

【例11-5】搜索淘宝网中的商品。 视频

01 打开淘宝网首页。向下拖动IE浏览器右侧的滚动栏，移动到淘宝网首页的下方，即可看到淘宝网丰富的商品分类。

02 单击其中的某个分类链接，即可打开该分类商品的页面，缩小搜索范围。

03 继续单击其中的某个子分类，显示该子分类中的所有商品，进一步缩小搜索范围。

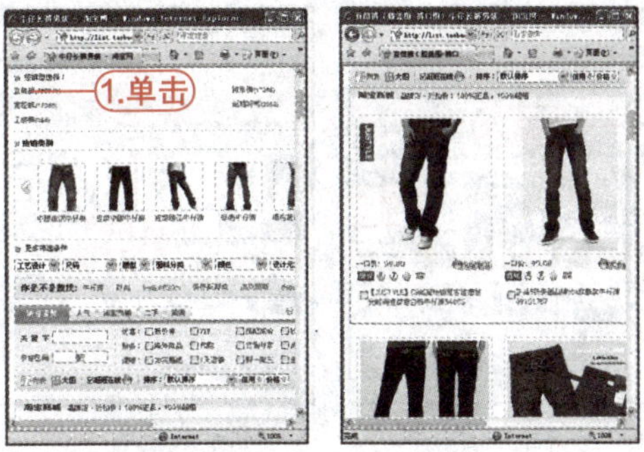

04 返回淘宝网首页，单击上方的【店铺】链接，然后在搜索栏中输入店铺名称，单击【搜索】按钮。

05 在打开的页面中会列出符合所输入店铺名称的所有店铺，单击网络店铺进入店铺。

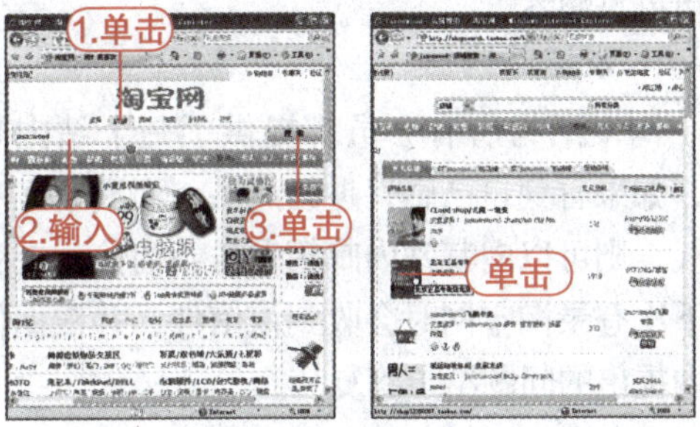

06 此时打开该网络店铺的首页，买家可以尽情地浏览该店铺，选购自己满意的商品。

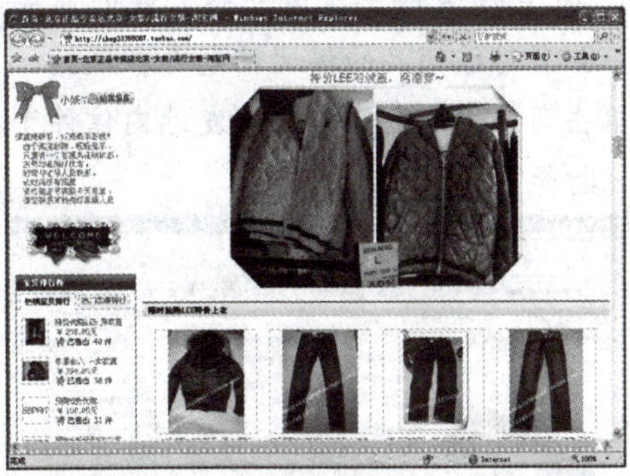

07 返回淘宝网首页，在顶端的搜索栏中输入与商品相关的关键字，然后单击【搜索】按钮。

08 在打开的页面中会列出所有与搜索的关键字相关的商品。有时搜索出来的商品很多，此时可以单击【信用】按钮，按照信用度

高低排序商品，从而可以选择信用度较高的网络店铺购买商品。

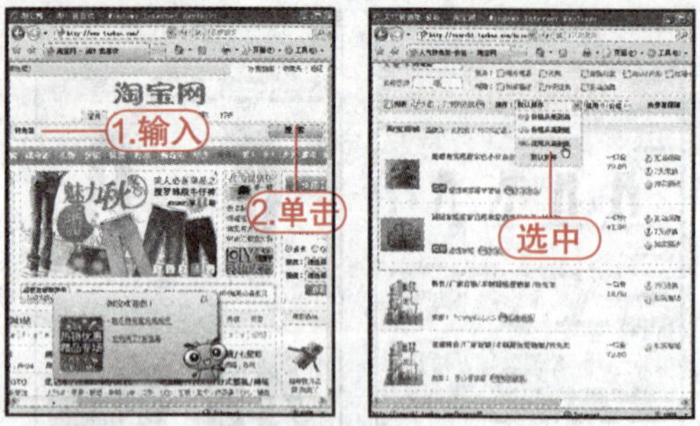

11.2.4 与卖家交流

搜索到自己中意的商品之后，接下来不应该急于购买，而是应该与卖家进行详细的交流，了解商品的详细信息，做到心中有数，这时再进行购买。

1. 发送站内信

淘宝网为所有会员都提供了一个站内邮箱，如果看到自己感兴趣的商品，而卖家又不在线，则可以向其站内邮箱发送站内信，在卖家下次登录淘宝网时会收到该信件，并根据信件内提出的问题给予答复。

【例11-6】发送站内信。视频

01 在淘宝网中搜索到感兴趣的商品之后，如果对该商品的描述信息存在疑问，可以单击商品描述页面中的【发站内信件】按钮，打开【我的淘宝】页面。

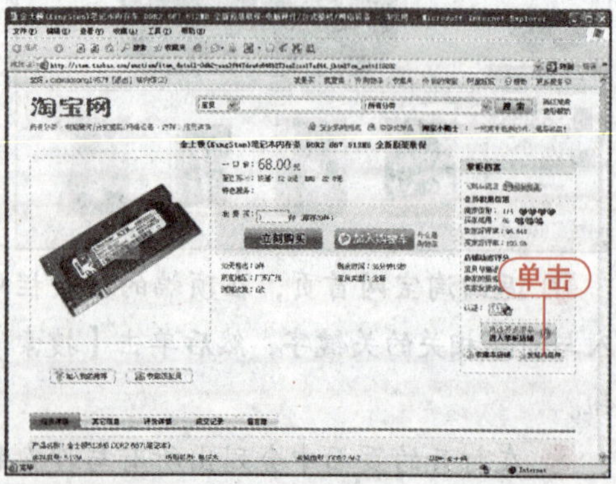

02 在打开的【我的淘宝】页面中，输入站内信的主题和具体询问内容，完成之后单击【发表】按钮，即可发送站内信。

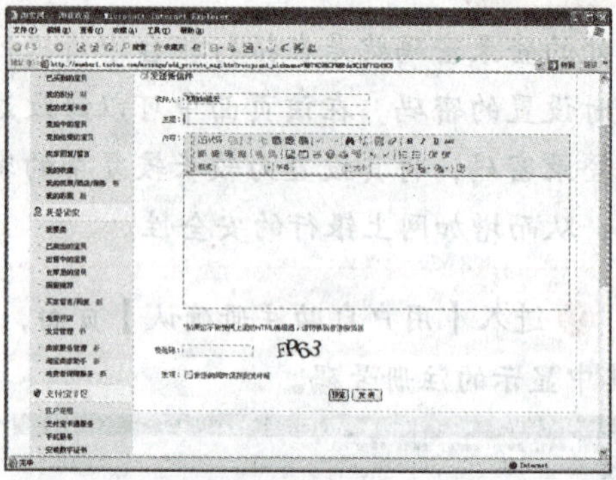

2. 使用阿里旺旺与卖家沟通

在淘宝网上购买商品时，与卖家最直接、最快捷的交流方式无疑是通过阿里旺旺与其进行实时交谈，了解商品详情。

【例11-7】使用阿里旺旺与卖家沟通。视频

01 打开淘宝网首页，单击上方的【阿里旺旺】链接。

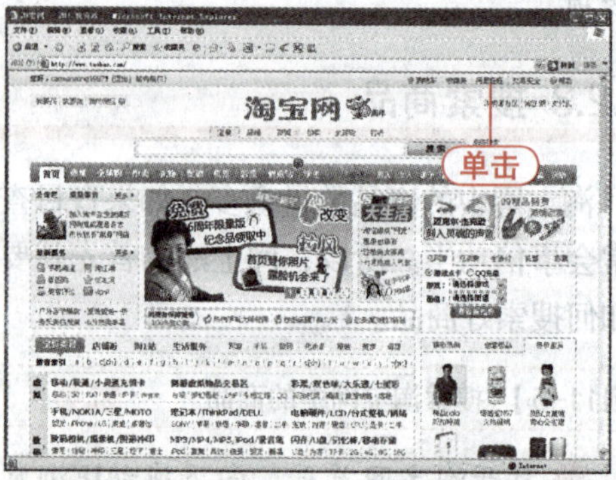

02 在打开的页面中，单击【下载阿里旺旺2009】按钮，下载阿里旺旺。

03 双击阿里旺旺的安装文件，打开安装窗口，根据提示信息安装阿里旺旺。

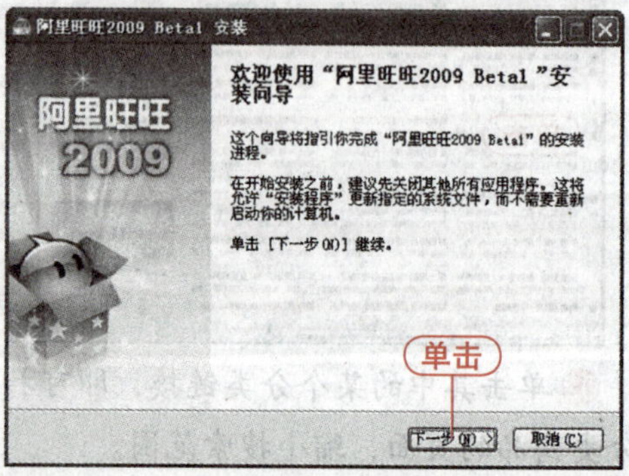

04 安装完成后启动阿里旺旺。

05 在阿里旺旺软件登录界面中，输入淘宝会员的用户名和密码，然后单击【登录】按钮，就可以登录阿里旺旺。

06 打开IE浏览器，在地址栏中输入：http://www.taobao.com，打开淘宝网主页。

07 在上方的搜索框中输入搜索关键字，然后单击【搜索】按钮，开始查找自己感兴趣的商品。

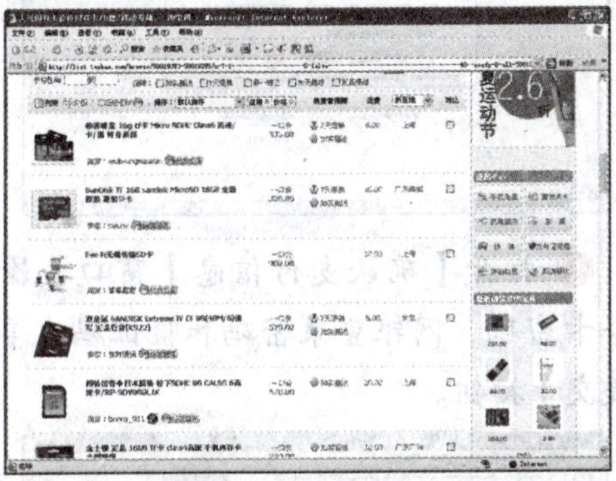

08 单击需要购买的商品，打开该商品的详细页面，然后单击页面右侧的【给我留言】按钮。

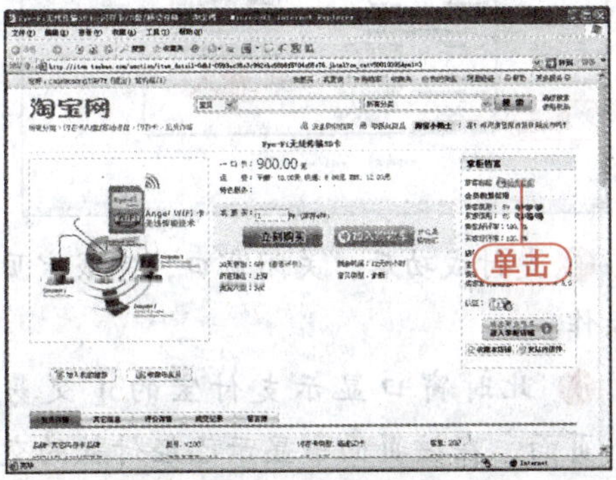

09 此时会自动打开阿里旺旺的聊天窗口，在该窗口中与卖家进行交流。

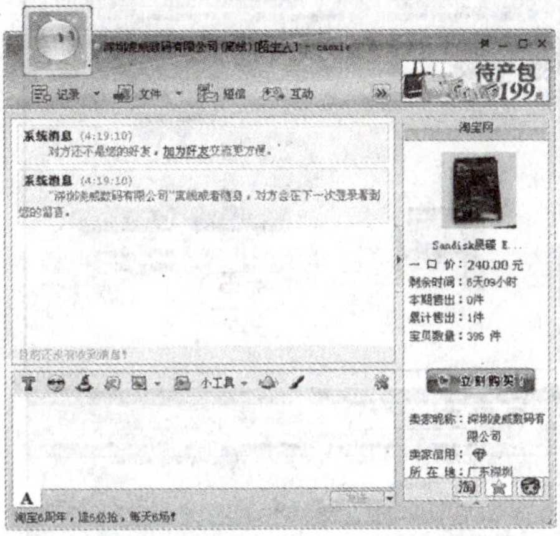

11.2.5 购买商品

搜索好所需购买的宝贝后，可以与商家进行交谈，确认邮费、质量等信息，然后进行买卖交易。

【例11-8】购买商品。视频

01 登录淘宝账户，通过搜索操作，进入所需购买商品的店铺。

02 在商铺中单击所需购买的商品链接，例如《中文版Flash CS3动画制作实用教程》的链接。

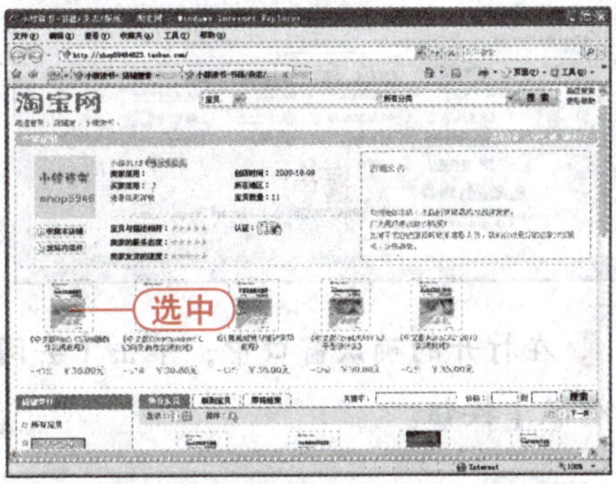

03 确认购买后，单击【立刻购买】按钮。

04 此时在页面中确认收货地址，设置购买数量为1本，单击【快递】单选按钮，选择快递方式。然后输入校验码，此时显示商品总价为35元。单击【确认无误，购买】按钮。

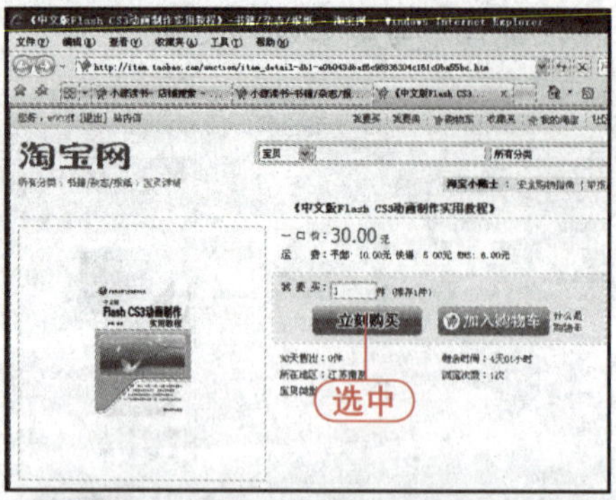

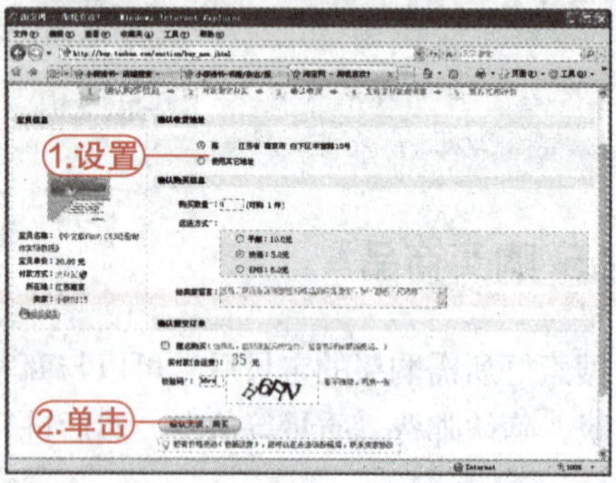

05 打开【支付宝付款】页面，选择【个人版】单选按钮，同时选择该支付宝对应的银行选项，此处选的是【中国工商银行】。单击【确认无误，付款】按钮。

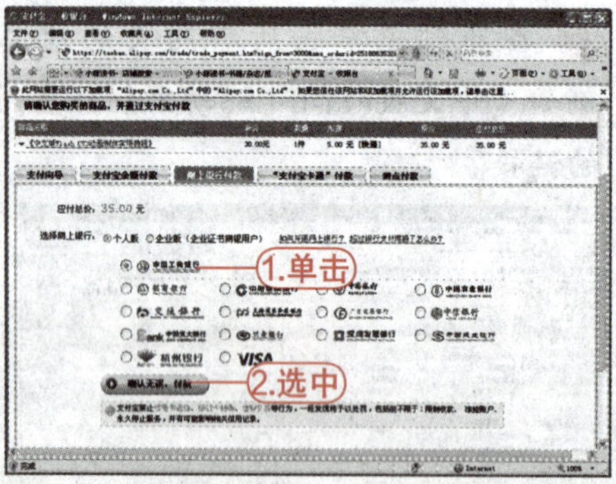

06 在打开的确认窗口中，单击【去网上银行付款】按钮。

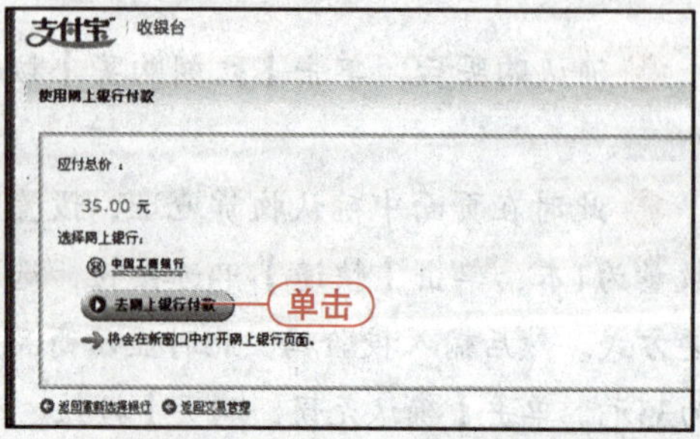

07 打开【中国工商银行客户定单支付服务】窗口，输入支付卡号和验证码，单击【提交】按钮。

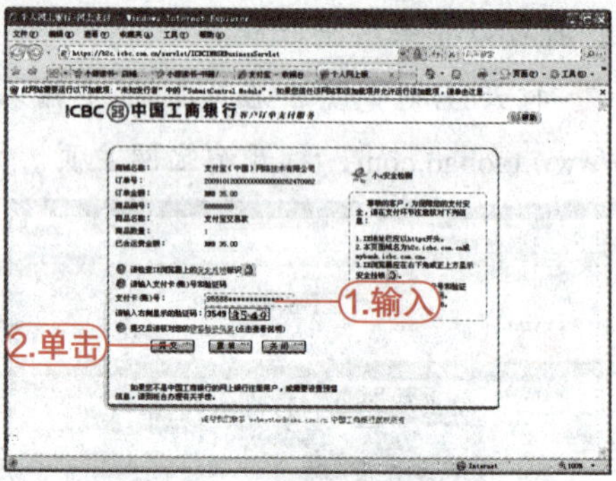

08 打开确认页面窗口，单击【全额付款】按钮。

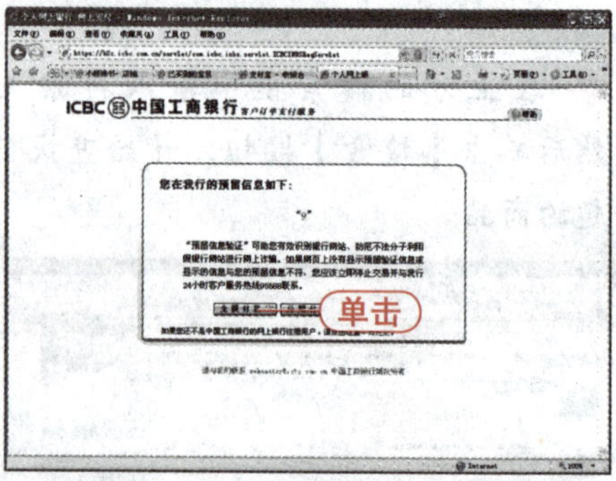

09 打开【确认支付信息】窗口，输入口令卡密码、网银登录密码和验证码，单击【提交】按钮。

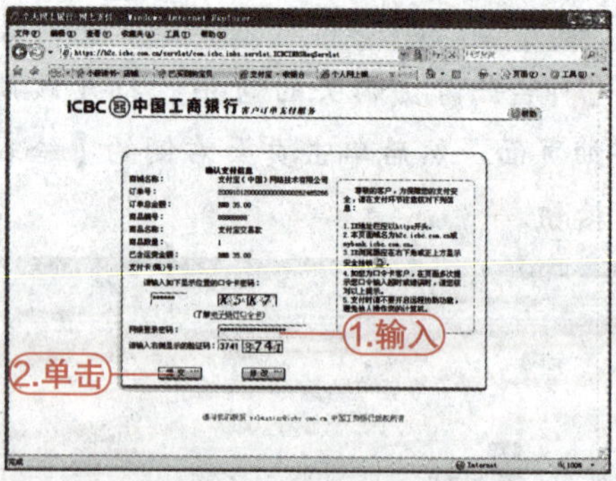

10 支付成功后，关闭窗口，完成宝贝支付操作。

11 此时窗口显示支付宝的【交易管理】页面，在该页面中显示已经付款的交易详细条目，单击右下方的【查看】按钮。

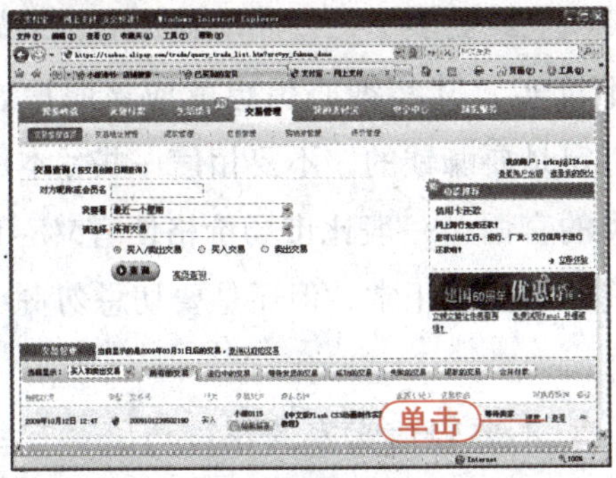

⑫ 在窗口中显示该笔交易的订单信息，用户可以单击下方的【提醒卖家发货】链接，提示卖家注意。

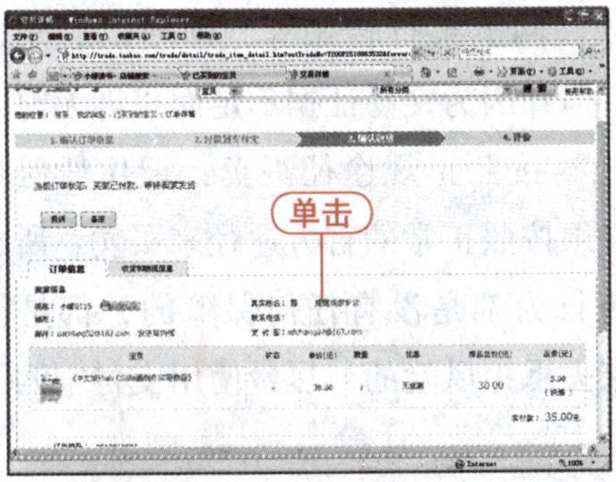

11.2.6 确认收货

支付宝贝后，当收到宝贝后检查宝贝无误，要及时确认收货。

【例11-9】 确认收货。

01 登录淘宝账户，进入【我的淘宝】页面，单击【交易提醒】一栏中显示【您有1笔交易，卖家已经发货，等待您确认收货】链接。

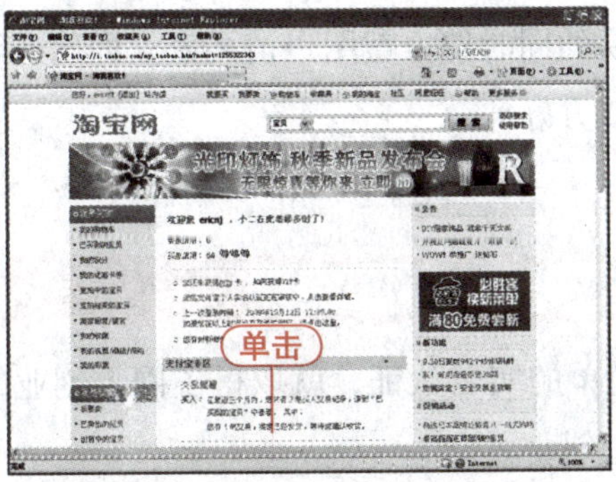

02 打开【已买到的宝贝】窗口，在页面中显示交易的信息，单击【确认收货】按钮。

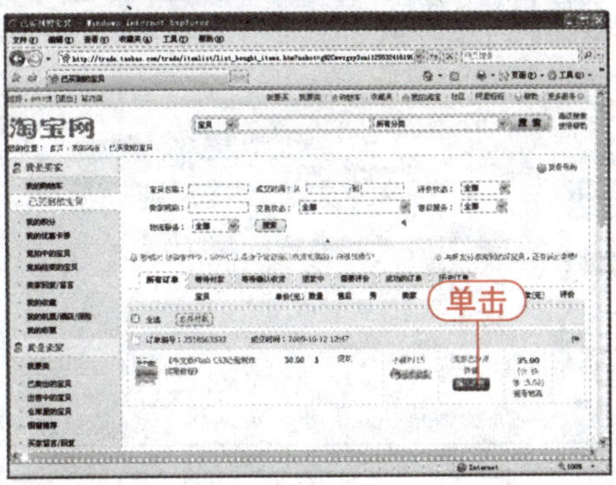

03 此时显示交易成功，卖家已经收到您的支付的货款。

04 单击【给对方评价】按钮。

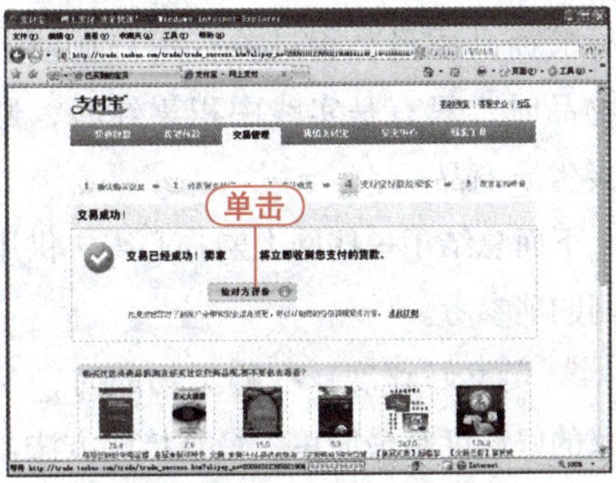

05 打开【信用评价】窗口页面，在页面中对此次交易做出客观正确的评价信息。在此处选择【好评】单选按钮，然后在下方的【店铺动态评分】中设置评价分数。评价完毕后，单击【确认提交】按钮。

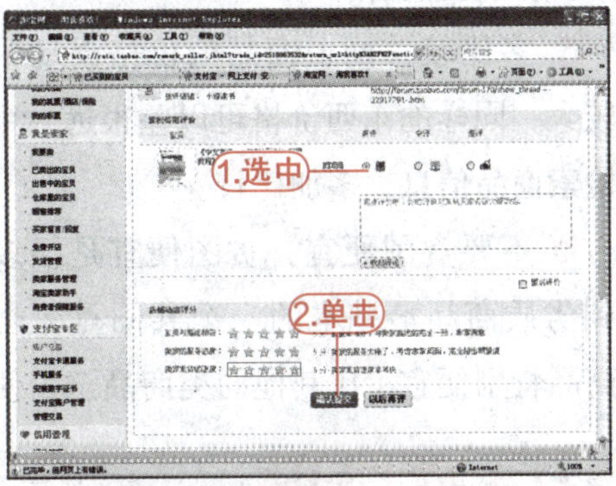

06 此时显示评价结束。整个购买过程到此全部结束，用户可以使用同样方法购买其他中意的商品。

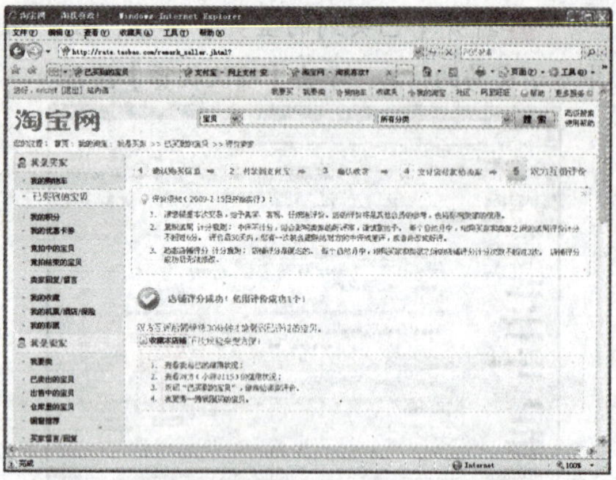

11.2.7 网上购物心得

网上购物有利有弊，弊端在于不能亲自检验商品质量是否过关，用户在网上购买物品时，只有是实践中积累经验，避免购买劣质商品。

下面总结了一些网上购物心得，供用户在网购前参考。

- 卖家好评度：在购买物品时，参考卖家的好评度是最简单、最直接的方法。卖家好评度显示在店铺的【掌柜档案】模块(一般位于页面左侧或右侧)中。
- 店铺交流区：店铺交流区是买家与卖家之间进行交流的区域，类似于留言板，可以参考交流内容。
- 多比较：网上商品的价格浮动幅度比较大，同样的东西价格可以差很远，可以多检索商品信息，多加比较。
- 不要贪图便宜：贪图便宜是很多人买到劣质商品最基本的一个共同点，当发觉商品特别便宜（比其他同类商品至少便宜30%以上或更多），一冲动就买吧，结果是物不符实。其实细心想想就应该明白，卖家肯定是要赚钱的，不要相信一些亏本甩卖之类的言语，一般比市场价格便宜5%~15%区间商品比较正常，但还是要切忌勿贪小便宜！
- 不要轻信卖家的花言巧语：有些卖家会先通过几次小额交易买卖来取得的信任，然后会在一次大的交易中说一些借口或理由违规操作，典型的如先确认收货、线下汇款、网上银行转账等，即便以后知道上当，但却因为交易证据不足而投诉无门。
- 按照正规途径买卖：记住任何交易都必须按照正常的官方途径来买卖，所有的违规行为都是没有任何保障的，都是需要买家去承担风险的，尽量使用支付宝购买商品。
- 虚拟物品交易截图证据：由于虚拟物品交易的特殊性，在购买虚拟物品的时候，一定要记得购买的时候进行截图，同时保留买卖的时候的双方对话原始记录。
- 牢记买卖操作流程：任何时候对任何交易都必须严格按照交易流程去操作，不能有丝毫的错误和疏忽，正确的流程是先双方沟通咨询价格→谈好数量开单→买家付款→进行交易管理查询到账情况→回复买家→填写发货清单确认发货→上线交易给买家→交易的同时双方截图→请买家立即确认收货→双方好评。

11.3 网上开店

网店作为新兴的购物环境，用户只需要通过简单的实名认证，就取得了网上创业的资格，申请一家拥有独立网址的店铺，开始自己的网上创业。

11.3.1 申请支付宝实名认证

在淘宝网上当买家很容易，只要成为淘宝会员就可以了。但是，如果你想在网上当卖家，就必须先要通过支付宝个人认证，取得在淘宝网上开业的执照——支付宝个人认证图标。

【例11-10】 申请支付宝会员并进行认证。

01 启动IE浏览器，打开淘宝网主页，登录淘宝会员，打开我的淘宝。

02 在打开的【淘宝网-淘我喜欢】页面中单击文本内容“想卖宝贝先进行支付宝认证”右侧的【请点击这里】链接，打开支付宝注册页面。

03 首先填写账户注册基本信息和支付宝账户信息。

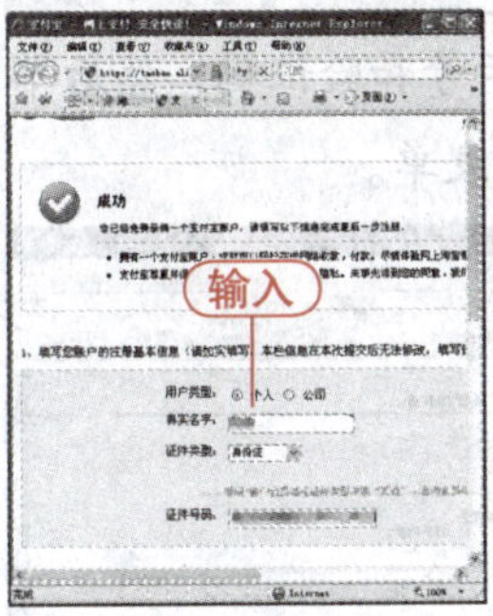

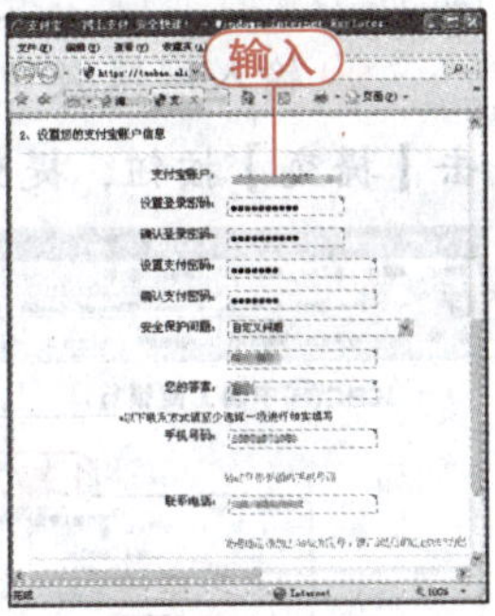

04 填写完毕后，单击【保存并立即启用支付宝账户】按钮 保存并立即启用支付宝账户 ，申请支付宝会员，申请成功后会打开一个成功申请页面，提示成功申请信息。

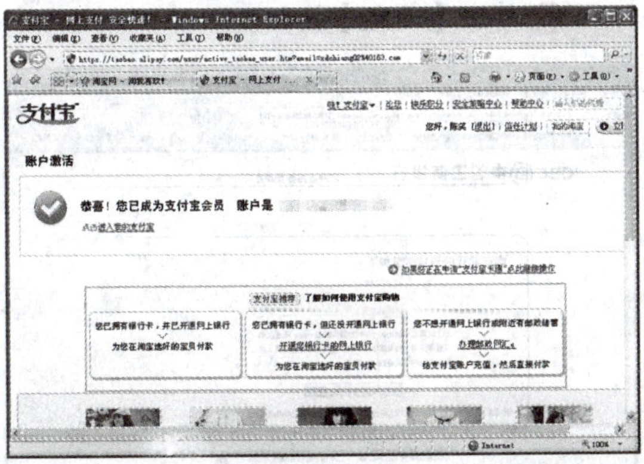

05 单击成功申请支付宝会员页面中的【进入我的支付宝】文本链接，进入我的支付宝，然后单击【申请认证】按钮，打开实名认证页面。

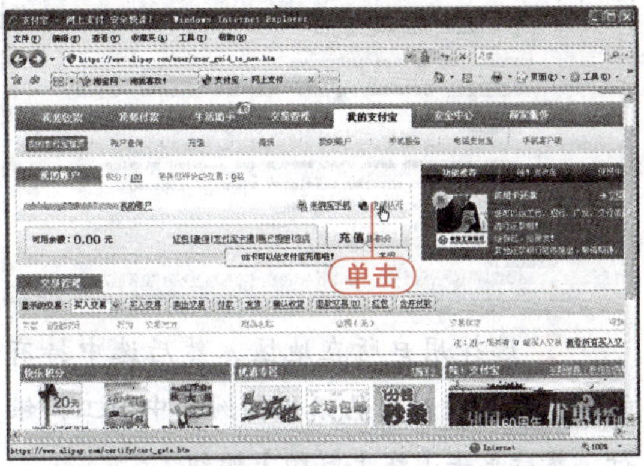

06 单击【立即申请】按钮，打开支付宝认证服务协议。

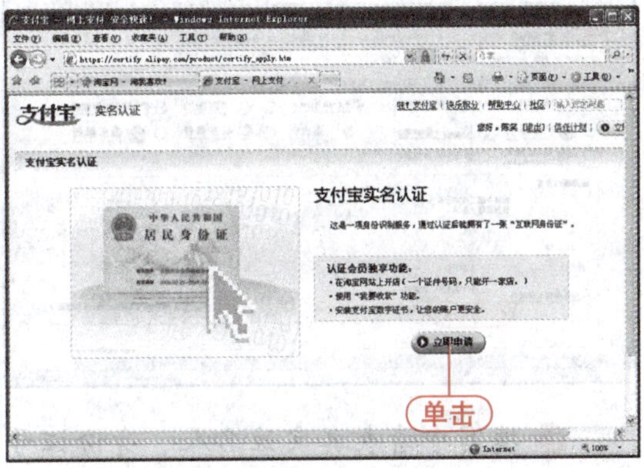

07 阅读支付宝认证服务协议后，单击【我已阅读并接受协议】按钮。

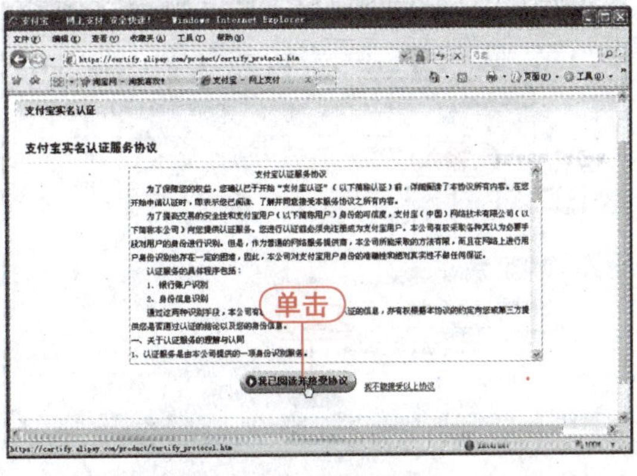

08 选中【通过“支付宝卡通”来进行实名认证（推荐）】单选按钮，然后单击【立即申请】按钮。

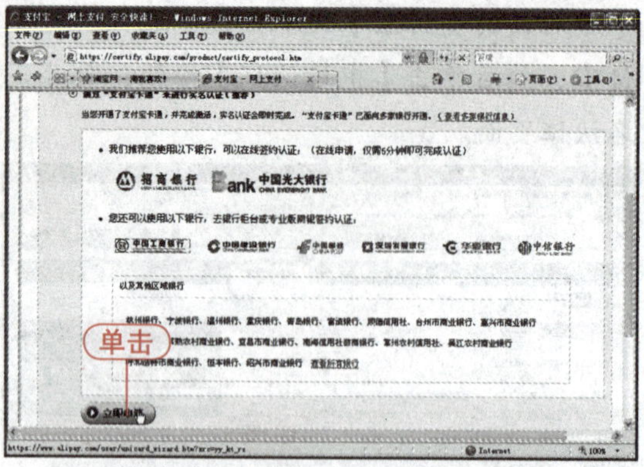

09 选择用户所在地区，然后选中持有的网上银行所对应的银行，例如中国工商银行，然后单击【线上签约】按钮。

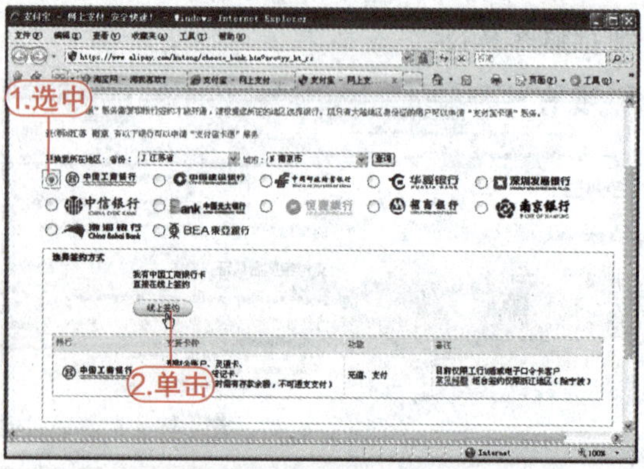

10 填写申请表真实姓名人、身份证号码和手机号码等信息，然后单击【继续】按钮。

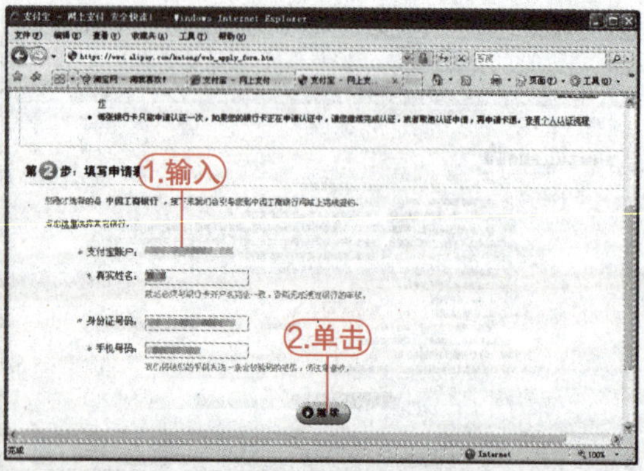

11 此时会发送一个校验码到注册的手机上，输入手机号码、校验码和支付密码信息，然后单击【确定】按钮。

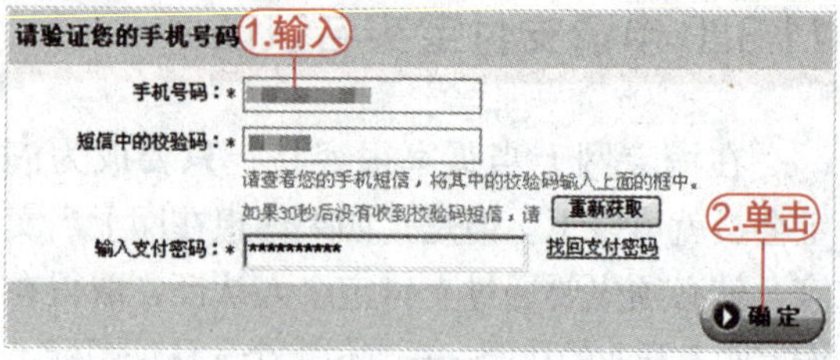

12 单击【登陆工商银行网站】按钮，登陆工商银行网站。

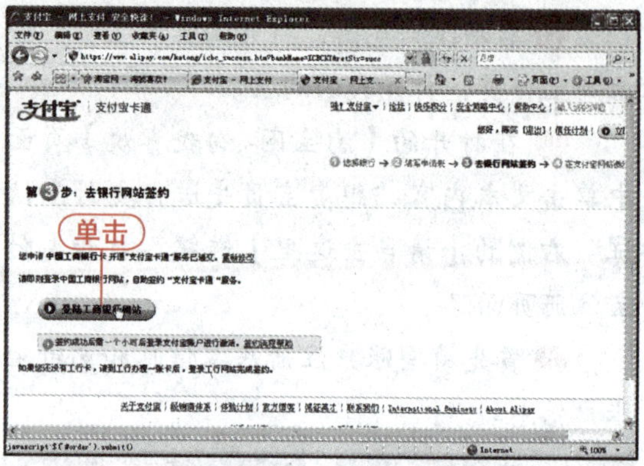

13 输入网银缴费卡号和验证码，然后单击【提交】按钮，提交表单。

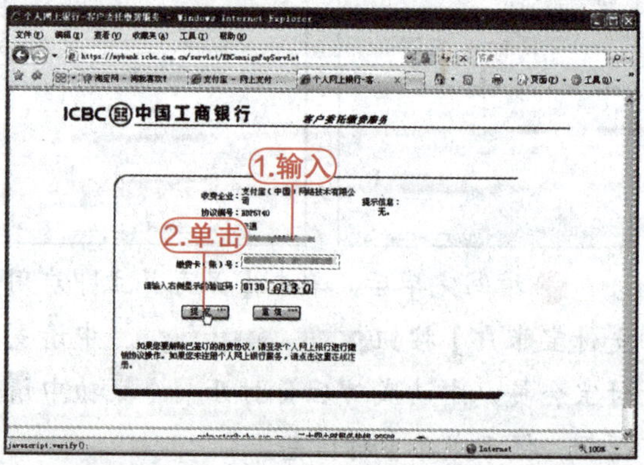

14 单击【确定】按钮。

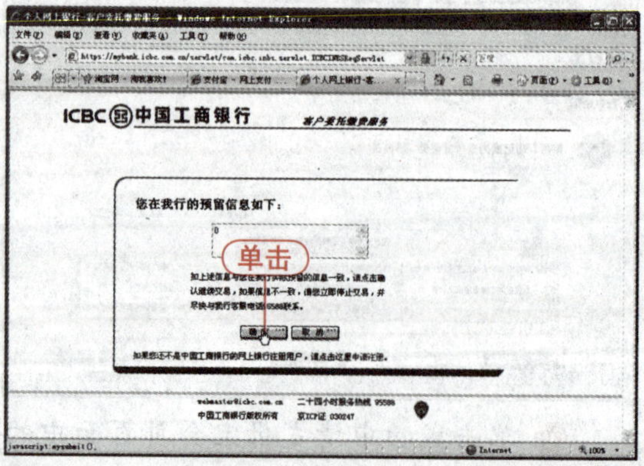

⑮ 输入电子银行口令卡、网银登录密码和验证码，然后单击【同意】按钮。

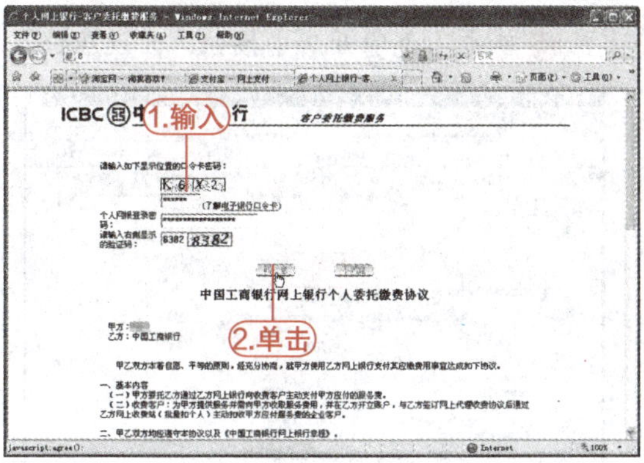

⑯ 显示交易成功页面。

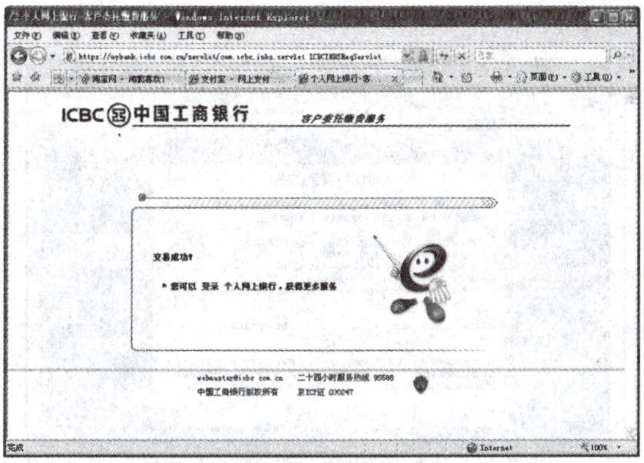

⑰ 刷新支付宝实名认证页面，此时将提示成功通过支付宝实名认证信息。

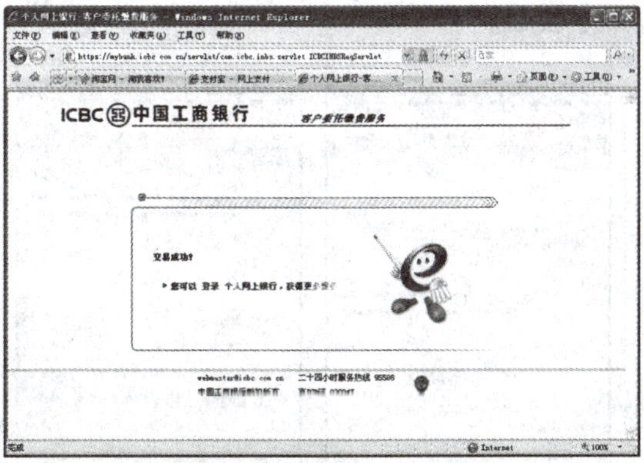

⑱ 刷新我的淘宝页面，同样显示“您已通过个人实名认证”文本信息。

11.3.2 发布商品

通过了支付宝个人认证，然后发布10件商品，就符合了在淘宝商城免费开店的要求。这时你就可以申请一间具有独立网址的淘宝网上店铺。

【例11-11】 发布商品。视频

01 单击【一口价】按钮。

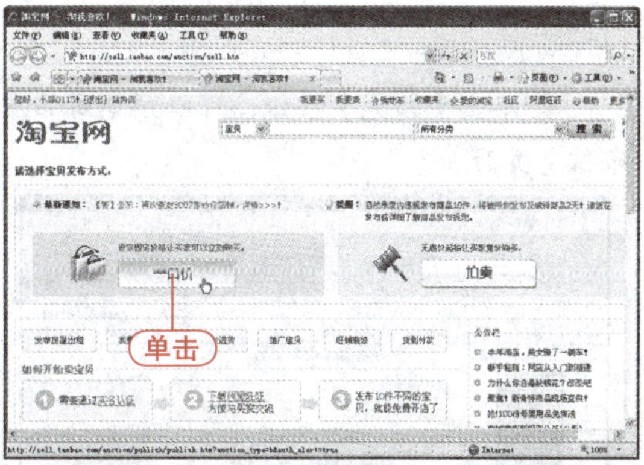

02 逐一选择商品所在分类，列入要发布的商品是一本网页设计相关的书籍，就选择【书籍/杂志/报纸】|【计算机/网络】|【网站设计/网页设计语言】分类，然后再选择详细的名称，例如Dreamewaver、JSP、Macromedia等。选择好分类后单击【好了，去发布宝贝】按钮。

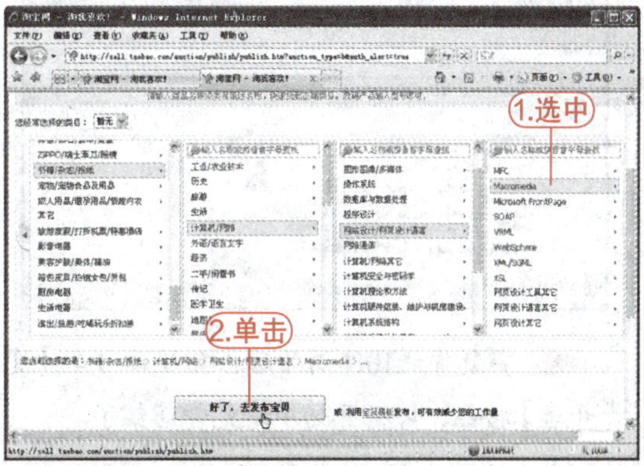

03 在【宝贝基本信息】选项区域中输入宝贝基本信息，包括宝贝类型、宝贝属性、宝贝标题、价格等；在【宝贝物流信息】和【其

他信息】选项区域中输入宝贝所在地、运费、有效期、是否使用橱窗位等，最后单击页面底部的【发布】按钮 发布 ，发布商品。

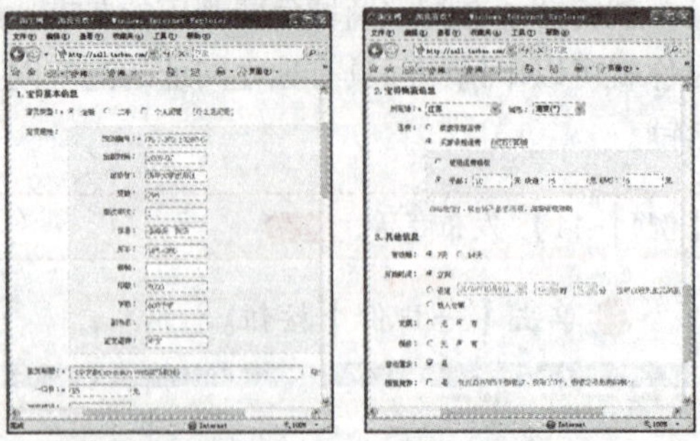

04 单击【预览】按钮，可以预览商品发布信息页面。

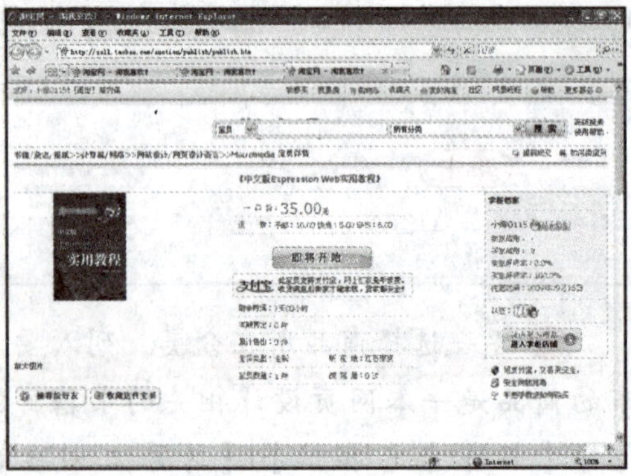

05 成功发布商品后，显示成功发布信息，可以单击【发布宝贝】链接，继续发布宝贝。

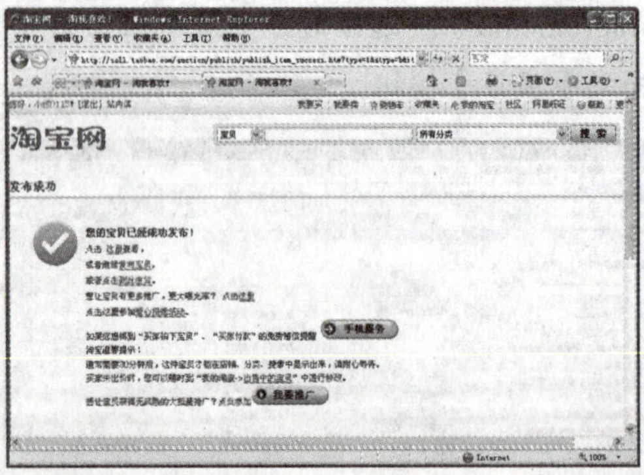

06 重复发送10件商品后，会显示一个【免费开店】按钮，即可开始申请免费店铺了。

11.3.3 开设店铺

通过了支付宝个人认证，然后发布10件商品，就可以开始开设店铺了。

【例11-12】 开设店铺。

01 单击【免费开店】按钮，开设店铺。

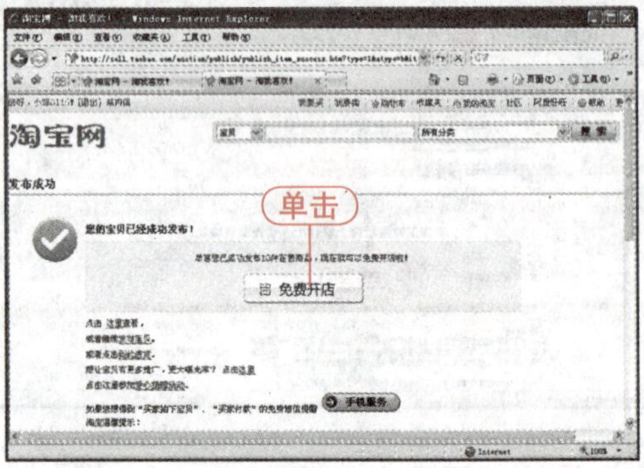

02 阅读诚信经营承诺书，然后单击【同意】按钮。

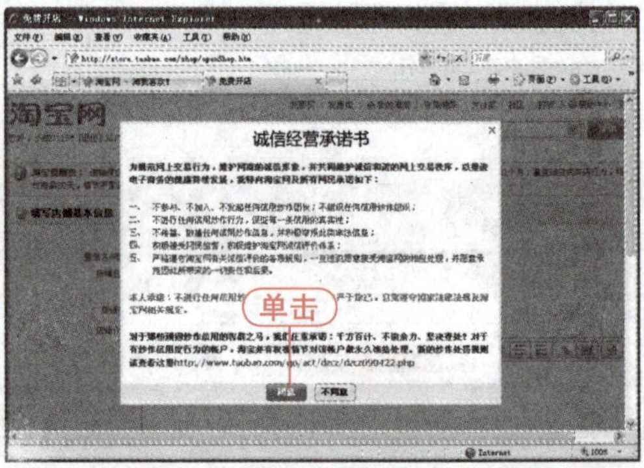

03 填写店铺名称和店铺介绍，选择店铺类目，选中【我同意并遵守淘宝网的商品发布规则及店铺规则】复选框，然后单击【确定】按钮。

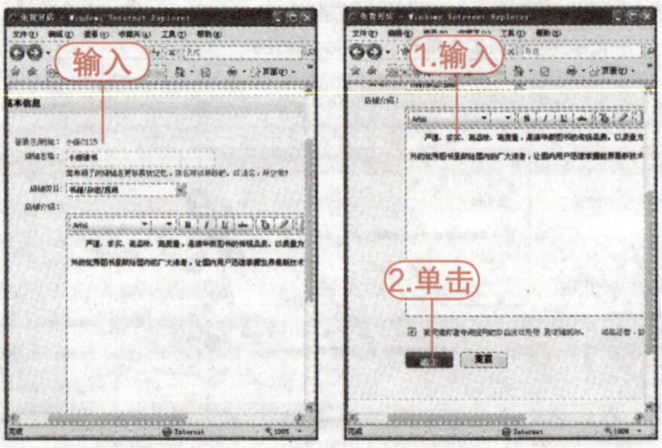

04 店铺创建成功后，会显示提示信息和店铺地址，单击该地址即可进入店铺。

Chapter 12 安全上网乐无忧

本章主要介绍了有关上网的一些安全措施，包括电脑病毒的防范、重要数据的备份、清除流氓软件和垃圾文件等。

- 电脑病毒防护
- 备份数据
- 系统还原
- 系统检测、优化和清理
- 系统的日常维护

参见随书光盘

例12-1 使用卡巴斯基查杀病毒
例12-2 使用安全卫士查杀木马
例12-3 启动安全卫士实时保护功能
例12-4 使用360安全卫士下载软件
例12-5 开启Windows防火墙
例12-6 清理IE浏览器中的记录
例12-7 备份C盘中的数据
例12-8 还原备份的数据
例12-9 创建系统还原点
例12-10 还原系统
例12 11 备份注册表
例12-12 清理系统垃圾文件
例12-13 一键优化系统
例12-14 管理开机启动项
例12-15 整理磁盘碎片

12.1 电脑病毒防护

电脑一旦感染上了病毒，将会导致系统无法正常运行，甚至会造成数据的丢失或损坏，因此在平时使用电脑过程中就要做好相应的病毒防护工作，尽量避免遭受病毒破坏。

12.1.1 电脑病毒防护技巧

在使用电脑的过程中，如果用户能够掌握一些预防电脑病毒的技巧，可以有效地降低电脑感染病毒的几率。

- 尽量禁用可移动磁盘和光盘的自动运行功能，因为很多病毒会通过可移动存储设备进行传播。
- 尽量不要在一些不知名的网站上下载软件，很有可能病毒会随着软件一同下载到电脑上。
- 建议使用正版杀毒软件。
- 定期更新并升级补丁，因为据统计显示80%的病毒是通过系统的安全漏洞进行传播的。
- 如果是游戏爱好者，尽量不要登录一些外挂类的网站，很有可能在你登录的过程中，病毒已经悄悄的侵入了你的电脑系统。
- 当病毒已经入侵电脑，应该及时将其清除，防止其进一步扩散。
- 设置共享文件密码，共享结束后应及时关闭。
- 要对重要文件应形成习惯性的备份，以防遭遇病毒的破坏造成意外损失。
- 定期使用杀毒软件扫描电脑中的病毒，并及时升级杀毒软件。

12.1.2 使用卡巴斯基查杀病毒

为了防止电脑病毒的入侵，用户可在电脑中安装杀毒软件，以预防和查杀病毒。下面以卡巴斯基杀毒软件为例来介绍病毒的查杀方法。

【例12-1】使用卡巴斯基查杀病毒。视频

01 安装并启动卡巴斯基杀毒软件。

02 单击左侧列表框中的扫描选项，然后在）在【扫描】区域中单击【完全扫描】按钮，可打开【完全扫描】界面。

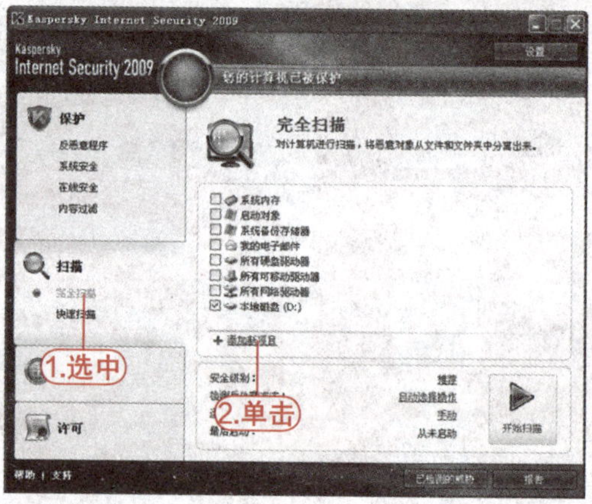

03 在中间的列表框中可选中所需扫描的选项对应的复选框。

04 单击【添加新项目】链接，打开【选择要扫描的对象】对话框，可以选择要添加列表中扫描对象。

05 添加完成后，单击【开始扫描】按钮，软件即可开始扫描病毒。

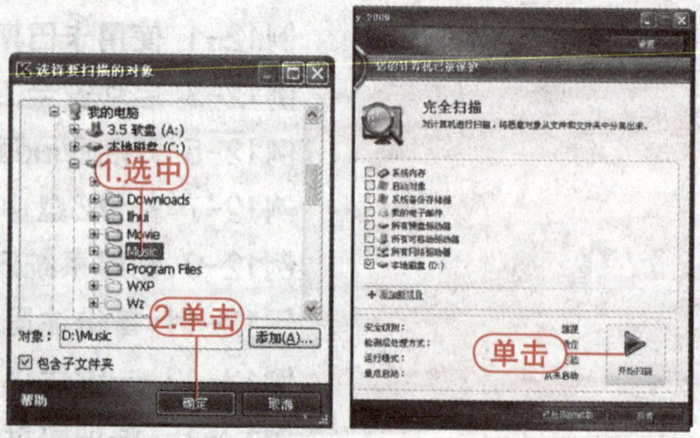

06 当扫描到可疑程序时，系统会弹出消息提示用户，并作相应的处理。

12.1.3 使用360安全卫士

306安全卫士也是一款很不错的系统保护软件。相对于专门的杀毒软件而言，它的功能比较多，不仅可以查杀病毒，还可以查杀木马程序以及恶意软件，对电脑进行实时保护，甚至管理和升级系统中安装的软件和程序等。

1. 查杀木马

使用360安全卫士，可以查杀并防护电脑中的木马程序和恶评插件。

【例12-2】使用安全卫士查杀木马。 视频

01 启动360安全卫士，默认打开的是【常用】窗口，单击【查杀流行木马】选项卡，打开该选项卡窗口。

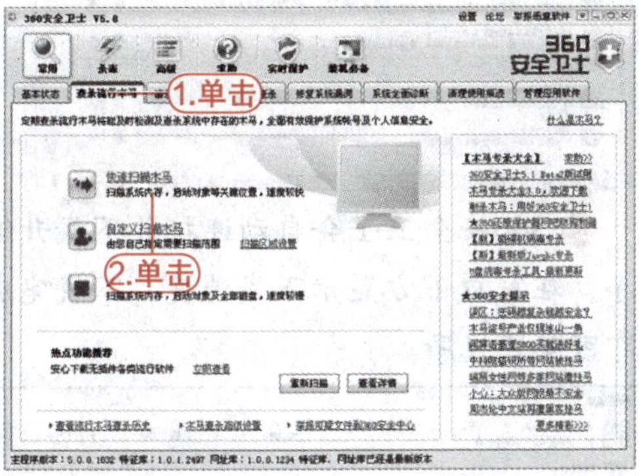

02 单击【快速扫描木马】链接，开始快速扫描电脑中的木马程序。

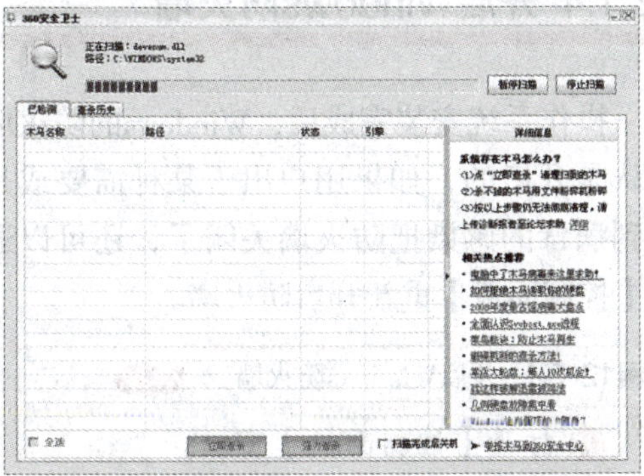

03 扫描完成后，显示扫描到的木马程序，选中要删除的木马程序对应的复选框，单击【立即查杀】按钮，即可删除木马。

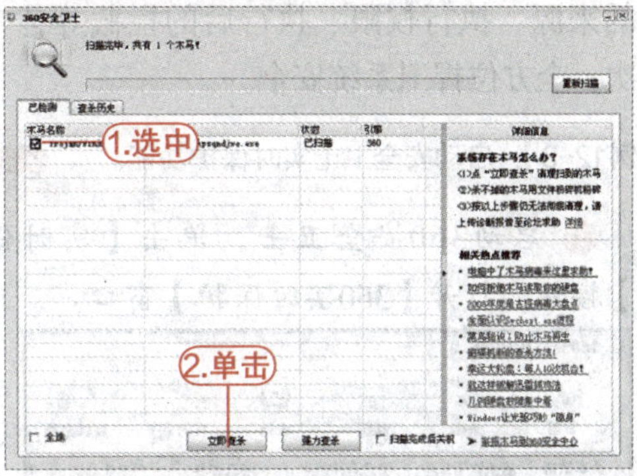

04 返回【常用】窗口，单击【清理恶评插件】选项卡，打开该选项卡窗口。

05 单击【开始扫描】按钮，开始扫描电脑中的恶评插件。

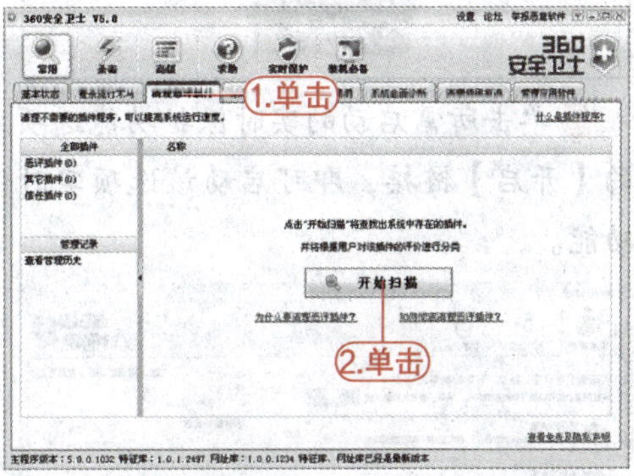

06 完成扫描后，在窗口左侧的【全部插件】列表框中显示了扫描结果。单击【其他插件】选项，可以显示扫描到的插件。

07 选中要清理的插件对应的复选框，例如【百度工具栏】、【迅雷下载组件】等插件，然后单击【立即清理】按钮，即可清理插件。

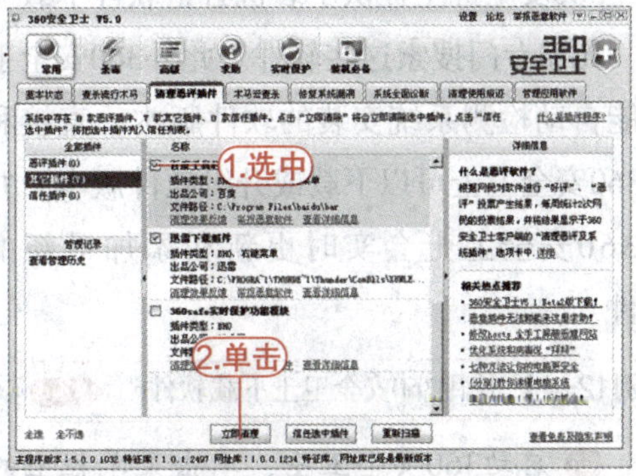

2. 启动实时保护功能

360安全卫士的实时保护功能，从木马病

毒的来源、执行权限、执行后的拦截等各个层次，全方位捍卫系统安全。

【例12-3】 启动安全卫士实时保护功能。 视频

01 启动360安全卫士，单击【实时保护】按钮，打开【360实时保护】窗口。

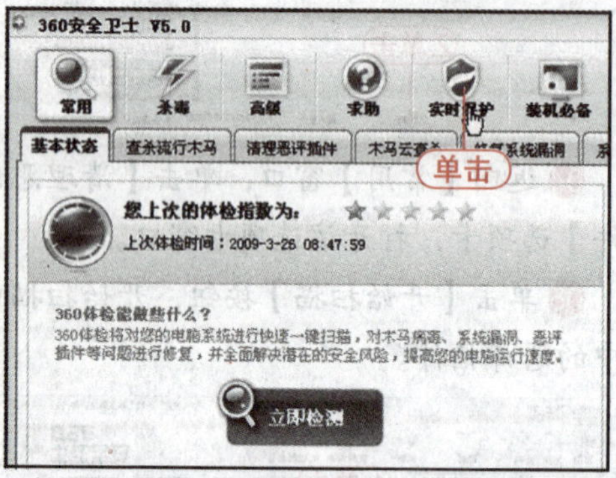

02 单击所需启动的实时保护功能选项右侧的【开启】链接，即可启动该选项实时保护功能。

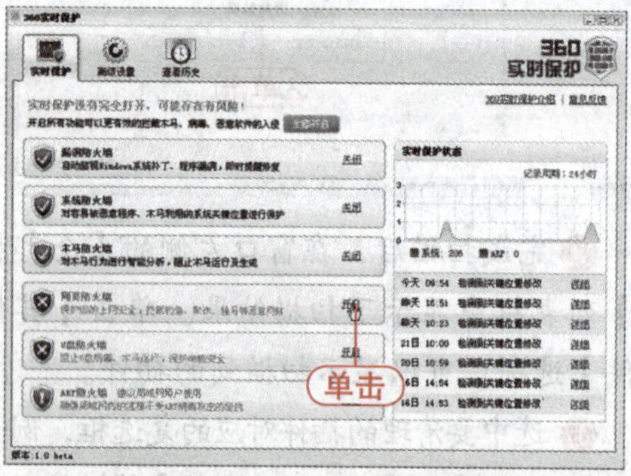

3. 下载和升级装机必备软件

360安全卫士提供了装机必备软件下载服务，无需专门搜索这些软件。此外360安全卫士能自动检测系统安装的软件版本，直接利用360安全卫士可以下载或升级软件版本，并且360安全卫士会实时更新和添加最新的软件。

【例12-4】 使用360安全卫士下载软件。 视频

01 启动360安全卫士，单击菜单栏上的【装机必备】按钮，打开【360软件管理】窗口。

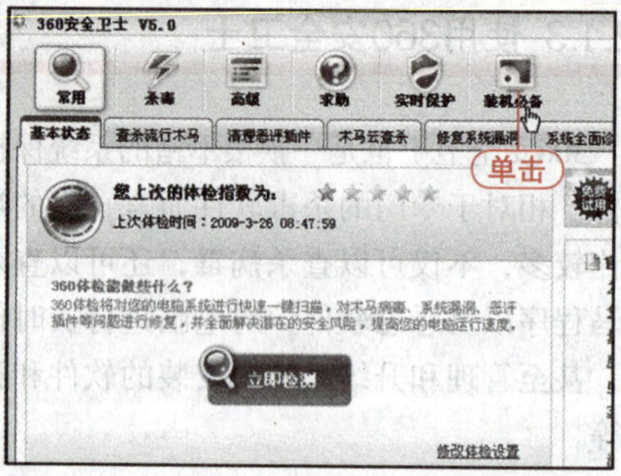

02 单击所需下载或升级的软件右侧的【下载】或【升级】按钮，例如升级暴风影音2009，单击该软件右侧的【升级】按钮。

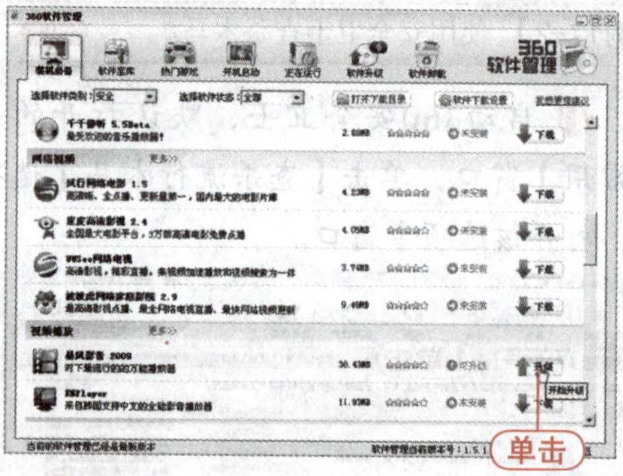

03 360安全卫士会自动连接并下载升级程序，在窗口下方显示下载进度，下载完成后即可安装程序。

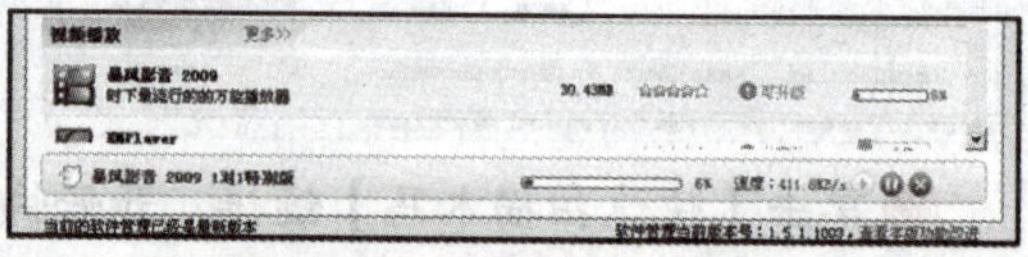

12.1.4 开启Windows防火墙

操作系统安装完成后，Windows的防火墙默认是开启的，如果用户出于某种需要或是受到病毒的感染把防火墙关闭了，还可以通过【控制面板】重新开启防火墙。

【例12-5】 开启Windows防火墙。 视频

01 打开【控制面板】窗口。

02 双击【Windows防火墙】图标，打开【Windows防火墙】对话框。

03 选中【启用（推荐）】单选按钮，单

击【确定】按钮即可开启Windows防火墙。

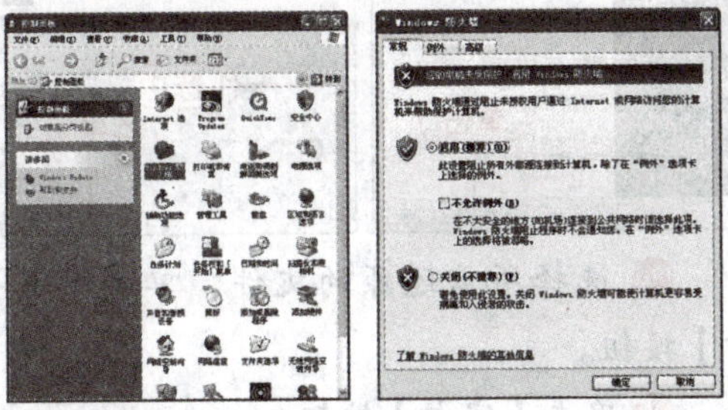

12.1.5 清理上网记录

清理上网记录可以有效地保护自己的个人隐私。

【例12-6】 清理IE浏览器中的记录。视频

01 打开IE浏览器，选择【工具】|【Internet选项】命令，打开【Internet选项】对话框。

02 单击【浏览历史记录】选项区域中的【删除】按钮，打开【删除浏览的历史记录】对话框。

03 单击【全部删除】按钮，可以删除记录的Internet临时文件、Cookie、历史记录、表单记录和密码。

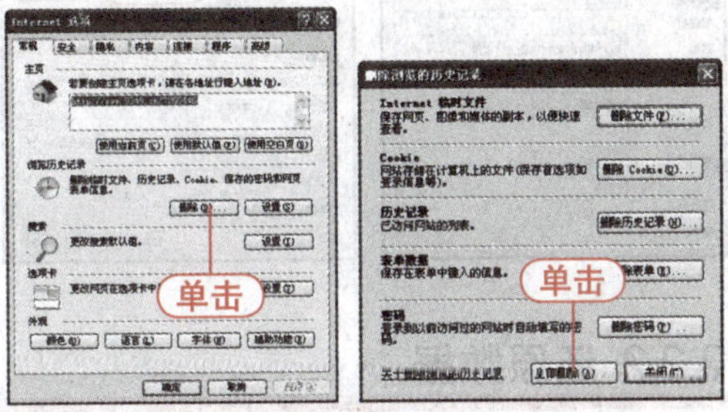

12.2 备份数据

电脑或硬盘故障会导致存储的数据丢失，此时可以将重要的数据进行备份，提高数据的安全性的同时还可以还原数据。下面就介绍备份和还原数据的方法。

12.2.1 备份数据

用户在使用电脑的时候，常常会将一些重要的文件保存在硬盘中。在对系统进行维护时，应定期备份重要数据，以免在电脑出现故障后造成不必要的损失。

【例12-7】 备份C盘中的数据。视频

01 单击【开始】按钮 开始 ，选择【所有程序】|【附件】|【系统工具】|【备份】命令，打开【备份或还原向导】对话框。

02 单击【下一步】按钮。

03 选择【备份文件和设置】单选按钮，单击【下一步】按钮。

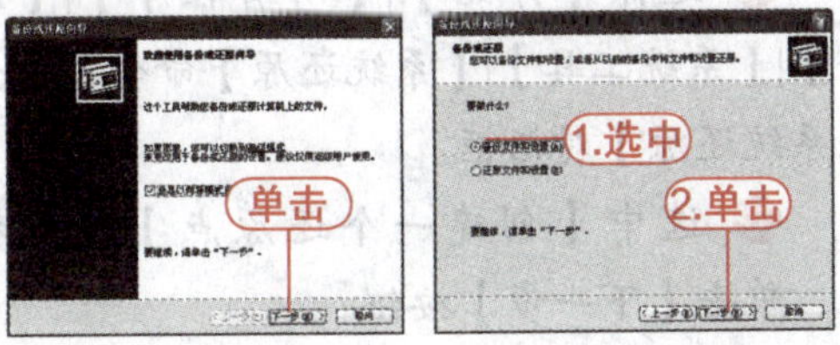

04 选中【让我选择要备份的内容】单选按钮，单击【下一步】按钮。

05 选择要备份的内容，在【要备份的项目】下拉列表框中选择C盘根目录中的【重要数据】文件夹复选框，单击【下一步】按钮。

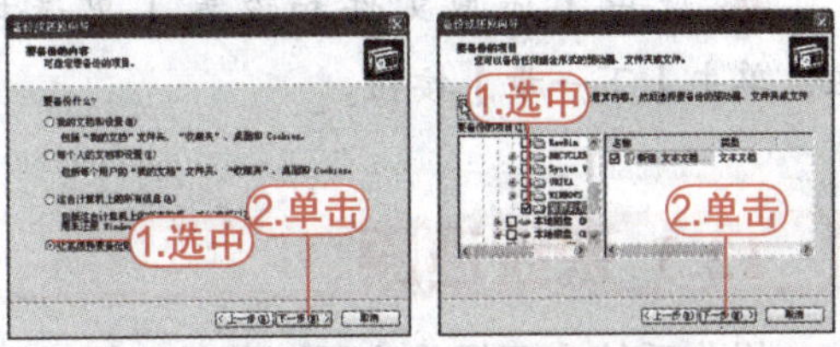

06 单击【浏览】按钮，选择备份文件的保存位置，然后单击【下一步】按钮。在选择备份文件的保存位置时应注意，不要选择将文件保存在硬盘同一个分区中。

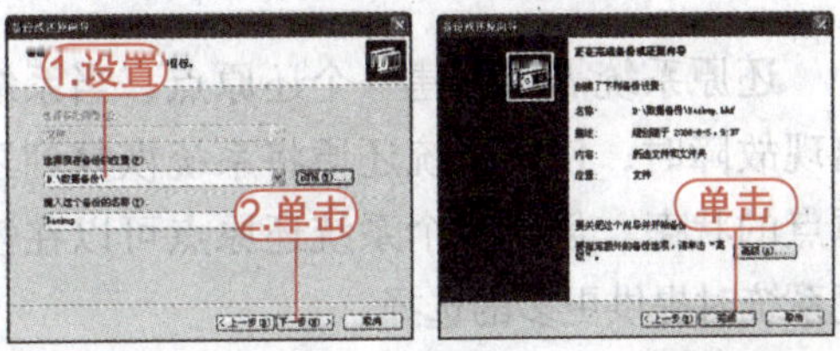

07 单击【完成】按钮，打开【备份速度】对话框。

08 开始备份文件操作，在对话框中显示备份操作进度条。

09 备份操作完成后，显示备份报告信息，单击【关闭】按钮完成备份操作。

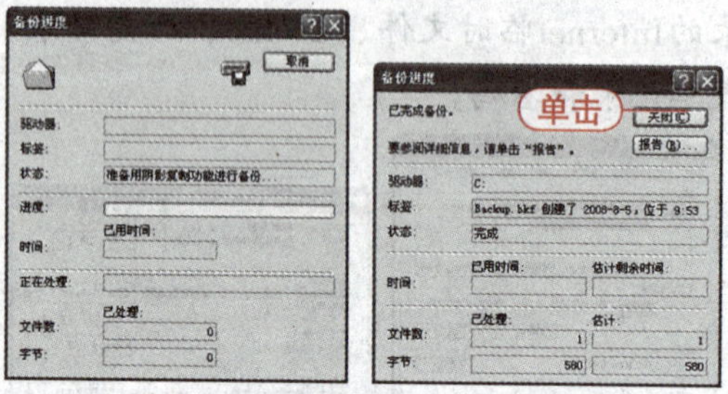

12.2.2 还原数据

成功备份数据后，当需要恢复丢失的数据，进行还原操作即可。

【例12-8】 还原备份的数据。视频

01 单击【开始】按钮 开始 ，弹出【开始】菜单，选择【所有程序】|【附件】|【系统工具】|【备份】命令，打开【备份或还原向导】对话框。

02 单击【下一步】按钮。

03 选中【还原文件和设置】单选按钮，单击【下一步】按钮。

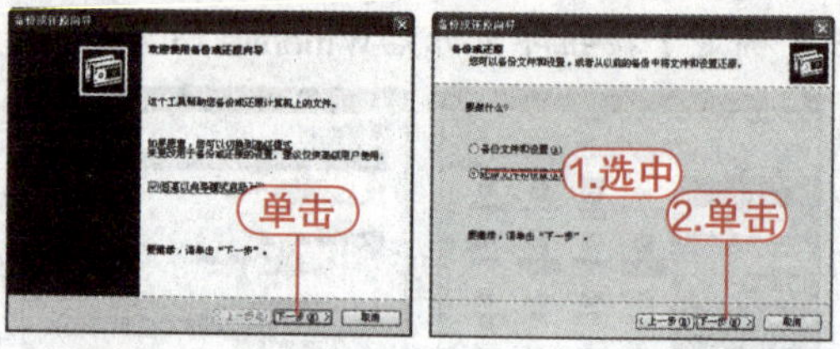

04 选择所需还原的文件，单击【下一步】按钮。

05 单击【完成】按钮。

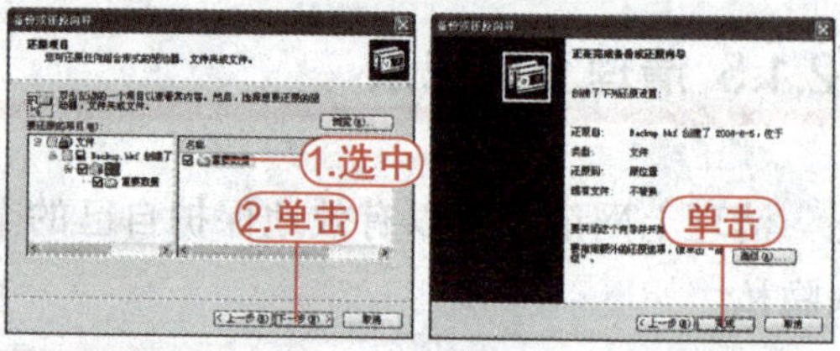

06 开始还原文件操作，在对话框中显示还原操作进度条。

07 还原操作完成后，显示还原报告信息，单击【关闭】按钮即可完成还原数据操作。

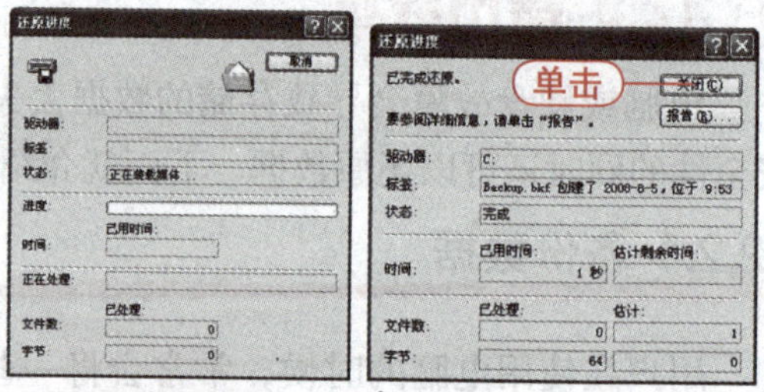

专家指点

单击【高级】按钮，在打开的对话框中可以选择文件的还原位置。

12.3 系统还原

操作系统由于操作失误而频繁出现故障时，可以使用自带的系统还原工具将系统恢复到出现问题之前的状态。下面就介绍备份和还原系统的方法。

12.3.1 创建还原点

还原系统需要创建一个还原点，当系统出现故障时，使用系统还原将系统恢复到还原点的状态。创建多个系统还原点可以在恢复系统时提供更多的选择。

【例12-9】 创建系统还原点。视频

01 选择【开始】|【所有程序】|【附件】|【系统工具】|【系统还原】命令，打开【系统还原】对话框。

02 选中【创建一个还原点】单选按钮，单击【下一步】按钮。

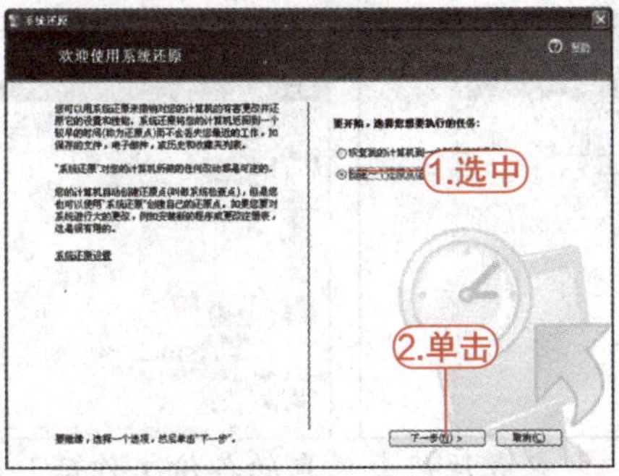

03 在【还原点描述】文本框中输入该还原点的相关描述，以便以后识别，然后单击【创建】按钮。

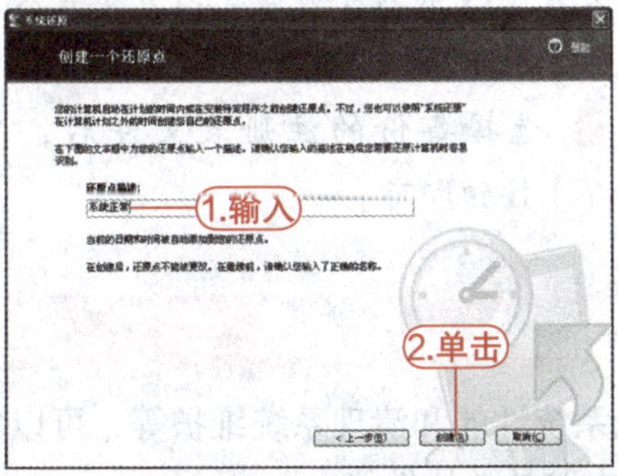

04 还原点创建完成后，记录创建该还原点的时间，便于用户对启动进行维护，单击【关闭】按钮即可创建系统还原点。

12.3.2 还原系统

创建还原点后，就可以通过还原系统操作恢复系统到还原点状态。

【例12-10】 还原系统。视频

01 单击【开始】按钮 开始 ，弹出【开始】菜单，选择【所有程序】|【附件】|【系统工具】|【系统还原】命令，打开【系统还原】对话框。

02 选中【恢复我的计算机到一个较早的时间】单选按钮，然后单击【下一步】按钮。

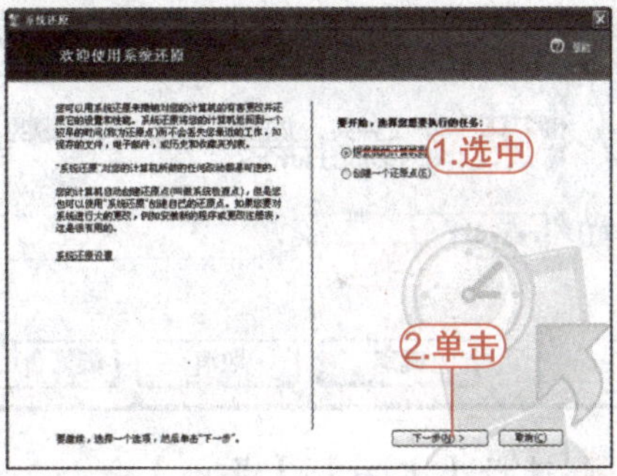

03 选择一个还原点，然后单击【下一步】按钮。

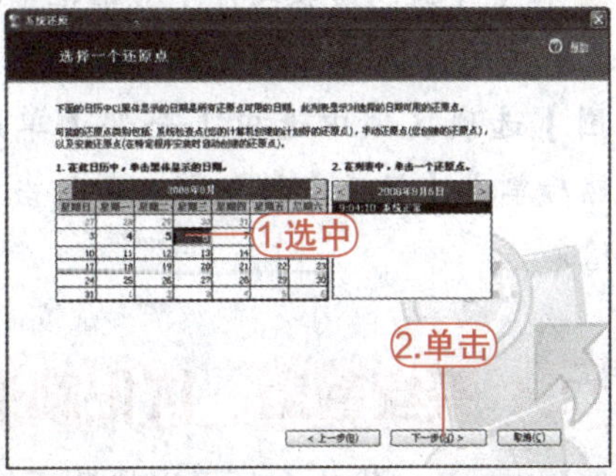

04 单击【下一步】按钮即可开始恢复系统操作。

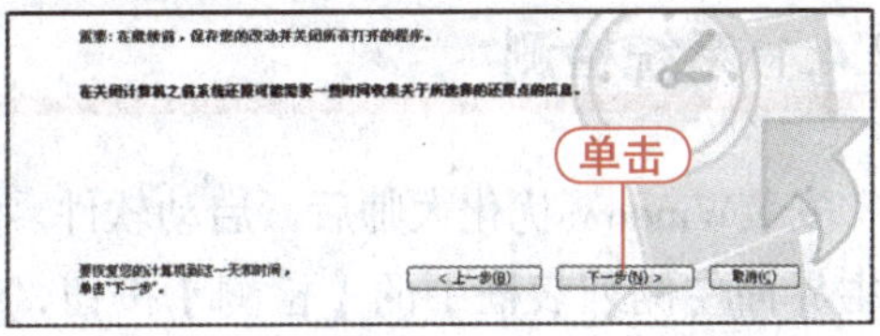

12.3.3 备份注册表

注册表出现错误常常会导致系统崩溃。备份Winodws系统的注册表信息，在注册表被破坏时，利用备份的资料恢复计算机的正常状态。

【例12-11】 备份注册表。视频

01 单击【开始】按钮 开始 ，弹出【开始】菜单，选择【运行】命令，打开【运行】对话框。

02 在【打开】文本框中输入Regedit命令后，单击【确定】按钮，打开【注册表编辑器】对话框。

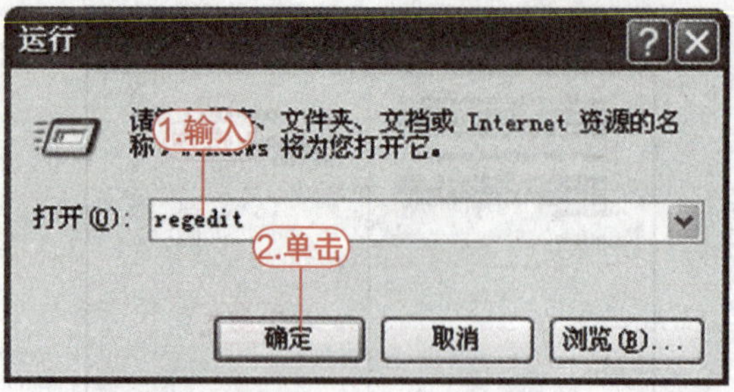

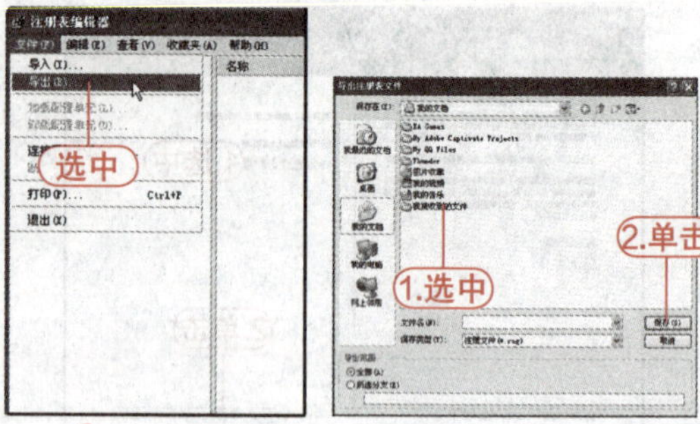

03 选择【文件】|【导出】命令，打开【导出注册表文件】对话框。

04 在【导出注册表文件】对话框中指定注册表文件的备份路径和文件名后，在【导出范围】选项区域中选中【全部】单选按钮，然后单击【保存】按钮即可备份当前注册表信息。

05 完成注册表信息的备份工作后，如果用户要利用备份的注册表文件恢复计算机注册表，可以在【注册表编辑器】对话框中选择【文件】|【导入】命令，打开【导入注册表文件】对话框。

06 选择备份的注册表文件后，单击【打开】按钮即可。

12.4 系统检测、优化和清理

使用Windows优化大师可以检测系统信息、优化系统性能和清理系统维护等，可以实现对电脑中的操作系统、软件和硬件的日常管理，提升电脑的总体性能。

12.4.1 系统检测

安装Windows优化大师后，启动软件。单击主界面左侧列表框中的【检测】按钮，优化大师会自动对电脑进行系统检测，检测完毕后，在右侧的列表框中显示了4个检测信息选项，可以单击相应的选项按钮，打开该选项对话框，查看检测信息。

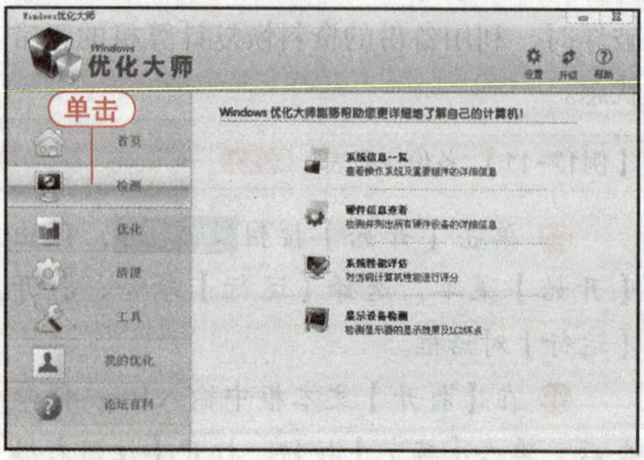

这4个检测信息选项功能如下。

- 【系统信息一览】：可以查看操作系统及重要组件的详细信息。
- 【硬件信息查看】：检测并列出所有硬件设备的详细信息。
- 【系统性能评估】：当前电脑性能进行评分。
- 【显示设备检测】：检测显示器的显示效果及LCD坏点。

12.4.2 系统清理

使用Windows优化大师可以查找电脑中的垃圾文件，并删除这些文件。

【例12-12】清理系统垃圾文件。视频

01 单击主界面左侧列表框中的【清理】按钮。

02 单击右侧列表框中的【垃圾文件清理】按钮，打开垃圾文件清理对话框。

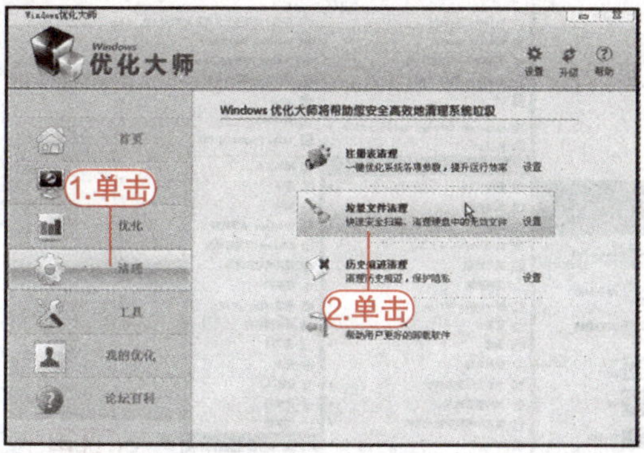

03 单击【下一步】按钮，电脑开始检测垃圾文件。

04 在检测过程中，单击【详细信息】按钮，可以展开对话框，显示检测到的垃圾文件详细信息。

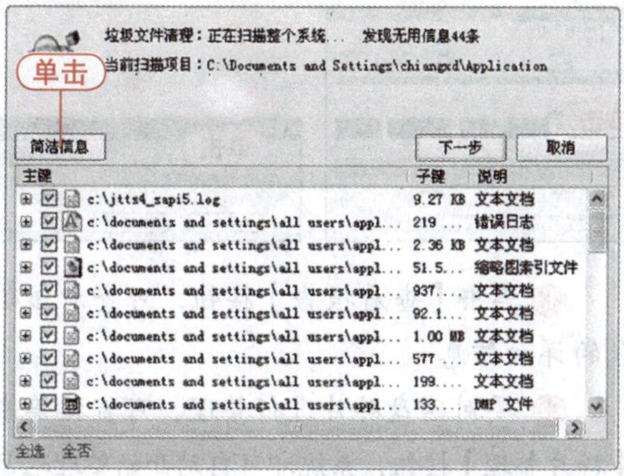

05 检测垃圾文件操作完成后，选中要删除的垃圾文件，单击【下一步】按钮，优化大师会自动清除这些垃圾文件，最后单击【确定】按钮，完成操作。

12.4.3 一键优化系统

Windows优化大师一键优化功能是针对当前电脑的整体性能来进行默认优化的。

【例12-13】 一键优化系统。

01 启动Windows优化大师，单击【一键优化】按钮，打开【一键优化】对话框。

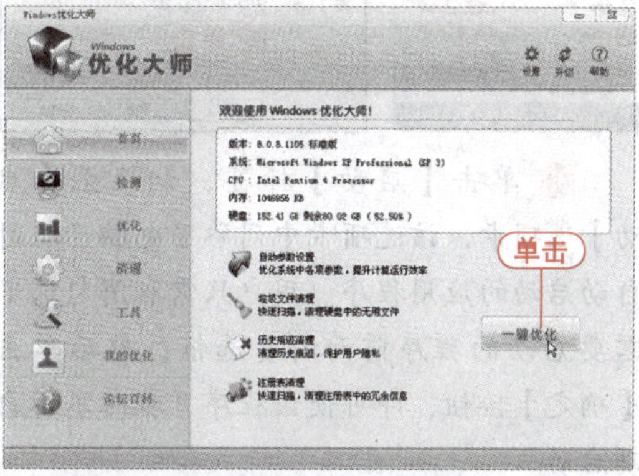

02 单击【开始】按钮，即可开始优化系统并且显示优化进度。

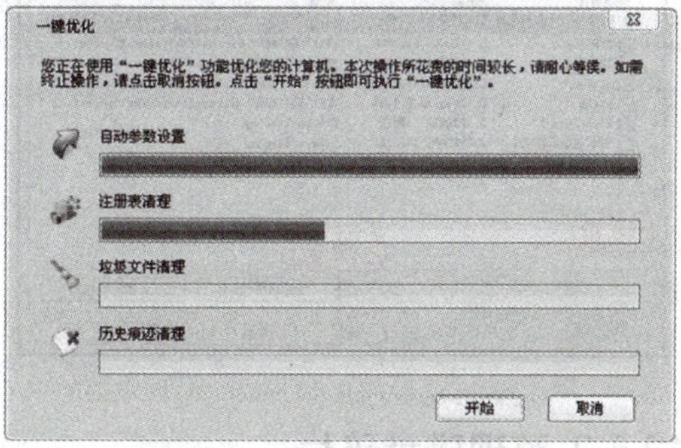

12.5 系统的日常维护

操作系统是电脑运行的软件平台，做好对系统的日常维护可提高系统的稳定性，使用户使用起来更加流畅。对系统的维护主要包括管理开机启动项、整理磁盘碎片等。

12.5.1 管理开机启动项

很多软件在安装完成后，会自动随着系统的启动而启动，如果开机时自动启动的软件比较多，无疑会影响电脑的开机速度并占用系统资源。此时用户可将一些不必要的开机启动项取消掉，以降低资源消耗，优化开机过程。

【例12-14】 管理开机启动项。视频

01 选择【开始】|【运行】命令，打开【运行】对话框。

02 在【运行】对话框中输入命令“msconfig”，然后按下Enter键，打开【系统配置实用程序】对话框。

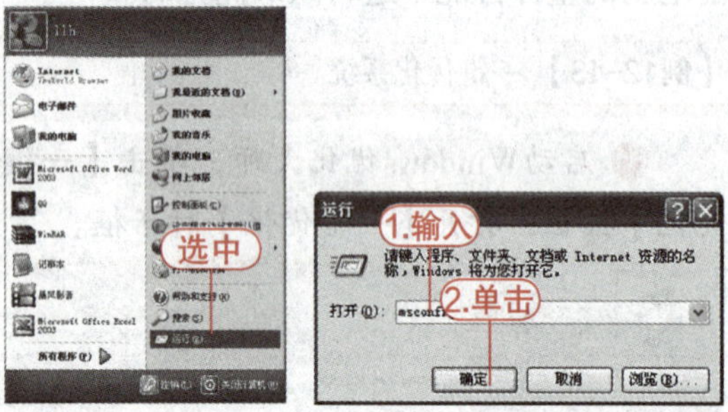

03 单击【启动】标签，切换至【启动】选项卡，该选项卡中列举了电脑开机时自动启动的应用程序。用户只需取消勾选不需要启动的程序前面的复选框，然后单击【确定】按钮，即可使该程序开机时不再自动启动。

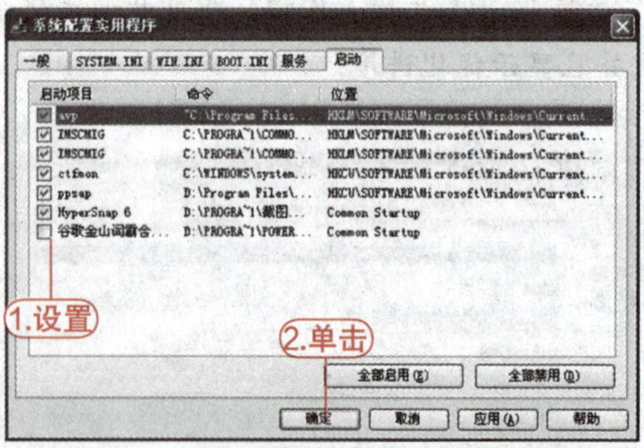

12.5.2 整理磁盘碎片

碎片的存在会影响系统往硬盘写入或读取数据的速度，也加快了磁头和盘片的磨损速度，定期地清理磁盘碎片，对用户的硬盘保护有很大实际意义。

【例12-15】 整理磁盘碎片。 视频

01 选择【开始】|【所有程序】|【附件】|【系统工具】|【磁盘碎片整理程序】命令，打开【磁盘碎片整理程序】对话框。

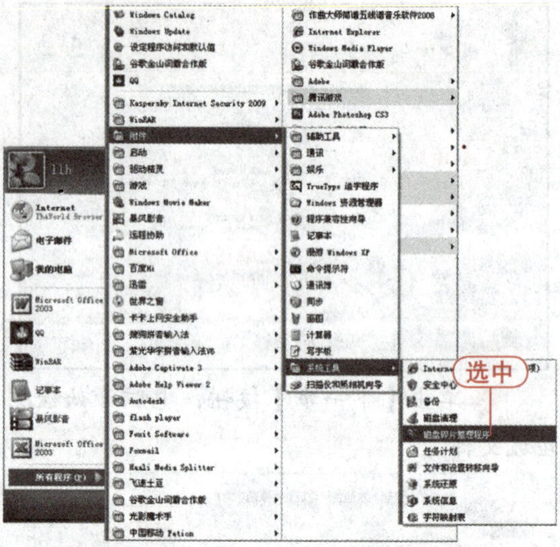

02 选中某个磁盘，然后单击【分析】按钮，系统即可开始对该磁盘进行分析，分析完成后，系统弹出分析结果对话框，告诉用户是否应对磁盘碎片进行整理。

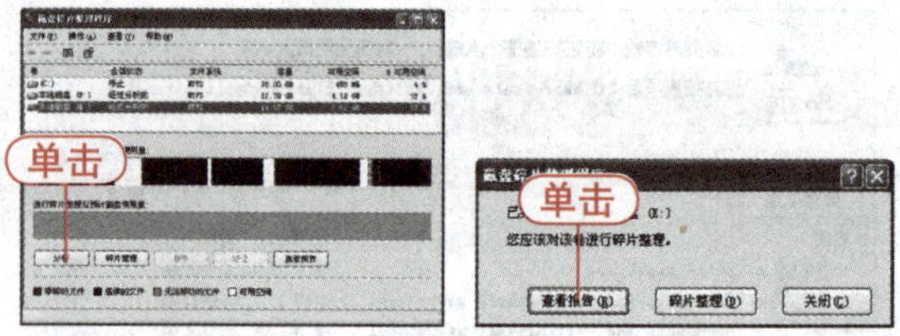

03 单击【查看报告】按钮，可查看该磁盘的详细信息。

04 要对磁盘碎片进行整理，可直接单击【碎片整理】按钮，系统即可自动开始整理磁盘碎片，整理完成后将弹出整理完成的对话框，单击【关闭】按钮，完成磁盘碎片的整理。

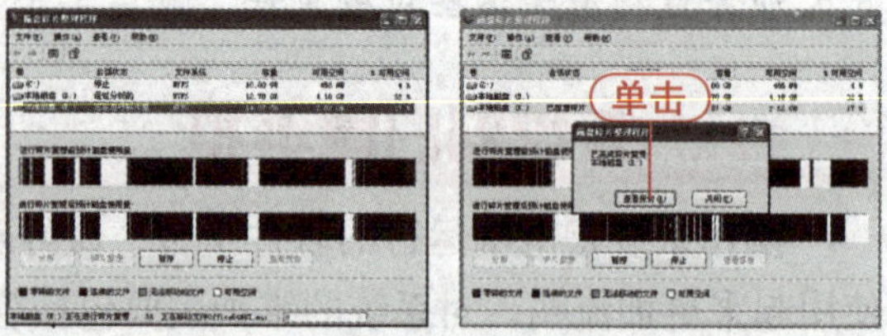

05 需要注意的是如果磁盘不需要整理碎片，尽量不要强行进行整理，过多的磁盘碎片整理会缩短硬盘的寿命。

Chapter 13 上网常用实战技巧

在上网的过程中经常会遇到各种各样的问题，其中有很多至需要对电脑进行简单的设置即可解决。本章主要介绍了有关上网过程中的一些常用技巧。

- 网页浏览
- 邮件收发
- 网络聊天
- 上网常见问题解答

参见随书光盘

例13-1 关闭恶意代码
例13-2 过滤网页中的广告
例13-3 禁止IE记录输入的网址
例13-4 修改IE无法打开窗口
例13-5 自动选择IE浏览器编码
例13-6 设置IE浏览器自动检查
例13-7 屏蔽IE浏览器弹出窗口
例13-8 设置IE浏览器临时文件
例13-9 更改Outlook收件箱存储位置
例13-10 屏蔽Outlook垃圾邮件
例13-11 取消禁用IE浏览器Cookie
例13-12 降低QQ安全设置级别
例13-13 备份QQ好友
例13-14 使用QQ截图功能
例13-15 更改QQ文件保存目录
例13-16 安装并调试麦克风

13.1 网页浏览

网页浏览是上网过程中最常使用的操作，下面就针对有关使用IE浏览器在浏览网页时经常遇到的问题进行分析和排除。

13.1.1 防止恶意代码

在浏览一些网站时，IE浏览器窗口经常会连续打开多个窗口，直至内存用尽死机未知，除了是系统错误外，不排除是某些网站的恶意代码造成的，可以在IE浏览器中关闭这些恶意代码。

【例13-1】关闭恶意代码。视频

01 启动IE浏览器，选择【工具】|【Internet选项】命令，打开【Internet选项】对话框。

02 单击【安全】选项卡，打开该选项卡对话框，单击【自定义级别】按钮，打开【安全设置】对话框。

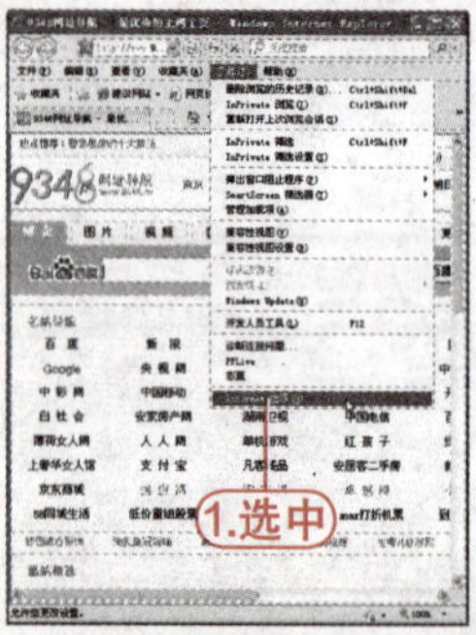

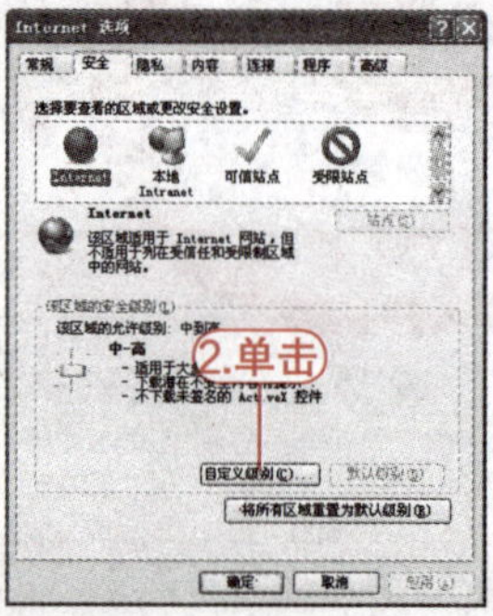

05 在【设置】列表框中的【活动脚本】选项区域选中【禁用】单选按钮，单击【确定】按钮，返回【Internet选项】对话框。

06 单击【高级】选项卡，打开该选项卡对话框。

07 在【设置】列表框中的Microsoft VM选项区域中取消选中所有选项。

08 最后在【浏览】选项区域中取消选中【禁用脚本调试】复选框，单击【确定】按钮，返回【Internet选项】对话框，单击【确定】按钮，关闭对话框。

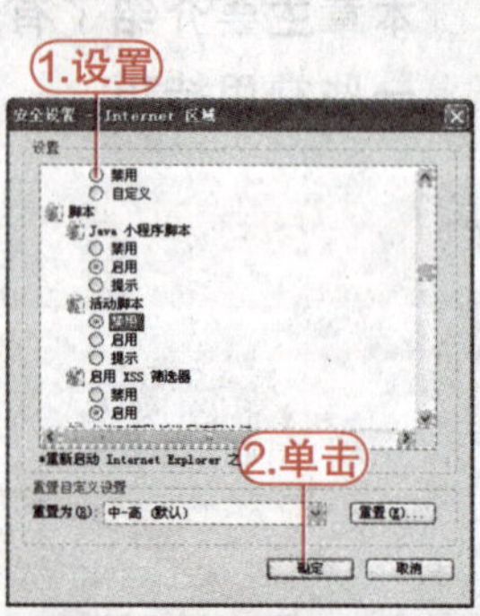

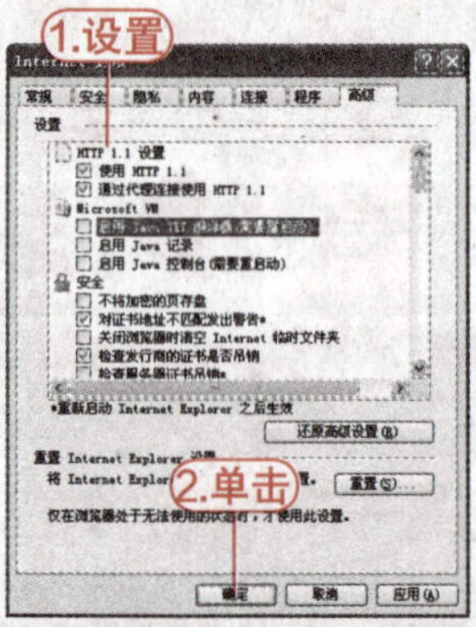

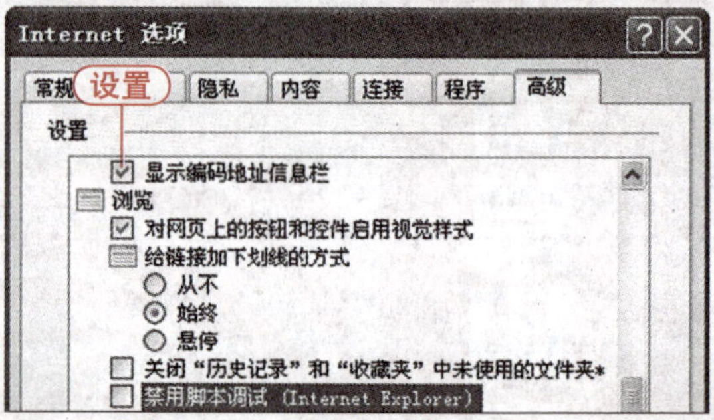

13.1.2 过滤网页中的广告

很多上网的朋友都会发现，现在许多网站都会有大量的广告，甚至有些广告是浮动广告，不仅影响了浏览效果，还大大降低了浏览网页的速度。为了更好地浏览网页，可以对不需要的广告进行过滤。

【例13-2】过滤网页中的广告。视频

01 启动IE浏览器，选择【工具】|【Internet选项】命令，打开【Internet选项】对话框。

02 单击【自定义级别】按钮，打开【安全设置】对话框。

03 在【设置】列表框中的【活动脚本】选项区域选中【禁用】单选按钮，单击【确定】按钮，返回【Internet选项】对话框，单击【确定】按钮即可应用设置。该方法与关闭恶意代码方法类似。

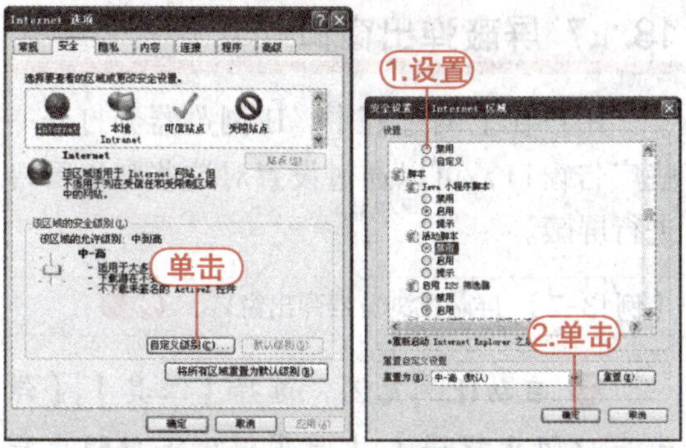

13.1.3 不记录输入的网址

在IE浏览器地址栏中输入网址后，一般都会保留在地址栏的下拉列表框中，用户可以让IE浏览器不自动记录输入的网址。

【例13-3】 禁止IE记录输入的网址。视频

01 启动IE浏览器，选择【文件】|【打开】，打开【打开】对话框。

02 在【打开】文本框中输入要浏览的网站地址，打你【确定】按钮，IE浏览器会打开网站并且不会保留输入的网址。

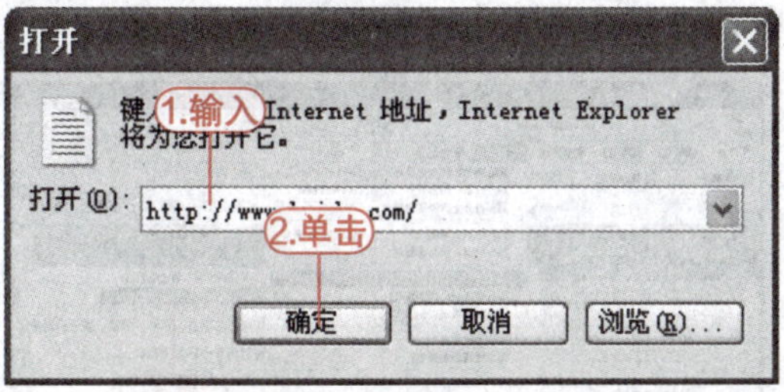

13.1.4 IE无法打开新窗口

在使用IE浏览器浏览网页时，单击超链接没有反应，右击超链接，在弹出的快捷菜单中选择【在新窗口打开】命令也没有反应，此时可以参照以下步骤修改错误。

【例13-4】 修改IE无法打开窗口。视频

01 单击【开始】按钮，在弹出的【开始】菜单中选择【运行】命令，打开【运行】对话框。

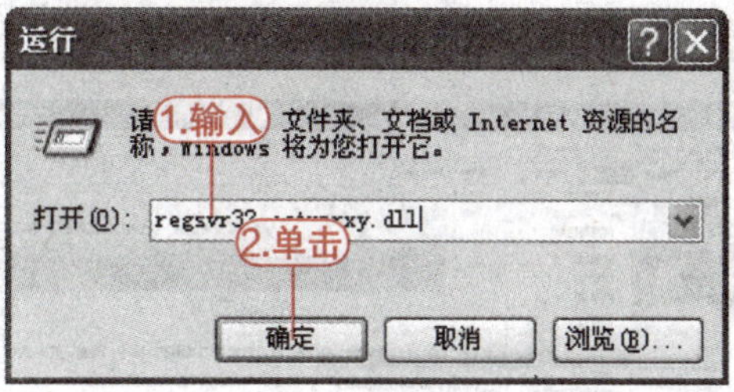

02 在【打开】文本框中输入regsvr32 actxprxy.dll，单击【确定】按钮，打开RegSvr32对话框。

03 在该对话框中显示了DllRegister Sever成功信息，单击【确定】按钮关闭对话框。

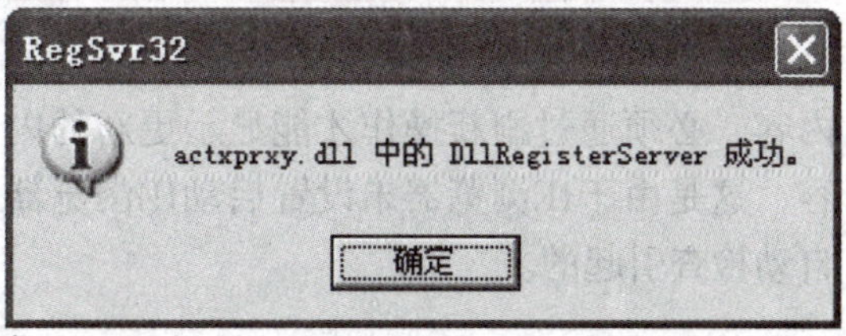

04 再次打开【运行】对话框，输入regsvr32 shdocvw.dll，单击【确定】按钮，打开RegSvr32对话框。

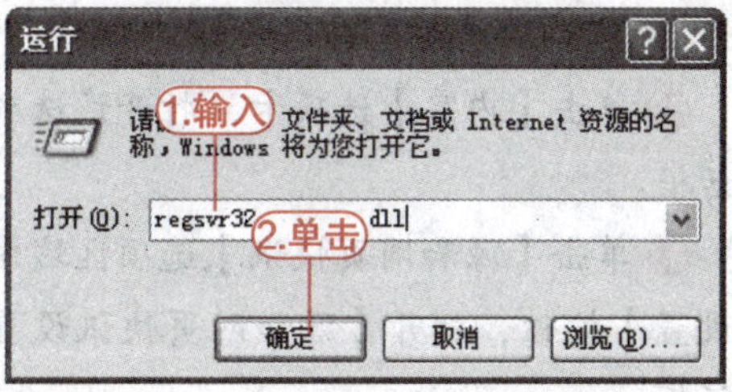

05 单击【确定】按钮关闭对话框，重新启动系统，IE浏览器即可正常运行。

13.1.5 浏览的网页出现乱码

在浏览一些网页时，可能会出现乱码情况，这是因为当前系统中没有安装相应的内码转换软件，可以通过IE浏览器自带的字库来实现对不同的内码文件进行转换。

【例13-5】 自动选择IE浏览器编码。视频

01 启动IE浏览器。

02 选择【查看】|【编码】|【自动选择】命

令，即可自动选择IE浏览器编码。

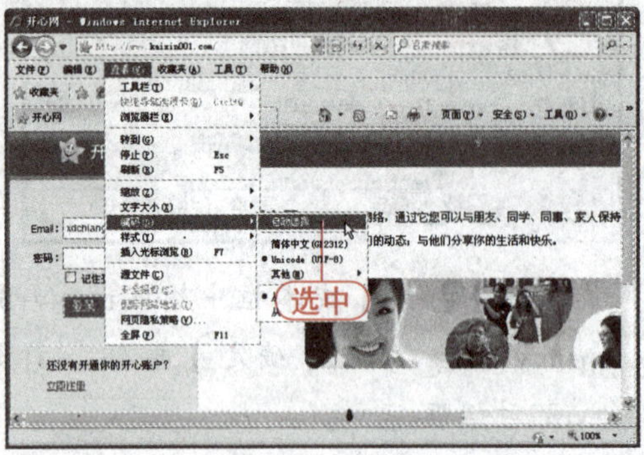

13.1.6 无法刷新网页

在浏览一些网页时，总是显示过去的内容，必须通过刷新操作才能显示更新的内容，这是由于IE浏览器未设置启动IE浏览器自动检查引起的。

【例13-6】设置IE浏览器自动检查。视频

01 启动IE浏览器，选择【工具】|【Internet选项】命令，打开【Internet选项】对话框。

02 单击【内容】选项卡，打开该选项卡对话框。

03 单击【源和网页快讯】选项区域中的【设置】按钮，打开【源和网页快讯设置】对话框。

04 选中【自动检查源和网页快讯的更新】复选框，然后单击【确定】。

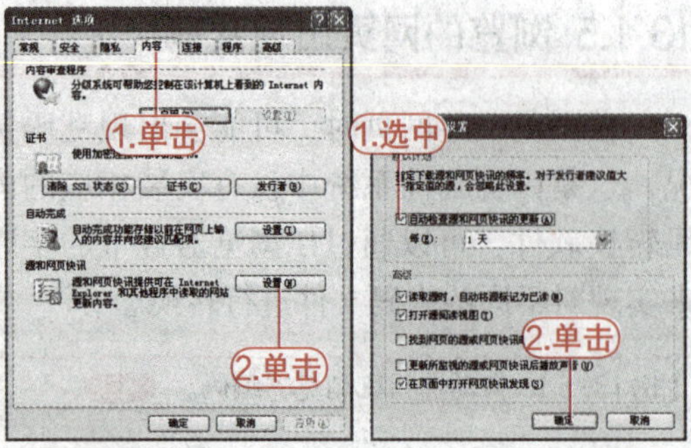

05 返回【Internet选项】对话框，单击【确定】按钮完成操作。

13.1.7 屏蔽弹出窗口

用户在上网过程中，IE浏览器会打开一些广告窗口，可以通过设置对这些弹出窗口进行屏蔽。

【例13-7】屏蔽IE浏览器弹出窗口。视频

01 启动IE浏览器，选择【工具】|【弹出窗口阻止程序】|【启用弹出窗口阻止程序】命令，启动弹出窗口阻止程序。

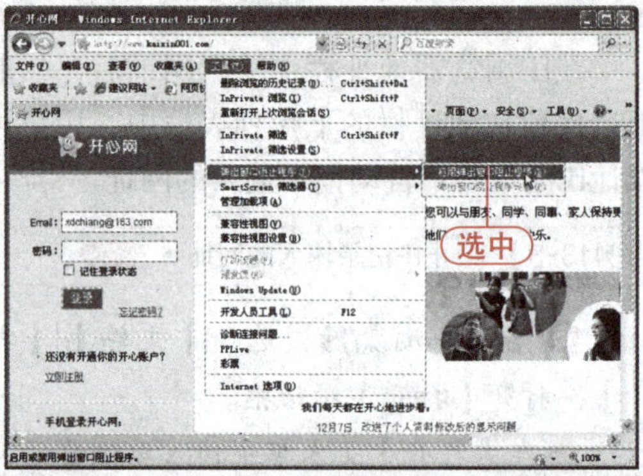

02 选择【工具】|【弹出窗口阻止程序】|【弹出窗口程序设置】命令，打开【弹出窗口程序设置】对话框。

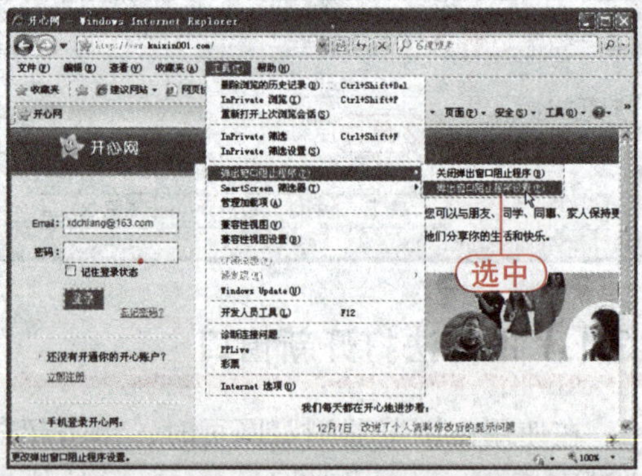

03 在【通知和筛选级别】选项区域中选中【阻止弹出窗口时播放声音】和【阻止弹出窗口时显示信息栏】复选框。

04 在【筛选级别】下拉列表中选择筛选级别，默认选择【中：阻止大多数自动弹出窗口】选项，单击【关闭】按钮完成操作。

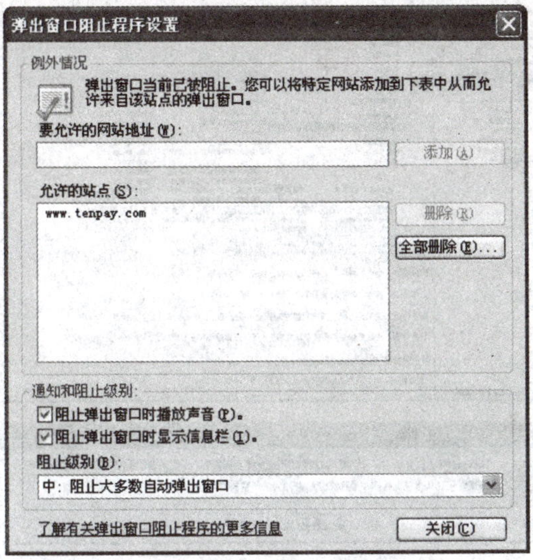

13.1.8 无法脱机浏览网页

在脱机浏览网页时，提示“该Web页不能脱机使用”信息，造成这种情况原因是IE浏览器临时文件存放的空间太小或者IE浏览器没有安装脱机浏览服务包，必须重新安装IE浏览器。

【例13-8】 设置IE浏览器临时文件。视频

01 启动IE浏览器，选择【工具】|【Internet选项】命令，打开【Internet选项】对话框。

02 单击【常规】选项卡，打开该选项卡对话框，单击【浏览历史记录】选项区域中的【设置】按钮，打开【设置】对话框。

03 在【要使用的磁盘空间】微调框中设置临时文件存放空间大小，单击【确定】按钮，返回【Internet选项】对话框，单击【确定】按钮，完成操作。

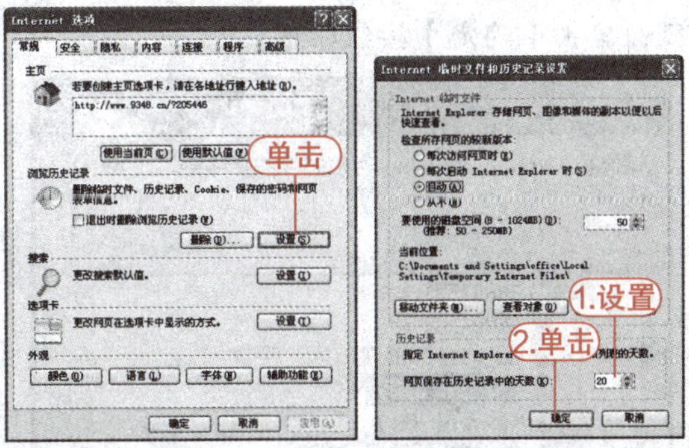

04 要安装IE浏览器服务包，在安装IE浏览器过程中选择【自定义】安装模式，然后选中【脱机浏览服务包】和【浏览增强组件】，然后开始安装，安装完成后重新启动电脑。

13.2 邮件收发

用户在收发邮件过程中也会遇到一些问题，下面例举了常见的邮箱故障和排除方法，用户可以通过学习自行解决问题。

13.2.1 更改Outlook收件箱存储位置

Outlook收件箱得到存储位置默认是在系统分区下，如果Outlook收件箱中的邮件越来越多，其占用的空间也越来越大，而且由于要频繁进行接收和删除邮件操作，容易造成大量的磁盘碎片，影响系统运行的效能，此时用户可以根据需要更改Outlook收件箱存储位置。

【例13-9】 更改Outlook收件箱存储位置。视频

01 启动Outlook，选择【工具】|【选项】命令，打开【选项】对话框。

02 单击【维护】选项卡，打开该选项卡对话框。

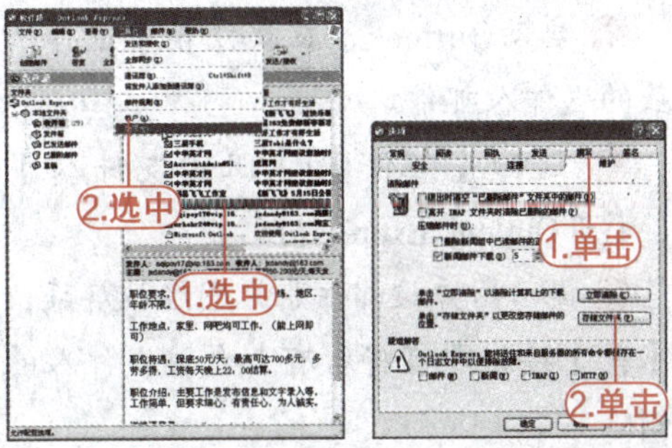

03 单击【存储文件夹】按钮，打开【存储位置】对话框，在该对话框中显示了当前存储文件夹的所在路径。

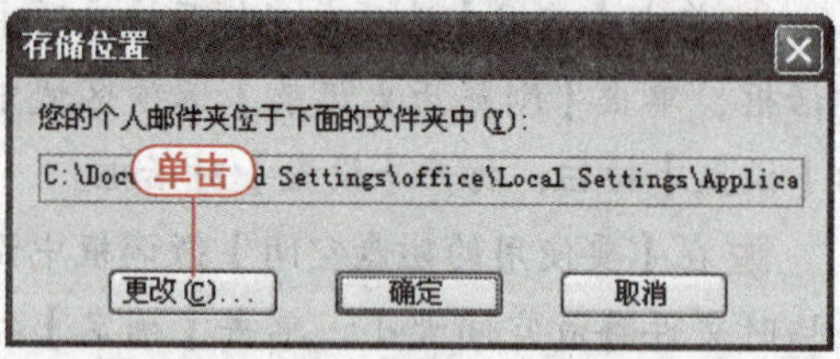

04 单击【更改】按钮，打开【浏览文件夹】对话框，选择存储文件夹的新存储路径，单击【确定】按钮即可。

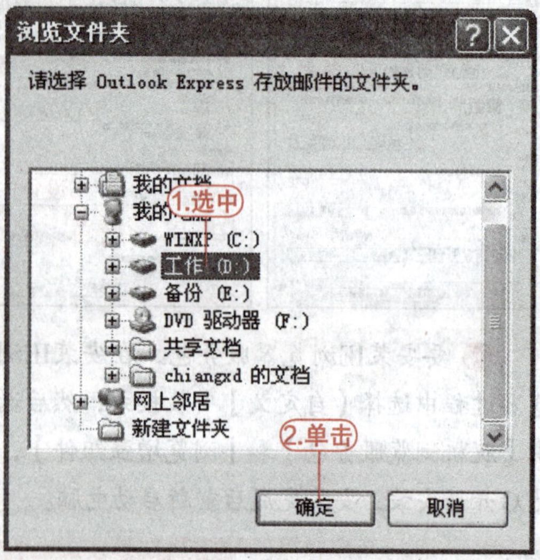

13.2.2 屏蔽Outlook垃圾邮件

大量的垃圾邮件严重影响到了邮箱拥有者的使用，使用Outlook可以屏蔽一些垃圾邮件，阻止邮件账户发送垃圾邮件。

【例13-10】 屏蔽Outlook垃圾邮件。视频

01 启动Outlook，在收件箱中选择所要屏蔽的发件人邮件。

02 选择【邮件】|【阻止发件人】命令，打开Outlook Express对话框。

03 提示用户该邮件账户已经被屏蔽，单击【是】按钮即可将所有来自该发件人的邮件删除。

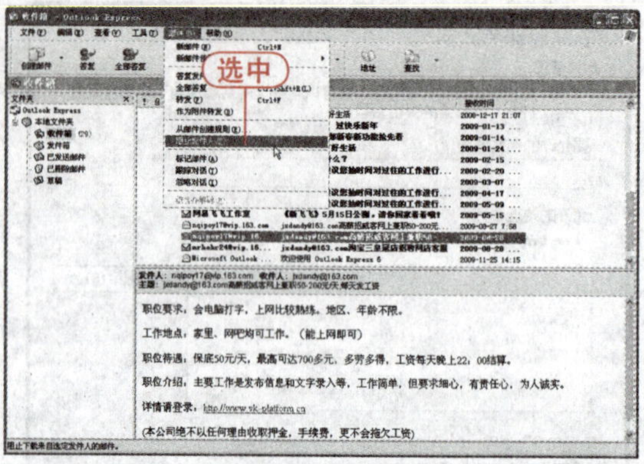

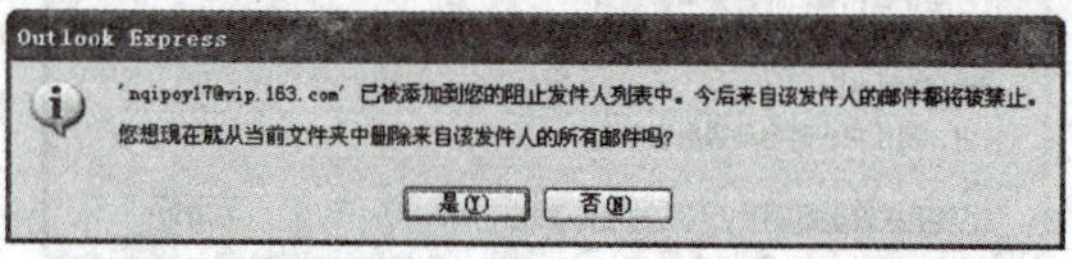

13.2.3 无法登录Web邮箱

在登录Web邮箱时，提示无法登录的现象，在输入用户名和密码后，返回到登录界面，并且没有出现任何提示，该类情况通常是因为在IE浏览器中禁用Cookie造成的，通过简单设置即可解决。

【例13-11】 取消禁用IE浏览器Cookie。视频

01 启动IE浏览器，选择【工具】|【Internet选项】命令，打开【Internet选项】对话框。

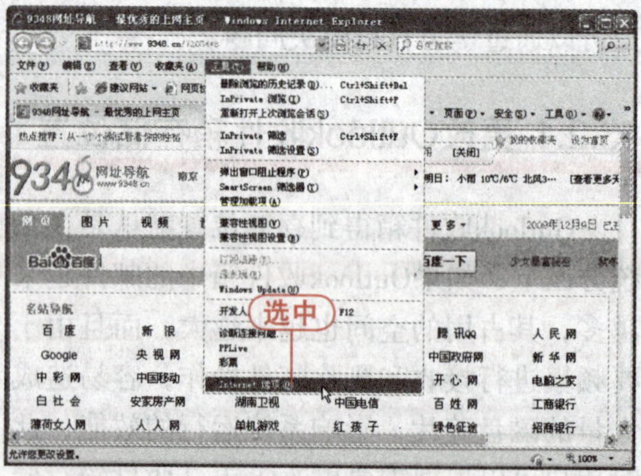

02 单击【隐私】选项卡，打开该选项卡对话框。

03 拖动滑块，设置隐私级别为【中】。

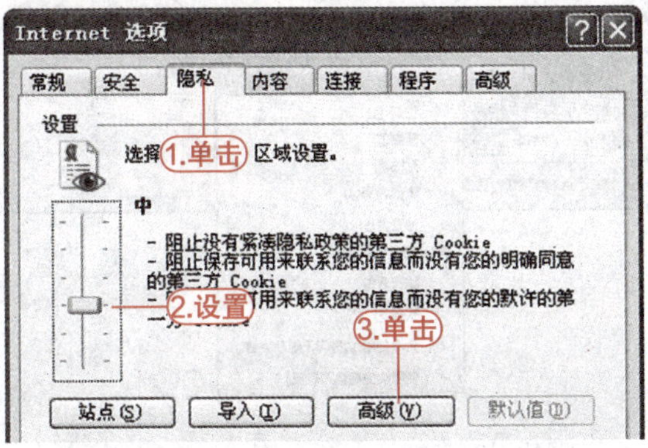

04 也可以单击【高级】按钮，打开【高级隐私策略设置】对话框，选中【替代自动Cookie处理】复选框。

05 将第1方和第3方cookie设置为【接受】，单击【确定】按钮即可。

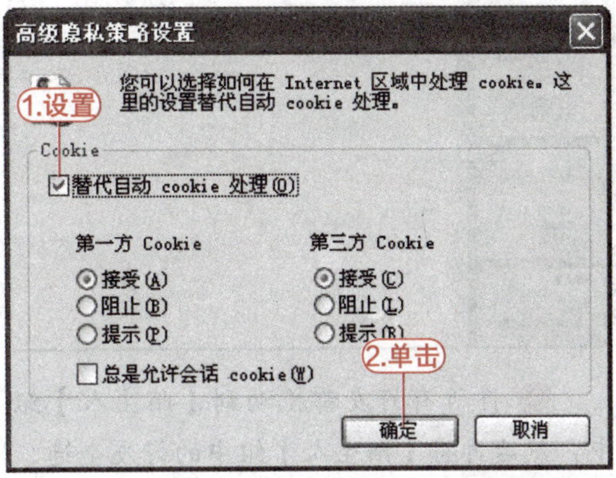

13.3 网络聊天

用户在使用聊天工具过程中也会遇到一些问题，下面例举了常见的聊天工具故障和排除方法，用户可以通过学习自行解决问题。

13.3.1 QQ为什么不能传输文件

当QQ好友发送文件时，不能进行传输，通常是QQ设置了安全级别原因，可以降低传输安全设置来接收或发送文件。

【例13-12】 降低QQ安全设置级别。视频

01 登录QQ，单击【设置】按钮，打开【系统设置】对话框。

02 单击【安全和隐私】选项卡，打开该选项卡对话框。

03 在【文件传输安全】选项区域中选择合适的安全级别，通常情况下选择【安全级-中（推荐）】单选按钮。

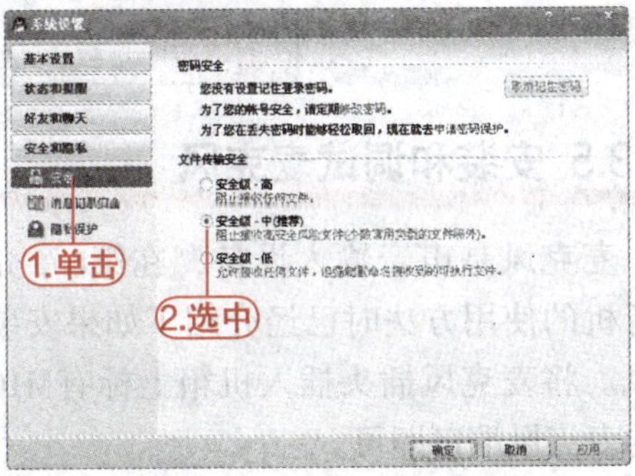

04 如果还无法接收文件，可以选中【安全级-低】单选按钮，然后单击【确定】按钮即可。

13.3.2 备份QQ好友

许多用户都经历过QQ账号被盗的情况，然后重新申请一个QQ号，想把以前QQ中的好友全部添加过来是一项非常繁琐的事情。如果电脑中保存着被盗的QQ登录记录，即QQ的安装目录中包含该号码为目录名的子目录，可以将好友列表重新恢复到新申请的QQ号码中。

【例13-13】 备份QQ好友。视频

01 选中被盗QQ号码子目录下的user.db文件夹。

02 复制该文件夹，将该文件夹覆盖到新申请的QQ号码安装目录下。

03 登录新申请的QQ号码，此时被盗的QQ号码中的好友都会出现在新的QQ号码好友列表中。

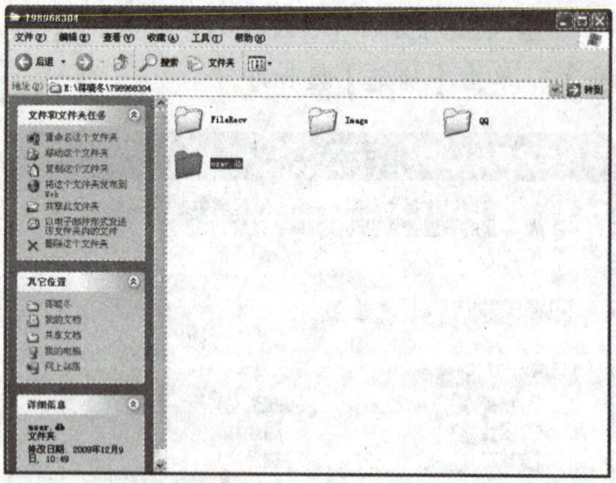

04 将所有好友都拖动到【陌生人】组中，然后再将【陌生人】组中的好友全选，拖动到【我的好友】组中即可。

13.3.3 使用QQ截图

QQ还自带了截图功能，可以截取当前屏幕上的窗口，图片会自动显示在聊天窗口中，可以发送或保存图片。

【例13-14】 使用QQ截图功能。 视频

01 登录QQ后，双击好友头像，打开聊天窗口。

01 单击【屏幕截图】按钮，屏幕将覆盖一层阴影。

03 拖动鼠标框选屏幕截取区域，然后单击【完成截取】按钮，即可截取当前框选屏幕区域。

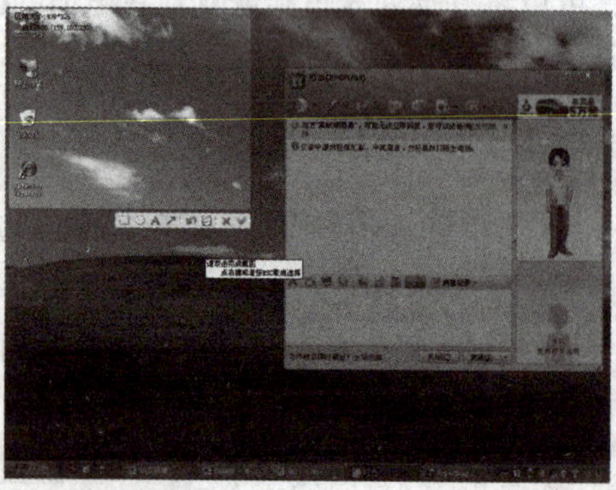

04 截取的图片显示在聊天窗口中，右击图标可以进行编辑、保存、复制等操作。

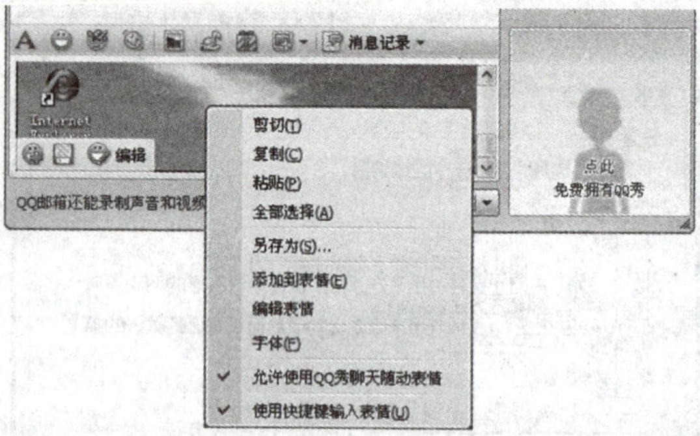

13.3.4 更改QQ文件保存目录

设置文件传输保存文件夹是指接收QQ好友发送的文件时自动保存的本地电脑设置的文件夹中。

【例13-15】 更改QQ文件保存目录。 视频

01 登录QQ后，单击QQ窗口下方的【打开系统设置】按钮，打开【系统设置】对话框，单击【好友和聊天】选项卡，打开该选项卡对话框。

02 选择【文件传输】选项，打开该选项对话框。

03 单击【更改目录】按钮，打开【浏览文件夹】对话框，选择传输文件保存文件夹，单击【确定】按钮，返回【文件传输】选项对话框，单击【确定】按钮，保存设置。

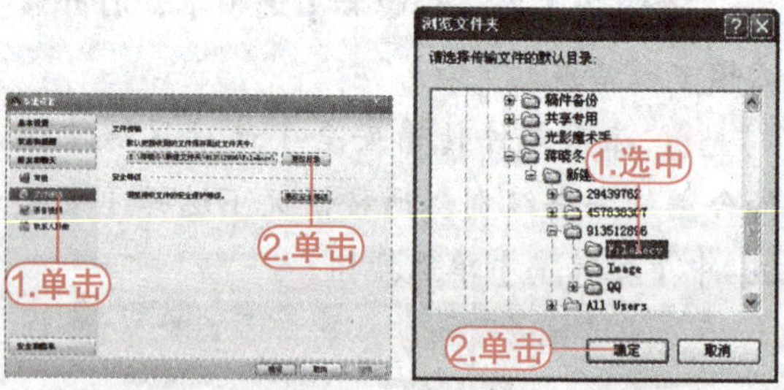

13.3.5 安装和调试麦克风

麦克风是声音输入设备，在第6章介绍录音机的使用方法时已经介绍了如果安装麦克风。将麦克风插头插入机箱上标有MIC标识的麦克风端口即可。

安装好麦克风后，可以进行适当的调节操作，调整音频属性，确保麦克风正常使用。

【例13-16】 安装并调试麦克风。视频

01 安装好麦克风后，右击【通知栏】的【音量】图标，在弹出的快捷菜单中选择【打开音量控制】命令，打开【主音量】对话框。

02 选择【选项】|【属性】命令，打开【属性】对话框。

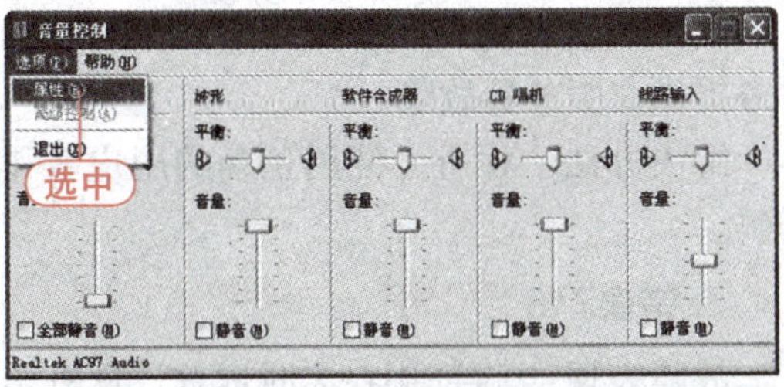

03 在【属性】对话框的【混音器】下拉列表中选中【Realtek HD Audio Input】选项。

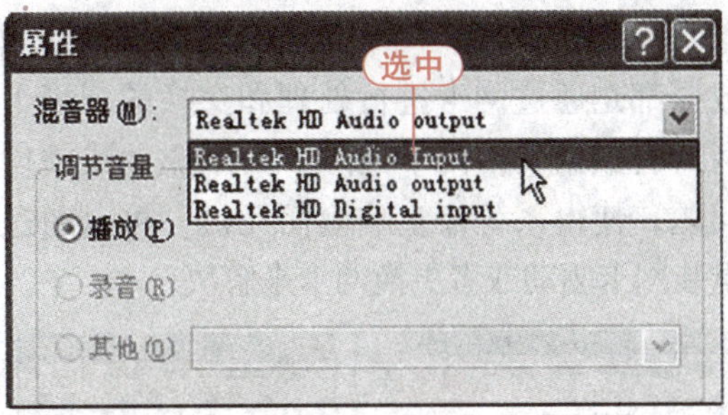

04 在下方的【显示下列音量控制】列表框中选中所有复选框，单击【确定】按钮。

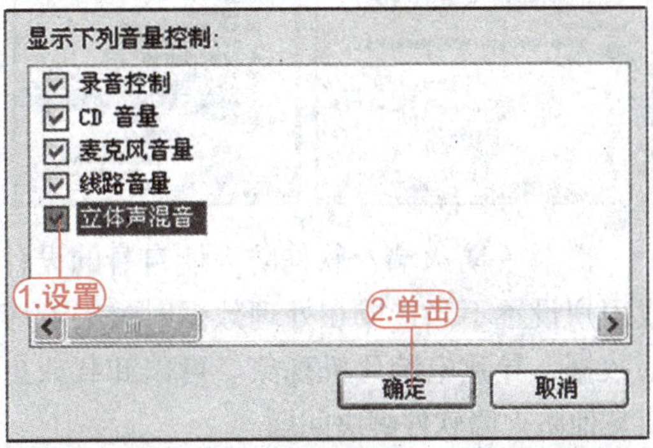

05 此时，打开【录音控制】对话框，用户可以在该对话框中的【录音控制】选项区域中调整录音的音量控制。

13.4 上网常见问题解答

前面主要介绍了有关一些软件的应用技巧，下面就上网过程中常见的问题，进行分析和解答，用户可以通过学习自行解决问题。

13.4.1 连接网络后死机

通过拨号软件进行拨号连接，出现电脑死机现象，主要原因有以下4种。

- 病毒原因：系统中存在蠕虫病毒，这类病毒在断网的状态下不会运行，一旦连接网络后，病毒开始运行并且发送大量数据，占用系统资源，将资源耗尽，从而造成死机。可以使用杀毒软件彻底查杀系统。
- 恶意软件或插件：与病毒相似，通过恶意软件或插件进行无限制地自动弹出浏览器窗口，导致电脑停止响应并死机。使用专门的恶意软件清除工具清除，例如360安全卫士和瑞星卡卡。如下图所示，是使用360安全卫士清除恶评软件。

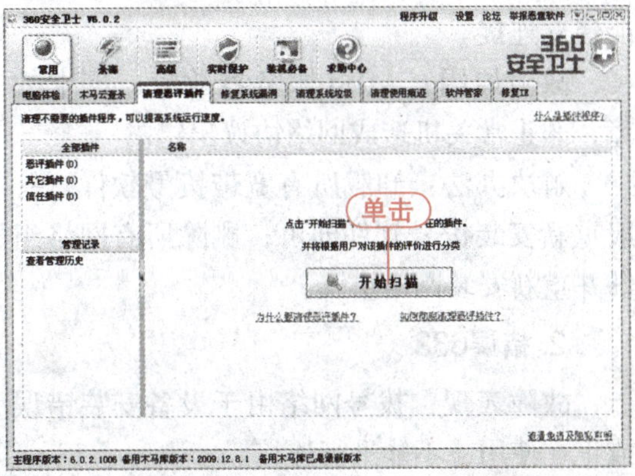

◆ 网卡故障：网卡是所有网络中传输的数据都是通过网卡进行处理和交换的，当上网时有数据交由网卡处理，由于驱动或硬件问题，使得系统停止响应而死机。可以通过重装网卡驱动或者更换网卡来解决。

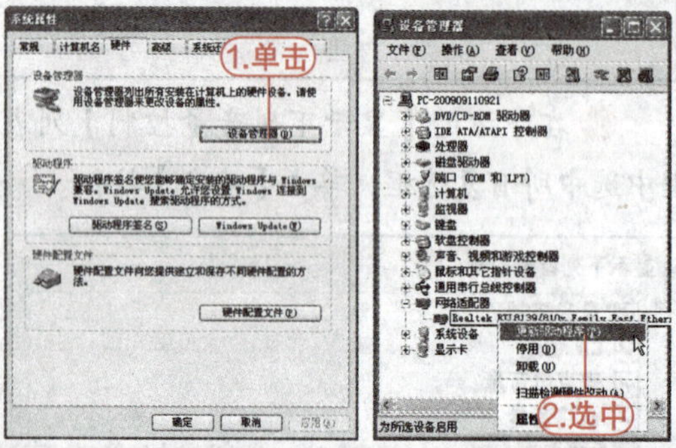

◆ 软件防火墙：软件防火墙自身的设计或用户设置不当造成在处理数据时失去响应的数据，导致电脑死机现象。可以卸载或更换其他防火墙软件解决问题。

13.4.2 拨号常见错误代码

常见的用户终端设备故障大多数是接头松动、网线断、集线器（HUB）损坏和计算机系统故障等方面的问题。用户可以先作初步的设备检查，然后根据拨号错误代码或故障现象进行处理。

用户可根据拨号失败时提示的错误代码进行相关处理。

1. 错误619（同错误678）

故障表现:与互联网服务提供商服务器不能建立连接。

故障原因：ADSL服务器故障，网卡故障，非正常关机造成网络协议出错。

解决办法：卸载所有宽带拨号软件，一般重新安装拨号软件即可；删除所有网络组件并重新安装网络协议。

2. 错误633

故障表现：拨号网络由于设备安装错误或正在使用，不能进行连接。

故障原因：宽带拨号软件未正确安装。

解决办法：卸载所有宽带拨号软件并重新安装。

3. 错误645

故障表现：网卡没有正确响应。

故障原因：网卡故障，或者网卡驱动程序未正确安装。

解决办法：检查网卡状态，重新安装网卡驱动程序。

4. 错误691

故障表现：输入的用户名和密码不对，无法建立连接。

故障原因：用户名和密码错误，互联网服务提供商服务器故障。

解决办法：检查并使用正确的用户名和密码。

5. 错误718

故障表现：验证用户名时远程计算机超时没有响应，断开连接。

故障原因：互联网服务提供商服务器出现故障。

解决办法：请致电10000进行处理。

6. 错误720

故障表现：拨号网络无法协调网络中服务器的协议设置。

故障原因：互联网服务提供商服务器故障，非正常关机造成网络协议出错。

解决办法：删除所有网络组件重新安装网络协议。

7. 错误734

故障表现：PPPoE连接控制协议中止。

故障原因：互联网服务提供商服务器故障；非正常关机造成网络协议出错。

解决办法：删除所有网络组件重新安装网络协议。

8. 错误735

故障表现：请求的地址被服务器拒绝。

解决办法：建议重新安装宽带拨号软件。

9. 错误769

故障表现：无法到达指定的目标地址。

故障原因：网卡驱动程序(或USB MODEM驱动程序)故障造成。

解决办法：检查网卡有没有启动；如果已经启动，重装网卡或USB MODEM驱动程序。

10. 错误797

故障表现：ADSL MODEM连接设备没有找到。

故障原因：ADSL MODEM电源没有打开，网卡和ADSL MODEM的连接线出现问题，软件安装以后相应的协议没有正确绑定，在创立拨号连接时，建立了错误的空连接。

解决办法：检查MODEM电源，连接线；检查电脑的网络属性，拨号网络协议是否正确的安装绑定，检查网卡是否正常启用，是否用了正确的拨号设备，或者重新创建拨号连接。

13.4.3 无法打开网页

如果用户打开了防火墙或上网助手等系统辅助软件，请关闭退出后进行访问网页测试。如果正常，则为用户电脑软件问题。如果仍不能上网，请用户PING DNS服务器，看PING结果是否正常。

- 如果PING DNS服务器结果正常，QQ等除IE之外的上网软件都可以使用，则可能是由于IE问题导致，建议用户修复IE；
- 如果PING DNS服务器结果正常，所有的上网软件均无法使用，则可能由于用户电脑系统问题导致，建议用户检查电脑系统运行情况；
- 如果PING DNS服务器不通或用户无法做相关配合操作，请致电10000进行处理。

13.4.4 电影播放不流畅

如果在线电影播放不流畅，请用户确认电脑内存是否太小，如果小于128MB，建议升级配置。同时可检查是否打开了太多的网页和其他应用程序，如果是，关掉部分网页或程序再重试。这种情况也常常是因为当时访问的服务器太忙，可以稍候再试。

如果下载大文件经常性的断线，而断线时网络正常，请用户重新安装网卡驱动或更换网卡。同时建议使用专用的下载软件进行下载，比如FlashGet、迅雷等。

13.4.5 部分网页打不开

在上网时，部分网页无法打开的可能原因有以下几种。

- 上网助手影响、防火墙影响、该网站故障、设置影响。
- 上网助手的拦截功能会造成影响。
- 防火墙等级设置过高也会造成个别网页无法打开。
- 有些网站屏蔽某些IP网段，若用户获取该网段的IP地址，就无法访问该网站了。

上述故障大部分属用户端软件原因造成，建议用户关闭上网助手或退出防火墙即可解决。

13.4.6 宽带掉线原因

宽带掉线是经常碰到的错误，下面对掉线原因进行分析并介绍如何排除故障。

1. 故障现象一：每隔几个小时断线

解决方法：如果在一定时间内没有任何数据传输，ADSL就会自动停止虚拟信号，从而导致断线，这主要是出于保证网络带宽不被白白浪费考虑，如果不想这种情况发生，可以启用一些即时通信软件（QQ）。

2. 故障现象二：连续几天上网老掉线

故障分析：电磁干扰会引起上网掉线。

解决方法：看猫的灯状态不正常，LINK灯在闪烁。这时话机里有强烈的刺耳声,经询问原来用户这几天进行装修。停止施工后上网正常。

3. 故障现象三：MODEM使用路由掉线

故障分析：MODEM使用路由功能时，不需操作就自动拨号，一旦掉线立即重拨，当故障现象得不到解决就会不断重拨，重复掉线，造成掉线率异常高。

解决方法：停用路由功能，采用手动拨号，掉线率将会大大降低。

13.4.7 电脑硬/软件配置问题

用户电脑硬件、软件及软件配置方面出现问题，同样会造成掉线，主要故障现象有以下几种。

1. 故障现象一：一段时间后发现掉线

解决方法如下：

右击【我的电脑】图标，在弹出的快捷菜单中选择【属性】命令，打开【系统属性】对话框。

单击【硬件】选项卡，打开该选项卡对话框，单击【设备管理器】按钮，打开【设备管理器】对话框。

右击网卡图标，在弹出的快捷菜单中选择【属性】命令，打开网卡的属性对话框。

单击【电源管理】选项卡，打开该选项卡对话框，取消选中所有复选框，然后单击【确定】按钮即可。

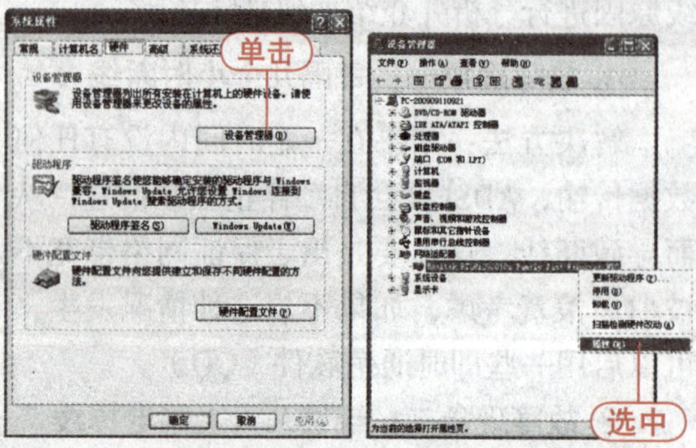

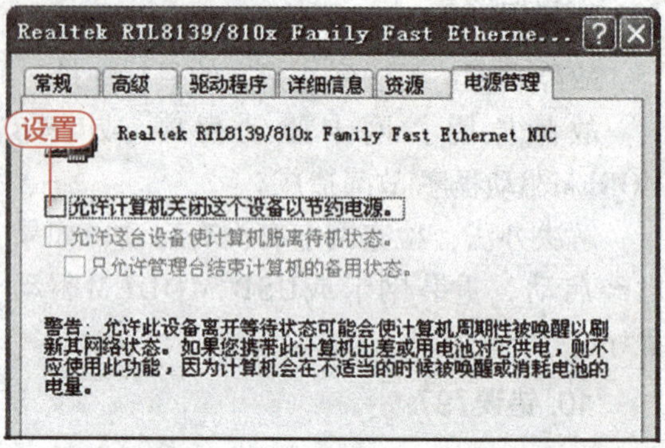

2. 故障现象二：打开IE弹出拨号窗口

解决方法如下：

启动IE浏览器，选择【工具】|【Internet选项】命令，打开【Internet选项】对话框。

单击【连接】选项卡，打开该选项卡对话框。

选中【从不进行拨号连接】单选按钮，然后单击【确定】按钮即可。

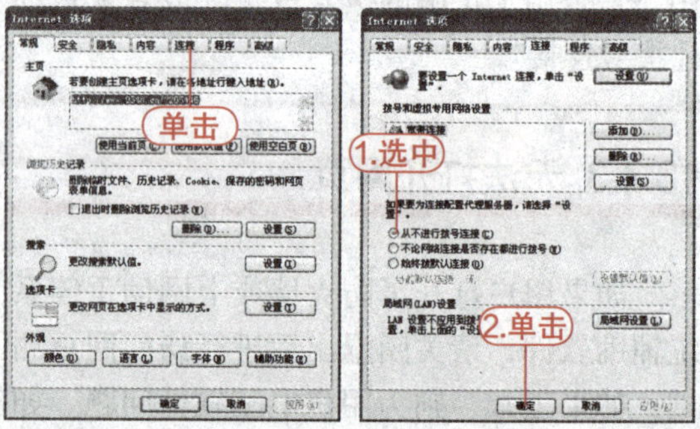

3. 故障现象三：提示"网络重名"信息

主要是由于使用盗版的系统造成的，解决方法如下：

右击【我的电脑】图标，在弹出的快捷菜单中选择【属性】命令，打开【系统属性】对话框。

单击【计算机名】选项卡，打开该选项卡对话框。

重新输入其他计算机名称，单击【确定】按钮即可。

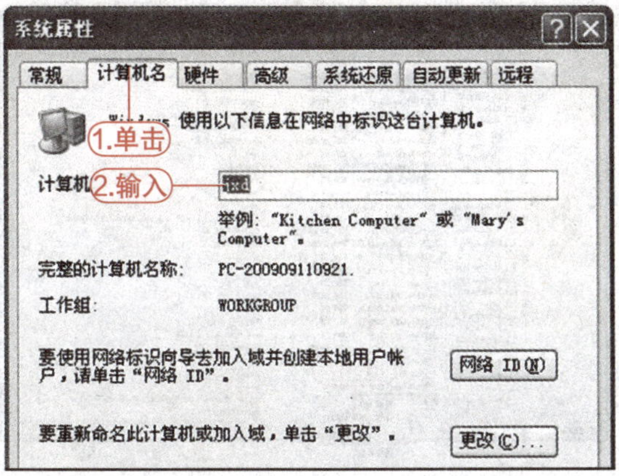

4. 故障现象四：提示"不能连接到网关"

解决方法如下：

右击【网上邻居】图标，在弹出的快捷菜单中选择【属性】命令，打开【网络连接】窗口。

右击【本地连接】图标，在弹出的快捷菜单中选择【属性】命令，打开【本地连接属性】对话框。

双击【Internet协议（TCP/IP）】选项，打开【Internet协议（TCP/IP）属性】对话框。

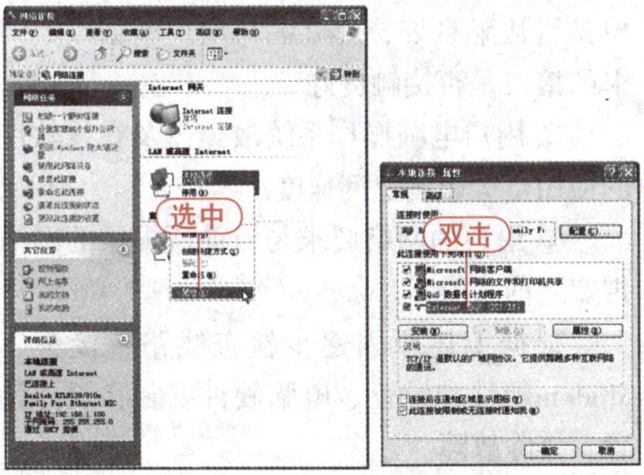

取消网关设置，单击【确定】按钮即可。

5. 故障现象五：关机提示连接到电脑

解决方法：找懂电脑的朋友或电脑公司人员将所有有关网络共享的设置关闭，要是还是不行就重新安装操作系统。

13.4.8 无法正常显示繁体网站

在浏览一些繁体网页时，网页中的文字内容总是显示乱码，这是因为IE浏览器没有正确配置文字的编码造成的。

启动IE浏览器，选择【工具】|【Internet选项】命令，打开【Internet选项】对话框。

单击【语言】按钮，打开【语言首选项】对话框。

单击【添加】按钮，打开【添加语言】对话框。

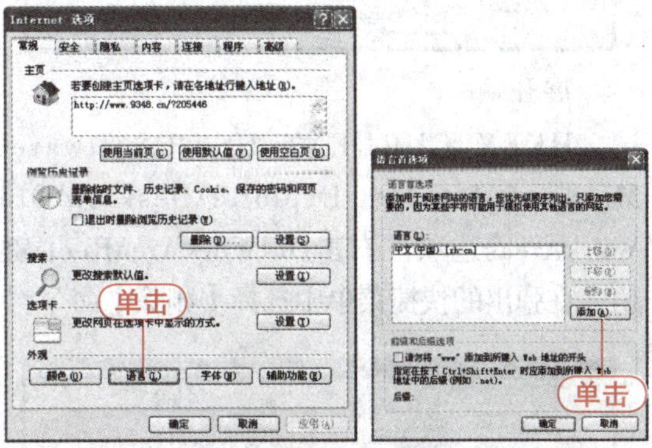

在【语言】列表框中选择【中国（台湾）】选项，单击【确定】按钮。

返回IE浏览器，选择【查看】|【编码】|【繁体中文】命令，即可选择相适应的繁体编码。

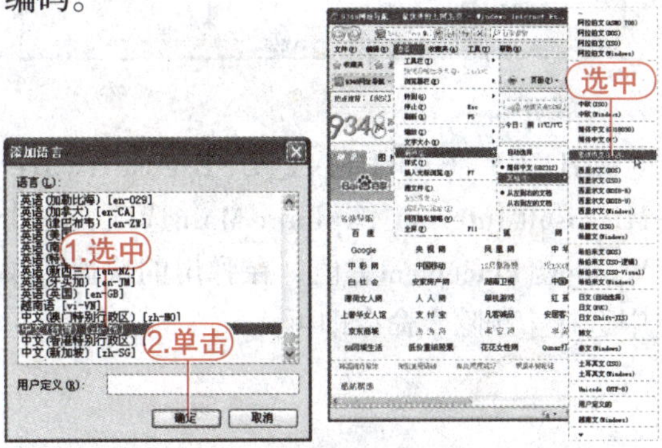

13.4.9 IE窗口总是最小化

每次打开IE浏览器窗口都是最小化窗口，即便最大化后，下次启动IE浏览器后仍然是最小化的，这是由于IE浏览器的自动记忆功能导致的故障，可以通过修改注册表进行解决，具体方法如下。

选择【开始】|【运行】命令，打开【运行】对话框，在【打开】文本框中输入regedit命令，单击【确定】按钮，打开【注册表编辑器】窗口。

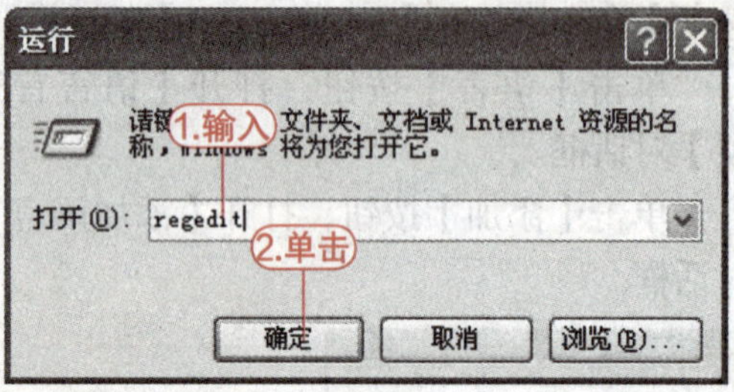

展开HKEY_CURRENT_USER\Software\Microsoft\Internet Explorer\Desktop\Old WorkAreas选项。右击OldWorkAreaRects键值，在弹出的快捷菜单中选择【删除】命令。

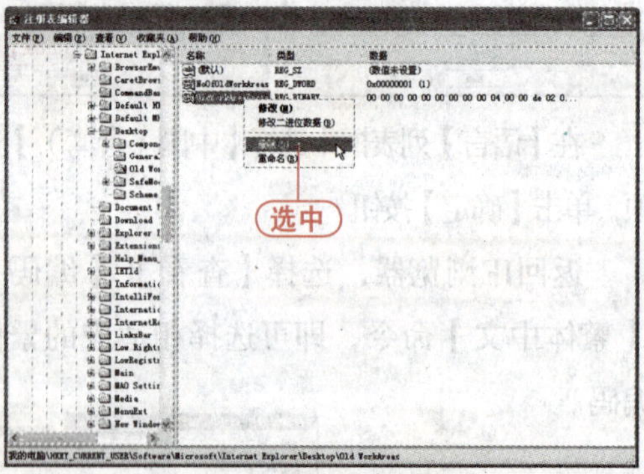

展开HKEY_CURRENT_USER\Software\Microsoft\Internet Explorer\Main选项，右击Window_Placement键值，在弹出的快捷菜单中选择【删除】命令即可。

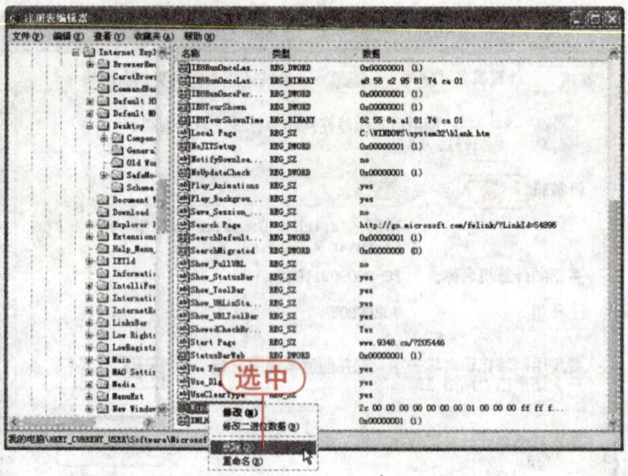

13.4.10 网页打开速度缓慢

在上网过程中，如果遇到网页打开速度缓慢的情况，主要有以下几种原因造成。

- 线路接头过多，接头接触不良，接头氧化严重。造成线路传输质量低，信号衰耗过大，影响上网速度。
- Modem长时间运转，使Modem芯片过热，造成其性能不能正常发挥，影响上网速度。
- 设备与电话线和网线之间接触不良影响上网速度。检查电话线与语音分离器的接口是否接触良好，Modem与用户电脑以太网卡的接口是否接触良好。
- 用户电脑操作系统故障以及在线软件的使用也会影响上网速度。
- 用户的网络要求与目前所提供的网络带宽之前有差距。

根据上述原因逐步检查线路、接头、Modem硬件和设置、电脑硬件安装和软件设置，排除故障。